河南省市政公用设施养护维修预算定额

（上册）

河南省建筑工程标准定额站　主编

黄 河 水 利 出 版 社

·郑 州·

图书在版编目(CIP)数据

河南省市政公用设施养护维修预算定额:上、下册/河南省建筑工程标准定额站主编.—郑州:黄河水利出版社,2020.12

ISBN 978-7-5509-2891-6

Ⅰ.①河… Ⅱ.①河… Ⅲ.①城市公用设施-市政工程-维修-建筑预算定额-河南②城市公用设施-市政工程-保养-建筑预算定额-河南 Ⅳ.①TU723.34

中国版本图书馆 CIP 数据核字(2020)第 260881 号

出 版 社:黄河水利出版社　　网址:www.yrcp.com

地址:河南省郑州市顺河路黄委会综合楼 14 层　　邮政编码:450003

发行单位:黄河水利出版社

发行部电话:0371-66026940、66020550、66028024、66022620(传真)

E-mail:hhslcbs@126.com

承印单位:河南瑞之光印刷股份有限公司

开本:889mm×1 194mm　1/16

印张:51.25

字数:1 450 千字

版次:2020 年 12 月第 1 版　　印次:2020 年 12 月第 1 次印刷

定价:198.00 元(上、下册)

河南省住房和城乡建设厅文件

豫建科〔2020〕459号

河南省住房和城乡建设厅
关于印发《河南省市政公用设施养护
维修预算定额》的通知

各省辖市、济源示范区住房和城乡建设局：

为了完善我省市政公用设施养护维修工程项目计价依据，合理确定市政公用设施养护维修工程造价，我厅组织编制了《河南省市政公用设施养护维修预算定额》（HA A1—41—2020），现印发给你们，自2021年1月1日起执行。

本定额由河南省住房和城乡建设厅负责管理和解释，执行中发现的问题请及时反馈至河南省建筑工程标准定额站。

河南省住房和城乡建设厅

2020年12月21日

《河南省市政公用设施养护维修预算定额》
编 制 单 位

主 编 单 位：河南省建筑工程标准定额站

信阳市基本建设标准定额站

郑州市市政工程管理处

参 编 单 位：郑州市城市照明灯饰管理处

郑州市城市隧道综合管理养护中心

河南省建筑科学研究院有限公司

河南省照明学会

河南岚象建设工程有限公司

开封市天开市政园林工程有限公司

河南圣锦建设工程有限公司

河南省第一建筑工程集团有限公司

河南联创工程造价管理有限公司

郑州市市政维护工程有限公司

郑州市市政设施维修建设有限公司

裕华生态环境股份有限公司

软件支持单位：广联达科技股份有限公司

河南金鲁班信息技术有限公司

《河南省市政公用设施养护维修预算定额》
编 制 人 员

主　　　编：刘红生

副 主 编：张天峰　徐佩莹　赵忠爱　何丽娜　武保利　张保雷

编 审 人 员：

第一章	张浩华	扶涛涛	王　佳	王俊伟	齐洪梅	翟歌唱
	崔红霞	朱庆军	王　晗	路　超	赵　岩	刘秀丽
第二章	高希敏	田世铎	李　程	殷春燕	胡莹雨	李凌波
	陈安旺	齐洪松	李　娟	毛丹丹	张云逍	付　宁
	段保江					
第三章	张红娟	马志勤	孙瑞芳	阎　玲	魏玉秋	阎莉红
	任　展	谌绪国	刘玉红	尚　星	刘宁波	薛勤朋
	宋文亮					
第四章	赵文启	白素记	李　晶	李　慧	姚　凯	芦艳丽
	陈宏伟	李旗征	徐永安	权　燕	侯旭光	朱加菊
第五章	铁新纳	朱　梦	肖智礼	乔涵宇	王荣涛	胡提玲
	韩智锋	侯清晨	魏振和	张国喜	徐虎虓	崔　振
第六章	许志勇	刘兴让	罗　丹	陈维维	陈万军	郭东阳
	李运佳	常战伟	毕庆坤	郑重九	刘俐含	袁广胜
第七章	王莹莹	王国欣	程永军	刘　乾	张明磊	王倩倩
	袁新华	谢雪珍	吕　刚	荆　伟	张彦华	周红波
	崔国俊					
第八章	杨智勇	潘　珂	马　飞	邵　鹏	苏　杭	甄晓璐
	张　旭	刘业庆	周　旋	张　静	王琳琳	

评 审 专 家：申金山　陈心兵　石建增　刘樱澧　张　一　曹安治

王红革　高　凯　马　艳　戚锦华　白丽娜

目　录

总说明 ………………………………………………………………………… (1)
费用组成说明及工程造价计价程序表 ……………………………………… (2)
专业说明 ……………………………………………………………………… (9)

(上　册)

第一章　通用项目 ………………………………………………………… (11)
说　明 ……………………………………………………………………… (13)
工程量计算规则 …………………………………………………………… (14)
一、挖土方 ………………………………………………………………… (16)
1. 人工挖土方、路槽、沟槽、基坑 ………………………………… (16)
2. 机械挖土方、路槽、沟槽、基坑 ………………………………… (28)
二、沟槽、基坑支撑 ……………………………………………………… (37)
1. 挡土板 ……………………………………………………………… (37)
三、平整场地、原土打夯、回填 ………………………………………… (39)
1. 平整场地 …………………………………………………………… (39)
2. 原土打夯 …………………………………………………………… (40)
3. 回　填 ……………………………………………………………… (41)
四、拆　除 ………………………………………………………………… (44)
1. 切　缝 ……………………………………………………………… (44)
2. 铣　刨 ……………………………………………………………… (45)
3. 拆除多合土 ………………………………………………………… (46)
4. 拆除沥青混凝土路面 ……………………………………………… (47)
5. 拆除水泥路面 ……………………………………………………… (48)
6. 机械破碎旧路 ……………………………………………………… (49)
7. 拆除人行道、侧石、平石 ………………………………………… (50)
8. 拆除砌体、构筑物 ………………………………………………… (51)
9. 拆除栏杆 …………………………………………………………… (52)
10. 拆除井 ……………………………………………………………… (53)
11. 拆除管道 …………………………………………………………… (54)
12. 伐　树 ……………………………………………………………… (56)
13. 其他拆除 …………………………………………………………… (57)
五、材料运输 ……………………………………………………………… (58)
1. 人工装运输材料 …………………………………………………… (58)
2. 机动翻斗车运输材料 ……………………………………………… (63)
3. 汽车装运输材料 …………………………………………………… (68)
六、土方、淤泥外运 ……………………………………………………… (79)
1. 汽车运土方 ………………………………………………………… (79)

2. 吸运管道、涵洞淤泥 …………………………………………………………………………… (81)
3. 外运污泥装袋、运输 …………………………………………………………………………… (82)
七、措施项目 ……………………………………………………………………………………… (83)
1. 脚手架安拆 ……………………………………………………………………………………… (83)
2. 排水导流 ………………………………………………………………………………………… (87)
八、其　他 ………………………………………………………………………………………… (89)
1. 旧石料加工 ……………………………………………………………………………………… (89)
2. 临时线路 ………………………………………………………………………………………… (90)
3. 移动隔离带 ……………………………………………………………………………………… (91)
4. 冲刷路面、桥面 ………………………………………………………………………………… (92)
第二章　道路设施养护维修工程 ………………………………………………………………… (93)
说　明 ……………………………………………………………………………………………… (95)
工程量计算规则 …………………………………………………………………………………… (96)
一、路基处理 ……………………………………………………………………………………… (97)
1. 人工整修路肩、边土坡 ………………………………………………………………………… (97)
2. 路基加固 ………………………………………………………………………………………… (98)
3. 碾压路床 ………………………………………………………………………………………… (99)
二、铺设土工布、嵌缝条贴缝 …………………………………………………………………… (100)
三、多合土养护 …………………………………………………………………………………… (101)
四、石灰稳定土摊铺 ……………………………………………………………………………… (102)
1. 石灰稳定土基层(人工拌铺) ………………………………………………………………… (102)
2. 石灰稳定土基层(厂拌人铺) ………………………………………………………………… (106)
五、水泥稳定土摊铺 ……………………………………………………………………………… (107)
1. 水泥稳定土基层(人工拌铺) ………………………………………………………………… (107)
2. 水泥稳定土基层(厂拌人铺) ………………………………………………………………… (108)
六、水泥石灰稳定土摊铺 ………………………………………………………………………… (109)
1. 水泥石灰稳定土基层(人工拌铺) …………………………………………………………… (109)
2. 水泥石灰稳定土基层(厂拌人铺) …………………………………………………………… (110)
七、碎石基层 ……………………………………………………………………………………… (111)
1. 级配碎石基层 …………………………………………………………………………………… (111)
2. 粒料基层 ………………………………………………………………………………………… (112)
3. 灰土碎石基层(人工拌铺) …………………………………………………………………… (114)
4. 灰土碎石基层(厂拌人铺) …………………………………………………………………… (115)
八、水泥混凝土基层 ……………………………………………………………………………… (116)
九、石灰、粉煤灰、土摊铺 ……………………………………………………………………… (118)
1. 石灰、粉煤灰、土基层(人工拌铺) ………………………………………………………… (118)
2. 石灰、粉煤灰、土基层(厂拌人铺) ………………………………………………………… (120)
十、石灰、粉煤灰、碎石摊铺 …………………………………………………………………… (121)
1. 石灰、粉煤灰、碎石基层(人工拌铺) ……………………………………………………… (121)
2. 石灰、粉煤灰、碎石基层(厂拌人铺) ……………………………………………………… (122)

十一、稳定碎石基层 …………………………………………………………………………（123）
1. 水泥稳定碎石基层 ………………………………………………………………（123）
2. 水泥粉煤灰稳定碎石基层 ………………………………………………………（125）
3. 特粗粒沥青稳定碎石基层 ………………………………………………………（127）
十二、沥青路面裂缝处理 ……………………………………………………………………（128）
十三、沥青封层、封面 ………………………………………………………………………（129）
1. 沥青封层 ……………………………………………………………………………（129）
2. 沥青封面 ……………………………………………………………………………（130）
十四、沥青结合层 ……………………………………………………………………………（131）
1. 粘　层 ………………………………………………………………………………（131）
2. 透　层 ………………………………………………………………………………（132）
十五、热再生沥青混凝土路面 ………………………………………………………………（133）
十六、混凝土路面真空吸水及切缝 …………………………………………………………（134）
十七、地基注浆 ………………………………………………………………………………（136）
1. 水泥混凝土路面钻孔注浆 ………………………………………………………（136）
2. 劈裂注浆 ……………………………………………………………………………（137）
十八、人工冷补沥青混凝土面层 ……………………………………………………………（138）
十九、沥青黑色碎石路面 ……………………………………………………………………（139）
1. 沥青黑色碎石路面（厂拌人铺） …………………………………………………（139）
2. 沥青黑色碎石路面（厂拌机铺） …………………………………………………（141）
二十、沥青混凝土路面 ………………………………………………………………………（143）
1. 粗粒式沥青混凝土路面（厂拌人铺） ……………………………………………（143）
2. 粗粒式沥青混凝土路面（厂拌机铺） ……………………………………………（145）
3. 中粒式沥青混凝土路面（厂拌人铺） ……………………………………………（147）
4. 中粒式沥青混凝土路面（厂拌机铺） ……………………………………………（149）
5. 细粒式沥青混凝土路面（厂拌人铺） ……………………………………………（151）
6. 细粒式沥青混凝土路面（厂拌机铺） ……………………………………………（153）
二十一、沥青贯入式路面 ……………………………………………………………………（155）
二十二、修补沥青表面处治路面 ……………………………………………………………（156）
二十三、沥青玛琋脂碎石混合料沥青混凝土路面 …………………………………………（158）
1. 沥青玛琋脂碎石混合料沥青混凝土路面（厂拌人铺） …………………………（158）
2. 沥青玛琋脂碎石混合料沥青混凝土路面（厂拌机铺） …………………………（159）
二十四、混凝土路面 …………………………………………………………………………（160）
1. 混凝土路面 …………………………………………………………………………（160）
2. 混凝土路面刻纹 ……………………………………………………………………（161）
3. 伸缩缝 ………………………………………………………………………………（162）
二十五、铺砌人行道板 ………………………………………………………………………（164）
1. 铺砌人行道板（砂垫层） …………………………………………………………（164）
2. 铺砌人行道板（砂浆垫层） ………………………………………………………（166）
二十六、修补侧（平、边、树池）石 …………………………………………………………（168）
1. 侧石垫层 ……………………………………………………………………………（168）

2. 修补侧石、平石、边石、树池石 …… (169)
3. 人工调整侧石及现场浇捣修补侧石 …… (172)
二十七、人工砖砌零星砌体及浇筑混凝土小构件 …… (173)
二十八、路名牌整修 …… (174)
二十九、安装、维修隔离墩、分隔护栏 …… (176)
三十、道路巡视检查 …… (177)
三十一、检查井升降、井周加固 …… (178)
1. 井周加固 …… (178)
2. 升降砖砌进水井 …… (179)
3. 升降砖砌圆形检查井 …… (182)
三十二、微波综合养护车维修破损路面 …… (183)
三十三、雷达勘测 …… (184)
第三章 排水设施养护维修工程 …… (185)
说 明 …… (187)
工程量计算规则 …… (188)
一、垫层、基础 …… (189)
二、管渠铺设维修 …… (192)
1. 承插式混凝土管 …… (192)
2. HDPE 双壁波纹管 …… (194)
3. 渠道维修 …… (196)
4. 更换沟盖板 …… (198)
5. 盲沟维修 …… (199)
三、维修检查井 …… (201)
四、排水设施措施费 …… (205)
1. 基础及其他模板 …… (205)
2. 井、渠涵模板 …… (206)
五、维修雨水进水井 …… (207)
1. 砖砌进水井 …… (207)
2. 更换防坠网、爬梯 …… (208)
六、管道及渠道疏挖 …… (209)
1. 手动绞车疏通管道(软泥) …… (209)
2. 手动绞车疏通管道(硬泥) …… (211)
3. 机动绞车疏通管道(软泥) …… (213)
4. 机动绞车疏通管道(硬泥) …… (215)
5. 人工清除圆管内泥(综合泥) …… (217)
6. 竹片疏通管道(软泥) …… (219)
7. 竹片疏通管道(硬泥) …… (220)
8. 联合冲吸疏通车疏通管道 …… (221)
9. 暗渠清淤 …… (222)
七、雨水井、检查井、出水口清淤 …… (223)
1. 人工清疏雨水进水井 …… (223)
2. 人工井上清疏检查井 …… (224)

3. 人工井下清疏检查井 …………………………………………………………… (225)
4. 机械清疏检查井 ………………………………………………………………… (226)
5. 处理污水外溢 …………………………………………………………………… (227)
6. 出水口清淤 ……………………………………………………………………… (228)
八、井壁凿洞、人工封堵管口 …………………………………………………… (229)
1. 人工井壁凿洞 …………………………………………………………………… (229)
2. 机械井壁凿洞 …………………………………………………………………… (230)
3. 封堵管口(潜水砖封) …………………………………………………………… (233)
4. 设拆浆砌管堵 …………………………………………………………………… (235)
5. 堵管口(草袋、木桩) …………………………………………………………… (236)
6. 人工封堵管口气囊封堵 ………………………………………………………… (237)
7. 人工堵水设闸 …………………………………………………………………… (238)
九、管道冲洗 ……………………………………………………………………… (239)
1. 水冲管道(闭水冲洗) …………………………………………………………… (239)
2. 水冲管道(高压射水车冲洗) …………………………………………………… (240)
十、管道、检查井检测、安全防护 ………………………………………………… (241)
1. 管道检查井检测 ………………………………………………………………… (241)
2. 井下安全防护及检测 …………………………………………………………… (242)
3. 排水设施巡视检查 ……………………………………………………………… (243)
十一、河道维修 …………………………………………………………………… (244)
1. 浆砌片石维修 …………………………………………………………………… (244)
2. 浆砌预制块维修 ………………………………………………………………… (245)
3. 水泥砂浆勾缝维修 ……………………………………………………………… (246)
4. 土堤护坡维修 …………………………………………………………………… (247)
十二、河道清淤保洁巡视 ………………………………………………………… (248)
1. 河道清淤 ………………………………………………………………………… (248)
2. 河道保洁 ………………………………………………………………………… (251)
3. 河道巡视检查 …………………………………………………………………… (252)
第四章　城市照明设施养护维修工程 …………………………………………… (253)
说　明 ……………………………………………………………………………… (255)
工程量计算规则 …………………………………………………………………… (257)
一、变配电设施维修 ……………………………………………………………… (259)
1. 更换杆上变压器 ………………………………………………………………… (259)
2. 更换地上变压器 ………………………………………………………………… (260)
3. 更换及过滤变压器油 …………………………………………………………… (261)
4. 变压器巡检及定检 ……………………………………………………………… (262)
5. 更换组合型成套箱式变电站 …………………………………………………… (264)
6. 更换电力电容器 ………………………………………………………………… (265)
7. 更换高压成套配电柜 …………………………………………………………… (266)
8. 更换成套低压路灯控制柜 ……………………………………………………… (267)
9. 更换落地式控制箱 ……………………………………………………………… (268)
10. 更换杆上配电设备 ……………………………………………………………… (269)

11. 更换杆上控制箱 …… (270)
12. 更换控制箱柜附件 …… (271)
13. 制作及更换配电板 …… (272)
14. 更换成套配电箱 …… (273)
15. 更换熔断器、限位开关 …… (274)
16. 更换控制器、启动器 …… (275)
17. 更换盘柜配线及盘柜巡检 …… (276)
18. 更换路灯监控设备及附件 …… (277)
19. 更换接线端子(焊铜) …… (279)
20. 更换接线端子(压铜) …… (280)
21. 更换仪表、电器、小母线 …… (281)
22. 更换分流器 …… (282)
23. 更换漏电保护开关 …… (283)
二、10kV 以下架空线路维修 …… (284)
1. 更换灯杆(单杆) …… (284)
2. 更换灯杆(金属杆) …… (285)
3. 更换引下线支架 …… (287)
4. 更换 10kV 以下横担 …… (288)
5. 更换 1kV 以下横担 …… (289)
6. 更换进户线横担 …… (290)
7. 更换拉线 …… (292)
8. 更换导线 …… (293)
9. 导线跨越架设 …… (294)
10. 路灯设施编号更换 …… (295)
11. 更换绝缘子 …… (296)
三、电缆维修 …… (297)
1. 低压电缆线路故障点查找 …… (297)
2. 更换铜芯电缆 …… (298)
3. 更换铝芯电缆 …… (300)
4. 更换干包式电力电缆终端头 …… (302)
5. 更换热缩式电缆终端头 …… (303)
6. 更换干包式电力电缆中间头 …… (304)
7. 更换热缩式电缆中间头 …… (305)
8. 更换电缆穿刺线夹 …… (307)
9. 更换电缆井盖 …… (308)
四、配管、配线维修 …… (309)
1. 更换砖、混凝土结构明配电线管 …… (309)
2. 更换钢结构支架、钢索配电线管 …… (311)
3. 镀锌钢管地埋敷设 …… (313)
4. 更换砖、混凝土结构明配钢管 …… (314)
5. 更换控制柜、箱进出线钢管 …… (316)
6. 更换地埋敷设塑料管 …… (317)

7. 更换地埋敷设塑料波纹管 …………………………………………………………………… (318)
8. 更换砖、混凝土结构明配塑料管 ……………………………………………………………… (319)
9. 更换管内穿线 …………………………………………………………………………………… (321)
10. 更换砖、混凝土结构明敷塑料护套线 ……………………………………………………… (322)
11. 更换沿钢索塑料护套线(明敷) ……………………………………………………………… (323)
12. 更换接线箱 ………………………………………………………………………………… (324)
13. 更换接线盒 ………………………………………………………………………………… (325)
14. 更换开关、按钮 ……………………………………………………………………………… (326)
15. 更换插座 …………………………………………………………………………………… (327)
16. 更换带形母线 ………………………………………………………………………………… (328)
17. 更换带形母线引下线 ………………………………………………………………………… (329)
18. 地下顶管 …………………………………………………………………………………… (330)
五、照明器具维修 …………………………………………………………………………………… (331)
1. 更换单臂悬挑灯架(抱箍式) ………………………………………………………………… (331)
2. 更换单臂悬挑灯架(顶套式) ………………………………………………………………… (334)
3. 更换双臂悬挑灯架(具)(成套型) …………………………………………………………… (336)
4. 更换双臂悬挑灯架(具)(组装型) …………………………………………………………… (338)
5. 更换广场灯架(具)(成套型) ………………………………………………………………… (340)
6. 更换广场灯架(具)(组装型) ………………………………………………………………… (344)
7. 更换高杆灯架(具)(成套型) ………………………………………………………………… (348)
8. 更换高杆灯架(具)(组装型) ………………………………………………………………… (352)
9. 更换桥梁景观灯 ……………………………………………………………………………… (356)
10. 更换楼宇景观灯 …………………………………………………………………………… (359)
11. 更换地道涵洞灯 …………………………………………………………………………… (364)
12. 更换照明器件 ……………………………………………………………………………… (365)
13. 更换太阳能电池板 ………………………………………………………………………… (370)
14. 更换蓄电池 ………………………………………………………………………………… (371)
15. 更换杆座及校正设施 ……………………………………………………………………… (372)
六、防雷接地装置维修 ……………………………………………………………………………… (375)
1. 接地极(板)安装 ……………………………………………………………………………… (375)
2. 接地母线敷设 ………………………………………………………………………………… (377)
3. 接地跨接线敷设 ……………………………………………………………………………… (378)
4. 更换避雷针 …………………………………………………………………………………… (379)
5. 更换避雷引下线 ……………………………………………………………………………… (380)
七、路灯保洁及灯杆(架)刷漆、喷漆 ……………………………………………………………… (381)
1. 路灯保洁 ……………………………………………………………………………………… (381)
2. 灯杆灯架刷漆 ………………………………………………………………………………… (383)
3. 灯杆灯架喷漆 ………………………………………………………………………………… (384)
八、路灯巡视检查 …………………………………………………………………………………… (385)
九、变压器及输配电装置系统调试 ………………………………………………………………… (386)
1. 变压器系统调试 ……………………………………………………………………………… (386)
2. 输配电装置系统调试 ………………………………………………………………………… (387)

（下　册）

第五章　城市隧道养护维修工程 ………………………………………………（389）
说　明 ……………………………………………………………………………（391）
工程量计算规则 ……………………………………………………………………（392）
一、隧道结构 ………………………………………………………………………（393）
1. 主体衬砌修补 ……………………………………………………………………（393）
2. 风道维护 …………………………………………………………………………（396）
3. 变形缝修补 ………………………………………………………………………（398）
4. 逃生通道 …………………………………………………………………………（399）
5. 安全防护门保养 …………………………………………………………………（400）
6. 设备间门维修 ……………………………………………………………………（401）
7. 钢爬梯油漆 ………………………………………………………………………（402）
8. 洞口设施 …………………………………………………………………………（403）
二、道路排水 ………………………………………………………………………（405）
1. 横截沟及窨井 ……………………………………………………………………（405）
2. 伸缩缝 ……………………………………………………………………………（409）
3. 防撞墙 ……………………………………………………………………………（410）
4. 排水边沟及集水井维修 …………………………………………………………（413）
5. 施工封道 …………………………………………………………………………（416）
三、附属工程 ………………………………………………………………………（417）
1. 竖　井 ……………………………………………………………………………（417）
2. 风　塔 ……………………………………………………………………………（419）
3. 电缆桥架 …………………………………………………………………………（420）
4. 泵　房 ……………………………………………………………………………（421）
5. 交通标志线出新 …………………………………………………………………（422）
6. 护　栏 ……………………………………………………………………………（424）
四、机电设施 ………………………………………………………………………（425）
1. 变电所 ……………………………………………………………………………（425）
2. 箱式变、配电站 …………………………………………………………………（426）
3. 路灯配电柜 ………………………………………………………………………（428）
4. 照明设备 …………………………………………………………………………（430）
5. 隧道铭牌 …………………………………………………………………………（432）
6. 火灾报警系统 ……………………………………………………………………（433）
7. 消防主机 …………………………………………………………………………（434）
8. 光纤光栅 …………………………………………………………………………（435）
9. 手动报警器 ………………………………………………………………………（436）
10. 探测器 ……………………………………………………………………………（437）
11. 卷帘门电机 ………………………………………………………………………（438）
12. 消火栓及消防泵结合器 …………………………………………………………（439）
13. 通风系统 …………………………………………………………………………（441）
14. 配电柜、控制柜 …………………………………………………………………（445）

15. 潜水泵 …………………………………………………………………… (446)
16. 维修低压法兰阀门 ……………………………………………………… (448)
17. 水泵耦合器 ……………………………………………………………… (449)
18. 小型电动起吊设备 ……………………………………………………… (450)
19. 格栅机 …………………………………………………………………… (451)
20. EPS ……………………………………………………………………… (452)
21. UPS ……………………………………………………………………… (453)
22. 柴油发电机组 …………………………………………………………… (454)
23. 供配电系统 ……………………………………………………………… (455)
24. 光缆接头检修 …………………………………………………………… (457)
25. 中央监控系统 …………………………………………………………… (458)
26. 广播通信系统 …………………………………………………………… (465)
五、保洁与清扫 ……………………………………………………………… (470)
1. 路面清扫 ………………………………………………………………… (470)
2. 侧墙清洗 ………………………………………………………………… (472)
3. 横截沟清泥 ……………………………………………………………… (473)
4. 其他保洁 ………………………………………………………………… (474)
六、防水堵漏 ………………………………………………………………… (478)
1. 止水工程 ………………………………………………………………… (478)
2. 堵漏工程 ………………………………………………………………… (479)
3. 防水工程 ………………………………………………………………… (480)
4. 日常设施检查 …………………………………………………………… (481)
5. 定期检查 ………………………………………………………………… (482)
6. 渗漏检测 ………………………………………………………………… (483)
7. CO 含量检测 ……………………………………………………………… (484)
8. 墙面装饰面更换 ………………………………………………………… (485)
9. 防火涂料 ………………………………………………………………… (487)
10. 防火板 …………………………………………………………………… (488)
11. 道口涂装层 ……………………………………………………………… (489)
第六章 泵站机电设备养护维修工程 …………………………………… (491)
说 明 ………………………………………………………………………… (493)
工程量计算规则 ……………………………………………………………… (494)
一、泵机维修 ………………………………………………………………… (495)
1. 吊装潜水泵维修 ………………………………………………………… (495)
2. 离心污水泵的拆装检查 ………………………………………………… (497)
3. 潜水泵的拆装检查 ……………………………………………………… (499)
4. 轴流泵的拆装检查 ……………………………………………………… (501)
5. 泵轴的维修更换 ………………………………………………………… (503)
6. 泵轴承的维修更换 ……………………………………………………… (505)
7. 泵叶轮的维修更换 ……………………………………………………… (507)
8. 泵轴套的维修更换 ……………………………………………………… (509)
9. 泵密封环的维修更换 …………………………………………………… (511)

二、机械设备维修 …………………………………………………………………………… (513)
1. 除污机及螺旋输送机维修 ………………………………………………………… (513)
2. 天车维修 ………………………………………………………………………………… (516)
3. 闸阀检修 ………………………………………………………………………………… (517)
4. 更换阀门 ………………………………………………………………………………… (519)
5. 闸门维修 ………………………………………………………………………………… (522)
6. 启闭机维修 ……………………………………………………………………………… (524)
7. 排水管件维修 …………………………………………………………………………… (525)
三、电器设备维修 …………………………………………………………………………… (526)
1. 10kV 及以下高压开关柜维修 ……………………………………………………… (526)
2. 室外变电设备维修 ……………………………………………………………………… (534)
3. 室内变电设备维修 ……………………………………………………………………… (537)
4. 油浸式变压器维修 ……………………………………………………………………… (538)
5. 干式变压器维修 ………………………………………………………………………… (540)
6. 微型电机、变频机组检查接线 ……………………………………………………… (541)
7. 小型交流异步电机检查接线 ………………………………………………………… (542)
8. 小型立式电机检查接线 ……………………………………………………………… (544)
9. 大中型电机检查接线 ………………………………………………………………… (546)
10. 电机维护 ………………………………………………………………………………… (547)
11. 小型电机干燥 …………………………………………………………………………… (549)
12. 大中型电机干燥 ………………………………………………………………………… (550)
13. 现场检验电器仪器 ……………………………………………………………………… (551)
14. 0.4kV 开关柜维修 ……………………………………………………………………… (552)
15. 电机启动柜维修 ………………………………………………………………………… (554)
16. 控制柜维修 ……………………………………………………………………………… (558)
17. 更换动力配电箱 ………………………………………………………………………… (561)
18. 更换控制器 ……………………………………………………………………………… (564)
19. 更换控制开关 …………………………………………………………………………… (565)
20. 更换电器仪表 …………………………………………………………………………… (568)
21. 更换交流接触器 ………………………………………………………………………… (569)
22. 更换互感器、继电器 …………………………………………………………………… (570)
23. 更换磁力启动器 ………………………………………………………………………… (572)
24. 更换信号灯及水位信号装置 ………………………………………………………… (574)
25. 焊铜接线端子 …………………………………………………………………………… (576)
26. 压铜接线端子 …………………………………………………………………………… (577)
27. 压铝接线端子 …………………………………………………………………………… (579)
28. 线端连接 ………………………………………………………………………………… (581)
29. 更换零线端子板 ………………………………………………………………………… (583)
30. 更换导线 ………………………………………………………………………………… (584)
31. 更换插座 ………………………………………………………………………………… (585)
32. 更换开关 ………………………………………………………………………………… (586)
33. 化学除臭装置计量泵现场检修维护 ………………………………………………… (587)

34. 化学除臭装置气柜(反应器内有填料)检修维护 …………………………………… (589)
四、泵站日常维护项目 ……………………………………………………………………… (590)
1. 泵站日常运行维护 ……………………………………………………………………… (590)
2. 变电室(低压室、高压室、控制室、泵房)维护清扫 …………………………………… (593)
3. 变压器维护 ……………………………………………………………………………… (595)
4. 监测、维护、试验 ………………………………………………………………………… (596)
5. 高压设备检查试验 ……………………………………………………………………… (597)
6. 接地电阻测试 …………………………………………………………………………… (598)
7. 泵的清堵 ………………………………………………………………………………… (599)
8. 水泵维护 ………………………………………………………………………………… (601)
9. 潜污泵维护 ……………………………………………………………………………… (604)
10. 潜水轴流泵维护 ………………………………………………………………………… (606)
11. 变压器维护 ……………………………………………………………………………… (608)
12. 启闭机保养 ……………………………………………………………………………… (609)
13. 清挖泵站集水池 ………………………………………………………………………… (610)
14. 格栅除污 ………………………………………………………………………………… (611)
15. 地道桥下掏挖收水井 …………………………………………………………………… (612)
16. 地道桥下掏挖检查井 …………………………………………………………………… (613)
17. 人工坡道运输淤泥 ……………………………………………………………………… (614)
18. 格栅捞污机的维护保养 ………………………………………………………………… (615)
19. 集水池维修 ……………………………………………………………………………… (616)
20. 柴油发电机组维护 ……………………………………………………………………… (617)
21. 进出水启闭闸门维护 …………………………………………………………………… (618)
五、泵站监控中心设备维修 ………………………………………………………………… (619)
1. 拆除工程 ………………………………………………………………………………… (619)
2. 综合布线系统 …………………………………………………………………………… (631)
3. 建筑设备自动化系统 …………………………………………………………………… (649)
4. 计算机及网络系统 ……………………………………………………………………… (664)
5. 安全防范系统 …………………………………………………………………………… (675)
6. 音频、视频系统 …………………………………………………………………………… (700)
7. 泵站自动化、监控系统维护 ……………………………………………………………… (706)
第七章　城市桥梁设施维修工程 ………………………………………………………… (713)
说　明 ……………………………………………………………………………………… (715)
工程量计算规则 …………………………………………………………………………… (716)
一、桥面工程 ……………………………………………………………………………… (717)
1. 粒料基础及垫层 ………………………………………………………………………… (717)
2. 维修砖石砌体 …………………………………………………………………………… (719)
3. 小型抛石 ………………………………………………………………………………… (720)
4. 水泥砂浆粉面 …………………………………………………………………………… (721)
5. 镶贴面层 ………………………………………………………………………………… (724)
6. 油　漆 …………………………………………………………………………………… (725)
7. 刷　浆 …………………………………………………………………………………… (727)

8. 剔除原砌体缝 …………………………………………………………………………（728）
9. 台阶维修 ……………………………………………………………………………（729）
10. 支座维修 …………………………………………………………………………（730）
11. 沉降缝、伸缩缝维修 ……………………………………………………………（731）
12. 伸缩缝更换 ………………………………………………………………………（732）
13. 桥梁日常养护 ……………………………………………………………………（734）
14. 中央隔离设施 ……………………………………………………………………（737）
15. 桥梁检查 …………………………………………………………………………（738）
二、结构工程 ……………………………………………………………………………（739）
1. 小型钢筋制作、安装 ……………………………………………………………（739）
2. 小型模板制作、安装 ……………………………………………………………（740）
3. 预制构件安装 ……………………………………………………………………（741）
4. 石砌拱圈头维修 …………………………………………………………………（742）
5. 砖砌拱圈头维修 …………………………………………………………………（743）
6. 混凝土结构修补 …………………………………………………………………（744）
7. 小型脚手架 ………………………………………………………………………（747）
8. 小型支撑 …………………………………………………………………………（748）
9. 加固工程 …………………………………………………………………………（750）
三、桥梁附属结构 ………………………………………………………………………（756）
1. 水泥砂浆料石勾缝 ………………………………………………………………（756）
2. 水泥砂浆块石勾缝 ………………………………………………………………（757）
3. 水泥砂浆砖墙勾缝 ………………………………………………………………（758）
4. 小型水泥混凝土浇筑 ……………………………………………………………（759）
5. 栏杆维修 …………………………………………………………………………（761）
6. 人行天桥维修 ……………………………………………………………………（762）
7. 水井井圈、井台维修、排水 ………………………………………………………（763）
第八章　非开挖修复工程 ……………………………………………………………（767）
说　明 …………………………………………………………………………………（769）
工程量计算规则 ………………………………………………………………………（770）
一、异物清除 ……………………………………………………………………………（771）
1. 切树根异物 ………………………………………………………………………（771）
2. 清除管道结垢 ……………………………………………………………………（772）
3. 管道堆积异物清除 ………………………………………………………………（773）
4. 管内金属穿入物清除 ……………………………………………………………（774）
二、管道修复 ……………………………………………………………………………（775）
1. 点位（局部树脂固化）修复 ………………………………………………………（775）
2. 拉入法 CIPP 紫外光固化 …………………………………………………………（777）
3. 不锈钢内衬修复 …………………………………………………………………（784）
三、喷涂法修复 …………………………………………………………………………（786）
1. 聚氨酯基材料喷涂 ………………………………………………………………（786）

总说明

一、《河南省市政公用设施养护维修定额》(以下简称本定额)是依据《建设工程工程量清单计价规范》(GB 50500—2013)(以下简称《计价规范》),住房和城乡建设部、财政部《关于印发〈建筑安装工程费用项目组成〉的通知》(建标〔2013〕44号),住房和城乡建设部《关于做好建筑业营改增建设工程计价依据调整准备工作的通知》(建办标〔2016〕4号),住房和城乡建设部办公厅《关于重新调整建设工程计价依据增值税税率的通知》(建办标函〔2019〕193号),《建设工程施工机械台班费用编制规则(2015)》,以及国家、外省相关定额,结合河南省建设领域工程计价改革需要编制的。

二、本定额适用于河南省行政区域内市政公用设施养护维修工程。

三、本定额是编审投资估算指标、设计概算、施工图预算、招标控制价的依据;是建设工程实行工程量清单招标的工程造价计价基础;是编制企业定额、考核工程成本、进行投标报价、选择经济合理的设计与施工方案的参考。

四、本定额工程造价计价程序表中规定的费用项目包括分部分项工程费、措施项目费、其他项目费、规费、增值税。本定额基价各项费用按照增值税原理编制,适用一般计税方法,各项费用均不含可抵扣增值税进项税额。

五、本定额基价由人工费、材料费、机械使用费、其他措施费、安文费、管理费、利润、规费组成,工程造价计价时可按需分析统计、核算。其他措施费不发生或部分发生可做调整。

六、本定额基价是定额编制基期暂定价,按市场最终定价原则,基价中涉及的有关费用按动态原则调整。

七、本定额基价中的人工费为基期人工费,在本定额实施期,由工程造价管理机构结合建筑市场情况,定期发布相应的价格指数调整。

八、本定额基价中的材料费是根据消耗量与本定额基价的材料单价计算的基期材料费,在工程造价的不同阶段(招标、投标、结算),材料价格可按约定调整。

本定额基价中的材料单价是结合市场、信息价综合取定的基期价。该材料价格为材料送达工地价格,包含运输损耗、运杂费和采购及保管费。

九、本定额基价中的机械使用费为基期机械使用费,是按自有机械进行编制的。机械使用费可选下列一种方法调整:一是按本定额机械台班中的组成人工费、燃料动力费进行动态调整;二是按造价管理机构发布的租赁信息价直接与本定额基价中的台班单价调差。

十、本定额基价中的管理费为基期费用,按照相关规定实行动态调整。

十一、本定额基价中的其他措施费(费率类)包含材料二次搬运费、夜间施工增加费、冬雨季施工增加费。

十二、本定额基价中的安全文明施工费、规费为不可竞争费,按足额计取。

十三、本定额基价未考虑市场风险因素。

十四、本定额基价中带有“(　)”者,系不完整价格,在使用时应补充缺项价格。注明有“×××以内或以下”者,包括×××本身;“×××以外或以上”者,则不包括×××本身。

十五、本定额的解释和修改,由河南省建筑工程标准定额站负责。

费用组成说明及工程造价计价程序表

根据住房和城乡建设部、财政部《关于印发〈建筑安装工程费用项目组成〉的通知》(建标〔2013〕44号)、住房和城乡建设部《关于做好建筑业营改增建设工程计价依据调整准备工作的通知》(建办标〔2016〕4号)、住房和城乡建设部办公厅《关于重新调整建设工程计价依据增值税税率的通知》(建办标函〔2019〕193号),结合河南省实际,确定河南省建设工程费用项目组成如下:

建设工程费用由分部分项工程费、措施项目费、其他项目费、规费、增值税组成,定额各项费用组成中均不含可抵扣进项税额。

一、分部分项工程费

分部分项工程费是指各专业工程的分部分项工程应予列支的各项费用。

1. 专业工程:是指按现行国家计量规范划分的房屋建筑与装饰工程、仿古建筑工程、通用安装工程、市政工程、园林绿化工程、矿山工程、构筑物工程、城市轨道交通工程、爆破工程等各类工程。

2. 分部分项工程:是指按现行国家计量规范对各专业工程划分的项目。如市政公用设施养护维修定额划分的通用项目、道路设施养护维修工程、排水设施养护维修工程、城市照明设施养护维修工程等。

分部分项工程费包括:

(一)人工费:是指按工资总额构成规定,支付给从事建筑安装工程施工的生产工人和附属生产单位工人的各项费用。内容包括:

1. 计时工资或计件工资:是指按计时工资标准和工作时间或对已做工作按计件单价支付给个人的劳动报酬。

2. 奖金:是指对超额劳动和增收节支支付给个人的劳动报酬,如节约奖、劳动竞赛奖等。

3. 津贴补贴:是指为了补偿职工特殊或额外的劳动消耗和因其他特殊原因支付给个人的津贴,以及为了保证职工工资水平不受物价影响支付给个人的物价补贴,如流动施工津贴、特殊地区施工津贴、高温(寒)作业临时津贴、高空津贴等。

4. 加班加点工资:是指按规定支付的在法定节假日工作的加班工资和在法定日工作时间外延时工作的加点工资。

5. 特殊情况下支付的工资:是指根据国家法律、法规和政策规定,因病、工伤、产假、计划生育假、婚丧假、事假、探亲假、定期休假、停工学习、执行国家或社会义务等原因按计时工资标准或计时工资标准的一定比例支付的工资。

(二)材料费:是指施工过程中耗费的原材料、辅助材料、构配件、零件、半成品或成品、工程设备的费用,内容包括:

1. 材料原价:是指材料、工程设备的出厂价格或商家供应价格。

2. 运杂费:是指材料、工程设备自来源地运至工地仓库或指定堆放地点所发生的全部费用。

3. 运输损耗费:是指材料在运输装卸过程中不可避免的损耗。

4. 采购及保管费:是指为组织采购、供应和保管材料、工程设备的过程中所需要的各项费用。包括采购费、仓储费、工地保管费、仓储损耗。

材料运输损耗率、采购及保管费费率见附表1。

工程设备是指构成或计划构成永久工程一部分的机电设备、金属结构设备、仪器装置及其他类似的设备和装置。

（三）施工机具使用费：是指施工作业所发生的施工机械、仪器仪表使用费或其租赁费。

1. 施工机械使用费：以施工机械台班耗用量乘以施工机械台班单价表示，施工机械台班单价应由下列七项费用组成：

（1）折旧费：是指施工机械在规定的使用年限内，陆续收回其原值的费用。

（2）大修理费：是指施工机械按规定的大修理间隔台班进行必要的大修理，以恢复其正常功能所需的费用。

（3）经常修理费：是指施工机械除大修理外的各级保养和临时故障排除所需的费用。包括为保障机械正常运转所需替换设备与随机配备工具附具的摊销和维护费用，机械运转中日常保养所需润滑与擦拭的材料费用及机械停滞期间的维护和保养费用等。

（4）安拆费及场外运费：安拆费指施工机械（大型机械除外）在现场进行安装与拆卸所需的人工、材料、机械和试运转费用，以及机械辅助设施的折旧、搭设、拆除等费用；场外运费指施工机械整体或分体自停放地点运至施工现场或由一施工地点运至另一施工地点的运输、装卸、辅助材料及架线等费用。

（5）人工费：是指机上司机（司炉）和其他操作人员的人工费。

（6）燃料动力费：是指施工机械在运转作业中所消耗的各种燃料及水、电等。

（7）税费：是指施工机械按照国家规定应缴纳的车船使用税、保险费及年检费等。

2. 仪器仪表使用费：是指工程施工所需使用的仪器仪表的摊销及维修费用。

（四）企业管理费：是指建筑安装企业组织施工生产和经营管理所需的费用。内容包括：

1. 管理人员工资：是指按规定支付给管理人员的计时工资、奖金、津贴补贴、加班加点工资及特殊情况下支付的工资等。

2. 办公费：是指企业管理办公用的文具、纸张、账表、印刷、邮电、书报、办公软件、现场监控、会议、水电、烧水和集体取暖降温（包括现场临时宿舍取暖降温）等费用。

3. 差旅交通费：是指职工因公出差、调动工作的差旅费、住勤补助费，市内交通费和误餐补助费，职工探亲路费，劳动力招募费，职工退休、退职一次性路费，工伤人员就医路费，工地转移费以及管理部门使用的交通工具的油料、燃料等费用。

4. 固定资产使用费：是指管理和试验部门及附属生产单位使用的属于固定资产的房屋、设备、仪器等的折旧、大修、维修或租赁费。

5. 工具用具使用费：是指企业施工生产和管理使用的不属于固定资产的工具、器具、家具、交通工具和检验、试验、测绘、消防用具等的购置、维修和摊销费。

6. 劳动保险和职工福利费：是指由企业支付的职工退职金、按规定支付给离休干部的经费、集体福利费、夏季防暑降温、冬季取暖补贴、上下班交通补贴等。

7. 劳动保护费：是企业按规定发放的劳动保护用品的支出，如工作服、手套、防暑降温饮料以及在有碍身体健康的环境中施工的保健费用等。

8. 检验试验费：是指施工企业按照有关标准规定，对建筑以及材料、构件和建筑安装物进行一般鉴定、检查所发生的费用，包括自设试验室进行试验所耗用的材料等费用；不包括新结构、新材料的试验费，对构件做破坏性试验及其他特殊要求检验试验的费用和建设单位委托检测机构进行检测的费用，对此类检测发生的费用，由建设单位在工程建设其他费用中列支。但对施工企业提供的具有合格证明的材料进行检测不合格的，该检测费用由施工企业支付。

9. 工会经费：是指企业按《中华人民共和国工会法》规定的全部职工工资总额比例计提的工会经费。

10. 职工教育经费：是指按职工工资总额的规定比例计提，企业为职工进行专业技术和职业技能培训、专业技术人员继续教育、职工职业技能鉴定、职业资格认定以及根据需要对职工进行各类文化教育所发生的费用。

11. 财产保险费:是指施工管理用财产、车辆等的保险费用。

12. 财务费:是指企业为施工生产筹集资金或提供预付款担保、履约担保、职工工资支付担保等所发生的各种费用。

13. 税金:是指企业按规定缴纳的房产税、车船使用税、土地使用税、印花税等。

14. 工程项目附加税费:是指国家税法规定的应计入建筑安装工程造价内的城市维护建设税、教育费附加以及地方教育附加。

15. 其他:包括技术转让费、技术开发费、投标费、业务招待费、绿化费、广告费、公证费、法律顾问费、审计费、咨询费、保险费等。

(五)利润:是指施工企业完成所承包工程获得的盈利。

二、措施项目费

措施项目费是指为完成建设工程施工,发生于该工程施工前和施工过程中的技术、生活、安全、环境保护等方面的费用。内容包括:

(一)安全文明施工费:按照国家现行的建筑施工安全、施工现场环境与卫生标准和有关规定,购置和更新施工安全防护用具及设施、改善安全生产条件和作业环境及因施工现场扬尘污染防治标准提高所需要的费用。

1. 环境保护费:是指施工现场为达到环保部门要求所需要的各项费用。

2. 文明施工费:是指施工现场文明施工所需要的各项费用。

3. 安全施工费:是指施工现场安全施工所需要的各项费用。

4. 临时设施费:是指施工企业为进行建设工程施工所必须搭设的生活和生产用的临时建筑物、构筑物和其他临时设施费用。包括临时设施的搭设、维修、拆除、清理费或摊销费等。

5. 扬尘污染防治增加费:是根据河南省实际情况,施工现场扬尘污染防治标准提高所需增加的费用。

(二)单价类措施费:是指计价定额中规定的,在施工过程中可以计量的措施项目。内容包括:

1. 脚手架费:是指施工需要的各种脚手架搭、拆、运输费用及脚手架购置费的推销(或租赁)费用。

2. 垂直运输费。

3. 超高增加费。

4. 大型机械设备进出场及安拆费:是指计价定额中列项的大型机械设备进出场及安拆费。

5. 施工排水及井点降水。

6. 其他。

(三)其他措施费(费率类):是指计价定额中规定的,在施工过程中不可计量的措施项目。内容包括:

1. 夜间施工增加费:是指因夜间施工所发生的夜班补助费、夜间施工降效、夜间施工照明设备摊销及照明用电等费用。

2. 二次搬运费:是指因施工场地条件限制而发生的材料、构配件、半成品等一次运输不能到达堆放地点,必须进行二次或多次搬运所发生的费用。

3. 冬雨季施工增加费:是指在冬季施工需增加的临时设施、防滑、除雪,人工及施工机械效率降低等费用。

序号	费用名称	所占比例(占定额其他措施费比例)
1	夜间施工增加费	25%
2	二次搬运费	50%
3	冬雨季施工增加费	25%

4. 其他。

三、其他项目费

1. 暂列金额:是指建设单位在工程量清单中暂定并包括在工程合同价款中的一笔款项。用于施工合同签订时尚未确定或者不可预见的所需材料、工程设备、服务的采购,施工中可能发生的工程变更、合同约定调整因素出现时的工程价款调整以及发生的索赔、现场签证确认等的费用。

2. 计日工:是指在施工过程中,施工企业完成建设单位提出的施工图纸以外的零星项目或工作所需的费用。

3. 其他项目。

四、规费

规费是指按国家法律、法规规定,由省级政府和省级有关权力部门规定必须缴纳或计取的费用。包括:

(一)社会保险费

1. 养老保险费:是指企业按照规定标准为职工缴纳的基本养老保险费。

2. 失业保险费:是指企业按照规定标准为职工缴纳的失业保险费。

3. 医疗保险费:是指企业按照规定标准为职工缴纳的基本医疗保险费。

4. 生育保险费:是指企业按照规定标准为职工缴纳的生育保险费。

5. 工伤保险费:是指企业按照规定标准为职工缴纳的工伤保险费。

(二)住房公积金:是指企业按规定标准为职工缴纳的住房公积金。

(三)工程排污费:是指按规定缴纳的施工现场工程排污费。

(四)其他应列而未列入的规费,按实际发生计取。

五、增值税:是根据国家有关规定,计入建筑安装工程造价内的增值税。

六、工程造价计价程序表:见附表2和附表3。

附表1　材料运输损耗率、采购及保管费费率表(除税价格)

序号	材料类别名称	运输损耗率(%)		采购及保管费费率(%)	
		承包方提运	现场交货	承包方提运	现场交货
1	砖、瓦、砌块	1.74	—	2.41	1.69
2	石灰、砂、石子	2.26	—	3.01	2.11
3	水泥、陶粒、耐火土	1.16	—	1.81	1.27
4	饰面材料、玻璃	2.33	—	2.41	1.69
5	卫生洁具	1.17	—	1.21	0.84
6	灯具、开关、插座	1.17	—	1.21	0.84

续附表 1

序号	材料类别名称	运输损耗率(%)		采购及保管费费率(%)	
		承包方提运	现场交货	承包方提运	现场交货
7	电缆、配电箱(屏、柜)	—	—	0.84	0.60
8	金属材料、管材	—	—	0.96	0.66
9	其他材料	1.16	—	1.81	1.27

注:①业主供应材料(简称甲供材)时,甲供材应以除税价格计入相应的综合单价子目内。

②材料单价(除税)=(除税原价+材料运杂费)×(1+运输损耗率+采购及保管费费率)

或:材料单价(除税)=材料供应到现场的价格×(1+采购及保管费费率)。

③业主指定材料供应商并由承包方采购时,双方应依据注②的方法计算,该价格与综合单价材料取定价格的差异应计算材料差价。

④甲供材到现场,承包方现场保管费可按下列公式计算(该保管费可在税后返还甲供材料费内抵扣):

现场保管费=供应到现场的材料价格×表中"现场交货"费率。

附表 2 工程造价计价程序表(一般计税方法)

序号	费用名称	计算公式	备注
1	分部分项工程费	[1.2]+[1.3]+[1.4]+[1.5]+[1.6]+[1.7]	
1.1	其中:综合工日	定额基价分析	
1.2	定额人工费	定额基价分析	
1.3	定额材料费	定额基价分析	
1.4	定额机械费	定额基价分析	
1.5	定额管理费	定额基价分析	
1.6	定额利润	定额基价分析	
1.7	调差:	[1.7.1]+[1.7.2]+[1.7.3]+[1.7.4]	
1.7.1	人工费差价		
1.7.2	材料费差价		不含税价调差
1.7.3	机械费差价		
1.7.4	管理费差价		按规定调差
2	措施项目费	[2.2]+[2.3]+[2.4]	
2.1	其中:综合工日	定额基价分析	
2.2	安全文明施工费	定额基价分析	不可竞争费
2.3	单价类措施费	[2.3.1]+[2.3.2]+[2.3.3]+[2.3.4]+[2.3.5]+[2.3.6]	
2.3.1	定额人工费	定额基价分析	
2.3.2	定额材料费	定额基价分析	
2.3.3	定额机械费	定额基价分析	
2.3.4	定额管理费	定额基价分析	
2.3.5	定额利润	定额基价分析	
2.3.6	调差:	[2.3.6.1]+[2.3.6.2]+[2.3.6.3]+[2.3.6.4]	

续附表 2

序号	费用名称	计算公式	备注
2.3.6.1	人工费差价		
2.3.6.2	材料费差价		不含税价调差
2.3.6.3	机械费差价		
2.3.6.4	管理费差价		按规定调差
2.4	其他措施费(费率类)	[2.4.1]+[2.4.2]	
2.4.1	其他措施费(费率类)	定额基价分析	
2.4.2	其他(费率类)		按约定
3	其他项目费	[3.1]+[3.2]+[3.3]+[3.4]+[3.5]	
3.1	暂列金额		按约定
3.2	专业工程暂估价		按约定
3.3	计日工		按约定
3.4	总承包服务费	业主分包专业工程造价×费率	按约定
3.5	其他		按约定
4	规费	[4.1]+[4.2]+[4.3]	不可竞争费
4.1	定额规费	定额基价分析	
4.2	工程排污费		据实计取
4.3	其他		
5	不含税工程造价	[1]+[2]+[3]+[4]	
6	增值税	[5]×9%	一般计税方法
7	含税工程造价	[5]+[6]	

附表 3 工程造价计价程序表(简易计税方法)

序号	费用名称	计算公式	备注
1	分部分项工程费	[1.2]+[1.3]+[1.4]+[1.5]+[1.6]+[1.7]	
1.1	其中:综合工日	定额基价分析	
1.2	定额人工费	定额基价分析	
1.3	定额材料费	定额基价分析	
1.4	定额机械费	定额基价分析/(1-11.34%)	
1.5	定额管理费	定额基价分析/(1-5.13%)	
1.6	定额利润	定额基价分析	
1.7	调差:	[1.7.1]+[1.7.2]+[1.7.3]+[1.7.4]	
1.7.1	人工费差价		
1.7.2	材料费差价		含税价调差
1.7.3	机械费差价		

续附表 3

序号	费用名称	计算公式	备注
1.7.4	管理费差价	[管理费差价]/(1-5.13%)	按规定调差
2	措施项目费	[2.2]+[2.3]+[2.4]	
2.1	其中:综合工日	定额基价分析	
2.2	安全文明施工费	定额基价分析/(1-10.08%)	不可竞争费
2.3	单价类措施费	[2.3.1]+[2.3.2]+[2.3.3]+[2.3.4]+[2.3.5]+[2.3.6]	
2.3.1	定额人工费	定额基价分析	
2.3.2	定额材料费	定额基价分析	
2.3.3	定额机械费	定额基价分析/(1-11.34%)	
2.3.4	定额管理费	定额基价分析/(1-5.13%)	
2.3.5	定额利润	定额基价分析	
2.3.6	调差:	[2.3.6.1]+[2.3.6.2]+[2.3.6.3]+[2.3.6.4]	
2.3.6.1	人工费差价		
2.3.6.2	材料费差价		含税价调差
2.3.6.3	机械费差价		按规定调差
2.3.6.4	管理费差价	[管理费差价]/(1-5.13%)	按规定调差
2.4	其他措施费(费率类)	[2.4.1]+[2.4.2]	
2.4.1	其他措施费(费率类)	定额基价分析	
2.4.2	其他(费率类)		按约定
3	其他项目费	[3.1]+[3.2]+[3.3]+[3.4]+[3.5]	
3.1	暂列金额		按约定
3.2	专业工程暂估价		按约定
3.3	计日工		按约定
3.4	总承包服务费	业主分包专业工程造价×费率	按约定
3.5	其他		按约定
4	规费	[4.1]+[4.2]+[4.3]	不可竞争费
4.1	定额规费	定额基价分析	
4.2	工程排污费		据实计取
4.3	其他		
5	不含税工程造价	[1]+[2]+[3]+[4]	
6	增值税	[5]×[3%/(1+3%)]	简易计税方法
7	含税工程造价	[5]+[6]	

专 业 说 明

一、本定额包括：通用项目、道路设施养护维修工程、排水设施养护维修工程、城市照明设施养护维修工程、城市隧道养护维修工程、泵站机电设备养护维修工程、城市桥梁设施维修工程、非开挖修复工程，共计八章。

二、本定额涉及挖土方等工程项目，按《河南省市政设施养护维修定额》的通用项目中的相应项目执行。

三、本定额按正常施工条件和施工方法、机械化程度以及合理的劳动组织及工期进行编制。

1. 材料、设备、成品、半成品、构配件完整无损，符合质量标准和设计要求，附有合格证书和实验记录。

2. 正常的气候、地理条件和施工环境。

四、关于人工

1. 本定额的人工以人工费表示。

2. 本定额人工按 8 小时工作制计算。

五、关于材料

1. 本定额采用的材料（包括构配件、零件、半成品、成品）均为符合国家质量标准和相应设计要求的合格产品。

2. 本定额中的材料包括施工中消耗的主要材料、辅助材料、周转材料和其他材料。

3. 本定额中材料消耗量包括净用量和损耗量。规范（设计文件）规定的预留量、搭接量不在损耗中考虑。

4. 本定额中除特殊说明外，大理石按工程半成品石材考虑，消耗量中仅包括了场内运输、施工及零星切割的损耗。

5. 混凝土、砌筑砂浆、抹灰砂浆及各种胶泥等均按工程半成品消耗量以体积表示。

6. 本定额中所使用的砂浆均按干混预拌砂浆编制，若实际使用现拌砂浆或湿拌预拌砂浆，按以下方法调整：

（1）使用现拌砂浆的，除将定额中的干混砂浆调换为现拌砂浆外，砌筑砂浆按每立方米砂浆增加：人工 0.382 工日、200L 灰浆搅拌机 0.02 台班，同时扣除原定额中干混砂浆罐式搅拌机台班。其余定额按每立方米砂浆增加人工 0.382 工日，同时将原定额中干混砂浆罐式搅拌机调换为 200L 灰浆搅拌机，台班含量不变。

（2）使用湿拌预拌砂浆的，除将定额中的干混砂浆调换为湿拌砂浆外，另按相应定额中按每立方米砂浆扣除人工 0.20 工日，并扣除干混预拌砂浆罐式搅拌机台班数量。

7. 本定额中的周转性材料按不同施工方法、不同类别、材质，计算出一次摊消耗量进入定额。

8. 对于用量少、低值易耗的零星材料，列为其他材料。

六、关于机械

1. 本定额中的机械按常用机械、合理机械配备和施工企业的机械化装备程度，并结合工程实际综合确定。

2. 本定额中的机械台班消耗量按正常机械施工工效并考虑机械幅度差综合确定。

3. 挖掘机械、打桩机械、吊装机械、运输机械（包括推土机、铲运机及构件运输机械等）分别按机械、容量或性能及工作对象，按单机或主机与配合辅助机械，分别以台班消耗量表示。

4. 凡单位价值在2000元以内、使用年限在一年以内的不构成固定资产的施工机械，不列入机械台班消耗量，作为工具用具在建筑安装工程费中的企业管理费考虑，其消耗的燃料动力等列入材料内。

七、工作内容已说明了主要的施工工序，次要工序虽未说明，但均已包括在内。

八、施工与生产同时进行、在有害身体健康的环境中施工时的降效增加费，本定额未考虑，发生时另计算。

九、本定额中未注明或省略的尺寸单位，均为“mm”。

十、凡本说明未尽事宜，详见各章说明和附录。

第一章　通用项目

说　明

一、本章定额适用于市政养护工程中的道路、桥梁、隧道、排水、河渠、泵站、路灯工程，不适用于新建市政工程。

二、本章包括土方工程、拆除工程、材料运输、脚手架等，除另有规定外，适用于本定额其他各章。

三、本章土壤按一、二类土，三类土和四类土分类，其具体分类见下表。

土壤分类表

土壤分类	土壤名称	开挖方法
一、二类土	粉土、砂土（粉砂、细砂、中砂、粗砂、砾砂）、粉质黏土、弱中盐渍土、软土（淤泥质土、泥炭、泥炭质土）、软塑红黏土、冲填土	用锹，少许用镐、条锄开挖。 机械能全部直接铲挖满载者
三类土	黏土、碎石土（圆砾、角砾）混合土、可塑红黏土、硬塑红黏土、强盐渍土、素填土、压实填土	主要用镐、条锄，少许用锹开挖。 机械需部分刨松方能铲挖满载者，或可直接铲挖但不能满载者
四类土	碎石土（卵石、碎石、漂石、块石）、坚硬红黏土、超盐渍土、杂填土	全部用镐、条锄挖掘，少许用撬棍挖掘。 机械须普遍刨松方能铲挖满载者

四、干土、湿土、淤泥的划分：首先以地质勘察资料为准，含水率大于或等于 25%、不超过液限的为湿土；或以地下常水位为准，常水位以上为干土，以下为湿土；含水率超过液限的为淤泥。

五、土方、沟槽、基坑的划分：

底宽≤7m，且底长>3 倍底宽为沟槽；底长≤3 倍底宽，且底面面积≤150m^2 为基坑；超出上述范围又非平整场地的，按照土方计算。

六、人工挖沟槽，如只在一侧弃土，定额中人工消耗量乘以系数 1.15。

七、挖湿土时，人工和机械挖土子目乘以系数 1.18，干、湿土工程量分别计算。

八、人工挖一般土方、沟槽、基坑深度超过 6m 时，6m<深度≤7m，按深度≤6m 相应项目人工乘以系数 1.25；7m<深度≤8m，按深度≤6m 相应项目人工乘以系数 1.25；以此类推。

九、在支撑下挖沟槽、基坑时，人工挖土子目乘以系数 1.43、机械挖土子目乘以系数 1.2，先开挖后支撑的不属于支撑下挖土。

十、人工挖土中遇碎、砾石含量在 31%～50%的密实黏土或黄土时按四类土定额子目乘以 1.43 的系数。

十一、回填工程中，如回填材料取用重心距回填重心超过 5m，应套相应材料运输定额子目。

十二、排水工程：本分部子目中的抽水机、水泵等机械设备台班消耗量是综合取定的，实际使用与定额取定不符时，不可调整。

十三、砌筑物高度超过 1.2m 时可计算脚手架搭拆费用。

十四、运输材料相关定额子目是指场内运输（材料从集中堆放场地运至施工现场，或从施工现场运至材料集中堆放场地），可套用相关定额子目。材料外运时如没有相关定额子目执行，可借用汽车运输材料的相关子目。

十五、施工中如需要使用大型机械，大型机械的进出场费用执行《河南省房屋建筑与装饰工程预算定额》（HA01—31—2016）的相关定额子目。

十六、吸运管道、涵洞淤泥：仅包含吸和运淤泥，以及吸淤泥后的冲洗费用，如需单独冲洗管道涵洞的，需执行其他章节子目。

工程量计算规则

一、本定额土方的挖、推、铲、装、运等体积均以天然密实体积计算,回填土按压实后的体积计算,不同状态的土方体积,按土方体积换算表相关系数换算。

土方体积换算表

虚方体积	天然密实体积	压实后体积	松填体积
1.00	0.77	0.67	0.83
1.20	0.92	0.80	1.00
1.30	1.00	0.87	1.08
1.50	1.15	1.00	1.25

二、挖土方、沟(路)槽、基坑等,均按设计图示的开挖体积计算,如设计无明确规定,可按下列规定计算:

1. 挖土方、沟(路)槽、基坑采用放坡开挖,其挖土体积按照下表规定计算。

放坡系数表

土壤类别	放坡起点深度(m)	人工开挖	机械开挖		
			槽、坑内作业	槽、坑边作业	顺沟槽方向坑上作业
一、二类土	1.20	1:0.50	1:0.33	1:0.75	1:0.50
三类土	1.50	1:0.33	1:0.25	1:0.67	1:0.33
四类土	2.00	1:0.25	1:0.10	1:0.33	1:0.25

2. 挖沟槽需要考虑施工工作面,其管沟底部每侧增加工作面宽度按照下表规定计算。

管沟底部每侧工作面宽度表

单位:cm

<table>
<tr><th rowspan="2">管道结构宽(cm)</th><th rowspan="2">混凝土管道基础 90°</th><th rowspan="2">混凝土管道基础>90°</th><th rowspan="2">金属管道</th><th colspan="2">构筑物</th></tr>
<tr><th>无防潮层</th><th>有防潮层</th></tr>
<tr><td>50 以内</td><td>40</td><td>40</td><td>30</td><td rowspan="3">40</td><td rowspan="3">60</td></tr>
<tr><td>100 以内</td><td>50</td><td>50</td><td>40</td></tr>
<tr><td>250 以内</td><td>60</td><td>50</td><td>40</td></tr>
</table>

3. 采用放坡开挖时的放坡起点,有垫层的由垫层下面开始放坡,无垫层的由沟、坑底的地面开始放坡。

4. 在同一槽、坑或如遇类别不同土壤,应根据地质勘测资料分别计算,其放坡系数可按各类土壤的坡度系数与各类土壤占其全部深度的百分比加权计算。

5. 凡支挡土板部分不再计算放坡工程量,放坡部分不得再计算挡土板工程量;计算放坡和支挡土板挖土时,在交界处所产生的重复工程量不予扣除。

三、挖路槽,路槽宽度按设计规定计算,如无设计规定,可按照道路底基层设计宽度,每侧增加15cm 考虑。

四、支挡土板以槽、坑垂直的支撑面积计算,挡土板面积占支撑面积 100% 者为密板,占支撑面积 30% 以下者为稀板,如挡土板面积占支撑面积 30% 以上,以密板为基础,材料费按比例递减,人工费不变。

五、计算沟槽土方工程量时,不扣除各种检查井所占长度,检查井和管道接口等处需要加宽的工程量合并在挖沟槽子目中计算,多出的体积可按整个沟槽开挖体积的2.5%考虑。

六、填方按设计图示尺寸以体积计算。

七、切缝工程,按照设计图纸或实际维修工程量,以延长米计算。

八、铣刨工程,按照设计图纸或实际维修工程量,以平方米计算。

九、拆除道路基层、面层,按照设计图纸或实际维修工程量,以面积计算。

十、机械拆除多合土、空压机破除道路,按照设计图纸或实际维修工程量,以面积计算。

十一、拆除人行道、侧石、平石、砖石砌体、混凝土构筑物等,按照设计图纸或实际维修工程量计算。

十二、拆除检查井、收水井按座计算。

十三、拆除管道,按照设计图纸或实际维修工程量,以延长米计算,不扣除井所占长度。

十四、伐树,按照设计图纸或实际维修工程量,以棵计算。

十五、割、挖、清除草皮,按照设计图纸或实际维修工程量,以面积计算。

十六、找井按照发生工程量,以座计算。

十七、材料运输,按照相应材料的消耗计算,人工运输材料上坡,坡度大于15%时,其运距按运输斜坡长度乘以5计算。

十八、脚手架:

1. 脚手架工程量按墙面水平边线长度乘以墙面砌筑高度,以面积计算。

2. 柱形砌体按图示柱结构外围周长另加3.6m乘以砌筑高度,以面积计算。

3. 井字架根据搭设高度按数量计算。

4. 满堂脚手架按搭设的水平投影面积计算,其高度在3.6~5.2m时计算基本层,5.2m以外,每增加1.2m计算一个增加层,不足0.6m按一个增加层乘以系数0.5计算。

一、挖土方

1. 人工挖土方、路槽、沟槽、基坑

工作内容:挖土,抛土,修整底边,弃土现场就近堆放。

计量单位:10m³

定额编号				1-1	1-2	1-3
项目				人工挖土方		
				一、二类土		
				深 2m 内	深 4m 内	深 6m 内
基价(元)				308.06	498.40	612.38
其中	人工费(元)			193.27	312.69	384.20
	材料费(元)			—	—	—
	机械使用费(元)			—	—	—
	其他措施费(元)			5.80	9.38	11.53
	安文费(元)			11.75	19.01	23.36
	管理费(元)			20.15	32.60	40.05
	利润(元)			16.79	27.16	33.37
	规费(元)			60.30	97.56	119.87
名称		单位	单价(元)	数量		
综合工日		工日		(2.22)	(3.59)	(4.41)

工作内容:挖土,抛土,修整底边,弃土现场就近堆放。

计量单位:10m³

定额编号				1-4	1-5	1-6
项目				人工挖土方		
				三类土		
				深 2m 内	深 4m 内	深 6m 内
基价(元)				498.54	738.32	802.86
其中	人工费(元)			312.78	463.20	503.70
	材料费(元)			—	—	—
	机械使用费(元)			—	—	—
	其他措施费(元)			9.38	13.90	15.11
	安文费(元)			19.02	28.17	30.63
	管理费(元)			32.60	48.29	52.51
	利润(元)			27.17	40.24	43.76
	规费(元)			97.59	144.52	157.15
名称		单位	单价(元)	数量		
综合工日		工日		(3.59)	(5.32)	(5.78)

工作内容:挖土,抛土,修整底边,弃土现场就近堆放。

计量单位:$10m^3$

定　额　编　号				1-7	1-8	1-9
项　目				人工挖土方		
				四类土		
				深 2m 内	深 4m 内	深 6m 内
基　价(元)				729.41	919.21	1033.86
其中	人　工　费(元)			457.62	576.69	648.63
	材　料　费(元)			—	—	—
	机械使用费(元)			—	—	—
	其他措施费(元)			13.73	17.30	19.46
	安　文　费(元)			27.83	35.07	39.44
	管　理　费(元)			47.70	60.12	67.61
	利　润(元)			39.75	50.10	56.35
	规　费(元)			142.78	179.93	202.37
名　称		单位	单价(元)	数　量		
综合工日		工日		(5.25)	(6.62)	(7.45)

工作内容:1. 挖泥,装泥,弃土现场就近堆放。
2. 挖捞流砂,弃土现场就近堆放。

计量单位:$10m^3$

定　额　编　号				1-10	1-11
项　目				人工挖	
				流砂	淤泥
基　价(元)				1413.29	1457.72
其中	人　工　费(元)			886.68	914.55
	材　料　费(元)			—	—
	机械使用费(元)			—	—
	其他措施费(元)			26.60	27.44
	安　文　费(元)			53.92	55.61
	管　理　费(元)			92.43	95.33
	利　润(元)			77.02	79.45
	规　费(元)			276.64	285.34
名　称		单位	单价(元)	数　量	
综合工日		工日		(10.18)	(10.50)

工作内容:挖土,抛土,修整底边,找平,弃土现场就近堆放。

计量单位:$10m^3$

定额编号				1-12	1-13	1-14	1-15
项目				人工挖路槽(床)土方			
				一、二类土			
				$5m^2$ 以内	$10m^2$ 以内	$20m^2$ 以内	$20m^2$ 以外
基价(元)				678.89	601.12	537.28	485.91
其中	人工费(元)			425.92	377.14	337.08	304.85
	材料费(元)			—	—	—	—
	机械使用费(元)			—	—	—	—
	其他措施费(元)			12.78	11.31	10.11	9.15
	安文费(元)			25.90	22.93	20.50	18.54
	管理费(元)			44.40	39.31	35.14	31.78
	利润(元)			37.00	32.76	29.28	26.48
	规费(元)			132.89	117.67	105.17	95.11
名称		单位	单价(元)	数量			
综合工日		工日		(4.89)	(4.33)	(3.87)	(3.50)

工作内容:挖土,抛土,修整底边,找平,弃土现场就近堆放。

计量单位:$10m^3$

定额编号				1-16	1-17	1-18	1-19
项目				人工挖路槽(床)土方			
				三类土			
				$5m^2$ 以内	$10m^2$ 以内	$20m^2$ 以内	$20m^2$ 以外
基价(元)				1274.47	1074.52	928.77	816.32
其中	人工费(元)			799.58	674.15	582.70	512.15
	材料费(元)			—	—	—	—
	机械使用费(元)			—	—	—	—
	其他措施费(元)			23.99	20.22	17.48	15.36
	安文费(元)			48.62	40.99	35.43	31.14
	管理费(元)			83.35	70.27	60.74	53.39
	利润(元)			69.46	58.56	50.62	44.49
	规费(元)			249.47	210.33	181.80	159.79
名称		单位	单价(元)	数量			
综合工日		工日		(9.18)	(7.74)	(6.69)	(5.88)

工作内容:挖土,抛土,修整底边,找平,弃土现场就近堆放。

计量单位:$10m^3$

定额编号				1-20	1-21	1-22	1-23
项目				人工挖路槽(床)土方			
				四类土			
				$5m^2$ 以内	$10m^2$ 以内	$20m^2$ 以内	$20m^2$ 以外
基价(元)				1697.89	1457.72	1274.47	1134.25
其中	人工费(元)			1065.23	914.55	799.58	711.61
	材料费(元)			—	—	—	—
	机械使用费(元)			—	—	—	—
	其他措施费(元)			31.96	27.44	23.99	21.35
	安文费(元)			64.77	55.61	48.62	43.27
	管理费(元)			111.04	95.33	83.35	74.18
	利润(元)			92.54	79.45	69.46	61.82
	规费(元)			332.35	285.34	249.47	222.02
名称		单位	单价(元)	数量			
综合工日		工日		(12.23)	(10.50)	(9.18)	(8.17)

工作内容:挖土,抛土于沟槽两侧 1m 以外,无弃土,整形,并根据需要留出进料口。

计量单位:$10m^3$

定额编号				1-24	1-25	1-26
项目				人工挖沟槽土方		
				一、二类土		
				底宽 1.5m 以内		
				深 2m 以内	深 4m 以内	深 6m 以内
基价(元)				502.56	645.57	816.32
其中	人工费(元)			315.30	405.02	512.15
	材料费(元)			—	—	—
	机械使用费(元)			—	—	—
	其他措施费(元)			9.46	12.15	15.36
	安文费(元)			19.17	24.63	31.14
	管理费(元)			32.87	42.22	53.39
	利润(元)			27.39	35.18	44.49
	规费(元)			98.37	126.37	159.79
名称		单位	单价(元)	数量		
综合工日		工日		(3.62)	(4.65)	(5.88)

工作内容：挖土，抛土于沟槽两侧1m以外，无弃土，整形，并根据需要留出进料口。

计量单位：$10m^3$

定额编号				1-27	1-28	1-29
项目				人工挖沟槽土方		
				三类土		
				底宽1.5m以内		
				深2m以内	深4m以内	深6m以内
基价(元)				809.37	953.77	1123.14
其中	人工费(元)			507.79	598.38	704.64
	材料费(元)			—	—	—
	机械使用费(元)			—	—	—
	其他措施费(元)			15.23	17.95	21.14
	安文费(元)			30.88	36.39	42.85
	管理费(元)			52.93	62.38	73.45
	利润(元)			44.11	51.98	61.21
	规费(元)			158.43	186.69	219.85
名称		单位	单价(元)	数量		
综合工日		工日		(5.83)	(6.87)	(8.09)

工作内容：挖土，抛土于沟槽两侧1m以外，无弃土，整形，并根据需要留出进料口。

计量单位：$10m^3$

定额编号				1-30	1-31	1-32
项目				人工挖沟槽土方		
				四类土		
				底宽1.5m以内		
				深2m以内	深4m以内	深6m以内
基价(元)				1207.82	1352.20	1521.59
其中	人工费(元)			757.77	848.35	954.62
	材料费(元)			—	—	—
	机械使用费(元)			—	—	—
	其他措施费(元)			22.73	25.45	28.64
	安文费(元)			46.08	51.59	58.05
	管理费(元)			78.99	88.43	99.51
	利润(元)			65.83	73.69	82.93
	规费(元)			236.42	264.69	297.84
名称		单位	单价(元)	数量		
综合工日		工日		(8.70)	(9.74)	(10.96)

工作内容:挖土,抛土于沟槽两侧 1m 以外,无弃土,整形,并根据需要留出进料口。

计量单位:$10m^3$

定额编号				1-33	1-34	1-35
项目				人工挖沟槽土方		
				一、二类土		
				底宽 3m 以内		
				深 2m 以内	深 4m 以内	深 6m 以内
基价(元)				608.09	749.69	917.67
其中	人工费(元)			381.50	470.34	575.73
	材料费(元)			—	—	—
	机械使用费(元)			—	—	—
	其他措施费(元)			11.45	14.11	17.27
	安文费(元)			23.20	28.60	35.01
	管理费(元)			39.77	49.03	60.02
	利润(元)			33.14	40.86	50.01
	规费(元)			119.03	146.75	179.63
名称		单位	单价(元)	数量		
综合工日		工日		(4.38)	(5.40)	(6.61)

工作内容:挖土,抛土于沟槽两侧 1m 以外,无弃土,整形,并根据需要留出进料口。

计量单位:$10m^3$

定额编号				1-36	1-37	1-38
项目				人工挖沟槽土方		
				三类土		
				底宽 3m 以内		
				深 2m 以内	深 4m 以内	深 6m 以内
基价(元)				980.15	1121.75	1291.13
其中	人工费(元)			614.93	703.77	810.03
	材料费(元)			—	—	—
	机械使用费(元)			—	—	—
	其他措施费(元)			18.45	21.11	24.30
	安文费(元)			37.39	42.79	49.26
	管理费(元)			64.10	73.36	84.44
	利润(元)			53.42	61.14	70.37
	规费(元)			191.86	219.58	252.73
名称		单位	单价(元)	数量		
综合工日		工日		(7.06)	(8.08)	(9.30)

工作内容：挖土，抛土于沟槽两侧 1 m 以外，无弃土，整形，并根据需要留出进料口。

计量单位：$10m^3$

定额编号				1-39	1-40	1-41
项目				人工挖沟槽土方		
				四类土		
				底宽 3m 以内		
				深 2m 以内	深 4m 以内	深 6m 以内
基价(元)				1468.83	1611.81	1782.58
其中	人工费(元)			921.52	1011.23	1118.36
	材料费(元)			—	—	—
	机械使用费(元)			—	—	—
	其他措施费(元)			27.65	30.34	33.55
	安文费(元)			56.04	61.49	68.01
	管理费(元)			96.06	105.41	116.58
	利润(元)			80.05	87.84	97.15
	规费(元)			287.51	315.50	348.93
名称		单位	单价(元)	数量		
综合工日		工日		(10.58)	(11.61)	(12.84)

工作内容：挖土，上倒、平倒，装土，提至地面，整形，并保持基坑四周 1m 以内无弃土。

计量单位：$10m^3$

定额编号				1-42	1-43	1-44
项目				人工挖基坑土方		
				一、二类土		
				底面积 $5m^2$ 以内		
				深 2m 以内	深 4m 以内	深 6m 以内
基价(元)				667.77	810.76	981.53
其中	人工费(元)			418.95	508.66	615.80
	材料费(元)			—	—	—
	机械使用费(元)			—	—	—
	其他措施费(元)			12.57	15.26	18.47
	安文费(元)			25.48	30.93	37.45
	管理费(元)			43.67	53.02	64.19
	利润(元)			36.39	44.19	53.49
	规费(元)			130.71	158.70	192.13
名称		单位	单价(元)	数量		
综合工日		工日		(4.81)	(5.84)	(7.07)

工作内容:挖土,上倒、平倒,装土,提至地面,整形,并保持基坑四周 1m 以内无弃土。

计量单位:10m³

定额编号				1-45	1-46	1-47
项目				人工挖基坑土方		
				三类土		
				底面积 5m² 以内		
				深 2m 以内	深 4m 以内	深 6m 以内
基价(元)				1087.03	1230.04	1400.80
其中	人工费(元)			681.99	771.71	878.84
	材料费(元)			—	—	—
	机械使用费(元)			—	—	—
	其他措施费(元)			20.46	23.15	26.37
	安文费(元)			41.47	46.93	53.44
	管理费(元)			71.09	80.44	91.61
	利润(元)			59.24	67.04	76.34
	规费(元)			212.78	240.77	274.20
名称		单位	单价(元)	数量		
综合工日		工日		(7.83)	(8.86)	(10.09)

工作内容:挖土,上倒、平倒,装土,提至地面,整形,并保持基坑四周 1m 以内无弃土。

计量单位:10m³

定额编号				1-48	1-49	1-50
项目				人工挖基坑土方		
				四类土		
				底面积 5m² 以内		
				深 2m 以内	深 4m 以内	深 6m 以内
基价(元)				1639.59	1781.18	1950.57
其中	人工费(元)			1028.65	1117.49	1223.76
	材料费(元)			—	—	—
	机械使用费(元)			—	—	—
	其他措施费(元)			30.86	33.52	36.71
	安文费(元)			62.55	67.95	74.41
	管理费(元)			107.23	116.49	127.57
	利润(元)			89.36	97.07	106.31
	规费(元)			320.94	348.66	381.81
名称		单位	单价(元)	数量		
综合工日		工日		(11.81)	(12.83)	(14.05)

工作内容:挖土,上倒、平倒,装土,提至地面,整形,并保持基坑四周1m以内无弃土。

计量单位:$10m^3$

定额编号				1-51	1-52	1-53
项目				人工挖基坑土方		
				一、二类土		
				底面积 $10m^2$ 以内		
				深2m以内	深4m以内	深6m以内
基价(元)				562.26	705.26	874.63
其中	人工费(元)			352.76	442.47	548.73
	材料费(元)			—	—	—
	机械使用费(元)			—	—	—
	其他措施费(元)			10.58	13.27	16.46
	安文费(元)			21.45	26.91	33.37
	管理费(元)			36.77	46.12	57.20
	利润(元)			30.64	38.44	47.67
	规费(元)			110.06	138.05	171.20
名称		单位	单价(元)	数量		
综合工日		工日		(4.05)	(5.08)	(6.30)

工作内容:挖土,上倒、平倒,装土,提至地面,整形,并保持基坑四周1m以内无弃土。

计量单位:$10m^3$

定额编号				1-54	1-55	1-56
项目				人工挖基坑土方		
				三类土		
				底面积 $10m^2$ 以内		
				深2m以内	深4m以内	深6m以内
基价(元)				907.94	1050.95	1220.33
其中	人工费(元)			569.63	659.35	765.61
	材料费(元)			—	—	—
	机械使用费(元)			—	—	—
	其他措施费(元)			17.09	19.78	22.97
	安文费(元)			34.64	40.09	46.56
	管理费(元)			59.38	68.73	79.81
	利润(元)			49.48	57.28	66.51
	规费(元)			177.72	205.72	238.87
名称		单位	单价(元)	数量		
综合工日		工日		(6.54)	(7.57)	(8.79)

工作内容：挖土，上倒、平倒，装土，提至地面，整形，并保持基坑四周 1m 以内无弃土。

计量单位：$10m^3$

定额编号				1-57	1-58	1-59
项目				人工挖基坑土方		
				四类土		
				底面积 $10m^2$ 以内		
				深 2m 以内	深 4m 以内	深 6m 以内
基价(元)				1360.54	1502.15	1672.91
其中	人工费(元)			853.58	942.42	1049.56
	材料费(元)			—	—	—
	机械使用费(元)			—	—	—
	其他措施费(元)			25.61	28.27	31.49
	安文费(元)			51.90	57.31	63.82
	管理费(元)			88.98	98.24	109.41
	利润(元)			74.15	81.87	91.17
	规费(元)			266.32	294.04	327.46
名称		单位	单价(元)	数量		
综合工日		工日		(9.80)	(10.82)	(12.05)

工作内容：挖土，上倒、平倒，装土，提至地面，整形，并保持基坑四周 1m 以内无弃土。

计量单位：$10m^3$

定额编号				1-60	1-61	1-62
项目				人工挖基坑土方		
				一、二类土		
				底面积 $20m^2$ 以内		
				深 2m 以内	深 4m 以内	深 6m 以内
基价(元)				626.12	769.12	939.89
其中	人工费(元)			392.82	482.53	589.67
	材料费(元)			—	—	—
	机械使用费(元)			—	—	—
	其他措施费(元)			11.78	14.48	17.69
	安文费(元)			23.89	29.34	35.86
	管理费(元)			40.95	50.30	61.47
	利润(元)			34.12	41.92	51.22
	规费(元)			122.56	150.55	183.98
名称		单位	单价(元)	数量		
综合工日		工日		(4.51)	(5.54)	(6.77)

工作内容:挖土,上倒、平倒,装土,提至地面,整形,并保持基坑四周1m以内无弃土。

计量单位:10m³

定额编号				1-63	1-64	1-65
项目				人工挖基坑土方		
				三类土		
				底面积 $20m^2$ 以内		
				深2m以内	深4m以内	深6m以内
基价(元)				1017.61	1160.63	1329.99
其中	人工费(元)			638.44	728.16	834.42
	材料费(元)			—	—	—
	机械使用费(元)			—	—	—
	其他措施费(元)			19.15	21.84	25.03
	安文费(元)			38.82	44.28	50.74
	管理费(元)			66.55	75.91	86.98
	利润(元)			55.46	63.25	72.48
	规费(元)			199.19	227.19	260.34
名称		单位	单价(元)	数量		
综合工日		工日		(7.33)	(8.36)	(9.58)

工作内容:挖土,上倒、平倒,装土,提至地面,整形,并保持基坑四周1m以内无弃土。

计量单位:10m³

定额编号				1-66	1-67	1-68
项目				人工挖基坑土方		
				四类土		
				底面积 $20m^2$ 以内		
				深2m以内	深4m以内	深6m以内
基价(元)				1528.52	1671.52	1840.89
其中	人工费(元)			958.97	1048.68	1154.95
	材料费(元)			—	—	—
	机械使用费(元)			—	—	—
	其他措施费(元)			28.77	31.46	34.65
	安文费(元)			58.31	63.77	70.23
	管理费(元)			99.97	109.32	120.39
	利润(元)			83.30	91.10	100.33
	规费(元)			299.20	327.19	360.34
名称		单位	单价(元)	数量		
综合工日		工日		(11.01)	(12.04)	(13.26)

工作内容:挖土,上倒、平倒,装土,提至地面,整形,并保持基坑四周1m以内无弃土。

计量单位:$10m^3$

定额编号				1-69	1-70	1-71
项目				人工挖基坑土方		
				一、二类土		
				底面积 $50m^2$ 以内		
				深2m以内	深4m以内	深6m以内
基价(元)				691.38	834.36	1003.73
其中	人工费(元)			433.76	523.47	629.73
	材料费(元)			—	—	—
	机械使用费(元)			—	—	—
	其他措施费(元)			13.01	15.70	18.89
	安文费(元)			26.38	31.83	38.29
	管理费(元)			45.22	54.57	65.64
	利润(元)			37.68	45.47	54.70
	规费(元)			135.33	163.32	196.48
名称		单位	单价(元)	数量		
综合工日		工日		(4.98)	(6.01)	(7.23)

工作内容:挖土,上倒、平倒,装土,提至地面,整形,并保持基坑四周1m以内无弃土。

计量单位:$10m^3$

定额编号				1-72	1-73	1-74
项目				人工挖基坑土方		
				三类土		
				底面积 $50m^2$ 以内		
				深2m以内	深4m以内	深6m以内
基价(元)				1125.90	1268.91	1439.67
其中	人工费(元)			706.38	796.09	903.23
	材料费(元)			—	—	—
	机械使用费(元)			—	—	—
	其他措施费(元)			21.19	23.88	27.10
	安文费(元)			42.95	48.41	54.92
	管理费(元)			73.63	82.99	94.15
	利润(元)			61.36	69.16	78.46
	规费(元)			220.39	248.38	281.81
名称		单位	单价(元)	数量		
综合工日		工日		(8.11)	(9.14)	(10.37)

工作内容:挖土,上倒、平倒,装土,提至地面,整形,并保持基坑四周1m以内无弃土。

计量单位:$10m^3$

定额编号				1-75	1-76	1-77
项目				人工挖基坑土方		
				四类土		
				底面积 $50m^2$ 以内		
				深2m以内	深4m以内	深6m以内
基价(元)				1696.50	1839.50	2008.88
其中	人工费(元)			1064.36	1154.08	1260.34
	材料费(元)			—	—	—
	机械使用费(元)			—	—	—
	其他措施费(元)			31.93	34.62	37.81
	安文费(元)			64.72	70.18	76.64
	管理费(元)			110.95	120.30	131.38
	利润(元)			92.46	100.25	109.48
	规费(元)			332.08	360.07	393.23
名称		单位	单价(元)	数量		
综合工日		工日		(12.22)	(13.25)	(14.47)

2. 机械挖土方、路槽、沟槽、基坑

工作内容:挖土,将土堆放在一边,清理机下余土。

计量单位:$10m^3$

定额编号				1-78	1-79	1-80
项目				反铲挖掘机(斗装量 $0.6m^3$)不装车		
				一、二类土	三类土	四类土
基价(元)				62.62	72.24	79.65
其中	人工费(元)			7.84	7.84	7.84
	材料费(元)			—	—	—
	机械使用费(元)			37.89	45.16	50.77
	其他措施费(元)			0.61	0.69	0.74
	安文费(元)			2.39	2.76	3.04
	管理费(元)			4.10	4.72	5.21
	利润(元)			3.41	3.94	4.34
	规费(元)			6.38	7.13	7.71
名称		单位	单价(元)	数量		
综合工日		工日		(0.18)	(0.20)	(0.22)
履带式单斗液压挖掘机 斗容量(m^3) 0.6		台班	801.50	0.043	0.051	0.058
履带式推土机 功率(kW) 75		台班	857.00	0.004	0.005	0.005

工作内容:1. 挖淤泥,堆放一边,清理机下余土。
2. 挖流砂,堆放一边,清理机下余土。

计量单位:$10m^3$

定额编号				1-81	1-82
项目				抓铲挖掘机	
				斗容量 $0.5m^3$	
				淤泥	流砂
基价(元)				75.57	84.36
其中	人工费(元)			3.31	3.66
	材料费(元)			—	—
	机械使用费(元)			59.19	66.11
	其他措施费(元)			0.10	0.11
	安文费(元)			2.88	3.22
	管理费(元)			4.94	5.52
	利润(元)			4.12	4.60
	规费(元)			1.03	1.14
名称		单位	单价(元)	数量	
综合工日		工日		(0.04)	(0.04)
抓铲挖掘机 斗容量 $0.5m^3$		台班	768.73	0.077	0.086

工作内容:挖土,抛土,清理机下余土,弃土现场就近堆放。

计量单位:$10m^3$

定额编号				1-83	1-84	1-85	1-86
项目				机械挖路槽土方			
				一、二类土			
				$50m^2$ 以内	$100m^2$ 以内	$200m^2$ 以内	$200m^2$ 以外
基价(元)				56.58	49.99	44.91	40.69
其中	人工费(元)			11.32	10.02	8.97	8.10
	材料费(元)			—	—	—	—
	机械使用费(元)			32.45	28.64	25.77	23.39
	其他措施费(元)			0.34	0.30	0.27	0.24
	安文费(元)			2.16	1.91	1.71	1.55
	管理费(元)			3.70	3.27	2.94	2.66
	利润(元)			3.08	2.72	2.45	2.22
	规费(元)			3.53	3.13	2.80	2.53
名称		单位	单价(元)	数量			
综合工日		工日		(0.13)	(0.12)	(0.10)	(0.09)
轮胎式单斗液压挖掘机 斗容量(m^3) 0.4		台班	477.26	0.068	0.060	0.054	0.049

工作内容:挖土,抛土,清理机下余土,弃土现场就近堆放。

计量单位:10m³

定额编号				1-87	1-88	1-89	1-90
项目				机械挖路槽土方			
				三类土			
				50m² 以内	100m² 以内	200m² 以内	200m² 以外
基价(元)				65.72	57.97	51.94	46.85
其中	人工费(元)			14.20	12.54	11.24	10.19
	材料费(元)			—	—	—	—
	机械使用费(元)			36.27	31.98	28.64	25.77
	其他措施费(元)			0.43	0.38	0.34	0.31
	安文费(元)			2.51	2.21	1.98	1.79
	管理费(元)			4.30	3.79	3.40	3.06
	利润(元)			3.58	3.16	2.83	2.55
	规费(元)			4.43	3.91	3.51	3.18
名称		单位	单价(元)	数量			
综合工日		工日		(0.16)	(0.14)	(0.13)	(0.12)
轮胎式单斗液压挖掘机 斗容量(m^3) 0.4		台班	477.26	0.076	0.067	0.060	0.054

工作内容:挖土,抛土,清理机下余土,弃土现场就近堆放。

计量单位:10m³

定额编号				1-91	1-92	1-93	1-94
项目				机械挖路槽土方			
				四类土			
				50m² 以内	100m² 以内	200m² 以内	200m² 以外
基价(元)				73.45	64.84	57.84	51.94
其中	人工费(元)			15.85	14.02	12.46	11.24
	材料费(元)			—	—	—	—
	机械使用费(元)			40.57	35.79	31.98	28.64
	其他措施费(元)			0.48	0.42	0.37	0.34
	安文费(元)			2.80	2.47	2.21	1.98
	管理费(元)			4.80	4.24	3.78	3.40
	利润(元)			4.00	3.53	3.15	2.83
	规费(元)			4.95	4.37	3.89	3.51
名称		单位	单价(元)	数量			
综合工日		工日		(0.18)	(0.16)	(0.14)	(0.13)
轮胎式单斗液压挖掘机 斗容量(m^3) 0.4		台班	477.26	0.085	0.075	0.067	0.060

工作内容：挖土，抛土于沟槽两侧1m以外，无弃土，整形，并根据需要留出进料口。

计量单位：$10m^3$

定额编号				1-95	1-96	1-97
项目				机械挖沟槽土方		
				一、二类土		
				深2m内	深4m内	深6m内
基价(元)				75.20	94.02	117.67
其中	人工费(元)			25.35	31.70	39.63
	材料费(元)			—	—	—
	机械使用费(元)			29.29	36.62	45.89
	其他措施费(元)			0.76	0.95	1.19
	安文费(元)			2.87	3.59	4.49
	管理费(元)			4.92	6.15	7.70
	利润(元)			4.10	5.12	6.41
	规费(元)			7.91	9.89	12.36
名称		单位	单价(元)	数量		
综合工日		工日		(0.29)	(0.36)	(0.46)
轮胎式单斗液压挖掘机 斗容量(m^3) 0.6		台班	488.22	0.060	0.075	0.094

工作内容：挖土，抛土于沟槽两侧1m以外，无弃土，整形，并根据需要留出进料口。

计量单位：$10m^3$

定额编号				1-98	1-99	1-100
项目				机械挖沟槽土方		
				三类土		
				深2m内	深4m内	深6m内
基价(元)				88.07	108.71	131.92
其中	人工费(元)			29.79	37.28	45.29
	材料费(元)			—	—	—
	机械使用费(元)			34.18	41.50	50.29
	其他措施费(元)			0.89	1.12	1.36
	安文费(元)			3.36	4.15	5.03
	管理费(元)			5.76	7.11	8.63
	利润(元)			4.80	5.92	7.19
	规费(元)			9.29	11.63	14.13
名称		单位	单价(元)	数量		
综合工日		工日		(0.34)	(0.43)	(0.52)
轮胎式单斗液压挖掘机 斗容量(m^3) 0.6		台班	488.22	0.070	0.085	0.103

工作内容：挖土，抛土于沟槽两侧 1m 以外，无弃土，整形，并根据需要留出进料口。

计量单位：$10m^3$

定额编号				1-101	1-102	1-103
项目				机械挖沟槽土方		
				四类土		
				深 2m 内	深 4m 内	深 6m 内
基价(元)				102.93	122.99	144.66
其中	人工费(元)			34.75	42.24	49.65
	材料费(元)			—	—	—
	机械使用费(元)			40.03	46.87	55.17
	其他措施费(元)			1.04	1.27	1.49
	安文费(元)			3.93	4.69	5.52
	管理费(元)			6.73	8.04	9.46
	利润(元)			5.61	6.70	7.88
	规费(元)			10.84	13.18	15.49
名称		单位	单价(元)	数量		
综合工日		工日		(0.40)	(0.49)	(0.57)
轮胎式单斗液压挖掘机 斗容量(m^3) 0.6		台班	488.22	0.082	0.096	0.113

工作内容：挖土，上倒、平倒，提至地面，整形，并保持基坑四周 1m 以内无弃土。

计量单位：$10m^3$

定额编号				1-104	1-105	1-106
项目				机械挖基坑土方		
				一、二类土		
				底面积 $20m^2$ 以内		
				深 2m 内	深 4m 内	深 6m 内
基价(元)				90.16	103.72	127.37
其中	人工费(元)			32.92	35.97	44.25
	材料费(元)			—	—	—
	机械使用费(元)			31.73	39.06	47.85
	其他措施费(元)			0.99	1.08	1.33
	安文费(元)			3.44	3.96	4.86
	管理费(元)			5.90	6.78	8.33
	利润(元)			4.91	5.65	6.94
	规费(元)			10.27	11.22	13.81
名称		单位	单价(元)	数量		
综合工日		工日		(0.38)	(0.41)	(0.51)
轮胎式单斗液压挖掘机 斗容量(m^3) 0.6		台班	488.22	0.065	0.080	0.098

工作内容：挖土，上倒、平倒，提至地面，整形，并保持基坑四周 1m 以内无弃土。

计量单位：$10m^3$

定额编号				1-107	1-108	1-109
项目				机械挖基坑土方		
				三类土		
				底面积 $20m^2$ 以内		
				深 2m 内	深 4m 内	深 6m 内
基价(元)				100.39	121.36	149.36
其中	人工费(元)			36.06	43.03	52.96
	材料费(元)			—	—	—
	机械使用费(元)			36.13	44.43	54.68
	其他措施费(元)			1.08	1.29	1.59
	安文费(元)			3.83	4.63	5.70
	管理费(元)			6.57	7.94	9.77
	利润(元)			5.47	6.61	8.14
	规费(元)			11.25	13.43	16.52
名称		单位	单价(元)	数量		
综合工日		工日		(0.41)	(0.49)	(0.61)
轮胎式单斗液压挖掘机 斗容量(m^3) 0.6		台班	488.22	0.074	0.091	0.112

工作内容：挖土，上倒、平倒，提至地面，整形，并保持基坑四周 1m 以内无弃土。

计量单位：$10m^3$

定额编号				1-110	1-111	1-112
项目				机械挖基坑土方		
				四类土		
				底面积 $20m^2$ 以内		
				深 2m 内	深 4m 内	深 6m 内
基价(元)				114.09	138.33	170.70
其中	人工费(元)			41.02	48.95	60.53
	材料费(元)			—	—	—
	机械使用费(元)			41.01	50.77	62.49
	其他措施费(元)			1.23	1.47	1.82
	安文费(元)			4.35	5.28	6.51
	管理费(元)			7.46	9.05	11.16
	利润(元)			6.22	7.54	9.30
	规费(元)			12.80	15.27	18.89
名称		单位	单价(元)	数量		
综合工日		工日		(0.47)	(0.56)	(0.70)
轮胎式单斗液压挖掘机 斗容量(m^3) 0.6		台班	488.22	0.084	0.104	0.128

工作内容:挖土,上倒、平倒,提至地面,整形,并保持基坑四周1m以内无弃土。

计量单位:10m³

定额编号				1-113	1-114	1-115
项目				机械挖基坑土方		
				一、二类土		
				底面积50m² 以内		
				深2m内	深4m内	深6m内
基价(元)				100.19	113.06	136.69
其中	人工费(元)			36.67	39.28	47.56
	材料费(元)			—	—	—
	机械使用费(元)			35.15	42.48	51.26
	其他措施费(元)			1.10	1.18	1.43
	安文费(元)			3.82	4.31	5.21
	管理费(元)			6.55	7.39	8.94
	利润(元)			5.46	6.16	7.45
	规费(元)			11.44	12.26	14.84
名称		单位	单价(元)	数量		
综合工日		工日		(0.42)	(0.45)	(0.55)
轮胎式单斗液压挖掘机 斗容量(m^3) 0.6		台班	488.22	0.072	0.087	0.105

工作内容:挖土,上倒、平倒,提至地面,整形,并保持基坑四周1m以内无弃土。

计量单位:10m³

定额编号				1-116	1-117	1-118
项目				机械挖基坑土方		
				三类土		
				底面积50m² 以内		
				深2m内	深4m内	深6m内
基价(元)				112.53	133.64	162.79
其中	人工费(元)			40.41	47.47	57.75
	材料费(元)			—	—	—
	机械使用费(元)			40.52	48.82	59.56
	其他措施费(元)			1.21	1.42	1.73
	安文费(元)			4.29	5.10	6.21
	管理费(元)			7.36	8.74	10.65
	利润(元)			6.13	7.28	8.87
	规费(元)			12.61	14.81	18.02
名称		单位	单价(元)	数量		
综合工日		工日		(0.46)	(0.55)	(0.66)
轮胎式单斗液压挖掘机 斗容量(m^3) 0.6		台班	488.22	0.083	0.100	0.122

工作内容:挖土,上倒、平倒,提至地面,整形,并保持基坑四周1m以内无弃土。

计量单位:10m³

定额编号				1-119	1-120	1-121
项目				机械挖基坑土方		
				四类土		
				底面积50m² 以内		
				深2m内	深4m内	深6m内
基价(元)				127.95	154.16	187.96
其中	人工费(元)			46.08	54.52	66.63
	材料费(元)			—	—	—
	机械使用费(元)			45.89	56.63	68.84
	其他措施费(元)			1.38	1.64	2.00
	安文费(元)			4.88	5.88	7.17
	管理费(元)			8.37	10.08	12.29
	利润(元)			6.97	8.40	10.24
	规费(元)			14.38	17.01	20.79
名称		单位	单价(元)	数量		
综合工日		工日		(0.53)	(0.63)	(0.77)
轮胎式单斗液压挖掘机 斗容量(m^3) 0.6		台班	488.22	0.094	0.116	0.141

工作内容:挖土,上倒、平倒,提至地面,整形,并保持基坑四周1m以内无弃土。

计量单位:10m³

定额编号				1-122	1-123	1-124
项目				机械挖基坑土方		
				一、二类土		
				底面积100m² 以内		
				深2m内	深4m内	深6m内
基价(元)				110.37	122.39	145.88
其中	人工费(元)			40.50	42.59	50.78
	材料费(元)			—	—	—
	机械使用费(元)			38.57	45.89	54.68
	其他措施费(元)			1.22	1.28	1.52
	安文费(元)			4.21	4.67	5.57
	管理费(元)			7.22	8.00	9.54
	利润(元)			6.01	6.67	7.95
	规费(元)			12.64	13.29	15.84
名称		单位	单价(元)	数量		
综合工日		工日		(0.47)	(0.49)	(0.58)
轮胎式单斗液压挖掘机 斗容量(m^3) 0.6		台班	488.22	0.079	0.094	0.112

工作内容:挖土,上倒、平倒,提至地面,整形,并保持基坑四周1m以内无弃土。

计量单位:$10m^3$

定额编号				1-125	1-126	1-127
项目				机械挖基坑土方		
				三类土		
				底面积 $100m^2$ 以内		
				深2m内	深4m内	深6m内
基价(元)				124.57	145.96	176.09
其中	人工费(元)			44.68	51.91	62.45
	材料费(元)			—	—	—
	机械使用费(元)			44.92	53.22	64.45
	其他措施费(元)			1.34	1.56	1.87
	安文费(元)			4.75	5.57	6.72
	管理费(元)			8.15	9.55	11.52
	利润(元)			6.79	7.95	9.60
	规费(元)			13.94	16.20	19.48
名称		单位	单价(元)	数量		
综合工日		工日		(0.51)	(0.60)	(0.72)
轮胎式单斗液压挖掘机 斗容量(m^3) 0.6		台班	488.22	0.092	0.109	0.132

工作内容:挖土,上倒、平倒,提至地面,整形,并保持基坑四周1m以内无弃土。

计量单位:$10m^3$

定额编号				1-128	1-129	1-130
项目				机械挖基坑土方		
				四类土		
				底面积 $100m^2$ 以内		
				深2m内	深4m内	深6m内
基价(元)				141.79	169.87	205.23
其中	人工费(元)			51.13	60.01	72.73
	材料费(元)			—	—	—
	机械使用费(元)			50.77	62.49	75.19
	其他措施费(元)			1.53	1.80	2.18
	安文费(元)			5.41	6.48	7.83
	管理费(元)			9.27	11.11	13.42
	利润(元)			7.73	9.26	11.19
	规费(元)			15.95	18.72	22.69
名称		单位	单价(元)	数量		
综合工日		工日		(0.59)	(0.69)	(0.84)
轮胎式单斗液压挖掘机 斗容量(m^3) 0.6		台班	488.22	0.104	0.128	0.154

二、沟槽、基坑支撑

1. 挡土板

工作内容：制作、运输、安装、拆除并堆放在40m以内的指定地点。

计量单位：10m²

定额编号				1-131	1-132	1-133	1-134
项目				木挡土板			
				沟槽		基坑	
				木支撑			
				疏板	密板	疏板	密板
基价(元)				339.93	433.15	381.59	486.59
其中	人工费(元)			130.30	167.67	156.43	201.20
	材料费(元)			111.34	139.68	111.34	139.68
	机械使用费(元)			—	—	—	—
	其他措施费(元)			3.91	5.03	4.69	6.04
	安文费(元)			12.97	16.52	14.56	18.56
	管理费(元)			22.23	28.33	24.96	31.82
	利润(元)			18.53	23.61	20.80	26.52
	规费(元)			40.65	52.31	48.81	62.77
名称		单位	单价(元)	数量			
综合工日		工日		(1.50)	(1.93)	(1.80)	(2.31)
铁丝 Φ3.5		kg	4.80	0.720	0.720	0.720	0.720
板方材		m³	2100.00	0.005	0.007	0.005	0.007
标准砖 240×115×53		千块	477.50	0.019	—	0.019	—
扒钉		kg	9.92	0.914	0.914	0.914	0.914
木挡土板		m³	2075.31	0.024	0.040	0.024	0.040
原木		m³	1280.00	0.023	0.023	0.023	0.023

工作内容：制作、运输、安装、拆除并堆放在40m以内的指定地点。

计量单位：10m²

定额编号				1-135	1-136	1-137	1-138
项目				木挡土板			
				沟槽		基坑	
				钢支撑			
				疏板	密板	疏板	密板
基价(元)				286.07	362.36	317.72	403.04
其中	人工费(元)			99.29	127.60	119.15	153.12
	材料费(元)			107.61	133.85	107.61	133.85
	机械使用费(元)			—	—	—	—
	其他措施费(元)			2.98	3.83	3.57	4.59
	安文费(元)			10.91	13.82	12.12	15.38
	管理费(元)			18.71	23.70	20.78	26.36
	利润(元)			15.59	19.75	17.32	21.97
	规费(元)			30.98	39.81	37.17	47.77
名称		单位	单价(元)	数量			
综合工日		工日		(1.14)	(1.47)	(1.37)	(1.76)
木挡土板		m³	2075.31	0.024	0.040	0.024	0.040
板方材		m³	2100.00	0.005	0.006	0.005	0.006
钢套管　综合		kg	4.75	1.561	1.561	1.561	1.561
标准砖　240×115×53		千块	477.50	0.019	—	0.019	—
铁丝　Φ3.5		kg	4.80	0.720	0.720	0.720	0.720
扒钉		kg	9.92	0.914	0.914	0.914	0.914
铁撑脚		kg	9.48	1.930	1.930	1.930	1.930

三、平整场地、原土打夯、回填

1. 平整场地

工作内容:厚度≤±30cm 就地挖、填、平整。

计量单位:100m²

定额编号					1-139	1-140
项目					人工平整场地	机械平整场地
基价(元)					646.11	352.07
其中	人工费(元)				405.36	44.16
	材料费(元)				—	—
	机械使用费(元)				—	214.25
	其他措施费(元)				12.16	3.33
	安文费(元)				24.65	13.43
	管理费(元)				42.26	23.03
	利润(元)				35.21	19.19
	规费(元)				126.47	34.68
名称			单位	单价(元)	数量	
综合工日			工日		(4.65)	(1.01)
履带式推土机　功率(kW)　75			台班	857.00	—	0.250

2. 原土打夯

工作内容：碎土，平土找平，打夯，密实度应符合设计要求。

计量单位：100m²

定额编号				1-141	1-142
项目				原土打夯二遍	
				人力	机械
基价(元)				272.11	155.12
其中	人工费(元)			170.72	88.84
	材料费(元)			—	—
	机械使用费(元)			—	11.38
	其他措施费(元)			5.12	2.67
	安文费(元)			10.38	5.92
	管理费(元)			17.80	10.14
	利润(元)			14.83	8.45
	规费(元)			53.26	27.72
名称		单位	单价(元)	数量	
综合工日		工日		(1.96)	(1.02)
夯实机(电动)　20~62N · m		台班	26.47	—	0.430

3.回　填

工作内容:运料、回填、平整、夯实、场内运输等。

计量单位:$10m^3$

定额编号				1-143	1-144	1-145	1-146	1-147
项目				回填				
				土	砂砾石	石屑	砂	级配碎石
基价(元)				245.30	2284.88	1999.63	1683.61	2064.71
其中	人工费(元)			141.19	394.13	492.38	462.37	492.38
	材料费(元)			—	1379.21	1003.62	777.82	1015.58
	机械使用费(元)			17.05	15.62	19.19	19.19	62.03
	其他措施费(元)			4.24	11.82	14.77	13.87	14.77
	安文费(元)			9.36	87.17	76.29	64.23	78.77
	管理费(元)			16.04	149.43	130.78	110.11	135.03
	利润(元)			13.37	124.53	108.98	91.76	112.53
	规费(元)			44.05	122.97	153.62	144.26	153.62
名称		单位	单价(元)	数量				
综合工日		工日		(1.62)	(4.53)	(5.65)	(5.31)	(5.65)
砂砾石		t	70.00	—	19.703	—	—	—
碎石　综合		m^3	76.59	—	—	—	—	13.260
砂子　中粗砂		m^3	67.00	—	—	—	11.526	—
石屑		m^3	72.50	—	—	13.843	—	—
水		m^3	5.13	—	—	—	1.087	—
夯实机(电动)　20~62N·m		台班	26.47	0.644	0.590	0.725	0.725	0.725
水泥稳定碎石拌和站(RB400)　功率　92 kW/h		台班	823.79	—	—	—	—	0.052

工作内容：运料、筛拌、回填、平整、机械夯实、场内运输等。

计量单位：10m³

定额编号				1-148	1-149
项目				回填	
				机夯	
				14%灰土	12%灰土
基价(元)				1028.89	956.52
其中	人工费(元)			391.95	379.09
	材料费(元)			317.81	274.13
	机械使用费(元)			22.47	22.47
	其他措施费(元)			11.76	11.37
	安文费(元)			39.25	36.49
	管理费(元)			67.29	62.56
	利润(元)			56.07	52.13
	规费(元)			122.29	118.28
名称		单位	单价(元)	数量	
综合工日		工日		(4.50)	(4.35)
生石灰		t	130.00	2.380	2.040
黄土		m³	—	(12.86)	(13.153)
水		m³	5.13	1.640	1.740
电动夯实机　夯击能量(N·m)　250		台班	25.49	0.8814	0.8814

工作内容:1. 分层回填、夯实、清理。
2. 浇筑、振捣、养护等。

计量单位:$10m^3$

定额编号				1-150	1-151
项目				回填	
				5%水泥稳定碎石	混凝土
基价(元)				2726.62	3521.52
其中	人工费(元)			492.12	243.97
	材料费(元)			1567.28	2637.53
	机械使用费(元)			67.98	—
	其他措施费(元)			14.76	7.32
	安文费(元)			104.02	134.35
	管理费(元)			178.32	230.31
	利润(元)			148.60	191.92
	规费(元)			153.54	76.12
名称		单位	单价(元)	数量	
综合工日		工日		(5.65)	(2.80)
碎石 综合		m^3	76.59	7.870	—
电		kW·h	0.70	—	2.310
塑料薄膜		m^2	0.26	—	15.927
水泥 P·O 42.5		t	382.50	1.133	—
预拌混凝土 C30		m^3	260.00	—	10.100
水		m^3	5.13	0.390	1.125
石屑		m^3	72.50	6.979	—
其他材料费		%	1.00	1.500	—
夯实机(电动) 20~62N·m		台班	26.47	0.950	—
水泥稳定碎石拌和站(RB400) 功率 92kW/h		台班	823.79	0.052	—

四、拆　除

1.切　缝

工作内容:放线,切边,清理现场,机具保养等。

计量单位:10m

定额编号				1-152	1-153
项目				混凝土路面切缝	
				金刚石刀片	
				缝深 5cm	每增减 1cm
基价(元)				98.18	19.89
其中	人工费(元)			25.35	5.23
	材料费(元)			45.68	9.14
	机械使用费(元)			2.96	0.59
	其他措施费(元)			0.76	0.16
	安文费(元)			3.75	0.76
	管理费(元)			6.42	1.30
	利润(元)			5.35	1.08
	规费(元)			7.91	1.63
名称		单位	单价(元)	数量	
综合工日		工日		(0.29)	(0.06)
刀片　D450		片	1500.00	0.030	0.006
其他材料费		%	1.00	1.500	1.500
混凝土切缝机　功率(kW)　7.5		台班	29.57	0.100	0.020

2. 铣　刨

工作内容：刨出、清理、刮净、旧料现场就近堆放、堆放整齐。

计量单位：$100m^2$

定　额　编　号				1-154	1-155	1-156
项　目				柔性路面		
				铣刨机刨拥包、搓板路	铣刨机铣刨	
					厚 4cm	每增(减)1cm
基　价(元)				537.11	747.27	186.82
其中	人　工　费(元)			174.20	238.65	59.66
	材　料　费(元)			—	110.31	27.58
	机械使用费(元)			218.44	198.58	49.65
	其他措施费(元)			5.23	7.16	1.79
	安　文　费(元)			20.49	28.51	7.13
	管　理　费(元)			35.13	48.87	12.22
	利　润(元)			29.27	40.73	10.18
	规　费(元)			54.35	74.46	18.61
名　称		单位	单价(元)	数　量		
综合工日		工日		(2.00)	(2.74)	(0.69)
铣刨鼓边刀		把	27.17	—	4.000	1.000
其他材料费		%	1.00	—	1.500	1.500
路面铣刨机　宽度(mm)　1000		台班	992.90	0.220	0.200	0.050

3. 拆除多合土

工作内容：挖基层，将废料堆放在一边，清理现场等。

计量单位：$100m^3$

定额编号				1-157	1-158
项目				拆除多合土	
				机械拆除基层	
				无骨料	有骨料
基价(元)				658.78	733.97
其中	人工费(元)			84.05	84.92
	材料费(元)			—	—
	机械使用费(元)			408.51	465.97
	其他措施费(元)			5.45	5.88
	安文费(元)			25.13	28.00
	管理费(元)			43.08	48.00
	利润(元)			35.90	40.00
	规费(元)			56.66	61.20
名称		单位	单价(元)	数量	
综合工日		工日		(1.69)	(1.81)
履带式单斗液压挖掘机　斗容量(m^3)　1		台班	1149.61	0.330	0.377
履带式推土机　功率(kW)　75		台班	857.00	0.034	0.038

4. 拆除沥青混凝土路面

工作内容:划线、翻挖、剁边、整平、废料原地堆放等。

计量单位:10m²

定额编号				1-159	1-160
项目				拆除沥青混凝土路面	
				空压机手持风镐拆除(厚度)	
				10cm	每增(减)1cm
基价(元)				317.93	26.40
其中	人工费(元)			194.23	16.37
	材料费(元)			—	—
	机械使用费(元)			7.02	0.25
	其他措施费(元)			5.83	0.49
	安文费(元)			12.13	1.01
	管理费(元)			20.79	1.73
	利润(元)			17.33	1.44
	规费(元)			60.60	5.11
名称		单位	单价(元)	数量	
综合工日		工日		(2.23)	(0.19)
电动空气压缩机 排气量(m^3/min) 3		台班	117.20	0.050	0.0017
手持式风动凿岩机		台班	11.26	0.1033	0.0043

5. 拆除水泥路面

工作内容:划线、翻挖、剁边、整平、废料原地堆放等。

计量单位:10m²

定额编号				1-161	1-162	1-163	1-164
项目				拆除水泥路面			
				空压机手持风镐拆除			
				无筋(厚度)		有筋(厚度)	
				20cm	每增(减)1cm	20cm	每增(减)1cm
基价(元)				693.55	38.94	805.40	39.69
其中	人工费(元)			384.11	20.03	445.95	21.78
	材料费(元)			—	—	—	—
	机械使用费(元)			68.46	5.90	79.64	4.19
	其他措施费(元)			11.52	0.60	13.38	0.65
	安文费(元)			26.46	1.49	30.73	1.51
	管理费(元)			45.36	2.55	52.67	2.60
	利润(元)			37.80	2.12	43.89	2.16
	规费(元)			119.84	6.25	139.14	6.80
名称		单位	单价(元)	数量			
综合工日		工日		(4.41)	(0.23)	(5.12)	(0.25)
电动空气压缩机 排气量(m^3/min) 3		台班	117.20	0.490	0.048	0.570	0.030
手持式风动凿岩机		台班	11.26	0.980	0.024	1.140	0.060

注:拆除二碴、三碴、二灰结石等其余半刚性基层子目乘以 0.8 系数。

6. 机械破碎旧路

工作内容:拆除结构层、废料原地堆放等。

计量单位:100m²

定额编号				1-165	1-166
项目				多功能滑移装载机带液压锤破碎旧路	
				沥青路面及基层	
				35cm	每增(减)1cm
基价(元)				210.65	5.26
其中	人工费(元)			6.97	0.17
	材料费(元)			—	—
	机械使用费(元)			168.00	4.20
	其他措施费(元)			0.21	0.01
	安文费(元)			8.04	0.20
	管理费(元)			13.78	0.34
	利润(元)			11.48	0.29
	规费(元)			2.17	0.05
名称		单位	单价(元)	数量	
综合工日		工日		(0.08)	—
大型滑移装载机		台班	2099.99	0.080	0.002

工作内容:拆除结构层、废料原地堆放等。

计量单位:100m²

定额编号				1-167	1-168	1-169	1-170
项目				移动滑移机带液压锤破碎旧路			
				混凝土路面			
				无筋(厚度)		有筋(厚度)	
				15cm	每增(减)1cm	15cm	每增(减)1cm
基价(元)				379.15	23.84	568.74	36.87
其中	人工费(元)			12.54	0.87	18.81	1.22
	材料费(元)			—	—	—	—
	机械使用费(元)			302.40	18.90	453.60	29.40
	其他措施费(元)			0.38	0.03	0.56	0.04
	安文费(元)			14.46	0.91	21.70	1.41
	管理费(元)			24.80	1.56	37.20	2.41
	利润(元)			20.66	1.30	31.00	2.01
	规费(元)			3.91	0.27	5.87	0.38
名称		单位	单价(元)	数量			
综合工日		工日		(0.14)	(0.01)	(0.22)	(0.01)
大型滑移装载机		台班	2099.99	0.144	0.009	0.216	0.014

7. 拆除人行道、侧石、平石

工作内容：破除结构，指定地点堆放，清理现场。

计量单位：10m²

定额编号				1-171
项目				人行道砖
基价(元)				40.26
其中	人工费(元)			25.26
	材料费(元)			—
	机械使用费(元)			—
	其他措施费(元)			0.76
	安文费(元)			1.54
	管理费(元)			2.63
	利润(元)			2.19
	规费(元)			7.88
名称		单位	单价(元)	数量
综合工日		工日		(0.29)

工作内容：刨出、清理、刮净、旧料现场就近堆放、堆放整齐。

计量单位：10m

定额编号				1-172	1-173	1-174	1-175
项目				混凝土		石质	
				侧石	平石	侧石	平石
基价(元)				51.38	34.71	69.42	61.08
其中	人工费(元)			32.23	21.78	43.55	38.32
	材料费(元)			—	—	—	—
	机械使用费(元)			—	—	—	—
	其他措施费(元)			0.97	0.65	1.31	1.15
	安文费(元)			1.96	1.32	2.65	2.33
	管理费(元)			3.36	2.27	4.54	3.99
	利润(元)			2.80	1.89	3.78	3.33
	规费(元)			10.06	6.80	13.59	11.96
名称		单位	单价(元)	数量			
综合工日		工日		(0.37)	(0.25)	(0.50)	(0.44)

8. 拆除砌体、构筑物

工作内容：拆除、清理、废料现场就近堆放等。

计量单位：m^3

定额编号				1-176	1-177	1-178	1-179
项目				人工拆除			
				砖砌体		石砌体	
				石灰砂浆	水泥砂浆	干砌	水泥砂浆
基价(元)				131.90	180.49	108.29	206.85
其中	人工费(元)			82.75	113.23	67.94	129.78
	材料费(元)			—	—	—	—
	机械使用费(元)			—	—	—	—
	其他措施费(元)			2.48	3.40	2.04	3.89
	安文费(元)			5.03	6.89	4.13	7.89
	管理费(元)			8.63	11.80	7.08	13.53
	利润(元)			7.19	9.84	5.90	11.27
	规费(元)			25.82	35.33	21.20	40.49
名称		单位	单价(元)	数量			
综合工日		工日		(0.95)	(1.30)	(0.78)	(1.49)

工作内容：拆除、清理、废料现场就近堆放等。

计量单位：m^3

定额编号				1-180	1-181
项目				空压机手持风镐拆除	
				混凝土构筑物	
				无筋	有筋
基价(元)				349.85	509.09
其中	人工费(元)			182.04	263.91
	材料费(元)			—	—
	机械使用费(元)			50.25	74.46
	其他措施费(元)			5.46	7.92
	安文费(元)			13.35	19.42
	管理费(元)			22.88	33.29
	利润(元)			19.07	27.75
	规费(元)			56.80	82.34
名称		单位	单价(元)	数量	
综合工日		工日		(2.09)	(3.03)
电动空气压缩机 排气量(m^3/min) 3		台班	117.20	0.350	0.520
手持式风动凿岩机		台班	11.26	0.820	1.200

9. 拆除栏杆

工作内容：拆除、清理、旧料现场就近堆放等。

计量单位：10m

定额编号				1-182	1-183	1-184
项目				人工拆除		
				混凝土栏杆	金属栏杆	石材栏杆
基价(元)				538.67	255.03	700.25
其中	人工费(元)			337.95	160.00	439.33
	材料费(元)			—	—	—
	机械使用费(元)			—	—	—
	其他措施费(元)			10.14	4.80	13.18
	安文费(元)			20.55	9.73	26.71
	管理费(元)			35.23	16.68	45.80
	利润(元)			29.36	13.90	38.16
	规费(元)			105.44	49.92	137.07
名称		单位	单价(元)	数量		
综合工日		工日		(3.88)	(1.84)	(5.04)

10. 拆除井

工作内容：装运工具、掘动井围路面，临时拆管口，拆除井体，旧料现场就近堆放。

计量单位：座

定额编号				1-185	1-186	1-187
项目				拆除砖砌检查井		
				24 墙		
				井深(m 以内)		
				2	4	每增加 1m
基价(元)				327.65	398.45	211.02
其中	人工费(元)			205.56	249.98	132.39
	材料费(元)			—	—	—
	机械使用费(元)			—	—	—
	其他措施费(元)			6.17	7.50	3.97
	安文费(元)			12.50	15.20	8.05
	管理费(元)			21.43	26.06	13.80
	利润(元)			17.86	21.72	11.50
	规费(元)			64.13	77.99	41.31
名称		单位	单价(元)	数量		
综合工日		工日		(2.36)	(2.87)	(1.52)

工作内容：装运工具、掘动井围路面，临时拆管口，拆除井体，旧料现场就近堆放。

计量单位：座

定额编号				1-188	1-189
项目				拆除砖砌雨水井	
				单箅	双箅
基价(元)				90.25	180.49
其中	人工费(元)			56.62	113.23
	材料费(元)			—	—
	机械使用费(元)			—	—
	其他措施费(元)			1.70	3.40
	安文费(元)			3.44	6.89
	管理费(元)			5.90	11.80
	利润(元)			4.92	9.84
	规费(元)			17.67	35.33
名称		单位	单价(元)	数量	
综合工日		工日		(0.65)	(1.30)

11. 拆除管道

工作内容：掏水、清理工作坑、剔口、吊管、清理管腔污泥，旧料现场就近堆放。

计量单位：10m

定额编号				1-190	1-191	1-192	1-193
项目				拆除混凝土管道			
				管径(mm 以内)			
				300	400	500	1000
基价(元)				48.45	94.55	464.00	853.51
其中	人工费(元)			30.40	59.32	88.67	243.79
	材料费(元)			—	—	—	—
	机械使用费(元)			—	—	239.86	345.62
	其他措施费(元)			0.91	1.78	5.45	11.33
	安文费(元)			1.85	3.61	17.70	32.56
	管理费(元)			3.17	6.18	30.35	55.82
	利润(元)			2.64	5.15	25.29	46.52
	规费(元)			9.48	18.51	56.68	117.87
名称		单位	单价(元)	数量			
综合工日		工日		(0.35)	(0.68)	(1.71)	(3.80)
汽车式起重机　提升质量(t)　8		台班	691.24	—	—	0.347	0.500

工作内容:安拆导链、拆管、吊管,旧料就近堆放。

计量单位:100m

定额编号				1-194	1-195	1-196
项目				拆除金属管道		
				公称直径(mm 以内)		
				200	400	600
基价(元)				609.11	1116.68	2921.75
其中	人工费(元)			107.05	255.20	403.36
	材料费(元)			67.70	112.73	180.63
	机械使用费(元)			301.47	484.98	1534.55
	其他措施费(元)			3.21	7.66	29.95
	安文费(元)			23.24	42.60	111.46
	管理费(元)			39.84	73.03	191.08
	利润(元)			33.20	60.86	159.24
	规费(元)			33.40	79.62	311.48
名称		单位	单价(元)	数量		
综合工日		工日		(1.23)	(2.93)	(9.07)
乙炔气		kg	8.82	3.339	5.558	8.906
氧气		m^3	3.82	10.013	16.678	26.722
汽车式起重机 5t		台班	364.10	0.828	1.332	—
汽车式起重机 提升质量(t) 8		台班	691.24	—	—	2.220

12. 伐　树

工作内容：锯倒、砍枝、截断、清理异物，现场就近堆放。

计量单位：10 棵

定额编号			1-197	1-198	1-199	1-200
项目			人工伐树			
			直径			
			以内(cm)			以外(cm)
			30	40	50	
基价(元)			423.44	848.11	1258.90	1755.65
其中 人工费(元)			265.66	532.09	789.82	1101.47
材料费(元)			—	—	—	—
机械使用费(元)			—	—	—	—
其他措施费(元)			7.97	15.96	23.69	33.04
安文费(元)			16.15	32.36	48.03	66.98
管理费(元)			27.69	55.47	82.33	114.82
利润(元)			23.08	46.22	68.61	95.68
规费(元)			82.89	166.01	246.42	343.66
名称	单位	单价(元)	数量			
综合工日	工日		(3.05)	(6.11)	(9.07)	(12.65)

工作内容：刨挖树坑、回填、清理异物，现场就近堆放。

计量单位：10 棵

定额编号			1-201	1-202	1-203	1-204
项目			人工挖树根			
			离地 20cm 处树干直径			
			以内(cm)			以外(cm)
			30	40	50	
基价(元)			768.57	1523.95	2186.58	3048.02
其中 人工费(元)			482.19	956.10	1371.83	1912.28
材料费(元)			—	—	—	—
机械使用费(元)			—	—	—	—
其他措施费(元)			14.47	28.68	41.15	57.37
安文费(元)			29.32	58.14	83.42	116.28
管理费(元)			50.26	99.67	143.00	199.34
利润(元)			41.89	83.06	119.17	166.12
规费(元)			150.44	298.30	428.01	596.63
名称	单位	单价(元)	数量			
综合工日	工日		(5.54)	(10.98)	(15.75)	(21.96)

13. 其他拆除

工作内容：1. 清理路面积硬土、水泥混凝土等凝结块。

2. 仪器侦测、挖基坑。

计量单位：10m²

定额编号				1-205	1-206	1-207
项目				路面清除		人工找井（座）
				凝结块	积硬土	
基价（元）				209.63	66.36	1300.05
其中	人工费（元）			131.52	41.63	696.80
	材料费（元）			—	—	—
	机械使用费（元）			—	—	159.48
	其他措施费（元）			3.95	1.25	20.90
	安文费（元）			8.00	2.53	49.60
	管理费（元）			13.71	4.34	85.02
	利润（元）			11.42	3.62	70.85
	规费（元）			41.03	12.99	217.40
名称		单位	单价（元）	数量		
综合工日		工日		(1.51)	(0.48)	(8.00)
金属探测仪		台班	199.35	—	—	0.800

工作内容：1. 按规定割成块状、起挖、堆放整齐。

2. 刨挖、割草、清除草皮、旧料现场就近堆放。

3. 刨挖、清除灌木丛、旧料现场就近堆放。

计量单位：10m²

定额编号				1-208	1-209	1-210
项目				挖草皮	清除草皮	拆除灌木丛绿化带
基价（元）				40.26	33.32	212.41
其中	人工费（元）			25.26	20.90	133.26
	材料费（元）			—	—	—
	机械使用费（元）			—	—	—
	其他措施费（元）			0.76	0.63	4.00
	安文费（元）			1.54	1.27	8.10
	管理费（元）			2.63	2.18	13.89
	利润（元）			2.19	1.82	11.58
	规费（元）			7.88	6.52	41.58
名称		单位	单价（元）	数量		
综合工日		工日		(0.29)	(0.24)	(1.53)

五、材料运输

1. 人工装运输材料

工作内容：领退料具，清理道路，材料装运卸及小推车保养。

计量单位：10t

定额编号				1-211	1-212
项目				人工小推车运输材料	
				袋装水泥	
				运距(m)	
				50	每增 50
基价(元)				195.75	26.39
其中	人工费(元)			122.81	16.55
	材料费(元)			—	—
	机械使用费(元)			—	—
	其他措施费(元)			3.68	0.50
	安文费(元)			7.47	1.01
	管理费(元)			12.80	1.73
	利润(元)			10.67	1.44
	规费(元)			38.32	5.16
名称		单位	单价(元)	数量	
综合工日		工日		(1.41)	(0.19)

工作内容：领退料具，清理道路，材料装运卸及小推车保养。

计量单位：10t

定额编号				1-213	1-214
项目				人工小推车运输材料	
				生石灰、石灰膏	
				运距(m)	
				50	每增 50
基价(元)				223.52	33.32
其中	人工费(元)			140.23	20.90
	材料费(元)			—	—
	机械使用费(元)			—	—
	其他措施费(元)			4.21	0.63
	安文费(元)			8.53	1.27
	管理费(元)			14.62	2.18
	利润(元)			12.18	1.82
	规费(元)			43.75	6.52
名称		单位	单价(元)	数量	
综合工日		工日		(1.61)	(0.24)

工作内容:领退料具,清理道路,材料装运卸及小推车保养。

计量单位:$10m^3$

定额编号				1-215	1-216
项目				人工小推车运输材料	
				砂子、黄土、碎石、块石、片石	
				运距(m)	
				50	每增 50
基价(元)				322.08	38.87
其中	人工费(元)			202.07	24.39
	材料费(元)			—	—
	机械使用费(元)			—	—
	其他措施费(元)			6.06	0.73
	安文费(元)			12.29	1.48
	管理费(元)			21.06	2.54
	利润(元)			17.55	2.12
	规费(元)			63.05	7.61
名称		单位	单价(元)	数量	
综合工日		工日		(2.32)	(0.28)

工作内容:领退料具,清理道路,材料装运卸及小推车保养。

计量单位:$10m^3$

定额编号				1-217	1-218
项目				人工小推车运输材料	
				混凝土构件、标准砖、石材	
				运距(m)	
				50	每增 50
基价(元)				603.92	58.30
其中	人工费(元)			378.89	36.58
	材料费(元)			—	—
	机械使用费(元)			—	—
	其他措施费(元)			11.37	1.10
	安文费(元)			23.04	2.22
	管理费(元)			39.50	3.81
	利润(元)			32.91	3.18
	规费(元)			118.21	11.41
名称		单位	单价(元)	数量	
综合工日		工日		(4.35)	(0.42)

工作内容：领退料具，清理道路，材料装运卸及小推车保养。

计量单位：$10m^3$

定额编号				1-219	1-220
项目				人工小推车运输材料	
				混凝土、砂浆	
				运距(m)	
				50	每增50
基价(元)				481.76	40.26
其中	人工费(元)			302.24	25.26
	材料费(元)			—	—
	机械使用费(元)			—	—
	其他措施费(元)			9.07	0.76
	安文费(元)			18.38	1.54
	管理费(元)			31.51	2.63
	利润(元)			26.26	2.19
	规费(元)			94.30	7.88
名称		单位	单价(元)	数量	
综合工日		工日		(3.47)	(0.29)

工作内容：领退料具，清理道路，材料装运卸及小推车保养。

计量单位：10t

定额编号				1-221	1-222
项目				人工小推车运输材料	
				金属、铸铁件	
				运距(m)	
				50	每增50
基价(元)				363.74	29.16
其中	人工费(元)			228.20	18.29
	材料费(元)			—	—
	机械使用费(元)			—	—
	其他措施费(元)			6.85	0.55
	安文费(元)			13.88	1.11
	管理费(元)			23.79	1.91
	利润(元)			19.82	1.59
	规费(元)			71.20	5.71
名称		单位	单价(元)	数量	
综合工日		工日		(2.62)	(0.21)

工作内容:领退料具,清理道路,材料装运卸及小推车保养。

计量单位:t

定额编号				1-223	1-224
项目				人工小推车运输材料	
				桶装沥青	
				运距(m)	
				50	每增 50
基价(元)				56.91	11.11
其中	人工费(元)			35.71	6.97
	材料费(元)			—	—
	机械使用费(元)			—	—
	其他措施费(元)			1.07	0.21
	安文费(元)			2.17	0.42
	管理费(元)			3.72	0.73
	利润(元)			3.10	0.61
	规费(元)			11.14	2.17
名称		单位	单价(元)	数量	
综合工日		工日		(0.41)	(0.08)

工作内容:领退料具,清理道路,材料装运卸及小推车保养。

计量单位:t

定额编号				1-225	1-226
项目				人工小推车运输材料	
				硬块沥青	
				运距(m)	
				50	每增 50
基价(元)				30.54	4.16
其中	人工费(元)			19.16	2.61
	材料费(元)			—	—
	机械使用费(元)			—	—
	其他措施费(元)			0.57	0.08
	安文费(元)			1.17	0.16
	管理费(元)			2.00	0.27
	利润(元)			1.66	0.23
	规费(元)			5.98	0.81
名称		单位	单价(元)	数量	
综合工日		工日		(0.22)	(0.03)

工作内容:领退料具,清理道路,材料装运卸及小推车保养。

计量单位:$10m^3$

定额编号				1-227	1-228
项目				人工小推车运输材料	
				工程废料	
				运距(m)	
				50	每增50
基价(元)				304.03	38.87
其中	人工费(元)			190.75	24.39
	材料费(元)			—	—
	机械使用费(元)			—	—
	其他措施费(元)			5.72	0.73
	安文费(元)			11.60	1.48
	管理费(元)			19.88	2.54
	利润(元)			16.57	2.12
	规费(元)			59.51	7.61
名称		单位	单价(元)	数量	
综合工日		工日		(2.19)	(0.28)

工作内容:领退料具,清理道路,材料装运卸及小推车保养。

计量单位:$10m^3$

定额编号				1-229	1-230
项目				人工小推车运输材料	
				运淤泥、流砂	
				运距(m)	
				50	每增50
基价(元)				334.57	49.98
其中	人工费(元)			209.91	31.36
	材料费(元)			—	—
	机械使用费(元)			—	—
	其他措施费(元)			6.30	0.94
	安文费(元)			12.76	1.91
	管理费(元)			21.88	3.27
	利润(元)			18.23	2.72
	规费(元)			65.49	9.78
名称		单位	单价(元)	数量	
综合工日		工日		(2.41)	(0.36)

2. 机动翻斗车运输材料

工作内容：吊装、运，清理车上余碴，机械保养。

计量单位：10t

定额编号				1-231	1-232
项目				机动翻斗车运输材料	
				袋装水泥	
				运距(m)	
				200	每增200
基价(元)				677.35	45.15
其中	人工费(元)			213.40	—
	材料费(元)			—	—
	机械使用费(元)			232.58	31.15
	其他措施费(元)			10.90	0.60
	安文费(元)			25.84	1.72
	管理费(元)			44.30	2.95
	利润(元)			36.92	2.46
	规费(元)			113.41	6.27
名称		单位	单价(元)	数量	
综合工日		工日		(3.57)	(0.15)
机动翻斗车　装载质量(t)　1		台班	207.66	1.120	0.150

工作内容：吊装、运，清理车上余碴，机械保养。

计量单位：10t

定额编号				1-233	1-234
项目				机动翻斗车运输材料	
				生石灰、石灰膏	
				运距(m)	
				200	每增200
基价(元)				712.11	60.21
其中	人工费(元)			189.88	—
	材料费(元)			—	—
	机械使用费(元)			282.42	41.53
	其他措施费(元)			11.16	0.80
	安文费(元)			27.17	2.30
	管理费(元)			46.57	3.94
	利润(元)			38.81	3.28
	规费(元)			116.10	8.36
名称		单位	单价(元)	数量	
综合工日		工日		(3.54)	(0.20)
机动翻斗车　装载质量(t)　1		台班	207.66	1.360	0.200

工作内容：吊装、运，清理车上余碴，机械保养。

计量单位：10m³

定额编号				1-235	1-236
项目				机动翻斗车运输材料	
				砂、黄土、碎石、块石、片石	
				运距(m)	
				200	每增 200
基价(元)				644.74	61.71
其中	人工费(元)			175.94	—
	材料费(元)			—	—
	机械使用费(元)			251.27	42.57
	其他措施费(元)			10.14	0.82
	安文费(元)			24.60	2.35
	管理费(元)			42.17	4.04
	利润(元)			35.14	3.36
	规费(元)			105.48	8.57
名称		单位	单价(元)	数量	
综合工日		工日		(3.23)	(0.21)
机动翻斗车　装载质量(t)　1		台班	207.66	1.210	0.205

工作内容：吊装、运，清理车上余碴，机械保养。

计量单位：10m³

定额编号				1-237	1-238
项目				机动翻斗车运输材料	
				混凝土构件、标准砖、石材	
				运距(m)	
				200	每增 200
基价(元)				539.14	48.18
其中	人工费(元)			166.36	—
	材料费(元)			—	—
	机械使用费(元)			188.97	33.23
	其他措施费(元)			8.65	0.64
	安文费(元)			20.57	1.84
	管理费(元)			35.26	3.15
	利润(元)			29.38	2.63
	规费(元)			89.95	6.69
名称		单位	单价(元)	数量	
综合工日		工日		(2.82)	(0.16)
机动翻斗车　装载质量(t)　1		台班	207.66	0.910	0.160

工作内容:吊装、运,清理车上余碴,机械保养。

计量单位:10m³

定额编号				1-239	1-240
项目				机动翻斗车运输材料	
				运混凝土、砂浆	
				运距(m)	
				200	每增 200
基价(元)				847.41	72.26
其中	人工费(元)			314.43	—
	材料费(元)			—	—
	机械使用费(元)			238.81	49.84
	其他措施费(元)			14.06	0.96
	安文费(元)			32.33	2.76
	管理费(元)			55.42	4.73
	利润(元)			46.18	3.94
	规费(元)			146.18	10.03
名称		单位	单价(元)	数量	
综合工日		工日		(4.76)	(0.24)
机动翻斗车 装载质量(t) 1		台班	207.66	1.150	0.240

工作内容:吊装、运,清理车上余碴,机械保养。

计量单位:10m³

定额编号				1-241	1-242
项目				机动翻斗车运输材料	
				运沥青混凝土	
				运距(m)	
				200	每增 200
基价(元)				620.36	86.10
其中	人工费(元)			231.86	—
	材料费(元)			—	—
	机械使用费(元)			172.98	59.39
	其他措施费(元)			10.30	1.15
	安文费(元)			23.67	3.28
	管理费(元)			40.57	5.63
	利润(元)			33.81	4.69
	规费(元)			107.17	11.96
名称		单位	单价(元)	数量	
综合工日		工日		(3.50)	(0.29)
机动翻斗车 装载质量(t) 1		台班	207.66	0.833	0.286

工作内容:吊装、运,清理车上余碴,机械保养。

计量单位:10节

定额编号				1-243	1-244
项目				机动翻斗车运输材料	
				D300以内混凝土管材	
				运距(m)	
				200	每增200
基价(元)				93.77	16.55
其中	人工费(元)			34.84	—
	材料费(元)			—	—
	机械使用费(元)			26.37	11.42
	其他措施费(元)			1.56	0.22
	安文费(元)			3.58	0.63
	管理费(元)			6.13	1.08
	利润(元)			5.11	0.90
	规费(元)			16.18	2.30
名称		单位	单价(元)	数量	
综合工日		工日		(0.53)	(0.06)
机动翻斗车　装载质量(t)　1		台班	207.66	0.127	0.055

工作内容:吊装、运,清理车上余碴,机械保养。

计量单位:10节

定额编号				1-245	1-246
项目				机动翻斗车运输材料	
				D500以内混凝土管材	
				运距(m)	
				200	每增200
基价(元)				187.54	33.11
其中	人工费(元)			69.68	—
	材料费(元)			—	—
	机械使用费(元)			52.75	22.84
	其他措施费(元)			3.11	0.44
	安文费(元)			7.15	1.26
	管理费(元)			12.27	2.17
	利润(元)			10.22	1.80
	规费(元)			32.36	4.60
名称		单位	单价(元)	数量	
综合工日		工日		(1.05)	(0.11)
机动翻斗车　装载质量(t)　1		台班	207.66	0.254	0.110

工作内容:吊装、运,清理车上余碴,机械保养。

计量单位:10 节

定额编号				1-247	1-248
项目				机动翻斗车运输材料	
				D800 以内混凝土管材	
				运距(m)	
				200	每增 200
基价(元)				281.31	49.67
其中	人工费(元)			104.52	—
	材料费(元)			—	—
	机械使用费(元)			79.12	34.26
	其他措施费(元)			4.67	0.66
	安文费(元)			10.73	1.89
	管理费(元)			18.40	3.25
	利润(元)			15.33	2.71
	规费(元)			48.54	6.90
名称		单位	单价(元)	数量	
综合工日		工日		(1.58)	(0.17)
机动翻斗车　装载质量(t)　1		台班	207.66	0.381	0.165

工作内容:吊装、运,清理车上余碴,机械保养。

计量单位:10t

定额编号				1-249	1-250
项目				机动翻斗车运输材料	
				金属、铸铁件	
				运距(m)	
				200	每增 200
基价(元)				694.45	39.14
其中	人工费(元)			231.69	—
	材料费(元)			—	—
	机械使用费(元)			224.27	27.00
	其他措施费(元)			11.29	0.52
	安文费(元)			26.49	1.49
	管理费(元)			45.42	2.56
	利润(元)			37.85	2.13
	规费(元)			117.44	5.44
名称		单位	单价(元)	数量	
综合工日		工日		(3.74)	(0.13)
机动翻斗车　装载质量(t)　1		台班	207.66	1.080	0.130

工作内容：吊装、运，清理车上余碴，机械保养。

计量单位：10m³

定额编号				1-251	1-252
项目				机动翻斗车运输材料	
				废料	
				运距(m)	
				200	每增 200
基价(元)				631.09	66.24
其中	人工费(元)			165.49	—
	材料费(元)			—	—
	机械使用费(元)			253.35	45.69
	其他措施费(元)			9.87	0.88
	安文费(元)			24.08	2.53
	管理费(元)			41.27	4.33
	利润(元)			34.39	3.61
	规费(元)			102.64	9.20
名称		单位	单价(元)	数量	
综合工日		工日		(3.12)	(0.22)
机动翻斗车　装载质量(t)　1		台班	207.66	1.220	0.220

3. 汽车装运输材料

工作内容：准备、装车、运输、卸车。

计量单位：t

定额编号				1-253	1-254
项目				汽车运输	
				人工装卸袋装水泥	
				运距(m)	
				1km 以内	每增 1km
基价(元)				57.77	10.52
其中	人工费(元)			13.50	—
	材料费(元)			—	—
	机械使用费(元)			27.69	8.04
	其他措施费(元)			0.65	0.07
	安文费(元)			2.20	0.40
	管理费(元)			3.78	0.69
	利润(元)			3.15	0.57
	规费(元)			6.80	0.75
名称		单位	单价(元)	数量	
综合工日		工日		(0.22)	(0.02)
载重汽车　装载质量(t)　5		台班	446.68	0.062	0.018

工作内容：准备、装车、运输、卸车。

计量单位：t

定额编号				1-255	1-256
项目				汽车运输	
				人工装卸生石灰、石灰膏	
				运距(m)	
				1km 以内	每增 1km
基价(元)				46.83	8.77
其中	人工费(元)			11.76	—
	材料费(元)			—	—
	机械使用费(元)			21.44	6.70
	其他措施费(元)			0.55	0.06
	安文费(元)			1.79	0.33
	管理费(元)			3.06	0.57
	利润(元)			2.55	0.48
	规费(元)			5.68	0.63
名称		单位	单价(元)	数量	
综合工日		工日		(0.18)	(0.02)
载重汽车　装载质量(t)　5		台班	446.68	0.048	0.015

工作内容：准备、装车、运输、卸车。

计量单位：$10m^3$

定额编号				1-257	1-258
项目				汽车运输	
				人装自卸砂、黄土、碎石、块(片)石	
				运距(m)	
				1km 以内	每增 1km
基价(元)				457.69	49.88
其中	人工费(元)			130.65	—
	材料费(元)			—	—
	机械使用费(元)			191.69	38.34
	其他措施费(元)			5.53	0.32
	安文费(元)			17.46	1.90
	管理费(元)			29.93	3.26
	利润(元)			24.94	2.72
	规费(元)			57.49	3.34
名称		单位	单价(元)	数量	
综合工日		工日		(1.90)	(0.08)
自卸汽车　装载质量(t)　5		台班	479.23	0.400	0.080

工作内容:准备、装车、运输、卸车。

计量单位:10m³

定额编号				1-259	1-260
项目				汽车运输	
				混凝土构件、标准砖、石材	
				运距(m)	
				1km 以内	每增 1km
基价(元)				2198.95	93.59
其中	人工费(元)			191.62	—
	材料费(元)			—	—
	机械使用费(元)			1422.40	71.47
	其他措施费(元)			20.82	0.64
	安文费(元)			83.89	3.57
	管理费(元)			143.81	6.12
	利润(元)			119.84	5.10
	规费(元)			216.57	6.69
名称		单位	单价(元)	数量	
综合工日		工日		(5.95)	(0.16)
载重汽车　装载质量(t)　5		台班	446.68	1.250	0.160
汽车式起重机　提升质量(t)　8		台班	691.24	1.250	—

工作内容:准备、装车、运输、卸车。

计量单位:10m³

定额编号				1-261	1-262
项目				汽车运输	
				水泥混凝土、砂浆	
				运距(m)	
				人装自卸 1km 以内	人装自卸每增 1km
基价(元)				1021.34	67.38
其中	人工费(元)			226.46	—
	材料费(元)			—	—
	机械使用费(元)			511.10	52.15
	其他措施费(元)			10.73	0.40
	安文费(元)			38.96	2.57
	管理费(元)			66.80	4.41
	利润(元)			55.66	3.67
	规费(元)			111.63	4.18
名称		单位	单价(元)	数量	
综合工日		工日		(3.58)	(0.10)
自卸汽车　装载质量(t)　6		台班	521.53	0.980	0.100

工作内容:准备、装车、运输、卸车。

计量单位:10m³

定额编号				1-263	1-264
项目				汽车运输	
				沥青混凝土	
				运距(m)	
				机装人卸 1km 以内	机装人卸每增 1km
基价(元)				951.94	67.38
其中	人工费(元)			182.91	—
	材料费(元)			—	—
	机械使用费(元)			511.10	52.15
	其他措施费(元)			9.43	0.40
	安文费(元)			36.32	2.57
	管理费(元)			62.26	4.41
	利润(元)			51.88	3.67
	规费(元)			98.04	4.18
名称		单位	单价(元)	数量	
综合工日		工日		(3.08)	(0.10)
自卸汽车　装载质量(t)　6		台班	521.53	0.980	0.100

工作内容:准备、吊装、运输、卸车。

计量单位:10 节

定额编号				1-265	1-266
项目				汽车运输	
				D300 以内混凝土管材	
				运距(m)	
				1km 以内	每增 1km
基价(元)				587.88	25.16
其中	人工费(元)			51.39	—
	材料费(元)			—	—
	机械使用费(元)			380.07	19.21
	其他措施费(元)			5.57	0.17
	安文费(元)			22.43	0.96
	管理费(元)			38.45	1.65
	利润(元)			32.04	1.37
	规费(元)			57.93	1.80
名称		单位	单价(元)	数量	
综合工日		工日		(1.59)	(0.04)
载重汽车　装载质量(t)　5		台班	446.68	0.334	0.043
汽车式起重机　提升质量(t)　8		台班	691.24	0.334	—

工作内容:准备、吊装、运输、卸车。

计量单位:10 节

定额编号				1-267	1-268
项目				汽车运输	
				D500 以内混凝土管材	
				运距(m)	
				1km 以内	每增 1km
基价(元)				1175.72	50.31
其中	人工费(元)			102.78	—
	材料费(元)			—	—
	机械使用费(元)			760.13	38.41
	其他措施费(元)			11.14	0.35
	安文费(元)			44.85	1.92
	管理费(元)			76.89	3.29
	利润(元)			64.08	2.74
	规费(元)			115.85	3.60
名称		单位	单价(元)	数量	
综合工日		工日		(3.18)	(0.09)
载重汽车　装载质量(t)　5		台班	446.68	0.668	0.086
汽车式起重机　提升质量(t)　8		台班	691.24	0.668	—

工作内容:准备、吊装、运输、卸车。

计量单位:10 节

定额编号				1-269	1-270
项目				汽车运输	
				D800 以内混凝土管材	
				运距(m)	
				1km 以内	每增 1km
基价(元)				1763.60	75.45
其中	人工费(元)			154.17	—
	材料费(元)			—	—
	机械使用费(元)			1140.20	57.62
	其他措施费(元)			16.71	0.52
	安文费(元)			67.28	2.88
	管理费(元)			115.34	4.93
	利润(元)			96.12	4.11
	规费(元)			173.78	5.39
名称		单位	单价(元)	数量	
综合工日		工日		(4.78)	(0.13)
载重汽车　装载质量(t)　5		台班	446.68	1.002	0.129
汽车式起重机　提升质量(t)　8		台班	691.24	1.002	—

工作内容：准备、吊装、运输、卸车。

计量单位：t

定额编号				1-271	1-272
项目				汽车运输	
				金属、铸铁件	
				运距(m)	
				1km 以内	每增 1km
基价(元)				159.60	4.67
其中	人工费(元)			33.10	—
	材料费(元)			—	—
	机械使用费(元)			85.13	3.57
	其他措施费(元)			1.42	0.03
	安文费(元)			6.09	0.18
	管理费(元)			10.44	0.31
	利润(元)			8.70	0.25
	规费(元)			14.72	0.33
名称		单位	单价(元)	数量	
综合工日		工日		(0.49)	(0.01)
载重汽车　装载质量(t)　5		台班	446.68	0.105	0.008
汽车式起重机　5t		台班	364.10	0.105	—

工作内容：准备、装车、运输、卸车。

计量单位：t

定额编号				1-273	1-274
项目				汽车运输	
				热沥青	
				运距(m)	
				1km 以内	每增 1km
基价(元)				77.80	14.10
其中	人工费(元)			9.15	—
	材料费(元)			—	—
	机械使用费(元)			41.31	9.22
	其他措施费(元)			1.32	0.23
	安文费(元)			2.97	0.54
	管理费(元)			5.09	0.92
	利润(元)			4.24	0.77
	规费(元)			13.72	2.42
名称		单位	单价(元)	数量	
综合工日		工日		(0.37)	(0.06)
机泵手喷洒布机		台班	158.88	0.260	0.058

工作内容:准备、吊装、运输、卸车。

计量单位:t

定额编号				1-275	1-276
项目				汽车运输	
				钢筋	
				运距(m)	
				1km 以内	每增 1km
基价(元)				109.16	6.08
其中	人工费(元)			57.05	—
	材料费(元)			—	—
	机械使用费(元)			13.98	4.66
	其他措施费(元)			1.83	0.04
	安文费(元)			4.16	0.23
	管理费(元)			7.14	0.40
	利润(元)			5.95	0.33
	规费(元)			19.05	0.42
名称		单位	单价(元)	数量	
综合工日		工日		(0.69)	(0.01)
载重汽车　装载质量(t)　6		台班	465.97	0.030	0.010

工作内容:准备、装车、运输、卸车。

计量单位:m³

定额编号				1-277	1-278
项目				汽车运输	
				污泥(泥浆罐车)	
				运距(m)	
				1km 以内	每增 1km
基价(元)				148.83	6.18
其中	人工费(元)			31.36	—
	材料费(元)			—	—
	机械使用费(元)			75.90	4.74
	其他措施费(元)			1.58	0.04
	安文费(元)			5.68	0.24
	管理费(元)			9.73	0.40
	利润(元)			8.11	0.34
	规费(元)			16.47	0.42
名称		单位	单价(元)	数量	
综合工日		工日		(0.52)	(0.01)
泥浆罐车		台班	474.36	0.160	0.010

工作内容:准备、装车、运输、卸车。

计量单位:m^3

定额编号				1-279	1-280
项目				汽车运输	
				污泥(吸泥车)	
				运距(m)	
				1km 以内	每增 1km
基价(元)				82.72	6.09
其中	人工费(元)			0.87	—
	材料费(元)			—	—
	机械使用费(元)			68.47	5.13
	其他措施费(元)			0.03	—
	安文费(元)			3.16	0.23
	管理费(元)			5.41	0.40
	利润(元)			4.51	0.33
	规费(元)			0.27	—
名称		单位	单价(元)	数量	
综合工日		工日		(0.01)	—
污泥真空吸泥车 3.3m^3		台班	855.82	0.080	0.006

工作内容:准备、装车、运输、卸车。

计量单位:m^3

定额编号				1-281	1-282
项目				汽车运输	
				污泥(抓泥车)	
				运距(m)	
				1km 以内	每增 1km
基价(元)				173.15	17.99
其中	人工费(元)			40.94	—
	材料费(元)			—	—
	机械使用费(元)			90.84	15.14
	其他措施费(元)			1.23	—
	安文费(元)			6.61	0.69
	管理费(元)			11.32	1.18
	利润(元)			9.44	0.98
	规费(元)			12.77	—
名称		单位	单价(元)	数量	
综合工日		工日		(0.47)	—
污泥抓斗车		台班	504.67	0.180	0.030

工作内容:准备、装车、运输、卸车。

计量单位:m³

定额编号				1-283	1-284
项目				汽车运输	
				水	
				运距(m)	
				1km 以内	每增 1km
基价(元)				20.39	2.32
其中	人工费(元)			1.83	—
	材料费(元)			—	—
	机械使用费(元)			13.33	1.76
	其他措施费(元)			0.18	0.02
	安文费(元)			0.78	0.09
	管理费(元)			1.33	0.15
	利润(元)			1.11	0.13
	规费(元)			1.83	0.17
名称		单位	单价(元)	数量	
综合工日		工日		(0.05)	—
洒水车　罐容量(L)　4000		台班	447.27	0.0298	0.0039

工作内容:准备、装车、运输、卸车。

计量单位:m³

定额编号				1-285	1-286
项目				汽车运输	
				多合土	
				运距(m)	
				1km 以内	每增 1km
基价(元)				10.12	3.12
其中	人工费(元)			0.87	—
	材料费(元)			—	—
	机械使用费(元)			6.71	2.40
	其他措施费(元)			0.08	0.02
	安文费(元)			0.39	0.12
	管理费(元)			0.66	0.20
	利润(元)			0.55	0.17
	规费(元)			0.86	0.21
名称		单位	单价(元)	数量	
综合工日		工日		(0.02)	(0.01)
自卸汽车　装载质量(t)　5		台班	479.23	0.014	0.005

工作内容:其他材料、设备装车、运输、卸车堆放。

计量单位:车次

定额编号				1-287	1-288	1-289
项目				汽车运输		
				其他材料、设备(车次)		
				人工装卸	机械装卸	每增1km
				运距(m)1km以内		
基价(元)				377.24	528.02	22.22
其中	人工费(元)			107.13	46.16	—
	材料费(元)			—	—	—
	机械使用费(元)			157.68	341.38	16.97
	其他措施费(元)			4.63	5.00	0.15
	安文费(元)			14.39	20.14	0.85
	管理费(元)			24.67	34.53	1.45
	利润(元)			20.56	28.78	1.21
	规费(元)			48.18	52.03	1.59
名称		单位	单价(元)	数量		
综合工日		工日		(1.58)	(1.43)	(0.04)
载重汽车 装载质量(t) 5		台班	446.68	0.353	0.300	0.038
汽车式起重机 提升质量(t) 8		台班	691.24	—	0.300	—

工作内容:准备、装车、运输、卸车。

计量单位:m^3

定额编号				1-290	1-291
项目				汽车运输	
				人工装卸工程废料	
				运距(m)	
				1km以内	每增1km
基价(元)				60.08	5.85
其中	人工费(元)			15.68	—
	材料费(元)			—	—
	机械使用费(元)			26.80	4.47
	其他措施费(元)			0.71	0.04
	安文费(元)			2.29	0.22
	管理费(元)			3.93	0.38
	利润(元)			3.27	0.32
	规费(元)			7.40	0.42
名称		单位	单价(元)	数量	
综合工日		工日		(0.24)	(0.01)
载重汽车 装载质量(t) 5		台班	446.68	0.060	0.010

工作内容:准备、装车、运输、卸车。

计量单位:m^3

定额编号				1-292	1-293
项目				汽车运输	
				人装自卸工程废料	
				运距(m)	
				1km 以内	每增 1km
基价(元)				24.12	3.74
其中	人工费(元)			1.05	—
	材料费(元)			—	—
	机械使用费(元)			17.25	2.88
	其他措施费(元)			0.18	0.02
	安文费(元)			0.92	0.14
	管理费(元)			1.58	0.25
	利润(元)			1.31	0.20
	规费(元)			1.83	0.25
名称		单位	单价(元)	数量	
综合工日		工日		(0.05)	(0.01)
自卸汽车 装载质量(t) 5		台班	479.23	0.036	0.006

工作内容:准备、装车、运输、卸车。

计量单位:m^3

定额编号				1-294	1-295
项目				汽车运输	
				机装自卸工程废料	
				运距(m)	
				1km 以内	每增 1km
基价(元)				24.10	3.74
其中	人工费(元)			1.05	—
	材料费(元)			—	—
	机械使用费(元)			18.29	2.88
	其他措施费(元)			0.08	0.02
	安文费(元)			0.92	0.14
	管理费(元)			1.58	0.25
	利润(元)			1.31	0.20
	规费(元)			0.87	0.25
名称		单位	单价(元)	数量	
综合工日		工日		(0.03)	(0.01)
轮胎式装载机 斗容量(m^3) 3.5		台班	1206.30	0.010	—
自卸汽车 装载质量(t) 5		台班	479.23	0.013	0.006

六、土方、淤泥外运

1.汽车运土方

工作内容:装土,清理车下余土。

计量单位:$10m^3$

定额编号				1-296	1-297
项目				人工装土方	装载机装土方 斗容量 $1.5m^3$ 以内
基价(元)				218.66	24.72
其中	人工费(元)			137.18	4.36
	材料费(元)			—	—
	机械使用费(元)			—	14.96
	其他措施费(元)			4.12	0.13
	安文费(元)			8.34	0.94
	管理费(元)			14.30	1.62
	利润(元)			11.92	1.35
	规费(元)			42.80	1.36
名称		单位	单价(元)	数量	
综合工日		工日		(1.58)	(0.05)
轮胎式装载机　斗容量　$1.5m^3$		台班	680.01	—	0.022

工作内容:运土、卸土、空回。

计量单位:$100m^3$

定额编号				1-298	1-299	1-300	1-301
项目				汽车运土方			
				6t 自卸汽车		8t 自卸汽车	
				运距 1km 以内	运距每增 1km	运距 1km 以内	运距每增 1km
基价(元)				737.88	178.58	783.29	189.43
其中	人工费(元)			—	—	—	—
	材料费(元)			—	—	—	—
	机械使用费(元)			571.08	138.21	614.58	148.63
	其他措施费(元)			4.40	1.07	3.94	0.95
	安文费(元)			28.15	6.81	29.88	7.23
	管理费(元)			48.26	11.68	51.23	12.39
	利润(元)			40.21	9.73	42.69	10.32
	规费(元)			45.78	11.08	40.97	9.91
名称		单位	单价(元)	数量			
综合工日		工日		(1.10)	(0.27)	(0.98)	(0.24)
自卸汽车　装载质量(t)　6		台班	521.53	1.095	0.265	—	—
自卸汽车　装载质量(t)　8		台班	627.12	—	—	0.980	0.237

工作内容:运土、卸土、空回。

计量单位:$100m^3$

定额编号				1-302	1-303	1-304	1-305
项目				汽车运土方			
				10t 自卸汽车		12t 自卸汽车	
				运距 1km 以内	运距每增 1km	运距 1km 以内	运距每增 1km
基价(元)				701.26	169.75	886.08	214.43
其中	人工费(元)			—	—	—	—
	材料费(元)			—	—	—	—
	机械使用费(元)			552.94	133.84	674.46	163.22
	其他措施费(元)			3.29	0.80	6.28	1.52
	安文费(元)			26.75	6.48	33.80	8.18
	管理费(元)			45.86	11.10	57.95	14.02
	利润(元)			38.22	9.25	48.29	11.69
	规费(元)			34.20	8.28	65.30	15.80
名称		单位	单价(元)	数量			
综合工日		工日		(0.82)	(0.20)	(1.56)	(0.38)
自卸汽车 装载质量(t) 10		台班	675.97	0.818	0.198	—	—
自卸汽车 装载质量(t) 12		台班	863.58	—	—	0.781	0.189

工作内容:运土、卸土、空回。

计量单位:$100m^3$

定额编号				1-306	1-307
项目				汽车运土方	
				15t 自卸汽车	
				运距 1km 以内	运距每增 1km
基价(元)				881.29	212.46
其中	人工费(元)			—	—
	材料费(元)			—	—
	机械使用费(元)			677.75	163.39
	其他措施费(元)			5.64	1.36
	安文费(元)			33.62	8.11
	管理费(元)			57.64	13.89
	利润(元)			48.03	11.58
	规费(元)			58.61	14.13
名称		单位	单价(元)	数量	
综合工日		工日		(1.40)	(0.34)
自卸汽车 装载质量(t) 15		台班	966.83	0.701	0.169

2. 吸运管道、涵洞淤泥

工作内容:1. 机具运输,启闭井盖,掏泥清井,安装冲刷器,运泥至指定地点堆放,现场清理。
2. 机具运输,启闭井盖,安装冲刷器,装水射水,掏泥清井,运泥至指定地点堆放,现场清理。

计量单位:m^3

定额编号				1-308	1-309	1-310	1-311
项目				吸泥车吸泥		联合吸泥车吸泥	
				运距 1km	每增 1km	运距 1km	每增 1km
基价(元)				262.36	37.40	331.80	77.27
其中	人工费(元)			145.46	—	145.46	—
	材料费(元)			0.51	—	0.51	—
	机械使用费(元)			25.18	31.48	83.65	65.06
	其他措施费(元)			4.36	—	4.36	—
	安文费(元)			10.01	1.43	12.66	2.95
	管理费(元)			17.16	2.45	21.70	5.05
	利润(元)			14.30	2.04	18.08	4.21
	规费(元)			45.38	—	45.38	—
名称		单位	单价(元)	数量			
综合工日		工日		(1.67)	—	(1.67)	—
水		m^3	5.13	0.100	—	0.100	—
联合吸泥车		台班	1858.88	—	—	0.045	0.035
吸泥车		台班	899.44	0.028	0.035	—	—

3. 外运污泥装袋、运输

工作内容：运泥、卸泥、空回。

计量单位：$10m^3$

定额编号				1-312	1-313	1-314	1-315
项目				汽车运污泥		人力运污泥	
				运距(m)			
				1km 以内	每增 1km	100m 以内	每增 50m
基价(元)				398.38	30.89	646.96	90.25
其中	人工费(元)			129.78	—	405.89	56.62
	材料费(元)			—	—	—	—
	机械使用费(元)			147.05	23.72	—	—
	其他措施费(元)			5.14	0.20	12.18	1.70
	安文费(元)			15.20	1.18	24.68	3.44
	管理费(元)			26.05	2.02	42.31	5.90
	利润(元)			21.71	1.68	35.26	4.92
	规费(元)			53.45	2.09	126.64	17.67
名称		单位	单价(元)	数量			
综合工日		工日		(1.80)	(0.05)	(4.66)	(0.65)
泥浆罐车		台班	474.36	0.310	0.050	—	—

注：如采用自卸汽车运淤泥，可将泥浆罐车台班更换为载重质量 4t 的自卸汽车进行换算，其他不得换算。

七、措施项目

1. 脚手架安拆

工作内容:清理现场、挖基脚、立杆、绑扎、铺脚手板、挂安全网、拆除脚手架并堆放、场内及场外周转材料(往返)运输。

计量单位:100m²

定额编号				1-316	1-317	1-318	1-319
项目				木脚手架-单排		木脚手架-双排	
				4m 以内	8m 以内	4m 以内	8m 以内
基价(元)				1500.90	1901.03	1986.92	2421.34
其中	人工费(元)			579.22	722.93	792.61	952.00
	材料费(元)			486.36	630.40	609.21	761.07
	机械使用费(元)			—	—	—	—
	其他措施费(元)			17.38	21.69	23.78	28.56
	安文费(元)			57.26	72.52	75.80	92.37
	管理费(元)			98.16	124.33	129.94	158.36
	利润(元)			81.80	103.61	108.29	131.96
	规费(元)			180.72	225.55	247.29	297.02
名称		单位	单价(元)	数量			
综合工日		工日		(6.65)	(8.30)	(9.10)	(10.93)
镀锌铁丝 综合		kg	6.56	4.070	2.460	4.070	2.460
镀锌铁丝 8#		kg	4.20	17.310	22.550	26.890	35.630
木脚手杆		m³	1467.90	0.082	0.145	0.135	0.191
木脚手板		m³	1652.10	0.119	0.124	0.119	0.124
安全网		m²	9.44	2.680	1.380	2.680	1.410
圆木		m³	1500.00	0.025	0.053	0.027	0.057
其他材料费		%	1.00	1.500	1.500	1.500	1.500

工作内容：清理现场、挖基脚、立杆、绑扎、铺脚手板、挂安全网、拆除脚手架并堆放、场内及场外周转材料(往返)运输和钢管刷油养护。

计量单位：100m²

定额编号				1-320	1-321	1-322	1-323
项目				钢管脚手架-单排		钢管脚手架-双排	
				4m 以内	8m 以内	4m 以内	8m 以内
基价(元)				1195.71	1326.99	1533.57	1748.44
其中	人工费(元)			568.76	600.55	741.74	794.53
	材料费(元)			243.45	311.32	295.77	405.84
	机械使用费(元)			—	—	—	—
	其他措施费(元)			17.06	18.02	22.25	23.84
	安文费(元)			45.62	50.62	58.51	66.70
	管理费(元)			78.20	86.79	100.30	114.35
	利润(元)			65.17	72.32	83.58	95.29
	规费(元)			177.45	187.37	231.42	247.89
名称		单位	单价(元)	数量			
综合工日		工日		(6.53)	(6.90)	(8.52)	(9.12)
钢管脚手架扣件		个	4.93	2.190	4.390	3.200	6.480
脚手钢管 Φ48		t	4550.00	0.021	0.036	0.027	0.050
安全网		m²	9.44	2.680	1.380	2.680	1.380
竹脚手板		m²	20.94	5.110	5.110	5.980	5.980
脚手架钢管底座		个	5.00	0.240	0.250	0.450	0.430
其他材料费		%	1.00	1.500	1.500	1.500	1.500

工作内容:脚手架制、安、拆除,材料场内水平运输,按要求堆放。

计量单位:座

定额编号				1-324	1-325
项目				井字脚手架	
				井深 6m 以内	井深 10m 以内
基价(元)				424.74	861.16
其中	人工费(元)			170.72	394.56
	材料费(元)			128.51	195.56
	机械使用费(元)			—	—
	其他措施费(元)			5.12	11.84
	安文费(元)			16.20	32.85
	管理费(元)			27.78	56.32
	利润(元)			23.15	46.93
	规费(元)			53.26	123.10
名称		单位	单价(元)	数量	
综合工日		工日		(1.96)	(4.53)
木脚手杆		m^3	1467.90	0.056	0.101
镀锌铁丝 8#		kg	4.20	1.920	1.920
木脚手板		m^3	1652.10	0.022	0.022
其他材料费		%	1.00	1.500	1.500

工作内容：1. 清理现场、挖基脚、安底座、搭拆脚手架、材料堆放整理、材料场内运输和钢管刷油养护。

2. 场地清理、挖基脚、立杆、绑扎、扣牢斜道上下铺翻板子、拆除、堆放、场内材料运输和钢管刷油养护。

计量单位：$100m^2$

定额编号				1-326	1-327	1-328
项目				满堂脚手架		简易脚手架
				3.6m 基本层	每增高 1.2m	3.6m 以内
基价(元)				1820.34	942.26	849.90
其中	人工费(元)			992.94	570.68	422.44
	材料费(元)			200.10	27.49	148.67
	机械使用费(元)			—	—	—
	其他措施费(元)			29.79	17.12	12.67
	安文费(元)			69.45	35.95	32.42
	管理费(元)			119.05	61.62	55.58
	利润(元)			99.21	51.35	46.32
	规费(元)			309.80	178.05	131.80
名称		单位	单价(元)	数量		
综合工日		工日		(11.40)	(6.55)	(4.85)
脚手架钢管		kg	4.55	—	—	15.000
木脚手板		m^3	1652.10	0.081	—	0.044
钢管脚手架扣件		个	4.93	2.400	1.420	—
脚手架钢管底座		个	5.00	0.290	—	—
防锈漆		kg	16.30	0.300	0.120	0.040
钢管		kg	4.55	10.370	3.990	—
钢套管　综合		kg	4.75	—	—	1.460
油漆溶剂油		kg	4.40	0.040	0.020	0.010
砂布		张	1.31	0.570	0.220	0.070

2. 排水导流

工作内容：安装、拆除水泵吸水管，抽水，挖集水坑及清淤等全部操作过程。

计量单位：台班

定额编号				1-329	1-330	1-331
项目				施工排水		
				抽水机抽水		
				潜水泵	污水泵	
				Φ100mm 以内		Φ200mm 以内
基价(元)				115.97	205.90	401.99
其中	人工费(元)			52.26	52.26	52.26
	材料费(元)			—	—	—
	机械使用费(元)			27.51	103.22	268.31
	其他措施费(元)			1.57	1.57	1.57
	安文费(元)			4.42	7.85	15.34
	管理费(元)			7.58	13.47	26.29
	利润(元)			6.32	11.22	21.91
	规费(元)			16.31	16.31	16.31
名称		单位	单价(元)	数量		
综合工日		工日		(0.60)	(0.60)	(0.60)
污水泵　出口直径(mm)　100		台班	103.22	—	1.000	—
污水泵　出口直径(mm)　200		台班	268.31	—	—	1.000
潜水泵　出口直径(mm)　100		台班	27.51	1.000	—	—

注：如现场无电源可用，可进行换算，对应子目增加5t载重汽车0.1个台班，增加30kW柴油发电机组1个台班，同时将对应水泵中的电含量调成0。

工作内容:进入积水区域,安拆抽水管道,抽水。

计量单位:h

定额编号				1-332	1-333	1-334	1-335
项目				移动泵站抽水			
				3600m³/h以下	2500m³/h以下	1500m³/h以下	600m³/h以下
基价(元)				5824.52	4888.04	4486.11	3974.79
其中	人工费(元)			2038.14	1846.52	1795.65	1698.45
	材料费(元)			—	—	—	—
	机械使用费(元)			2168.77	1637.45	1367.32	1067.25
	其他措施费(元)			61.14	55.40	53.87	50.95
	安文费(元)			222.21	186.48	171.15	151.64
	管理费(元)			380.92	319.68	293.39	259.95
	利润(元)			317.44	266.40	244.49	216.63
	规费(元)			635.90	576.11	560.24	529.92
名称		单位	单价(元)	数量			
综合工日		工日		(23.40)	(21.20)	(20.62)	(19.50)
移动泵车 600m³/h		台班	10672.48	—	—	—	0.100
移动泵车 1500m³/h		台班	13673.24	—	—	0.100	—
移动泵车 2500m³/h		台班	16374.52	—	0.100	—	—
移动泵车 3600m³/h		台班	21687.66	0.100	—	—	—

注:每抽水1h,机械台班数量另增0.125个台班。

八、其　他

1. 旧石料加工

工作内容：1. 就地清理用料、准备工具、过筛、20m 以内运输及清除废料。

2. 清洗石料、清洗排水、20m 以内运输、成品堆放及清除废料等。

计量单位：m^3

定额编号				1-336	1-337
项目				旧石料加工	
				筛分旧石料	清洗石料
基价(元)				83.31	63.89
其中	人工费(元)			52.26	39.20
	材料费(元)			—	1.18
	机械使用费(元)			—	—
	其他措施费(元)			1.57	1.18
	安文费(元)			3.18	2.44
	管理费(元)			5.45	4.18
	利润(元)			4.54	3.48
	规费(元)			16.31	12.23
名称		单位	单价(元)	数量	
综合工日		工日		(0.60)	(0.45)
水		m^3	5.13	—	0.230

2. 临时线路

工作内容：架电线、埋设电杆、架线、接头、拆除及材料堆放。

计量单位：100m

定额编号				1-338	1-339
项目				低压动力线（三相四线）	
				橡皮线干线	橡皮线支线
基价（元）				3902.26	1956.77
其中	人工费（元）			962.46	679.38
	材料费（元）			1993.89	735.78
	机械使用费（元）			—	—
	其他措施费（元）			28.87	20.38
	安文费（元）			148.87	74.65
	管理费（元）			255.21	127.97
	利润（元）			212.67	106.64
	规费（元）			300.29	211.97
名称		单位	单价（元）	数量	
综合工日		工日		(11.05)	(7.80)
钢板 δ4.5~10		kg	3.34	1.500	0.500
橡皮绝缘线（消耗量） BX-10		m	5.52	—	52.500
绝缘胶带黑 20mm×20m		卷	2.00	—	0.130
橡皮绝缘线（消耗量） BX-16		m	8.43	157.500	—
铁件 综合		kg	4.50	2.750	0.680
圆木		m^3	1500.00	0.278	0.143
型钢 综合		kg	3.40	4.500	—
铁担针式瓷瓶 3#		个	12.30	13.330	16.000
镀锌铁丝 8#		kg	4.20	4.000	3.500
针式绝缘子 PD-1T		个	4.50	0.440	0.440
镀锌扁铁抱箍 —40×4		副	6.47	0.660	0.330
其他材料费		%	1.00	1.500	1.500

3. 移动隔离带

工作内容：机械配合人工往返移动隔车带。

计量单位：100m

定额编号				1-340
项目				人工往返移动隔车带
基价(元)				769.10
其中	人工费(元)			261.30
	材料费(元)			—
	机械使用费(元)			278.54
	其他措施费(元)			9.45
	安文费(元)			29.34
	管理费(元)			50.30
	利润(元)			41.92
	规费(元)			98.25
名称		单位	单价(元)	数量
综合工日		工日		(3.40)
叉式起重机　提升质量(t)　10		台班	696.36	0.400

4. 冲刷路面、桥面

工作内容:1. 高压水枪冲洗积土、污物,清理冲刷。

2. 清理伸缩胶条和泄水孔中硬物及污物,高压水枪冲洗,冲洗不到之处采用人工刷洗。

计量单位:10m²

定额编号				1-341	1-342
项目				路面冲刷	桥梁冲刷
基价(元)				20.34	35.61
其中	人工费(元)			10.19	5.40
	材料费(元)			0.49	1.18
	机械使用费(元)			2.68	21.56
	其他措施费(元)			0.33	0.16
	安文费(元)			0.78	1.36
	管理费(元)			1.33	2.33
	利润(元)			1.11	1.94
	规费(元)			3.43	1.68
名称		单位	单价(元)	数量	
综合工日		工日		(0.12)	(0.06)
水		m^3	5.13	0.096	0.190
清洁剂		瓶	3.35	—	0.060
射水车 120kW		台班	1796.80	—	0.012
洒水车 罐容量(L) 4000		台班	447.27	0.006	—

第二章　道路设施养护维修工程

说　明

一、本章定额包括路基处理、铺设土工布、嵌缝条贴缝、多合土养护、石灰稳定土摊铺、水泥稳定土摊铺、石灰粉煤灰土摊铺、沥青混凝土路面、检查井升降、井周加固等项目。

二、本章适用于工程量不大于 400m^2 的城市道路设施日常养护及对路面轻微损坏的零星修复。

三、涉及拆除工程的，执行通用工程相应子目。

四、水泥混凝土路面按照木模板考虑。如采用钢模板施工。定额允许调整。路面养护以草袋为主；如采用聚乙烯薄膜养护，用工不变，材料允许换算。

五、水泥混凝土路面定额中未包括钢筋用量，如设计有钢筋，其钢筋用量、制作、安装，另行计算。

六、本章沥青混凝土，所需厂拌料为成品料。

七、多合土基层中各种材料是按常用配合比编制的，如设计与定额材料不同，允许调整，人工、机械不变。

八、混合料多层次铺筑时，其基础各层需进行养护，养护期按照 7d 考虑，其用水量已综合考虑在多合土养护子目内，使用时不得重复计算用水量。

工程量计算规则

一、道路工程按实际维修工程量，以面积计算。在维修一段道路范围内的各种检查井、进水井、阀门井等所占面积不予扣除。道路路床碾压按照设计道路路基边缘图示尺寸以面积计算，不扣除各类井所占面积。在设计中明确加宽值，按设计规定计算。设计中未明确加宽值时，可按每侧15cm考虑。

二、人行道板按实际维修工程量，以面积计算。不扣除工程范围内所占的线杆、消防栓、检查井的面积。扣除工程范围内树池所占面积，树池周围边石安装另行计算。

三、人行道板铺设，垫层材料已包含在内。垫层厚度按照2cm计算，厚度不同时允许换算。

四、混凝土路面伸缩缝按照缝宽1cm、伸缝深度9cm、缩缝深度5cm计算，实际尺寸不同时，可根据每米材料用量进行换算。

五、侧石、边石、平石，按照延长米计算。

六、旧道板、旧侧石的回收按照实际维修损坏程度，在施工结算时根据实际施工情况予以扣除。

一、路基处理

1. 人工整修路肩、边土坡

工作内容:挂线,培筑,整修,找平,碾压,洒水,平衡土方。

计量单位:$10m^2$

定额编号				2-1	2-2	2-3
项目				人工整修路肩		
				普通土	坚土	砂砾坚土
基价(元)				24.98	33.32	38.87
其中	人工费(元)			15.68	20.90	24.39
	材料费(元)			—	—	—
	机械使用费(元)			—	—	—
	其他措施费(元)			0.47	0.63	0.73
	安文费(元)			0.95	1.27	1.48
	管理费(元)			1.63	2.18	2.54
	利润(元)			1.36	1.82	2.12
	规费(元)			4.89	6.52	7.61
名称		单位	单价(元)	数量		
综合工日		工日		(0.18)	(0.24)	(0.28)

工作内容:挂线,培筑,整修,找平,碾压,洒水,平衡土方。

计量单位:$10m^2$

定额编号				2-4	2-5	2-6
项目				人工整修边坡		
				普通土	坚土	砂砾坚土
基价(元)				48.59	63.87	73.57
其中	人工费(元)			30.49	40.07	46.16
	材料费(元)			—	—	—
	机械使用费(元)			—	—	—
	其他措施费(元)			0.91	1.20	1.38
	安文费(元)			1.85	2.44	2.81
	管理费(元)			3.18	4.18	4.81
	利润(元)			2.65	3.48	4.01
	规费(元)			9.51	12.50	14.40
名称		单位	单价(元)	数量		
综合工日		工日		(0.35)	(0.46)	(0.53)

2. 路基加固

工作内容:放样、挖土、掺料改换、铺料、嵌缝整平、洒水、找平、清理。

计量单位:10m³

定额编号				2-7	2-8	2-9	2-10
项目				人工操作			
				掺石灰(含灰量8%)	水泥稳定土(含灰量5%)	砖渣换填	改换片石
基价(元)				1232.78	1560.32	2235.57	2792.08
其中	人工费(元)			635.83	763.00	1062.62	1090.23
	材料费(元)			184.66	289.76	456.19	887.70
	机械使用费(元)			—	—	—	—
	其他措施费(元)			19.07	22.89	31.88	32.71
	安文费(元)			47.03	59.53	85.29	106.52
	管理费(元)			80.62	102.04	146.21	182.60
	利润(元)			67.19	85.04	121.84	152.17
	规费(元)			198.38	238.06	331.54	340.15
名称		单位	单价(元)	数量			
综合工日		工日		(7.30)	(8.76)	(12.20)	(12.52)
片石		t	44.44	—	—	—	19.680
黄土		m³	—	(11.638)	(13.30)	—	—
碎砖		m³	32.00	—	—	13.800	—
水		m³	5.13	1.000	1.790	1.530	—
水泥 32.5		t	307.00	—	0.900	—	—
生石灰		t	130.00	1.360	—	—	—
其他材料费		%	1.00	1.500	1.500	1.500	1.500

注:如需外运土,购土和运费另计。

3. 碾压路床

工作内容：10cm 内人工挖填找平，碾压密实。

计量单位：100m²

定额编号				2-11	2-12
项目				碾压路床	
				路槽	人行道
基价(元)				500.12	452.76
其中	人工费(元)			248.24	230.82
	材料费(元)			—	—
	机械使用费(元)			80.60	65.48
	其他措施费(元)			8.09	7.45
	安文费(元)			19.08	17.27
	管理费(元)			32.71	29.61
	利润(元)			27.26	24.68
	规费(元)			84.14	77.45
名称		单位	单价(元)	数量	
综合工日		工日		(3.01)	(2.78)
钢轮内燃压路机　工作质量(t)　12		台班	503.72	0.160	0.130

二、铺设土工布、嵌缝条贴缝

工作内容：1. 铺土工布格栅：放样、裁料、清扫浮松杂物、铺设玻璃纤维格栅、涂贴料等。

2. 嵌缝条贴缝：清底，安装嵌缝条。

计量单位：$10m^2$

定额编号				2-13	2-14
项目				铺土工布格栅	嵌缝条贴缝
基价(元)				233.35	1323.91
其中	人工费(元)			49.91	149.90
	材料费(元)			129.49	913.50
	机械使用费(元)			—	—
	其他措施费(元)			1.50	4.50
	安文费(元)			8.90	50.51
	管理费(元)			15.26	86.58
	利润(元)			12.72	72.15
	规费(元)			15.57	46.77
名称		单位	单价(元)	数量	
综合工日		工日		(0.57)	(1.72)
嵌缝条		m^2	75.00	—	12.000
玻璃纤维格栅		m^2	11.44	11.152	—
其他材料费		%	1.00	1.500	1.500

三、多合土养护

工作内容:洒水养护,铺筑塑料薄膜。

计量单位:100m²

定额编号				2-15	2-16
项目				道路基层	
				顶层多合土养护	
				洒水车洒水	薄膜养护
基价(元)				254.93	761.87
其中	人工费(元)			7.06	456.06
	材料费(元)			7.92	29.42
	机械使用费(元)			178.91	—
	其他措施费(元)			1.82	13.68
	安文费(元)			9.73	29.07
	管理费(元)			16.67	49.83
	利润(元)			13.89	41.52
	规费(元)			18.93	142.29
名称		单位	单价(元)	数量	
综合工日		工日		(0.48)	(5.24)
塑料薄膜		m^2	0.26	—	111.500
水		m^3	5.13	1.522	—
其他材料费		%	1.00	1.500	1.500
洒水车 罐容量(L) 4000		台班	447.27	0.400	—

四、石灰稳定土摊铺

1.石灰稳定土基层(人工拌铺)

工作内容:清扫,配料,拌和,铺筑,找平,分层碾压夯实,洒水养护,清理杂物。

计量单位:$10m^2$

定额编号				2-17	2-18	2-19	2-20	2-21
项目				石灰含量 8%				
				压实厚度 15cm				每增减 1cm
				每处面积				
				$5m^2$ 以内	$10m^2$ 以内	$20m^2$ 以内	$20m^2$ 以外	
基价(元)				600.41	554.58	514.34	424.09	37.89
其中	人工费(元)			337.08	308.33	283.08	226.46	21.78
	材料费(元)			40.15	40.15	40.15	40.15	2.67
	机械使用费(元)			11.86	11.86	11.86	11.86	—
	其他措施费(元)			10.21	9.35	8.59	6.89	0.65
	安文费(元)			22.91	21.16	19.62	16.18	1.45
	管理费(元)			39.27	36.27	33.64	27.74	2.48
	利润(元)			32.72	30.22	28.03	23.11	2.06
	规费(元)			106.21	97.24	89.37	71.70	6.80
名称		单位	单价(元)	数量				
综合工日		工日		(3.90)	(3.57)	(3.28)	(2.63)	(0.25)
黄土		m^3	—	(2.257)	(2.257)	(2.257)	(2.257)	(0.151)
水		m^3	5.13	0.641	0.641	0.641	0.641	0.032
熟石灰		t	130.00	0.279	0.279	0.279	0.279	0.019
其他材料费		%	1.00	1.500	1.500	1.500	1.500	1.500
钢轮内燃压路机 工作质量(t) 12		台班	503.72	0.019	0.019	0.019	0.019	—
钢轮内燃压路机 工作质量(t) 8		台班	381.84	0.006	0.006	0.006	0.006	—

工作内容：清扫，配料，拌和，铺筑，找平，分层碾压夯实，洒水养护，清理杂物。

计量单位：$10m^2$

定额编号				2-22	2-23	2-24	2-25	2-26
项目				石灰含量 10%				
				压实厚度 15cm				每增减 1cm
				每处面积				
				$5m^2$ 以内	$10m^2$ 以内	$20m^2$ 以内	$20m^2$ 以外	
基价(元)				613.85	566.65	526.39	434.74	38.86
其中	人工费(元)			338.82	309.21	283.95	226.46	22.04
	材料费(元)			49.12	49.12	49.12	49.12	3.14
	机械使用费(元)			11.86	11.86	11.86	11.86	—
	其他措施费(元)			10.27	9.38	8.62	6.89	0.66
	安文费(元)			23.42	21.62	20.08	16.59	1.48
	管理费(元)			40.15	37.06	34.43	28.43	2.54
	利润(元)			33.45	30.88	28.69	23.69	2.12
	规费(元)			106.76	97.52	89.64	71.70	6.88
名称		单位	单价(元)	数量				
综合工日		工日		(3.92)	(3.58)	(3.29)	(2.63)	(0.25)
黄土		m^3	—	(2.181)	(2.181)	(2.181)	(2.181)	(0.145)
水		m^3	5.13	0.690	0.690	0.690	0.690	0.035
熟石灰		t	130.00	0.345	0.345	0.345	0.345	0.0224
其他材料费		%	1.00	1.500	1.500	1.500	1.500	1.500
钢轮内燃压路机 工作质量(t) 12		台班	503.72	0.019	0.019	0.019	0.019	—
钢轮内燃压路机 工作质量(t) 8		台班	381.84	0.006	0.006	0.006	0.006	—

工作内容：清扫，配料，拌和，铺筑，找平，分层碾压夯实，洒水养护，清理杂物。

计量单位：10m²

定额编号				2-27	2-28	2-29	2-30	2-31
项目				石灰含量12%				
				压实厚度15cm				每增减1cm
				每处面积				
				5m² 以内	10m² 以内	20m² 以内	20m² 以外	
基价(元)				625.16	577.96	537.70	444.66	39.62
其中	人工费(元)			339.69	310.08	284.82	226.46	22.12
	材料费(元)			57.48	57.48	57.48	57.48	3.68
	机械使用费(元)			11.86	11.86	11.86	11.86	—
	其他措施费(元)			10.29	9.40	8.65	6.89	0.66
	安文费(元)			23.85	22.05	20.51	16.96	1.51
	管理费(元)			40.89	37.80	35.17	29.08	2.59
	利润(元)			34.07	31.50	29.30	24.23	2.16
	规费(元)			107.03	97.79	89.91	71.70	6.90
名称		单位	单价(元)	数量				
综合工日		工日		(3.93)	(3.59)	(3.30)	(2.63)	(0.25)
黄土		m³	—	(2.095)	(2.095)	(2.095)	(2.095)	(0.14)
水		m³	5.13	0.735	0.735	0.735	0.735	0.038
熟石灰		t	130.00	0.4066	0.4066	0.4066	0.4066	0.0264
其他材料费		%	1.00	1.500	1.500	1.500	1.500	1.500
钢轮内燃压路机 工作质量(t) 12		台班	503.72	0.019	0.019	0.019	0.019	—
钢轮内燃压路机 工作质量(t) 8		台班	381.84	0.006	0.006	0.006	0.006	—

工作内容:清扫,配料,拌和,铺筑,找平,分层碾压夯实,洒水养护,清理杂物。

计量单位:$10m^2$

定额编号				2-32	2-33	2-34	2-35	2-36
项目				石灰含量15%				
				压实厚度15cm				每增减1cm
				每处面积				
				$5m^2$ 以内	$10m^2$ 以内	$20m^2$ 以内	$20m^2$ 以外	
基价(元)				646.17	598.96	558.71	464.30	41.11
其中	人工费(元)			339.69	310.08	284.82	225.59	22.38
	材料费(元)			75.17	75.17	75.17	75.17	4.58
	机械使用费(元)			11.86	11.86	11.86	11.86	—
	其他措施费(元)			10.29	9.40	8.65	6.87	0.67
	安文费(元)			24.65	22.85	21.31	17.71	1.57
	管理费(元)			42.26	39.17	36.54	30.37	2.69
	利润(元)			35.22	32.64	30.45	25.30	2.24
	规费(元)			107.03	97.79	89.91	71.43	6.98
名称		单位	单价(元)	数量				
综合工日		工日		(3.93)	(3.59)	(3.30)	(2.62)	(0.26)
黄土		m^3	—	(1.916)	(1.916)	(1.916)	(1.916)	(0.127)
水		m^3	5.13	0.824	0.824	0.824	0.824	0.044
熟石灰		t	130.00	0.5372	0.5372	0.5372	0.5372	0.033
其他材料费		%	1.00	1.500	1.500	1.500	1.500	1.500
钢轮内燃压路机 工作质量(t) 12		台班	503.72	0.019	0.019	0.019	0.019	—
钢轮内燃压路机 工作质量(t) 8		台班	381.84	0.006	0.006	0.006	0.006	—

2. 石灰稳定土基层(厂拌人铺)

工作内容:放线,上料,摊铺,找平,碾压,洒水养护,清理杂物。

计量单位:$10m^2$

定额编号				2-37	2-38	2-39	2-40	2-41
项目				厚度 15cm				每增减 1cm
				每处面积				
				$5m^2$ 以内	$10m^2$ 以内	$20m^2$ 以内	$20m^2$ 以外	
基价(元)				375.57	371.95	368.62	361.13	21.89
其中	人工费(元)			24.74	22.47	20.38	15.68	0.17
	材料费(元)			274.06	274.06	274.06	274.06	18.20
	机械使用费(元)			8.26	8.26	8.26	8.26	—
	其他措施费(元)			0.80	0.73	0.67	0.53	0.01
	安文费(元)			14.33	14.19	14.06	13.78	0.84
	管理费(元)			24.56	24.33	24.11	23.62	1.43
	利润(元)			20.47	20.27	20.09	19.68	1.19
	规费(元)			8.35	7.64	6.99	5.52	0.05
名称		单位	单价(元)	数量				
综合工日		工日		(0.30)	(0.27)	(0.25)	(0.20)	—
熟石灰		t	130.00	2.061	2.061	2.061	2.061	0.137
水		m^3	5.13	0.405	0.405	0.405	0.405	0.023
其他材料费		%	1.00	1.500	1.500	1.500	1.500	1.500
钢轮内燃压路机 工作质量(t) 15		台班	604.21	0.007	0.007	0.007	0.007	—
钢轮内燃压路机 工作质量(t) 12		台班	503.72	0.008	0.008	0.008	0.008	—

五、水泥稳定土摊铺

1. 水泥稳定土基层(人工拌铺)

工作内容:清扫,配料,拌和,铺筑,找平,分层碾压夯实,洒水养护,清理杂物。

计量单位:$10m^2$

定额编号				2-42	2-43	2-44	2-45	2-46
项目				水泥含量5%				
				厚度15cm				每增减1cm
				每处面积				
				$5m^2$ 以内	$10m^2$ 以内	$20m^2$ 以内	$20m^2$ 以外	
基价(元)				642.02	596.20	555.96	465.71	39.16
其中	人工费(元)			337.08	308.33	283.08	226.46	21.78
	材料费(元)			75.19	75.19	75.19	75.19	3.75
	机械使用费(元)			11.86	11.86	11.86	11.86	—
	其他措施费(元)			10.21	9.35	8.59	6.89	0.65
	安文费(元)			24.49	22.75	21.21	17.77	1.49
	管理费(元)			41.99	38.99	36.36	30.46	2.56
	利润(元)			34.99	32.49	30.30	25.38	2.13
	规费(元)			106.21	97.24	89.37	71.70	6.80
名称		单位	单价(元)	数量				
综合工日		工日		(3.90)	(3.57)	(3.28)	(2.63)	(0.25)
水泥 P·O 42.5		t	382.50	0.1885	0.1885	0.1885	0.1885	0.0094
黄土		m^3	—	(3.1753)	(3.1753)	(3.1753)	(3.1753)	(0.1587)
水		m^3	5.13	0.3857	0.3857	0.3857	0.3857	0.0193
其他材料费		%	1.00	1.500	1.500	1.500	1.500	1.500
钢轮内燃压路机 工作质量(t) 12		台班	503.72	0.019	0.019	0.019	0.019	—
钢轮内燃压路机 工作质量(t) 8		台班	381.84	0.006	0.006	0.006	0.006	—

2. 水泥稳定土基层(厂拌人铺)

工作内容:放线,上料,摊铺,找平,碾压,洒水养护,清理杂物。

计量单位:10m²

定额编号				2-47	2-48	2-49	2-50	2-51
项目				厚度 15cm				每增减1cm
				每处面积				
				5m² 以内	10m² 以内	20m² 以内	20m² 以外	
基价(元)				52.57	48.95	45.62	38.12	0.42
其中	人工费(元)			24.74	22.47	20.38	15.68	0.17
	材料费(元)			2.11	2.11	2.11	2.11	0.12
	机械使用费(元)			8.26	8.26	8.26	8.26	—
	其他措施费(元)			0.80	0.73	0.67	0.53	0.01
	安文费(元)			2.01	1.87	1.74	1.45	0.02
	管理费(元)			3.44	3.20	2.98	2.49	0.03
	利润(元)			2.86	2.67	2.49	2.08	0.02
	规费(元)			8.35	7.64	6.99	5.52	0.05
名称		单位	单价(元)	数量				
综合工日		工日		(0.30)	(0.27)	(0.25)	(0.20)	—
厂拌水泥土混合料		m³	—	(1.561)	(1.561)	(1.561)	(1.561)	(0.104)
水		m³	5.13	0.405	0.405	0.405	0.405	0.023
其他材料费		%	1.00	1.500	1.500	1.500	1.500	1.500
钢轮内燃压路机 工作质量(t) 15		台班	604.21	0.007	0.007	0.007	0.007	—
钢轮内燃压路机 工作质量(t) 12		台班	503.72	0.008	0.008	0.008	0.008	—

六、水泥石灰稳定土摊铺

1. 水泥石灰稳定土基层(人工拌铺)

工作内容:清扫,配料,拌和,铺筑,找平,分层碾压夯实,洒水养护,清理杂物。

计量单位:10m²

定额编号				2-52	2-53	2-54	2-55	2-56
项目				水泥石灰稳定土(5:12:83)基层(人工拌铺)				
				厚度 15cm				每增减 1cm
				每处面积				
				$5m^2$ 以内	$10m^2$ 以内	$20m^2$ 以内	$20m^2$ 以外	
基价(元)				823.52	651.81	611.56	518.52	44.89
其中	人工费(元)			339.69	310.08	284.82	226.46	22.12
	材料费(元)			224.49	119.66	119.66	119.66	8.11
	机械使用费(元)			11.86	11.86	11.86	11.86	—
	其他措施费(元)			10.29	9.40	8.65	6.89	0.66
	安文费(元)			31.42	24.87	23.33	19.78	1.71
	管理费(元)			53.86	42.63	40.00	33.91	2.94
	利润(元)			44.88	35.52	33.33	28.26	2.45
	规费(元)			107.03	97.79	89.91	71.70	6.90
名称		单位	单价(元)	数量				
综合工日		工日		(3.93)	(3.59)	(3.30)	(2.63)	(0.25)
水泥 P·O 42.5		t	382.50	0.413	0.143	0.143	0.143	0.0099
水		m^3	5.13	0.7304	0.7304	0.7304	0.7304	0.0473
熟石灰		t	130.00	0.4573	0.4573	0.4573	0.4573	0.0305
黄土		m^3	—	(2.1054)	(2.1054)	(2.1054)	(2.1054)	(0.1408)
其他材料费		%	1.00	1.500	1.500	1.500	1.500	1.500
钢轮内燃压路机 工作质量(t) 12		台班	503.72	0.019	0.019	0.019	0.019	—
钢轮内燃压路机 工作质量(t) 8		台班	381.84	0.006	0.006	0.006	0.006	—

2. 水泥石灰稳定土基层(厂拌人铺)

工作内容:放线,上料,摊铺,找平,碾压,洒水养护,清理杂物。

计量单位:$10m^2$

定额编号				2-57	2-58	2-59	2-60	2-61
项目				厚度 15cm				每增减 1cm
				每处面积				
				$5m^2$ 以内	$10m^2$ 以内	$20m^2$ 以内	$20m^2$ 以外	
基价(元)				52.57	48.95	45.62	38.12	0.42
其中	人工费(元)			24.74	22.47	20.38	15.68	0.17
	材料费(元)			2.11	2.11	2.11	2.11	0.12
	机械使用费(元)			8.26	8.26	8.26	8.26	—
	其他措施费(元)			0.80	0.73	0.67	0.53	0.01
	安文费(元)			2.01	1.87	1.74	1.45	0.02
	管理费(元)			3.44	3.20	2.98	2.49	0.03
	利润(元)			2.86	2.67	2.49	2.08	0.02
	规费(元)			8.35	7.64	6.99	5.52	0.05
名称		单位	单价(元)	数量				
综合工日		工日		(0.30)	(0.27)	(0.25)	(0.20)	—
厂拌水泥石灰土混合料		m^3	—	(1.561)	(1.561)	(1.561)	(1.561)	(0.104)
水		m^3	5.13	0.405	0.405	0.405	0.405	0.023
其他材料费		%	1.00	1.500	1.500	1.500	1.500	1.500
钢轮内燃压路机 工作质量(t) 15		台班	604.21	0.007	0.007	0.007	0.007	—
钢轮内燃压路机 工作质量(t) 12		台班	503.72	0.008	0.008	0.008	0.008	—

七、碎石基层

1. 级配碎石基层

工作内容:放线、清理路槽、摊铺、找平、洒水、夯实。

计量单位:m^3

定额编号				2-62	2-63	2-64	2-65
项目				级配碎石基层			
				每处面积			
				$5m^2$ 以内	$10m^2$ 以内	$20m^2$ 以内	$20m^2$ 以外
基价(元)				333.11	316.43	301.16	227.12
其中	人工费(元)			115.15	104.69	95.11	—
	材料费(元)			115.08	115.08	115.08	180.38
	机械使用费(元)			9.70	9.70	9.70	9.70
	其他措施费(元)			3.56	3.24	2.95	0.10
	安文费(元)			12.71	12.07	11.49	8.66
	管理费(元)			21.79	20.69	19.70	14.85
	利润(元)			18.15	17.25	16.41	12.38
	规费(元)			36.97	33.71	30.72	1.05
名称		单位	单价(元)	数量			
综合工日		工日		(1.35)	(1.23)	(1.12)	(0.03)
碎石 综合		t	57.00	1.980	1.980	1.980	1.980
水		m^3	5.13	0.102	0.102	0.102	0.102
其他材料费		%	1.00	1.500	1.500	1.500	1.500
载重汽车 装载质量(t) 2		台班	336.91	0.025	0.025	0.025	0.025
电动夯实机 夯击能量(N·m) 250		台班	25.49	0.050	0.050	0.050	0.050

2. 粒料基层

工作内容：放线、清理路槽、摊铺、找平、洒水、夯实。

计量单位：m^3

定额编号				2-66	2-67	2-68	2-69
项目				碎石 15mm 基层			
				每处面积			
				$5m^2$ 以内	$10m^2$ 以内	$20m^2$ 以内	$20m^2$ 以外
基价(元)				282.00	270.05	259.23	234.25
其中	人工费(元)			82.22	74.73	67.94	52.26
	材料费(元)			116.24	116.24	116.24	116.24
	机械使用费(元)			9.70	9.70	9.70	9.70
	其他措施费(元)			2.57	2.34	2.14	1.67
	安文费(元)			10.76	10.30	9.89	8.94
	管理费(元)			18.44	17.66	16.95	15.32
	利润(元)			15.37	14.72	14.13	12.77
	规费(元)			26.70	24.36	22.24	17.35
名称		单位	单价(元)	数量			
综合工日		工日		(0.97)	(0.88)	(0.81)	(0.63)
水		m^3	5.13	0.102	0.102	0.102	0.102
碎石 综合		t	57.00	2.000	2.000	2.000	2.000
其他材料费		%	1.00	1.500	1.500	1.500	1.500
载重汽车 装载质量(t) 2		台班	336.91	0.025	0.025	0.025	0.025
电动夯实机 夯击能量(N·m) 250		台班	25.49	0.050	0.050	0.050	0.050

工作内容:放线、清理路槽、摊铺、找平、洒水、夯实。

计量单位:m^3

定额编号				2-70	2-71	2-72	2-73
项目				砂砾石 5~80mm 基层			
				每处面积			
				$5m^2$ 以内	$10m^2$ 以内	$20m^2$ 以内	$20m^2$ 以外
基价(元)				317.77	305.83	295.00	270.02
其中	人工费(元)			82.22	74.73	67.94	52.26
	材料费(元)			146.36	146.36	146.36	146.36
	机械使用费(元)			9.70	9.70	9.70	9.70
	其他措施费(元)			2.57	2.34	2.14	1.67
	安文费(元)			12.12	11.67	11.25	10.30
	管理费(元)			20.78	20.00	19.29	17.66
	利润(元)			17.32	16.67	16.08	14.72
	规费(元)			26.70	24.36	22.24	17.35
名称		单位	单价(元)	数量			
综合工日		工日		(0.97)	(0.88)	(0.81)	(0.63)
砂砾石		t	70.00	2.060	2.060	2.060	2.060
其他材料费		%	1.00	1.500	1.500	1.500	1.500
载重汽车 装载质量(t) 2		台班	336.91	0.025	0.025	0.025	0.025
电动夯实机 夯击能量(N·m) 250		台班	25.49	0.050	0.050	0.050	0.050

3. 灰土碎石基层(人工拌铺)

工作内容:清扫,放线,配料拌和(人工拌和),摊铺,洒水,整平压实,养护。

计量单位:10m²

定额编号				2-74	2-75	2-76	2-77	2-78
项目				石灰:碎石:土(8:20:72)				
				厚度 20cm				每增减1cm
				每处面积				
				5m² 以内	10m² 以内	20m² 以内	20m² 以外	
基价(元)				605.70	564.05	526.01	438.54	21.81
其中	人工费(元)			287.78	261.65	237.78	182.91	7.84
	材料费(元)			107.47	107.47	107.47	107.47	5.34
	机械使用费(元)			15.11	15.11	15.11	15.11	2.32
	其他措施费(元)			8.74	7.95	7.24	5.59	0.25
	安文费(元)			23.11	21.52	20.07	16.73	0.83
	管理费(元)			39.61	36.89	34.40	28.68	1.43
	利润(元)			33.01	30.74	28.67	23.90	1.19
	规费(元)			90.87	82.72	75.27	58.15	2.61
名称		单位	单价(元)	数量				
综合工日		工日		(3.33)	(3.03)	(2.76)	(2.13)	(0.09)
水		m³	5.13	0.724	0.724	0.724	0.724	0.036
熟石灰		t	130.00	0.446	0.446	0.446	0.446	0.022
碎石 50~80		m³	76.59	0.577	0.577	0.577	0.577	0.029
黄土		m³	—	(2.67)	(2.67)	(2.67)	(2.67)	(0.133)
其他材料费		%	1.00	1.500	1.500	1.500	1.500	1.500
钢轮内燃压路机 工作质量(t) 15		台班	604.21	0.020	0.020	0.020	0.020	0.003
钢轮内燃压路机 工作质量(t) 12		台班	503.72	0.006	0.006	0.006	0.006	0.001

4. 灰土碎石基层(厂拌人铺)

工作内容:清扫,放线,运料,上料,摊铺,洒水,整平压实,养护。

计量单位:$10m^2$

定额编号				2-79	2-80	2-81	2-82	2-83
项目				石灰:碎石:土(8:20:72)				
				厚度 20cm				每增减 1cm
				每处面积				
				$5m^2$ 以内	$10m^2$ 以内	$20m^2$ 以内	$20m^2$ 以外	
基价(元)				951.06	941.34	932.73	912.46	48.00
其中	人工费(元)			66.20	60.10	54.70	41.98	2.96
	材料费(元)			695.61	695.61	695.61	695.61	34.59
	机械使用费(元)			15.11	15.11	15.11	15.11	1.71
	其他措施费(元)			2.09	1.91	1.75	1.36	0.10
	安文费(元)			36.28	35.91	35.58	34.81	1.83
	管理费(元)			62.20	61.56	61.00	59.68	3.14
	利润(元)			51.83	51.30	50.83	49.73	2.62
	规费(元)			21.74	19.84	18.15	14.18	1.05
名称		单位	单价(元)	数量				
综合工日		工日		(0.79)	(0.72)	(0.65)	(0.51)	(0.04)
石灰土碎石		t	160.00	4.266	4.266	4.266	4.266	0.213
水		m^3	5.13	0.540	0.540	0.540	0.540	—
其他材料费		%	1.00	1.500	1.500	1.500	1.500	1.500
钢轮内燃压路机 工作质量(t) 15		台班	604.21	0.020	0.020	0.020	0.020	0.002
钢轮内燃压路机 工作质量(t) 12		台班	503.72	0.006	0.006	0.006	0.006	0.001

八、水泥混凝土基层

工作内容：底面层清理、浇筑混合料、抹平、养护。

计量单位：m^3

定额编号				2-84	2-85	2-86	2-87
项目				水泥混凝土基层			
				每处面积			
				$5m^2$ 以内	$10m^2$ 以内	$20m^2$ 以内	$20m^2$ 以外
基价(元)				903.25	850.78	803.00	692.79
其中	人工费(元)			362.51	329.59	299.62	230.47
	材料费(元)			274.00	274.00	274.00	274.00
	机械使用费(元)			—	—	—	—
	其他措施费(元)			10.88	9.89	8.99	6.91
	安文费(元)			34.46	32.46	30.63	26.43
	管理费(元)			59.07	55.64	52.52	45.31
	利润(元)			49.23	46.37	43.76	37.76
	规费(元)			113.10	102.83	93.48	71.91
名称		单位	单价(元)	数量			
综合工日		工日		(4.16)	(3.78)	(3.44)	(2.65)
水		m^3	5.13	0.420	0.420	0.420	0.420
混凝土 C20		m^3	260.00	1.030	1.030	1.030	1.030
其他材料费		%	1.00	1.500	1.500	1.500	1.500

工作内容：底面层清理、浇筑混合料、抹平、养护。

计量单位：m^3

定额编号				2-88	2-89	2-90	2-91
项目				透水水泥混凝土基层			
				每处面积			
				$5m^2$ 以内	$10m^2$ 以内	$20m^2$ 以内	$20m^2$ 以外
基价(元)				895.36	816.49	744.85	579.64
其中	人工费(元)			543.85	494.38	449.44	345.79
	材料费(元)			2.19	2.19	2.19	2.19
	机械使用费(元)			20.65	20.65	20.65	20.65
	其他措施费(元)			16.42	14.93	13.58	10.47
	安文费(元)			34.16	31.15	28.42	22.11
	管理费(元)			58.56	53.40	48.71	37.91
	利润(元)			48.80	44.50	40.59	31.59
	规费(元)			170.73	155.29	141.27	108.93
名称		单位	单价(元)	数量			
综合工日		工日		(6.27)	(5.70)	(5.19)	(4.00)
水		m^3	5.13	0.420	0.420	0.420	0.420
透水水泥混凝土		m^3	—	(1.03)	(1.03)	(1.03)	(1.03)
其他材料费		%	1.00	1.500	1.500	1.500	1.500
振动平板夯		台班	32.58	0.200	0.200	0.200	0.200
载重汽车　装载质量(t)　2		台班	336.91	0.025	0.025	0.025	0.025
磨光机		台班	28.54	0.200	0.200	0.200	0.200

九、石灰、粉煤灰、土摊铺

1. 石灰、粉煤灰、土基层(人工拌铺)

工作内容:放线、清理路基、筛料、上料、拌和、摊铺、洒水、找平、碾压、清理现场。

计量单位:10m²

定额编号			2-92	2-93	2-94	2-95	2-96
项目			石灰:粉煤灰:土基层(人工拌铺)(12:35:53)				
			厚度 15cm				每增减1cm
			每处面积				
			5m² 以内	10m² 以内	20m² 以内	20m² 以外	
基价(元)			1131.70	1076.46	1026.20	910.41	68.37
其中	人工费(元)		381.15	346.48	314.95	242.31	18.47
	材料费(元)		363.70	363.70	363.70	363.70	24.18
	机械使用费(元)		70.95	70.95	70.95	70.95	7.86
	其他措施费(元)		12.02	10.98	10.04	7.86	0.62
	安文费(元)		43.17	41.07	39.15	34.73	2.61
	管理费(元)		74.01	70.40	67.11	59.54	4.47
	利润(元)		61.68	58.67	55.93	49.62	3.73
	规费(元)		125.02	114.21	104.37	81.70	6.43
名称	单位	单价(元)	数量				
综合工日	工日		(4.52)	(4.12)	(3.76)	(2.93)	(0.23)
熟石灰	t	130.00	0.360	0.360	0.360	0.360	0.024
黄土	m³	—	(1.066)	(1.066)	(1.066)	(1.066)	(0.072)
粉煤灰	m³	290.00	1.066	1.066	1.066	1.066	0.071
水	m³	5.13	0.464	0.464	0.464	0.464	0.021
其他材料费	%	1.00	1.500	1.500	1.500	1.500	1.500
钢轮内燃压路机　工作质量(t)　12	台班	503.72	0.040	0.040	0.040	0.040	0.008
自卸汽车　装载质量(t)　5	台班	479.23	0.106	0.106	0.106	0.106	0.008

工作内容:放线、清理路基、筛料、上料、拌和、摊铺、洒水、找平、碾压、清理现场。

计量单位:10m²

定额编号				2-97	2-98	2-99	2-100	2-101
项目				石灰:粉煤灰:土基层(人工拌铺)(8:80:12)				
				厚度15cm				每增减1cm
				每处面积				
				5m² 以内	10m² 以内	20m² 以内	20m² 以外	
基价(元)				1653.01	1593.59	1539.44	1414.49	101.11
其中	人工费(元)			410.59	373.31	339.34	260.95	19.68
	材料费(元)			753.65	753.65	753.65	753.65	50.13
	机械使用费(元)			79.57	79.57	79.57	79.57	7.86
	其他措施费(元)			12.98	11.86	10.84	8.49	0.65
	安文费(元)			63.06	60.80	58.73	53.96	3.86
	管理费(元)			108.11	104.22	100.68	92.51	6.61
	利润(元)			90.09	86.85	83.90	77.09	5.51
	规费(元)			134.96	123.33	112.73	88.27	6.81
名称		单位	单价(元)	数量				
综合工日		工日		(4.88)	(4.45)	(4.06)	(3.16)	(0.24)
熟石灰		t	130.00	0.246	0.246	0.246	0.246	0.017
黄土		m³	—	(0.241)	(0.241)	(0.241)	(0.241)	(0.016)
粉煤灰		m³	290.00	2.437	2.437	2.437	2.437	0.162
水		m³	5.13	0.742	0.742	0.742	0.742	0.039
其他材料费		%	1.00	1.500	1.500	1.500	1.500	1.500
钢轮内燃压路机 工作质量(t) 12		台班	503.72	0.040	0.040	0.040	0.040	0.008
自卸汽车 装载质量(t) 5		台班	479.23	0.124	0.124	0.124	0.124	0.008

2. 石灰、粉煤灰、土基层(厂拌人铺)

工作内容:放线、清理路基、摊铺、洒水、找平、碾压、清理现场。

计量单位:10m²

定额编号				2-102	2-103	2-104	2-105	2-106
项目				石灰、粉煤灰、土基层(厂拌人铺)				
				厚度 15cm				每增减 1cm
				每处面积				
				5m² 以内	10m² 以内	20m² 以内	20m² 以外	
基价(元)				590.26	584.71	579.70	568.04	40.94
其中	人工费(元)			37.98	34.49	31.36	24.04	1.31
	材料费(元)			389.89	389.89	389.89	389.89	25.69
	机械使用费(元)			51.30	51.30	51.30	51.30	6.43
	其他措施费(元)			1.56	1.46	1.36	1.14	0.09
	安文费(元)			22.52	22.31	22.12	21.67	1.56
	管理费(元)			38.60	38.24	37.91	37.15	2.68
	利润(元)			32.17	31.87	31.59	30.96	2.23
	规费(元)			16.24	15.15	14.17	11.89	0.95
名称		单位	单价(元)	数量				
综合工日		工日		(0.54)	(0.50)	(0.47)	(0.38)	(0.03)
石灰粉煤灰土混合料		t	150.00	2.545	2.545	2.545	2.545	0.168
水		m³	5.13	0.464	0.464	0.464	0.464	0.021
其他材料费		%	1.00	1.500	1.500	1.500	1.500	1.500
钢轮内燃压路机 工作质量(t) 12		台班	503.72	0.040	0.040	0.040	0.040	0.008
自卸汽车 装载质量(t) 5		台班	479.23	0.065	0.065	0.065	0.065	0.005

十、石灰、粉煤灰、碎石摊铺

1. 石灰、粉煤灰、碎石基层(人工拌铺)

工作内容:放线、清理路基、筛料、上料、拌和、摊铺、洒水、找平、碾压、清理现场。

计量单位:$10m^2$

定额编号				2-107	2-108	2-109	2-110	2-111
项目				石灰:粉煤灰:碎石基层(人工拌铺)(7:13:80)				
				厚度 20cm				每增减 1cm
				每处面积				
				$5m^2$ 以内	$10m^2$ 以内	$20m^2$ 以内	$20m^2$ 以外	
基价(元)				1231.39	1185.31	1143.67	1047.02	53.80
其中	人工费(元)			317.39	288.48	262.35	201.72	8.88
	材料费(元)			453.98	453.98	453.98	453.98	23.22
	机械使用费(元)			143.33	143.33	143.33	143.33	9.30
	其他措施费(元)			10.71	9.84	9.06	7.24	0.34
	安文费(元)			46.98	45.22	43.63	39.94	2.05
	管理费(元)			80.53	77.52	74.80	68.48	3.52
	利润(元)			67.11	64.60	62.33	57.06	2.93
	规费(元)			111.36	102.34	94.19	75.27	3.56
名称		单位	单价(元)	数量				
综合工日		工日		(3.94)	(3.61)	(3.31)	(2.61)	(0.12)
粉煤灰		m^3	290.00	0.709	0.709	0.709	0.709	0.035
碎石 综合		t	57.00	3.303	3.303	3.303	3.303	0.166
熟石灰		t	130.00	0.379	0.379	0.379	0.379	0.019
水		m^3	5.13	0.804	0.804	0.804	0.804	0.155
其他材料费		%	1.00	1.500	1.500	1.500	1.500	1.500
钢轮内燃压路机 工作质量(t) 12		台班	503.72	0.080	0.080	0.080	0.080	0.008
自卸汽车 装载质量(t) 5		台班	479.23	0.215	0.215	0.215	0.215	0.011

2. 石灰、粉煤灰、碎石基层(厂拌人铺)

工作内容:放线、清理路基、摊铺、洒水、找平、碾压、清理现场。

计量单位:$10m^2$

定额编号				2-112	2-113	2-114	2-115	2-116
项目				石灰、粉煤灰、碎石基层(厂拌人铺)				
				厚度 20cm				每增减1cm
				每处面积				
				$5m^2$ 以内	$10m^2$ 以内	$20m^2$ 以内	$20m^2$ 以外	
基价(元)				958.25	951.58	945.48	931.59	50.09
其中	人工费(元)			45.64	41.46	37.63	28.92	1.31
	材料费(元)			656.43	656.43	656.43	656.43	33.39
	机械使用费(元)			81.51	81.51	81.51	81.51	6.43
	其他措施费(元)			2.04	1.91	1.80	1.53	0.09
	安文费(元)			36.56	36.30	36.07	35.54	1.91
	管理费(元)			62.67	62.23	61.83	60.93	3.28
	利润(元)			52.22	51.86	51.53	50.77	2.73
	规费(元)			21.18	19.88	18.68	15.96	0.95
名称		单位	单价(元)	数量				
综合工日		工日		(0.69)	(0.64)	(0.60)	(0.50)	(0.03)
石灰粉煤灰碎石混合料		t	150.00	4.284	4.284	4.284	4.284	0.214
水		m^3	5.13	0.804	0.804	0.804	0.804	0.155
其他材料费		%	1.00	1.500	1.500	1.500	1.500	1.500
钢轮内燃压路机 工作质量(t) 12		台班	503.72	0.080	0.080	0.080	0.080	0.008
自卸汽车 装载质量(t) 5		台班	479.23	0.086	0.086	0.086	0.086	0.005

十一、稳定碎石基层

1. 水泥稳定碎石基层

工作内容：放线、清理路基、筛料、上料、拌和、摊铺、洒水、找平、碾压、清理现场。

计量单位：$10m^2$

定额编号				2-117	2-118	2-119	2-120	2-121
项目				水泥稳定碎石道路基层（人工拌铺）水泥含量5%				
				厚度20cm				每增减1cm
				每处面积				
				$5m^2$ 以内	$10m^2$ 以内	$20m^2$ 以内	$20m^2$ 以外	
基价（元）				1129.56	1089.31	1052.92	968.51	49.78
其中	人工费（元）			277.33	252.07	229.25	176.29	7.93
	材料费（元）			411.50	411.50	411.50	411.50	20.57
	机械使用费（元）			152.92	152.92	152.92	152.92	9.78
	其他措施费（元）			9.59	8.83	8.14	6.56	0.32
	安文费（元）			43.09	41.56	40.17	36.95	1.90
	管理费（元）			73.87	71.24	68.86	63.34	3.26
	利润（元）			61.56	59.37	57.38	52.78	2.71
	规费（元）			99.70	91.82	84.70	68.17	3.31
名称		单位	单价（元）	数量				
综合工日		工日		（3.50）	（3.21）	（2.95）	（2.34）	（0.11）
碎石　综合		m^3	76.59	4.288	4.288	4.288	4.288	0.215
水		m^3	5.13	0.339	0.339	0.339	0.339	0.017
水泥　42.5		t	337.50	0.223	0.223	0.223	0.223	0.011
其他材料费		%	1.00	1.500	1.500	1.500	1.500	1.500
钢轮内燃压路机　工作质量(t)　12		台班	503.72	0.080	0.080	0.080	0.080	0.008
自卸汽车　装载质量(t)　5		台班	479.23	0.235	0.235	0.235	0.235	0.012

工作内容：放线、清理路基、筛料、上料、拌和、摊铺、洒水、找平、碾压、清理现场。

计量单位：$10m^2$

定额编号				2-122	2-123	2-124	2-125	2-126
项目				水泥稳定碎石道路基层（厂拌人铺）				
				厚度20cm				每增减1cm
				每处面积				
				$5m^2$ 以内	$10m^2$ 以内	$20m^2$ 以内	$20m^2$ 以外	
基价（元）				1052.56	1045.90	1039.79	1025.91	54.53
其中	人工费（元）			45.81	41.63	37.80	29.09	1.57
	材料费（元）			735.61	735.61	735.61	735.61	36.78
	机械使用费（元）			81.51	81.51	81.51	81.51	6.43
	其他措施费（元）			2.04	1.92	1.80	1.54	0.10
	安文费（元）			40.16	39.90	39.67	39.14	2.08
	管理费（元）			68.84	68.40	68.00	67.09	3.57
	利润（元）			57.36	57.00	56.67	55.91	2.97
	规费（元）			21.23	19.93	18.73	16.02	1.03
名称		单位	单价（元）	数量				
综合工日		工日		(0.69)	(0.64)	(0.60)	(0.50)	(0.03)
水		m^3	5.13	0.339	0.339	0.339	0.339	0.017
水泥稳定碎石		t	150.00	4.820	4.820	4.820	4.820	0.241
其他材料费		%	1.00	1.500	1.500	1.500	1.500	1.500
钢轮内燃压路机　工作质量(t)　12		台班	503.72	0.080	0.080	0.080	0.080	0.008
自卸汽车　装载质量(t)　5		台班	479.23	0.086	0.086	0.086	0.086	0.005

2. 水泥粉煤灰稳定碎石基层

工作内容：放线、清理路基、筛料、上料、拌和、摊铺、洒水、找平、碾压、清理现场。

计量单位：$10m^2$

定额编号				2-127	2-128	2-129	2-130	2-131
项目				水泥:粉煤灰:碎石(3.5:12:84.5)道路基层（人工拌铺）				
				厚度 20cm				每增减 1cm
				每处面积				
				$5m^2$ 以内	$10m^2$ 以内	$20m^2$ 以内	$20m^2$ 以外	
基价(元)				1150.64	1104.56	1062.91	966.26	49.22
其中	人工费(元)			317.39	288.48	262.35	201.72	8.88
	材料费(元)			385.99	385.99	385.99	385.99	19.36
	机械使用费(元)			143.33	143.33	143.33	143.33	9.30
	其他措施费(元)			10.71	9.84	9.06	7.24	0.34
	安文费(元)			43.90	42.14	40.55	36.86	1.88
	管理费(元)			75.25	72.24	69.51	63.19	3.22
	利润(元)			62.71	60.20	57.93	52.66	2.68
	规费(元)			111.36	102.34	94.19	75.27	3.56
名称		单位	单价(元)	数量				
综合工日		工日		(3.94)	(3.61)	(3.31)	(2.61)	(0.12)
水		m^3	5.13	0.253	0.253	0.253	0.253	0.013
碎石 20		m^3	76.59	2.547	2.547	2.547	2.547	0.127
粉煤灰		m^3	290.00	0.634	0.634	0.634	0.634	0.032
水泥 42.5		kg	0.35	0.153	0.153	0.153	0.153	0.008
其他材料费		%	1.00	1.500	1.500	1.500	1.500	1.500
钢轮内燃压路机 工作质量(t) 12		台班	503.72	0.080	0.080	0.080	0.080	0.008
自卸汽车 装载质量(t) 5		台班	479.23	0.215	0.215	0.215	0.215	0.011

工作内容：放线、清理路基、摊铺、洒水、找平、碾压、清理现场。

计量单位：$10m^2$

定额编号				2-132	2-133	2-134	2-135	2-136
项目				水泥、粉煤灰、碎石道路基层(厂拌人铺)				
				厚度20cm				每增减1cm
				每处面积				
				$5m^2$ 以内	$10m^2$ 以内	$20m^2$ 以内	$20m^2$ 以外	
基价(元)				1301.73	1295.08	1288.97	1275.07	67.38
其中	人工费(元)			45.64	41.46	37.63	28.92	1.39
	材料费(元)			945.63	945.63	945.63	945.63	47.84
	机械使用费(元)			81.51	81.51	81.51	81.51	6.43
	其他措施费(元)			2.04	1.91	1.80	1.53	0.09
	安文费(元)			49.66	49.41	49.17	48.64	2.57
	管理费(元)			85.13	84.70	84.30	83.39	4.41
	利润(元)			70.94	70.58	70.25	69.49	3.67
	规费(元)			21.18	19.88	18.68	15.96	0.98
名称		单位	单价(元)	数量				
综合工日		工日		(0.69)	(0.64)	(0.60)	(0.50)	(0.03)
水泥粉煤灰碎石混合料		t	216.51	4.284	4.284	4.284	4.284	0.214
水		m^3	5.13	0.804	0.804	0.804	0.804	0.155
其他材料费		%	1.00	1.500	1.500	1.500	1.500	1.500
钢轮内燃压路机　工作质量(t)　12		台班	503.72	0.080	0.080	0.080	0.080	0.008
自卸汽车　装载质量(t)　5		台班	479.23	0.086	0.086	0.086	0.086	0.005

3. 特粗粒沥青稳定碎石基层

工作内容：放线、清理路基、摊铺、找平、碾压、清理现场。

计量单位：$10m^2$

定额编号				2-137	2-138	2-139	2-140	2-141
项目				特粗粒沥青稳定碎石基层（厂拌人铺）				
				厚度 15cm				每增减 1cm
				每处面积				
				$5m^2$ 以内	$10m^2$ 以内	$20m^2$ 以内	$20m^2$ 以外	
基价（元）				2429.46	2401.68	2376.70	2319.77	146.40
其中	人工费（元）			189.88	172.46	156.78	121.07	6.97
	材料费（元）			1702.04	1702.04	1702.04	1702.04	111.96
	机械使用费（元）			82.02	82.02	82.02	82.02	1.81
	其他措施费（元）			6.28	5.75	5.28	4.21	0.22
	安文费（元）			92.68	91.62	90.67	88.50	5.59
	管理费（元）			158.89	157.07	155.44	151.71	9.57
	利润（元）			132.41	130.89	129.53	126.43	7.98
	规费（元）			65.26	59.83	54.94	43.79	2.30
名称		单位	单价（元）	数量				
综合工日		工日		(2.32)	(2.12)	(1.94)	(1.53)	(0.08)
特粗粒沥青稳定碎石		m^3	1012.00	1.657	1.657	1.657	1.657	0.109
其他材料费		%	1.00	1.500	1.500	1.500	1.500	1.500
钢轮内燃压路机 工作质量（t） 15		台班	604.21	0.108	0.108	0.108	0.108	0.003
钢轮内燃压路机 工作质量（t） 8		台班	381.84	0.036	0.036	0.036	0.036	—
手扶振动压实机 工作质量 1t		台班	67.03	0.045	0.045	0.045	0.045	—

十二、沥青路面裂缝处理

工作内容:1. 裂缝处理:清除缝隙垃圾杂物、开槽、烘干、灌缝、清理。
　　　　2. 填缝:缝内杂物清除干净、填骨料、灌缝。

计量单位:10m

定额编号				2-142	2-143	2-144	2-145
项目				沥青路面裂缝处理			
				石油沥青灌缝	裂缝填沥青砂	沥青混凝土灌缝缝宽4cm	裂缝填密封胶
基价(元)				44.85	286.36	83.16	425.12
其中	人工费(元)			21.78	43.55	32.23	24.82
	材料费(元)			4.12	5.69	22.34	134.80
	机械使用费(元)			4.42	171.10	4.42	183.77
	其他措施费(元)			0.65	1.82	0.97	1.28
	安文费(元)			1.71	10.92	3.17	16.22
	管理费(元)			2.93	18.73	5.44	27.80
	利润(元)			2.44	15.61	4.53	23.17
	规费(元)			6.80	18.94	10.06	13.26
名称		单位	单价(元)	数量			
综合工日		工日		(0.25)	(0.63)	(0.37)	(0.42)
石油沥青		kg	3.69	1.100	—	—	—
沥青砂		t	431.00	—	0.013	—	—
沥青混凝土　细粒式		m^3	916.97	—	—	0.024	—
灌封胶		kg	15.50	—	—	—	8.568
其他材料费		%	1.00	1.500	1.500	1.500	1.500
载重汽车　装载质量(t)　4		台班	398.64	—	0.088	—	0.088
鼓风机　能力(m^3/129min)		台班	70.13	0.063	0.063	0.063	0.063
灌缝机		台班	3167.22	—	0.040	—	0.044
鼓风机　能力(m^3/50min)		台班	57.35	—	0.063	—	0.063
混凝土切缝机　功率(kW)　7.5		台班	29.57	—	0.044	—	0.044

十三、沥青封层、封面

1. 沥青封层

工作内容：清扫基层、浇油、撒料、碾压找补、侧缘石保护等。

计量单位：10m²

定额编号				2-146	2-147	2-148	2-149
项目				石油沥青		乳化沥青	
				沥青下封层	沥青上封层	沥青下封层	沥青上封层
基价(元)				77.26	75.07	99.70	102.16
其中	人工费(元)			6.71	9.18	4.01	7.13
	材料费(元)			53.38	48.56	78.32	74.00
	机械使用费(元)			2.39	2.10	0.21	2.22
	其他措施费(元)			0.23	0.30	0.12	0.23
	安文费(元)			2.95	2.86	3.80	3.90
	管理费(元)			5.05	4.91	6.52	6.68
	利润(元)			4.21	4.09	5.43	5.57
	规费(元)			2.34	3.07	1.29	2.43
名称		单位	单价(元)	数量			
综合工日		工日		(0.08)	(0.11)	(0.05)	(0.09)
乳化沥青		kg	6.58	—	—	11.044	10.483
石屑		t	50.00	0.0898	0.0785	0.0898	0.0785
石油沥青		kg	3.69	13.035	11.902	—	—
其他材料费		%	1.00	1.500	1.500	1.500	1.500
汽车式沥青喷洒机　箱容量(L)　4000		台班	574.21	0.0015	0.001	0.0001	0.0012
钢轮内燃压路机　工作质量(t)　8		台班	381.84	0.004	0.004	0.0004	0.004

2. 沥青封面

工作内容：清扫基层、保护侧缘石、洒乳化沥青稀浆料、移动挡板。

计量单位：$10m^2$

定额编号				2-150	2-151	2-152
项目				乳化沥青稀浆		
				细封层 ES-1	中封层 ES-2	粗封层 ES-3
基价(元)				133.92	159.47	167.38
其中	人工费(元)			6.71	7.40	7.49
	材料费(元)			84.40	102.25	108.77
	机械使用费(元)			18.20	20.95	20.95
	其他措施费(元)			0.30	0.32	0.33
	安文费(元)			5.11	6.08	6.39
	管理费(元)			8.76	10.43	10.95
	利润(元)			7.30	8.69	9.12
	规费(元)			3.14	3.35	3.38
名称		单位	单价(元)	数量		
综合工日		工日		(0.10)	(0.11)	(0.11)
石屑		t	50.00	0.026	0.043	0.053
乳化沥青		kg	6.58	10.960	14.760	15.600
矿粉		t	350.00	0.027	0.003	0.004
砂子 中砂		t	46.85	0.006	0.009	0.010
其他材料费		%	1.00	1.500	1.500	1.500
载重汽车 装载质量(t) 4		台班	398.64	0.025	0.025	0.025
稀浆封层机 摊铺宽度 2.5~3.5m		台班	2745.13	0.003	0.004	0.004

十四、沥青结合层

1. 粘　层

工作内容：清扫基层、运油、洒布机喷油、找补。

计量单位：1000m²

定额编号				2-153	2-154	2-155	2-156
项目				沥青层		水泥混凝土	
				石油沥青	乳化沥青	石油沥青	乳化沥青
				0.36kg/m²	0.3kg/m²	0.24kg/m²	0.3kg/m²
基价(元)				1955.54	2749.60	1310.22	2720.51
其中	人工费(元)			79.26	22.65	56.62	11.32
	材料费(元)			1512.82	2248.05	1008.55	2248.05
	机械使用费(元)			25.27	33.88	17.23	25.27
	其他措施费(元)			2.55	0.92	1.82	0.52
	安文费(元)			74.60	104.90	49.98	103.79
	管理费(元)			127.89	179.82	85.69	177.92
	利润(元)			106.58	149.85	71.41	148.27
	规费(元)			26.57	9.53	18.92	5.37
名称		单位	单价(元)	数量			
综合工日		工日		(0.95)	(0.32)	(0.68)	(0.17)
乳化沥青		kg	6.58	—	336.600	—	336.600
石油沥青		kg	3.69	403.920	—	269.280	—
其他材料费		%	1.00	1.500	1.500	1.500	1.500
汽车式沥青喷洒机　箱容量(L) 4000		台班	574.21	0.044	0.059	0.030	0.044

2. 透 层

工作内容：清扫基层、运油、洒布机喷油、碾压、找补。

计量单位：1000m²

定额编号				2-157	2-158	2-159	2-160
项目				无结合料粒料基层		半刚性基层	
				石油沥青	乳化沥青	石油沥青	乳化沥青
				1.2kg/m²	1kg/m²	0.72kg/m²	0.7kg/m²
基价(元)				6412.16	9087.00	4257.20	6545.93
其中	人工费(元)			203.81	41.90	158.52	33.97
	材料费(元)			5042.74	7493.50	3232.06	5451.86
	机械使用费(元)			76.37	93.60	126.73	12.62
	其他措施费(元)			6.65	1.91	5.88	1.13
	安文费(元)			244.62	346.67	162.41	249.73
	管理费(元)			419.36	594.29	278.42	428.10
	利润(元)			349.46	495.24	232.02	356.75
	规费(元)			69.15	19.89	61.16	11.77
名称		单位	单价(元)	数量			
综合工日		工日		(2.47)	(0.64)	(2.10)	(0.42)
石屑		m³	72.50	—	—	2.805	2.805
石油沥青		kg	3.69	1346.400	—	807.840	—
乳化沥青		kg	6.58	—	1122.000	—	785.400
其他材料费		%	1.00	1.500	1.500	1.500	1.500
钢轮内燃压路机 工作质量(t) 8		台班	381.84	—	—	0.177	0.018
汽车式沥青喷洒机 箱容量(L) 4000		台班	574.21	0.133	0.163	0.103	0.010

十五、热再生沥青混凝土路面

工作内容:清扫路基、保护侧缘石、摊铺、新旧路面边缘顺接、夯边、碾压、清理等。

计量单位:$10m^2$

定额编号				2-161	2-162
项目				热再生沥青混凝土路面	
				厚度 4cm	每增减 1cm
基价(元)				2160.04	382.22
其中	人工费(元)			278.72	11.32
	材料费(元)			456.76	117.76
	机械使用费(元)			973.63	186.66
	其他措施费(元)			9.61	0.53
	安文费(元)			82.41	14.58
	管理费(元)			141.27	25.00
	利润(元)			117.72	20.83
	规费(元)			99.92	5.54
名称		单位	单价(元)	数量	
综合工日		工日		(3.51)	(0.18)
乳化沥青		kg	6.58	10.000	3.000
沥青混凝土 细粒式		m^3	916.97	0.419	0.105
其他材料费		%	1.00	1.500	1.500
手扶振动压实机 工作质量 1t		台班	67.03	0.156	0.027
动力钻及液压镐		台班	310.43	0.462	0.148
载重汽车 装载质量(t) 5		台班	446.68	0.310	0.048
吹风机 能力(m^3/min) 4		台班	19.30	0.510	0.236
修路王 PM220		台班	2016.35	0.333	0.056

十六、混凝土路面真空吸水及切缝

工作内容：真空吸水设备安拆，铺拆吸水垫，安装、拆除吸水管，真空吸水，抹灰，清理。

计量单位：10m²

定额编号				2-163	2-164
项目				混凝土路面真空吸水	
				厚度 20cm	每增减 1cm
基价(元)				50.62	2.94
其中	人工费(元)			27.87	1.74
	材料费(元)			—	—
	机械使用费(元)			5.21	0.15
	其他措施费(元)			0.84	0.05
	安文费(元)			1.93	0.11
	管理费(元)			3.31	0.19
	利润(元)			2.76	0.16
	规费(元)			8.70	0.54
名称		单位	单价(元)	数量	
综合工日		工日		(0.32)	(0.02)
其他材料费		%	1.00	1.500	1.500
真空吸水设备		台班	49.15	0.067	0.003
磨光机		台班	28.54	0.067	—

工作内容:清洗路面,找线,接水源,开机切缝,换刀片,机具保养等。

计量单位:10m

定额编号				2-165	2-166
项目				混凝土路面切缝	
				金刚石刀片	
				缝深 5cm	每增减 1cm
基价(元)				101.65	20.61
其中	人工费(元)			25.26	5.23
	材料费(元)			48.72	9.74
	机械使用费(元)			2.96	0.59
	其他措施费(元)			0.76	0.16
	安文费(元)			3.88	0.79
	管理费(元)			6.65	1.35
	利润(元)			5.54	1.12
	规费(元)			7.88	1.63
名称		单位	单价(元)	数量	
综合工日		工日		(0.29)	(0.06)
刀片 D1000		片	1600.00	0.030	0.006
其他材料费		%	1.00	1.500	1.500
混凝土切缝机 功率(kW) 7.5		台班	29.57	0.100	0.020

十七、地基注浆

1. 水泥混凝土路面钻孔注浆

工作内容:清扫路面、布孔、灰浆搅拌、钻孔、灌浆、封堵、养生。

计量单位:m

定额编号				2-167	2-168
项目				钻孔注浆	
				机械钻孔(孔径5cm)	注浆(m^3)
基价(元)				135.53	498.42
其中	人工费(元)			44.42	37.63
	材料费(元)			0.62	319.39
	机械使用费(元)			46.50	46.55
	其他措施费(元)			1.98	1.41
	安文费(元)			5.17	19.01
	管理费(元)			8.86	32.60
	利润(元)			7.39	27.16
	规费(元)			20.59	14.67
名称		单位	单价(元)	数量	
综合工日		工日		(0.67)	(0.50)
硅酸钠 (水玻璃)		kg	0.81	—	1.900
水		m^3	5.13	0.120	0.396
粉煤灰		t	290.00	—	0.660
膨胀剂		kg	3.20	—	2.600
水泥 42.5		t	337.50	—	0.330
其他材料费		%	1.00	1.500	1.500
载重汽车 装载质量(t) 4		台班	398.64	0.025	0.025
工程地质液压钻机		台班	537.33	0.068	—
灰浆搅拌机 拌筒容量(L) 200		台班	153.74	—	0.045
双液压注浆泵 PH2X5		台班	340.93	—	0.087

注:水泥:粉煤灰:水=1:2:1.2,若配合比不同,可按实际换算。

2. 劈裂注浆

工作内容：定位、钻孔、注护壁泥浆、放置注浆阀管、配置浆液、插入注浆芯管、分层劈裂注浆、检测注浆效果。

计量单位：孔

定额编号				2-169	2-170
项目				劈裂注浆	
				加固孔深	
				10m	15m
基价(元)				4818.65	7387.92
其中	人工费(元)			745.05	954.96
	材料费(元)			2322.34	4020.32
	机械使用费(元)			638.35	797.67
	其他措施费(元)			30.82	39.24
	安文费(元)			183.83	281.85
	管理费(元)			315.14	483.17
	利润(元)			262.62	402.64
	规费(元)			320.50	408.07
名称		单位	单价(元)	数量	
综合工日		工日		(10.66)	(13.60)
水泥 P·O 42.5		t	382.50	2.420	4.378
电池硫酸		kg	1.39	175.890	298.7875
膨润土		kg	0.45	247.100	423.852
塑料注浆阀管		m	19.50	11.550	17.325
硅酸钠(水玻璃)		kg	0.81	124.740	225.225
粉煤灰		m^3	290.00	2.3463	4.000
其他材料费		%	1.00	1.500	1.500
泥浆泵 Φ50mm		台班	41.50	0.408	0.4979
工程地质液压钻机		台班	537.33	0.4394	0.5499
液压注浆泵 HYB50/50-1		台班	160.58	1.2246	1.530
灰浆搅拌机 拌筒容量(L) 200		台班	153.74	1.2272	1.534

十八、人工冷补沥青混凝土面层

工作内容:翻挖整理原沥青混凝土,切(凿)边、铺料、找平、夯实、封边。

计量单位:m^3

定额编号				2-171
项目				人工冷补料沥青混凝土 厚度 4cm
基价(元)				635.99
其中	人工费(元)			205.21
	材料费(元)			0.42
	机械使用费(元)			248.21
	其他措施费(元)			7.16
	安文费(元)			24.26
	管理费(元)			41.59
	利润(元)			34.66
	规费(元)			74.48
名称		单位	单价(元)	数量
综合工日		工日		(2.61)
冷补沥青混合料		t	—	(0.88)
高压风管 Φ25-6P-20m		m	13.22	0.005
六角空心钢 综合		kg	2.88	0.038
合金钢钻头 一字型		个	10.00	0.024
其他材料费		%	1.00	1.500
载重汽车 装载质量(t) 2		台班	336.91	0.250
内燃空气压缩机 排气量(m^3/min) 3		台班	238.42	0.500
手持式风动凿岩机		台班	11.26	1.000
手扶振动压实机 工作质量 1t		台班	67.03	0.500

注:如实际施工厚度不同,可按比例换算。

十九、沥青黑色碎石路面

1. 沥青黑色碎石路面(厂拌人铺)

工作内容:清扫路基、保护侧缘石、摊铺、新旧路面边缘顺接、夯边、碾压、清理等。

计量单位:$10m^2$

定额编号				2-172	2-173	2-174	2-175	2-176	2-177
项目				沥青黑色碎石路面(厂拌人铺)					
				厚度5cm,每处面积(m^2 以内)					
				$5m^2$	$10m^2$	$20m^2$	$50m^2$	$100m^2$	$100m^2$ 以外
基价(元)				462.87	439.70	420.39	411.64	396.93	390.27
其中	人工费(元)			87.36	72.82	60.71	55.22	45.99	41.81
	材料费(元)			242.94	242.94	242.94	242.94	242.94	242.94
	机械使用费(元)			27.34	27.34	27.34	27.34	27.34	27.34
	其他措施费(元)			2.81	2.38	2.01	1.85	1.57	1.45
	安文费(元)			17.66	16.77	16.04	15.70	15.14	14.89
	管理费(元)			30.27	28.76	27.49	26.92	25.96	25.52
	利润(元)			25.23	23.96	22.91	22.43	21.63	21.27
	规费(元)			29.26	24.73	20.95	19.24	16.36	15.05
名称		单位	单价(元)	数量					
综合工日		工日		(1.05)	(0.88)	(0.75)	(0.68)	(0.58)	(0.53)
沥青混凝土 黑色碎石		m^3	421.03	0.552	0.552	0.552	0.552	0.552	0.552
柴油		t	6938.00	0.001	0.001	0.001	0.001	0.001	0.001
其他材料费		%	1.00	1.500	1.500	1.500	1.500	1.500	1.500
手扶振动压实机 工作质量 1t		台班	67.03	0.015	0.015	0.015	0.015	0.015	0.015
钢轮内燃压路机 工作质量(t) 15		台班	604.21	0.036	0.036	0.036	0.036	0.036	0.036
钢轮内燃压路机 工作质量(t) 8		台班	381.84	0.012	0.012	0.012	0.012	0.012	0.012

工作内容：清扫路基、保护侧缘石、摊铺、新旧路面边缘顺接、夯边、碾压、清理等。

计量单位：10m²

定额编号				2-178	2-179	2-180	2-181	2-182	2-183
项目				沥青黑色碎石路面(厂拌人铺)					
				厚度5cm,每处面积(m² 以内),每增减1cm					
				5m²	10m²	20m²	50m²	100m²	100m² 以外
基价(元)				79.98	76.24	73.19	71.80	69.42	68.33
其中	人工费(元)			14.02	11.67	9.76	8.88	7.40	6.71
	材料费(元)			46.58	46.58	46.58	46.58	46.58	46.58
	机械使用费(元)			1.81	1.81	1.81	1.81	1.81	1.81
	其他措施费(元)			0.43	0.36	0.30	0.28	0.23	0.21
	安文费(元)			3.05	2.91	2.79	2.74	2.65	2.61
	管理费(元)			5.23	4.99	4.79	4.70	4.54	4.47
	利润(元)			4.36	4.15	3.99	3.91	3.78	3.72
	规费(元)			4.50	3.77	3.17	2.90	2.43	2.22
名称		单位	单价(元)	数量					
综合工日		工日		(0.16)	(0.14)	(0.12)	(0.11)	(0.09)	(0.08)
沥青混凝土　黑色碎石		m³	421.03	0.109	0.109	0.109	0.109	0.109	0.109
其他材料费		%	1.00	1.500	1.500	1.500	1.500	1.500	1.500
钢轮内燃压路机　工作质量(t)　15		台班	604.21	0.003	0.003	0.003	0.003	0.003	0.003

2. 沥青黑色碎石路面(厂拌机铺)

工作内容:清扫路基、保护侧缘石、摊铺、新旧路面边缘顺接、夯边、碾压、清理等。

计量单位:$10m^2$

定额编号				2-184	2-185	2-186	2-187	2-188	2-189
项目				沥青黑色碎石路面(厂拌机铺)					
				厚度5cm,每处面积(m^2 以内)					
				$5m^2$	$10m^2$	$20m^2$	$50m^2$	$100m^2$	$100m^2$ 以外
基价(元)				434.63	418.52	404.93	398.81	388.54	383.96
其中	人工费(元)			61.06	50.95	42.42	38.59	32.14	29.27
	材料费(元)			242.94	242.94	242.94	242.94	242.94	242.94
	机械使用费(元)			37.48	37.48	37.48	37.48	37.48	37.48
	其他措施费(元)			2.15	1.84	1.59	1.47	1.28	1.19
	安文费(元)			16.58	15.97	15.45	15.21	14.82	14.65
	管理费(元)			28.42	27.37	26.48	26.08	25.41	25.11
	利润(元)			23.69	22.81	22.07	21.74	21.18	20.93
	规费(元)			22.31	19.16	16.50	15.30	13.29	12.39
名称		单位	单价(元)	数量					
综合工日		工日		(0.78)	(0.66)	(0.57)	(0.52)	(0.45)	(0.41)
沥青混凝土 黑色碎石		m^3	421.03	0.552	0.552	0.552	0.552	0.552	0.552
柴油		t	6938.00	0.001	0.001	0.001	0.001	0.001	0.001
其他材料费		%	1.00	1.500	1.500	1.500	1.500	1.500	1.500
钢轮内燃压路机 工作质量(t) 15		台班	604.21	0.036	0.036	0.036	0.036	0.036	0.036
钢轮内燃压路机 工作质量(t) 8		台班	381.84	0.012	0.012	0.012	0.012	0.012	0.012
沥青混凝土摊铺机 装载质量(t) 8		台班	1014.40	0.010	0.010	0.010	0.010	0.010	0.010
手扶振动压实机 工作质量 1t		台班	67.03	0.015	0.015	0.015	0.015	0.015	0.015

工作内容:清扫路基、保护侧缘石、摊铺、新旧路面边缘顺接、夯边、碾压、清理等。

计量单位:10m²

定额编号				2-190	2-191	2-192	2-193	2-194	2-195
项目				沥青黑色碎石路面(厂拌机铺)					
				厚度5cm,每处面积(m^2以内),每增减1cm					
				$5m^2$	$10m^2$	$20m^2$	$50m^2$	$100m^2$	$100m^2$以外
基价(元)				76.06	73.42	71.20	70.22	68.57	67.87
其中	人工费(元)			9.84	8.19	6.79	6.18	5.14	4.70
	材料费(元)			46.58	46.58	46.58	46.58	46.58	46.58
	机械使用费(元)			3.84	3.84	3.84	3.84	3.84	3.84
	其他措施费(元)			0.33	0.28	0.24	0.22	0.19	0.18
	安文费(元)			2.90	2.80	2.72	2.68	2.62	2.59
	管理费(元)			4.97	4.80	4.66	4.59	4.48	4.44
	利润(元)			4.15	4.00	3.88	3.83	3.74	3.70
	规费(元)			3.45	2.93	2.49	2.30	1.98	1.84
名称		单位	单价(元)	数量					
综合工日		工日		(0.12)	(0.10)	(0.09)	(0.08)	(0.07)	(0.06)
沥青混凝土　黑色碎石		m^3	421.03	0.109	0.109	0.109	0.109	0.109	0.109
其他材料费		%	1.00	1.500	1.500	1.500	1.500	1.500	1.500
钢轮内燃压路机　工作质量(t)　15		台班	604.21	0.003	0.003	0.003	0.003	0.003	0.003
沥青混凝土摊铺机　装载质量(t)　8		台班	1014.40	0.002	0.002	0.002	0.002	0.002	0.002

二十、沥青混凝土路面

1. 粗粒式沥青混凝土路面(厂拌人铺)

工作内容:清扫路基、保护侧缘石、摊铺、新旧路面边缘顺接、夯边、碾压、清理等。

计量单位:10m²

定额编号				2-196	2-197	2-198	2-199	2-200	2-201
项目				粗粒式沥青混凝土路面(厂拌人铺)					
				厚度5cm,每处面积(m² 以内)					
				5m²	10m²	20m²	50m²	100m²	100m² 以外
基价(元)				621.71	593.39	569.79	559.10	541.19	532.99
其中	人工费(元)			106.61	88.84	74.04	67.33	56.09	50.95
	材料费(元)			350.84	350.84	350.84	350.84	350.84	350.84
	机械使用费(元)			27.34	27.34	27.34	27.34	27.34	27.34
	其他措施费(元)			3.39	2.86	2.41	2.21	1.88	1.72
	安文费(元)			23.72	22.64	21.74	21.33	20.65	20.33
	管理费(元)			40.66	38.81	37.26	36.57	35.39	34.86
	利润(元)			33.88	32.34	31.05	30.47	29.49	29.05
	规费(元)			35.27	29.72	25.11	23.01	19.51	17.90
名称		单位	单价(元)	数量					
综合工日		工日		(1.27)	(1.07)	(0.90)	(0.82)	(0.69)	(0.63)
沥青混凝土 粗粒式		m³	626.18	0.552	0.552	0.552	0.552	0.552	0.552
其他材料费		%	1.00	1.500	1.500	1.500	1.500	1.500	1.500
钢轮内燃压路机 工作质量(t) 15		台班	604.21	0.036	0.036	0.036	0.036	0.036	0.036
钢轮内燃压路机 工作质量(t) 8		台班	381.84	0.012	0.012	0.012	0.012	0.012	0.012
手扶振动压实机 工作质量 1t		台班	67.03	0.015	0.015	0.015	0.015	0.015	0.015

工作内容:清扫路基、保护侧缘石、摊铺、新旧路面边缘顺接、夯边、碾压、清理等。

计量单位:$10m^2$

定额编号				2-202	2-203	2-204	2-205	2-206	2-207
项目				粗粒式沥青混凝土路面(厂拌人铺)					
				厚度 5cm,每处面积(m^2 以内),每增减 1cm					
				$5m^2$	$10m^2$	$20m^2$	$50m^2$	$100m^2$	$100m^2$ 以外
基价(元)				107.92	104.03	100.84	99.31	96.81	95.71
其中	人工费(元)			14.63	12.19	10.19	9.23	7.66	6.97
	材料费(元)			69.28	69.28	69.28	69.28	69.28	69.28
	机械使用费(元)			1.81	1.81	1.81	1.81	1.81	1.81
	其他措施费(元)			0.45	0.38	0.32	0.29	0.24	0.22
	安文费(元)			4.12	3.97	3.85	3.79	3.69	3.65
	管理费(元)			7.06	6.80	6.59	6.49	6.33	6.26
	利润(元)			5.88	5.67	5.50	5.41	5.28	5.22
	规费(元)			4.69	3.93	3.30	3.01	2.52	2.30
名称		单位	单价(元)	数量					
综合工日		工日		(0.17)	(0.14)	(0.12)	(0.11)	(0.09)	(0.08)
沥青混凝土 粗粒式		m^3	626.18	0.109	0.109	0.109	0.109	0.109	0.109
其他材料费		%	1.00	1.500	1.500	1.500	1.500	1.500	1.500
钢轮内燃压路机 工作质量(t) 15		台班	604.21	0.003	0.003	0.003	0.003	0.003	0.003

2. 粗粒式沥青混凝土路面(厂拌机铺)

工作内容:清扫路基、保护侧缘石、摊铺、新旧路面边缘顺接、夯边、碾压、清理等。

计量单位:10m²

定额编号				2-208	2-209	2-210	2-211	2-212	2-213
项目				粗粒式沥青混凝土路面(厂拌机铺)					
				厚度5cm,每处面积(m² 以内)					
				5m²	10m²	20m²	50m²	100m²	100m² 以外
基价(元)				540.21	527.70	517.29	512.58	504.65	501.07
其中	人工费(元)			47.21	39.37	32.84	29.88	24.91	22.65
	材料费(元)			350.84	350.84	350.84	350.84	350.84	350.84
	机械使用费(元)			37.10	37.10	37.10	37.10	37.10	37.10
	其他措施费(元)			1.73	1.49	1.29	1.21	1.06	0.99
	安文费(元)			20.61	20.13	19.73	19.55	19.25	19.12
	管理费(元)			35.33	34.51	33.83	33.52	33.00	32.77
	利润(元)			29.44	28.76	28.19	27.94	27.50	27.31
	规费(元)			17.95	15.50	13.47	12.54	10.99	10.29
名称		单位	单价(元)	数量					
综合工日		工日		(0.62)	(0.53)	(0.45)	(0.42)	(0.36)	(0.34)
沥青混凝土 粗粒式		m³	626.18	0.552	0.552	0.552	0.552	0.552	0.552
其他材料费		%	1.00	1.500	1.500	1.500	1.500	1.500	1.500
钢轮内燃压路机 工作质量(t) 15		台班	604.21	0.036	0.036	0.036	0.036	0.036	0.036
钢轮内燃压路机 工作质量(t) 8		台班	381.84	0.011	0.011	0.011	0.011	0.011	0.011
手扶振动压实机 工作质量 1t		台班	67.03	0.015	0.015	0.015	0.015	0.015	0.015
沥青混凝土摊铺机 装载质量(t) 8		台班	1014.40	0.010	0.010	0.010	0.010	0.010	0.010

工作内容:清扫路基、保护侧缘石、摊铺、新旧路面边缘顺接、夯边、碾压、清理等。

计量单位:$10m^2$

定额编号				2-214	2-215	2-216	2-217	2-218	2-219
项目				粗粒式沥青混凝土路面(厂拌机铺)					
				厚度5cm,每处面积(m^2以内),每增减1cm					
				$5m^2$	$10m^2$	$20m^2$	$50m^2$	$100m^2$	$100m^2$以外
基价(元)				99.01	97.06	95.39	94.69	93.43	92.87
其中	人工费(元)			7.32	6.10	5.05	4.62	3.83	3.48
	材料费(元)			69.28	69.28	69.28	69.28	69.28	69.28
	机械使用费(元)			3.84	3.84	3.84	3.84	3.84	3.84
	其他措施费(元)			0.26	0.22	0.19	0.17	0.15	0.14
	安文费(元)			3.78	3.70	3.64	3.61	3.56	3.54
	管理费(元)			6.47	6.35	6.24	6.19	6.11	6.07
	利润(元)			5.40	5.29	5.20	5.16	5.09	5.06
	规费(元)			2.66	2.28	1.95	1.82	1.57	1.46
名称		单位	单价(元)	数量					
综合工日		工日		(0.09)	(0.08)	(0.07)	(0.06)	(0.05)	(0.05)
沥青混凝土 粗粒式		m^3	626.18	0.109	0.109	0.109	0.109	0.109	0.109
其他材料费		%	1.00	1.500	1.500	1.500	1.500	1.500	1.500
钢轮内燃压路机 工作质量(t) 15		台班	604.21	0.003	0.003	0.003	0.003	0.003	0.003
沥青混凝土摊铺机 装载质量(t) 8		台班	1014.40	0.002	0.002	0.002	0.002	0.002	0.002

3. 中粒式沥青混凝土路面(厂拌人铺)

工作内容:清扫路基、保护侧缘石、摊铺、新旧路面边缘顺接、夯边、碾压、清理等。

计量单位:$10m^2$

定额编号				2-220	2-221	2-222	2-223	2-224	2-225
项目				中粒式沥青混凝土路面(厂拌人铺)					
				厚度5cm,每处面积(m^2以内)					
				$5m^2$	$10m^2$	$20m^2$	$50m^2$	$100m^2$	$100m^2$以外
基价(元)				766.92	738.58	715.00	704.29	686.40	678.18
其中	人工费(元)			106.61	88.84	74.04	67.33	56.09	50.95
	材料费(元)			473.09	473.09	473.09	473.09	473.09	473.09
	机械使用费(元)			27.34	27.34	27.34	27.34	27.34	27.34
	其他措施费(元)			3.39	2.86	2.41	2.21	1.88	1.72
	安文费(元)			29.26	28.18	27.28	26.87	26.19	25.87
	管理费(元)			50.16	48.30	46.76	46.06	44.89	44.35
	利润(元)			41.80	40.25	38.97	38.38	37.41	36.96
	规费(元)			35.27	29.72	25.11	23.01	19.51	17.90
名称		单位	单价(元)	数量					
综合工日		工日		(1.27)	(1.07)	(0.90)	(0.82)	(0.69)	(0.63)
沥青混凝土　中粒式		m^3	844.39	0.552	0.552	0.552	0.552	0.552	0.552
其他材料费		%	1.00	1.500	1.500	1.500	1.500	1.500	1.500
钢轮内燃压路机　工作质量(t)　15		台班	604.21	0.036	0.036	0.036	0.036	0.036	0.036
钢轮内燃压路机　工作质量(t)　8		台班	381.84	0.012	0.012	0.012	0.012	0.012	0.012
手扶振动压实机　工作质量　1t		台班	67.03	0.015	0.015	0.015	0.015	0.015	0.015

工作内容:清扫路基、保护侧缘石、摊铺、新旧路面边缘顺接、夯边、碾压、清理等。

计量单位:$10m^2$

定额编号				2-226	2-227	2-228	2-229	2-230	2-231
项目				中粒式沥青混凝土路面(厂拌人铺)					
				厚度 5cm,每处面积(m^2 以内),每增减 1cm					
				$5m^2$	$10m^2$	$20m^2$	$50m^2$	$100m^2$	$100m^2$ 以外
基价(元)				136.58	132.70	129.51	127.98	125.49	124.38
其中	人工费(元)			14.63	12.19	10.19	9.23	7.66	6.97
	材料费(元)			93.42	93.42	93.42	93.42	93.42	93.42
	机械使用费(元)			1.81	1.81	1.81	1.81	1.81	1.81
	其他措施费(元)			0.45	0.38	0.32	0.29	0.24	0.22
	安文费(元)			5.21	5.06	4.94	4.88	4.79	4.75
	管理费(元)			8.93	8.68	8.47	8.37	8.21	8.13
	利润(元)			7.44	7.23	7.06	6.97	6.84	6.78
	规费(元)			4.69	3.93	3.30	3.01	2.52	2.30
名称		单位	单价(元)	数量					
综合工日		工日		(0.17)	(0.14)	(0.12)	(0.11)	(0.09)	(0.08)
沥青混凝土 中粒式		m^3	844.39	0.109	0.109	0.109	0.109	0.109	0.109
其他材料费		%	1.00	1.500	1.500	1.500	1.500	1.500	1.500
钢轮内燃压路机 工作质量(t) 15		台班	604.21	0.003	0.003	0.003	0.003	0.003	0.003

4. 中粒式沥青混凝土路面(厂拌机铺)

工作内容:清扫路基、保护侧缘石、摊铺、新旧路面边缘顺接、夯边、碾压、清理等。

计量单位:10m²

定额编号				2-232	2-233	2-234	2-235	2-236	2-237
项目				中粒式沥青混凝土路面(厂拌机铺)					
				厚度5cm,每处面积(m² 以内)					
				5m²	10m²	20m²	50m²	100m²	100m² 以外
基价(元)				685.41	672.90	662.50	657.78	649.86	646.26
其中	人工费(元)			47.21	39.37	32.84	29.88	24.91	22.65
	材料费(元)			473.09	473.09	473.09	473.09	473.09	473.09
	机械使用费(元)			37.10	37.10	37.10	37.10	37.10	37.10
	其他措施费(元)			1.73	1.49	1.29	1.21	1.06	0.99
	安文费(元)			26.15	25.67	25.27	25.09	24.79	24.65
	管理费(元)			44.83	44.01	43.33	43.02	42.50	42.27
	利润(元)			37.35	36.67	36.11	35.85	35.42	35.22
	规费(元)			17.95	15.50	13.47	12.54	10.99	10.29
名称		单位	单价(元)	数量					
综合工日		工日		(0.62)	(0.53)	(0.45)	(0.42)	(0.36)	(0.34)
沥青混凝土 中粒式		m³	844.39	0.552	0.552	0.552	0.552	0.552	0.552
其他材料费		%	1.00	1.500	1.500	1.500	1.500	1.500	1.500
钢轮内燃压路机 工作质量(t) 15		台班	604.21	0.036	0.036	0.036	0.036	0.036	0.036
钢轮内燃压路机 工作质量(t) 8		台班	381.84	0.011	0.011	0.011	0.011	0.011	0.011
手扶振动压实机 工作质量 1t		台班	67.03	0.015	0.015	0.015	0.015	0.015	0.015
沥青混凝土摊铺机 装载质量(t) 8		台班	1014.40	0.010	0.010	0.010	0.010	0.010	0.010

工作内容：清扫路基、保护侧缘石、摊铺、新旧路面边缘顺接、夯边、碾压、清理等。

计量单位：10m²

定额编号				2-238	2-239	2-240	2-241	2-242	2-243
项目				中粒式沥青混凝土路面(厂拌机铺)					
				厚度 5cm,每处面积(m² 以内),每增减 1cm					
				5m²	10m²	20m²	50m²	100m²	100m² 以外
基价(元)				127.68	125.73	124.05	123.37	122.12	121.55
其中	人工费(元)			7.32	6.10	5.05	4.62	3.83	3.48
	材料费(元)			93.42	93.42	93.42	93.42	93.42	93.42
	机械使用费(元)			3.84	3.84	3.84	3.84	3.84	3.84
	其他措施费(元)			0.26	0.22	0.19	0.17	0.15	0.14
	安文费(元)			4.87	4.80	4.73	4.71	4.66	4.64
	管理费(元)			8.35	8.22	8.11	8.07	7.99	7.95
	利润(元)			6.96	6.85	6.76	6.72	6.66	6.62
	规费(元)			2.66	2.28	1.95	1.82	1.57	1.46
名称		单位	单价(元)	数量					
综合工日		工日		(0.09)	(0.08)	(0.07)	(0.06)	(0.05)	(0.05)
沥青混凝土　中粒式		m³	844.39	0.109	0.109	0.109	0.109	0.109	0.109
其他材料费		%	1.00	1.500	1.500	1.500	1.500	1.500	1.500
钢轮内燃压路机　工作质量(t)　15		台班	604.21	0.003	0.003	0.003	0.003	0.003	0.003
沥青混凝土摊铺机　装载质量(t)　8		台班	1014.40	0.002	0.002	0.002	0.002	0.002	0.002

5. 细粒式沥青混凝土路面(厂拌人铺)

工作内容:清扫路基、保护侧缘石、摊铺、新旧路面边缘顺接、夯边、碾压、清理等。

计量单位:$10m^2$

定额编号				2-244	2-245	2-246	2-247	2-248	2-249
项目				细粒式沥青混凝土路面(厂拌人铺)					
				厚度3cm,每处面积(m^2 以内)					
				$5m^2$	$10m^2$	$20m^2$	$50m^2$	$100m^2$	$100m^2$ 以外
基价(元)				526.30	501.88	481.46	472.16	456.76	449.68
其中	人工费(元)			92.06	76.74	63.93	58.10	48.43	43.99
	材料费(元)			297.83	297.83	297.83	297.83	297.83	297.83
	机械使用费(元)			20.09	20.09	20.09	20.09	20.09	20.09
	其他措施费(元)			2.91	2.45	2.06	1.89	1.60	1.46
	安文费(元)			20.08	19.15	18.37	18.01	17.43	17.16
	管理费(元)			34.42	32.82	31.49	30.88	29.87	29.41
	利润(元)			28.68	27.35	26.24	25.73	24.89	24.51
	规费(元)			30.23	25.45	21.45	19.63	16.62	15.23
名称		单位	单价(元)	数量					
综合工日		工日		(1.09)	(0.92)	(0.77)	(0.70)	(0.59)	(0.54)
沥青混凝土 细粒式		m^3	916.97	0.320	0.320	0.320	0.320	0.320	0.320
其他材料费		%	1.00	1.500	1.500	1.500	1.500	1.500	1.500
钢轮内燃压路机 工作质量(t) 15		台班	604.21	0.024	0.024	0.024	0.024	0.024	0.024
钢轮内燃压路机 工作质量(t) 8		台班	381.84	0.012	0.012	0.012	0.012	0.012	0.012
手扶振动压实机 工作质量 1t		台班	67.03	0.015	0.015	0.015	0.015	0.015	0.015

工作内容:清扫路基、保护侧缘石、摊铺、新旧路面边缘顺接、夯边、碾压、清理等。

计量单位:10m²

定额编号				2-250	2-251	2-252	2-253	2-254	2-255
项目				细粒式沥青混凝土路面(厂拌人铺)					
				厚度3cm,每处面积(m² 以内),每增减1cm					
				5m²	10m²	20m²	50m²	100m²	100m² 以外
基价(元)				150.96	146.24	142.35	140.55	137.63	136.25
其中	人工费(元)			17.59	14.63	12.19	11.06	9.23	8.36
	材料费(元)			99.59	99.59	99.59	99.59	99.59	99.59
	机械使用费(元)			3.63	3.63	3.63	3.63	3.63	3.63
	其他措施费(元)			0.55	0.46	0.39	0.36	0.30	0.27
	安文费(元)			5.76	5.58	5.43	5.36	5.25	5.20
	管理费(元)			9.87	9.56	9.31	9.19	9.00	8.91
	利润(元)			8.23	7.97	7.76	7.66	7.50	7.43
	规费(元)			5.74	4.82	4.05	3.70	3.13	2.86
名称		单位	单价(元)	数量					
综合工日		工日		(0.21)	(0.17)	(0.15)	(0.13)	(0.11)	(0.10)
沥青混凝土　细粒式		m³	916.97	0.107	0.107	0.107	0.107	0.107	0.107
其他材料费		%	1.00	1.500	1.500	1.500	1.500	1.500	1.500
钢轮内燃压路机　工作质量(t)　15		台班	604.21	0.006	0.006	0.006	0.006	0.006	0.006

6. 细粒式沥青混凝土路面(厂拌机铺)

工作内容:清扫路基、保护侧缘石、摊铺、新旧路面边缘顺接、夯边、碾压、清理等。

计量单位:10m²

定额编号				2-256	2-257	2-258	2-259	2-260	2-261
项目				细粒式沥青混凝土路面(厂拌机铺)					
				厚度 3cm,每处面积(m² 以内)					
				5m²	10m²	20m²	50m²	100m²	100m² 以外
基价(元)				456.58	445.62	436.45	432.29	425.35	468.84
其中	人工费(元)			41.46	34.58	28.83	26.22	21.86	19.86
	材料费(元)			297.83	297.83	297.83	297.83	297.83	297.83
	机械使用费(元)			28.20	28.20	28.20	28.20	28.20	63.21
	其他措施费(元)			1.49	1.28	1.11	1.03	0.90	1.21
	安文费(元)			17.42	17.00	16.65	16.49	16.23	17.89
	管理费(元)			29.86	29.14	28.54	28.27	27.82	30.66
	利润(元)			24.88	24.29	23.79	23.56	23.18	25.55
	规费(元)			15.44	13.30	11.50	10.69	9.33	12.63
名称		单位	单价(元)	数量					
综合工日		工日		(0.54)	(0.46)	(0.39)	(0.36)	(0.31)	(0.38)
沥青混凝土 细粒式		m³	916.97	0.320	0.320	0.320	0.320	0.320	0.320
其他材料费		%	1.00	1.500	1.500	1.500	1.500	1.500	1.500
钢轮内燃压路机 工作质量(t) 15		台班	604.21	0.024	0.024	0.024	0.024	0.024	0.020
钢轮内燃压路机 工作质量(t) 8		台班	381.84	0.012	0.012	0.012	0.012	0.012	0.110
手扶振动压实机 工作质量 1t		台班	67.03	0.015	0.015	0.015	0.015	0.015	0.015
沥青混凝土摊铺机 装载质量(t) 8		台班	1014.40	0.008	0.008	0.008	0.008	0.008	0.008

工作内容:清扫路基、保护侧缘石、摊铺、新旧路面边缘顺接、夯边、碾压、清理等。

计量单位:$10m^2$

定额编号				2-262	2-263	2-264	2-265	2-266	2-267
项目				细粒式沥青混凝土路面(厂拌机铺)					
				厚度3cm,每处面积(m^2以内),每增减1cm					
				$5m^2$	$10m^2$	$20m^2$	$50m^2$	$100m^2$	$100m^2$以外
基价(元)				137.00	134.35	132.13	131.02	125.19	128.51
其中	人工费(元)			10.02	8.36	6.97	6.27	2.61	4.70
	材料费(元)			99.59	99.59	99.59	99.59	99.59	99.59
	机械使用费(元)			2.03	2.03	2.03	2.03	2.03	2.03
	其他措施费(元)			0.32	0.27	0.23	0.21	0.10	0.17
	安文费(元)			5.23	5.13	5.04	5.00	4.78	4.90
	管理费(元)			8.96	8.79	8.64	8.57	8.19	8.40
	利润(元)			7.47	7.32	7.20	7.14	6.82	7.00
	规费(元)			3.38	2.86	2.43	2.21	1.07	1.72
名称		单位	单价(元)	数量					
综合工日		工日		(0.12)	(0.10)	(0.09)	(0.08)	(0.04)	(0.06)
沥青混凝土 细粒式		m^3	916.97	0.107	0.107	0.107	0.107	0.107	0.107
其他材料费		%	1.00	1.500	1.500	1.500	1.500	1.500	1.500
沥青混凝土摊铺机 装载质量(t) 8		台班	1014.40	0.002	0.002	0.002	0.002	0.002	0.002

二十一、沥青贯入式路面

工作内容：摊铺石料、浇油、撒嵌缝料、分层碾压、侧缘石保护等。

计量单位：10m²

定额编号				2-268	2-269	2-270	2-271
项目				沥青贯入式路面人工手泵浇油		沥青贯入式路面机械浇油	
				6cm	10cm	6cm	10cm
基价(元)				577.51	656.55	562.05	644.76
其中	人工费(元)			63.58	74.04	50.52	60.97
	材料费(元)			373.61	420.12	366.13	412.64
	机械使用费(元)			24.78	30.13	36.31	44.76
	其他措施费(元)			2.13	2.50	1.78	2.15
	安文费(元)			22.03	25.05	21.44	24.60
	管理费(元)			37.77	42.94	36.76	42.17
	利润(元)			31.47	35.78	30.63	35.14
	规费(元)			22.14	25.99	18.48	22.33
名称		单位	单价(元)	数量			
综合工日		工日		(0.79)	(0.92)	(0.65)	(0.78)
石油沥青 60#~100#		t	3685.50	0.072	0.072	0.070	0.070
碎石 综合		t	57.00	1.431	2.235	1.431	2.235
石屑		m³	72.50	0.181	0.181	0.181	0.181
砂子 中粗砂		m³	67.00	0.120	0.120	0.120	0.120
其他材料费		%	1.00	1.500	1.500	1.500	1.500
钢轮内燃压路机 工作质量(t) 15		台班	604.21	—	—	0.043	0.057
钢轮内燃压路机 工作质量(t) 8		台班	381.84	0.043	0.057	0.012	0.012
汽车式沥青喷洒机 箱容量(L) 4000		台班	574.21	0.012	0.012	0.010	0.010
手泵喷油机		台班	34.21	0.043	0.043	—	—

二十二、修补沥青表面处治路面

工作内容:清扫基层,运料,分层撒料,洒油,找平,接茬,收边,碾压。

计量单位:10m^2

定额编号				2-272	2-273	2-274
项目				人工手泵喷油、撒料		
				单层式	双层式	三层式
基价(元)				140.49	265.25	364.75
其中	人工费(元)			18.64	25.87	32.49
	材料费(元)			89.23	182.55	254.93
	机械使用费(元)			3.67	5.51	7.79
	其他措施费(元)			0.59	0.82	1.04
	安文费(元)			5.36	10.12	13.92
	管理费(元)			9.19	17.35	23.85
	利润(元)			7.66	14.46	19.88
	规费(元)			6.15	8.57	10.85
名称		单位	单价(元)	数量		
综合工日		工日		(0.22)	(0.31)	(0.39)
砂子 中粗砂		m^3	67.00	0.045	0.045	0.045
碎石 10		m^3	76.59	0.146	0.112	0.112
碎石 20		m^3	76.59	—	0.224	0.337
石油沥青 60#~100#		t	3685.50	0.020	0.041	0.058
其他材料费		%	1.00	1.500	1.500	1.500
钢轮内燃压路机 工作质量(t) 8		台班	381.84	0.008	0.012	0.017
手泵喷油机		台班	34.21	0.018	0.027	0.038

工作内容：清扫基层，运料，分层撒料，洒油，找平，接茬，收边，碾压。

计量单位：10m²

定额编号				2-275	2-276	2-277
项目				机械喷油、撒料		
				单层式	双层式	三层式
基价(元)				130.11	246.07	338.71
其中	人工费(元)			17.33	24.39	28.66
	材料费(元)			75.43	160.63	220.23
	机械使用费(元)			9.95	12.62	24.29
	其他措施费(元)			0.60	0.84	1.05
	安文费(元)			4.96	9.39	12.92
	管理费(元)			8.51	16.09	22.15
	利润(元)			7.09	13.41	18.46
	规费(元)			6.24	8.70	10.95
名称		单位	单价(元)	数量		
综合工日		工日		(0.22)	(0.31)	(0.38)
碎石 10		m^3	76.59	0.112	0.112	0.112
砂子 中粗砂		m^3	67.00	0.046	0.046	0.046
碎石 20		m^3	76.59	—	0.278	0.371
石油沥青 60#~100#		t	3685.50	0.017	0.034	0.048
其他材料费		%	1.00	1.500	1.500	1.500
汽车式沥青喷洒机 箱容量(L) 4000		台班	574.21	0.012	0.014	0.031
钢轮内燃压路机 工作质量(t) 8		台班	381.84	0.008	0.012	0.017

二十三、沥青玛琋脂碎石混合料沥青混凝土路面

1. 沥青玛琋脂碎石混合料沥青混凝土路面(厂拌人铺)

工作内容:清扫路基、保护侧缘石、摊铺、新旧路面边缘顺接、夯边、碾压、清理等。

计量单位:10m²

定额编号				2-278	2-279	2-280
项目				沥青玛琋脂碎石混合料沥青混凝土路面(厂拌人铺)		
				厚度 2cm	厚度 3cm	每增减 0.5cm
基价(元)				494.97	723.06	116.10
其中	人工费(元)			28.13	37.28	4.53
	材料费(元)			350.29	520.82	86.78
	机械使用费(元)			27.46	36.28	4.66
	其他措施费(元)			0.95	1.26	0.16
	安文费(元)			18.88	27.58	4.43
	管理费(元)			32.37	47.29	7.59
	利润(元)			26.98	39.41	6.33
	规费(元)			9.91	13.14	1.62
名称		单位	单价(元)	数量		
综合工日		工日		(0.35)	(0.46)	(0.06)
煤		t	655.00	0.001	0.001	—
沥青玛琋脂碎石混合料沥青混凝土		m³	1500.00	0.225	0.337	0.057
柴油		t	6938.00	0.001	0.001	—
木柴		kg	0.18	0.110	0.160	0.003
其他材料费		%	1.00	1.500	1.500	1.500
手扶振动压实机　工作质量　1t		台班	67.03	0.015	0.015	—
钢轮振动压路机　工作质量(t)　18		台班	1217.86	0.018	0.024	0.003
钢轮内燃压路机　工作质量(t)　12		台班	503.72	0.009	0.012	0.002

2. 沥青玛琋脂碎石混合料沥青混凝土路面(厂拌机铺)

工作内容:清扫路基、保护侧缘石、摊铺、新旧路面边缘顺接、夯边、碾压、清理等。

计量单位:10m²

定额编号				2-281	2-282	2-283
项目				沥青玛琋脂碎石混合料沥青混凝土路面(厂拌机铺)		
				厚度 2cm	厚度 3cm	每增减 0.5cm
基价(元)				486.25	711.20	114.70
其中	人工费(元)			17.51	22.99	2.79
	材料费(元)			350.29	520.81	86.78
	机械使用费(元)			33.55	44.39	5.68
	其他措施费(元)			0.71	0.93	0.12
	安文费(元)			18.55	27.13	4.38
	管理费(元)			31.80	46.51	7.50
	利润(元)			26.50	38.76	6.25
	规费(元)			7.34	9.68	1.20
名称		单位	单价(元)	数量		
综合工日		工日		(0.25)	(0.32)	(0.04)
煤		t	655.00	0.001	0.001	—
沥青玛琋脂碎石混合料沥青混凝土		m³	1500.00	0.225	0.337	0.057
柴油		t	6938.00	0.001	0.001	—
木柴		kg	0.18	0.110	0.110	0.003
其他材料费		%	1.00	1.500	1.500	1.500
手扶振动压实机 工作质量 1t		台班	67.03	0.015	0.015	—
钢轮振动压路机 工作质量(t) 18		台班	1217.86	0.018	0.024	0.003
钢轮内燃压路机 工作质量(t) 12		台班	503.72	0.009	0.012	0.002
沥青混凝土摊铺机 装载质量(t) 8		台班	1014.40	0.006	0.008	0.001

二十四、混凝土路面

1. 混凝土路面

工作内容:清基,清边,湿润,模板制作,安拆,支模,配料,搅拌,(铺料)浇筑,捣固密实,制缝,抹平,养护。

计量单位:$10m^2$

定额编号				2-284	2-285	2-286	2-287
项目				预拌混凝土路面			
				面层厚度			
				15cm 以内	每减 1cm	15cm 以外	每增 1cm
基价(元)				981.98	64.54	1141.91	70.60
其中	人工费(元)			262.17	17.42	279.59	17.42
	材料费(元)			434.38	28.36	541.75	33.37
	机械使用费(元)			34.15	2.19	37.65	2.28
	其他措施费(元)			8.43	0.56	8.99	0.56
	安文费(元)			37.46	2.46	43.56	2.69
	管理费(元)			64.22	4.22	74.68	4.62
	利润(元)			53.52	3.52	62.23	3.85
	规费(元)			87.65	5.81	93.46	5.81
名称		单位	单价(元)	数量			
综合工日		工日		(3.15)	(0.21)	(3.36)	(0.21)
草袋		个	1.93	2.200	—	2.200	—
圆钉		kg	7.00	0.020	—	0.020	—
木模板方材		m^3	1800.00	0.004	0.0003	0.047	0.003
水		m^3	5.13	3.216	0.121	3.578	0.136
预拌混凝土　C30		m^3	260.00	1.538	0.103	1.640	0.103
其他材料费		%	1.00	1.500	1.500	1.500	1.500
振动平板夯		台班	32.58	0.156	0.010	0.165	0.010
插入式振动器		台班	10.74	—	—	0.124	0.008
机动翻斗车　装载质量(t)　1		台班	207.66	0.140	0.009	0.149	0.009

注:本项目系采用草袋养生,如采用锯末、塑料薄膜养护,允许换算。

2. 混凝土路面刻纹

工作内容：划线、刻纹、清理冲刷余渣。

计量单位：100m²

定额编号				2-288
项目				道路面层
				混凝土路面刻纹
基价(元)				917.57
其中	人工费(元)			166.45
	材料费(元)			166.79
	机械使用费(元)			382.38
	其他措施费(元)			4.99
	安文费(元)			35.01
	管理费(元)			60.01
	利润(元)			50.01
	规费(元)			51.93
名称		单位	单价(元)	数量
综合工日		工日		(1.91)
水		m³	5.13	31.057
刀片磨损费		元	1.00	5.000
其他材料费		%	1.00	1.500
柴油发电机组　功率(kW)　30		台班	387.29	0.936
轧纹机		台班	27.60	0.720

3. 伸缩缝

工作内容：材料准备，配料搅拌（烤油保温），清缝，灌缝，压实烙平等。

计量单位：10m

定额编号				2-289	2-290	2-291
项目				缝宽 1cm		
				伸缝（缝深 9cm）		
				沥青木丝板	沥青码琋脂	聚氯乙稀
基价（元）				1664.01	3669.07	145.05
其中	人工费（元）			25.26	31.36	60.10
	材料费（元）			1367.11	3047.09	41.47
	机械使用费（元）			—	—	—
	其他措施费（元）			0.76	0.94	1.80
	安文费（元）			63.48	139.98	5.53
	管理费（元）			108.83	239.96	9.49
	利润（元）			90.69	199.96	7.91
	规费（元）			7.88	9.78	18.75
名称		单位	单价（元）	数量		
综合工日		工日		(0.29)	(0.36)	(0.69)
聚氯乙烯胶泥		kg	2.63	—	—	15.080
煤		t	655.00	1.808	4.521	—
木柴		kg	0.18	0.181	0.362	6.640
石油沥青 60#～100#		t	3685.50	0.025	—	—
石油沥青玛琋脂		m^3	4073.76	—	0.010	—
木丝板 δ25		m^2	75.00	0.940	—	—
其他材料费		%	1.00	1.500	1.500	1.500

工作内容：材料准备，配料搅拌（烤油保温），清缝，灌缝，压实烙平等。

计量单位：10m

定额编号				2-292	2-293	2-294
项目				缝宽 1cm		
				缩缝（缝深 5cm）		
				沥青木丝板	沥青码琋脂	聚氯乙稀
基价（元）				753.00	49.79	91.21
其中	人工费（元）			13.94	14.81	40.07
	材料费（元）			615.27	22.05	23.02
	机械使用费（元）			—	—	—
	其他措施费（元）			0.42	0.44	1.20
	安文费（元）			28.73	1.90	3.48
	管理费（元）			49.25	3.26	5.97
	利润（元）			41.04	2.71	4.97
	规费（元）			4.35	4.62	12.50
名称		单位	单价（元）	数量		
综合工日		工日		(0.16)	(0.17)	(0.46)
木丝板 δ25		m^2	75.00	0.520	—	—
煤		kg	0.66	—	2.010	—
聚氯乙烯胶泥		kg	2.63	—	—	8.370
煤		t	655.00	0.804	—	—
石油沥青 60#~100#		t	3685.50	0.011	—	—
石油沥青玛琋脂		m^3	4073.76	—	0.005	—
木柴		kg	0.18	0.080	0.161	3.690
其他材料费		%	1.00	1.500	1.500	1.500

二十五、铺砌人行道板

1. 铺砌人行道板(砂垫层)

工作内容:清理路基,铺料,挂线,铺砌,灌缝,扫墁,混凝土补空隙,刻缝接顺,养护。

计量单位:$10m^2$

定额编号			2-295	2-296	2-297	2-298
项目			预制混凝土			
			方块	六角块	枫叶型	连锁型
			砂垫层			
基价(元)			439.43	336.99	755.79	738.94
其中	人工费(元)		118.46	125.42	125.42	125.42
	材料费(元)		211.01	115.41	468.03	453.84
	机械使用费(元)		—	—	—	—
	其他措施费(元)		3.55	3.76	3.76	3.76
	安文费(元)		16.76	12.86	28.83	28.19
	管理费(元)		28.74	22.04	49.43	48.33
	利润(元)		23.95	18.37	41.19	40.27
	规费(元)		36.96	39.13	39.13	39.13
名称	单位	单价(元)	数量			
综合工日	工日		(1.36)	(1.44)	(1.44)	(1.44)
预制混凝土六角块	千块	1133.00	—	0.100	—	—
预制枫叶型道板 23×23×6(cm)	千块	1700.00	—	—	0.271	—
细砂	m^3	1.00	0.393	0.403	0.410	0.533
人行道路面砖 250×250×50	千块	1250.00	0.166	—	—	—
预制连锁型道板 225×11.25×6(cm)	千块	1100.00	—	—	—	0.406
其他材料费	%	1.00	1.500	1.500	1.500	1.500

注:垫层厚度按 2cm 考虑。厚度不同时允许换算。

工作内容：清理路基，铺料，挂线，铺砌，灌缝，扫墁，混凝土补空隙，刻缝接顺，养护。

计量单位：10m²

定额编号				2-299	2-300	2-301
项目				透水砖	烧结砖	石质道板
				砂垫层		
基价(元)				595.77	220.55	2161.68
其中	人工费(元)			118.46	118.46	81.00
	材料费(元)			342.64	26.73	1711.33
	机械使用费(元)			—	—	—
	其他措施费(元)			3.55	3.55	2.43
	安文费(元)			22.73	8.41	82.47
	管理费(元)			38.96	14.42	141.37
	利润(元)			32.47	12.02	117.81
	规费(元)			36.96	36.96	25.27
名称		单位	单价(元)	数量		
综合工日		工日		(1.36)	(1.36)	(0.93)
砂子　中粗砂		m³	67.00	0.393	0.393	0.329
天然石材饰面板		m²	160.00	—	—	10.400
烧结砖		m²	—	—	(10.375)	—
透水砖		m²	30.00	10.375	—	—
其他材料费		%	1.00	1.500	1.500	1.500

注：垫层厚度按2cm考虑，厚度不同时允许换算。

2. 铺砌人行道板(砂浆垫层)

工作内容:清理路基,铺料,砂浆拌和,摊铺,找平,挂线,铺砌,灌浆,扫墁,刻缝接顺,养护。

计量单位:10m²

定额编号				2-302	2-303	2-304	2-305
项目				预制混凝土			
				方块	六角块	枫叶型	连锁型
				砂浆垫层			
基价(元)				492.46	460.20	878.19	864.65
其中	人工费(元)			116.71	167.23	167.23	167.23
	材料费(元)			257.51	162.56	514.50	503.09
	机械使用费(元)			0.39	0.39	0.39	0.39
	其他措施费(元)			3.51	5.02	5.02	5.02
	安文费(元)			18.79	17.56	33.50	32.99
	管理费(元)			32.21	30.10	57.43	56.55
	利润(元)			26.84	25.08	47.86	47.12
	规费(元)			36.50	52.26	52.26	52.26
名称		单位	单价(元)	数量			
综合工日		工日		(1.34)	(1.92)	(1.92)	(1.92)
人行道路面砖 250×250×50		千块	1250.00	0.166	—	—	—
预制连锁型 22.5×11.25×6(cm)		千块	1100.00	—	—	—	0.406
预制混凝土六角块		千块	1133.00	—	0.100	—	—
预拌水泥砂浆 1:3		m³	220.00	0.210	0.213	0.210	0.223
预制枫叶型 23×23×4(cm)		千块	1700.00	—	—	0.271	—
其他材料费		%	1.00	1.500	1.500	1.500	1.500
干混砂浆罐式搅拌机 公称储量(L) 20000		台班	197.40	0.002	0.002	0.002	0.002

注:垫层厚度按 2cm 考虑。厚度不同时允许换算。

工作内容：清理路基，铺料，砂浆拌和，摊铺，找平，挂线，铺砌，灌浆，扫墁，刻缝接顺，养护。

计量单位：$10m^2$

定额编号				2-306	2-307	2-308
项目				透水砖	烧结砖	石质道板
				砂浆垫层		
基价(元)				617.52	242.29	2221.54
其中	人工费(元)			116.71	116.71	100.25
	材料费(元)			362.81	46.89	1735.41
	机械使用费(元)			0.39	0.39	0.39
	其他措施费(元)			3.51	3.51	3.02
	安文费(元)			23.56	9.24	84.75
	管理费(元)			40.39	15.85	145.29
	利润(元)			33.65	13.20	121.07
	规费(元)			36.50	36.50	31.36
名称		单位	单价(元)	数量		
综合工日		工日		(1.34)	(1.34)	(1.15)
透水砖		m^2	30.00	10.375	—	—
烧结砖		m^2	—	—	(10.375)	—
天然石材饰面板		m^2	160.00	—	—	10.400
预拌水泥砂浆 1:3		m^3	220.00	0.210	0.210	0.208
其他材料费		%	1.00	1.500	1.500	1.500
干混砂浆罐式搅拌机 公称储量(L) 20000		台班	197.40	0.002	0.002	0.002

二十六、修补侧(平、边、树池)石

1.侧石垫层

工作内容:挂线,筛土,配料,拌和,摊铺,洒水,找平,夯实。

计量单位:10m³

定额编号				2-309	2-310	2-311	2-312
项目				人工铺装			
				灰土垫层	混凝土垫层	砂垫层	1:3石灰砂浆垫层
基价(元)				2838.77	4776.82	1985.27	7716.31
其中	人工费(元)			1519.02	1431.05	577.47	2490.19
	材料费(元)			351.58	2101.37	896.53	3154.90
	机械使用费(元)			—	—	—	—
	其他措施费(元)			45.57	42.93	17.32	74.71
	安文费(元)			108.30	182.24	75.74	294.38
	管理费(元)			185.66	312.40	129.84	504.65
	利润(元)			154.71	260.34	108.20	420.54
	规费(元)			473.93	446.49	180.17	776.94
名称		单位	单价(元)	数量			
综合工日		工日		(17.44)	(16.43)	(6.63)	(28.59)
黄土		m³	—	(14.57)	—	—	—
石灰砂浆 1:3		m³	192.05	—	—	—	10.580
砂子 中粗砂		m³	67.00	—	—	13.060	11.307
熟石灰		t	130.00	2.5331	—	—	2.160
水		m³	5.13	3.330	2.010	1.610	7.410
预拌混凝土 C15		m³	200.00	—	10.300	—	—
其他材料费		%	1.00	1.500	1.500	1.500	1.500

注:1:3水泥砂浆垫层与1:3石灰砂浆垫层消耗量一致,实际使用时可将材料换为预拌水泥砂浆1:3。

2. 修补侧石、平石、边石、树池石

工作内容：挂线，清基，人工拌料，铺基层垫层，找平，铺砌，拌砂浆，养护，夯实，清场等。

计量单位：10m

定额编号				2-313	2-314	2-315	2-316
项目				预制混凝土直侧石	预制混凝土弯侧石	预制混凝土路边石	预制混凝土弯边石
基价(元)				537.99	606.67	511.46	557.72
其中	人工费(元)			93.20	106.26	81.87	93.20
	材料费(元)			327.89	368.19	320.76	344.49
	机械使用费(元)			—	—	—	—
	其他措施费(元)			2.80	3.19	2.46	2.80
	安文费(元)			20.52	23.14	19.51	21.28
	管理费(元)			35.18	39.68	33.45	36.47
	利润(元)			29.32	33.06	27.87	30.40
	规费(元)			29.08	33.15	25.54	29.08
名称		单位	单价(元)	数量			
综合工日		工日		(1.07)	(1.22)	(0.94)	(1.07)
混凝土连接型侧平石		m	30.00	10.200	10.200	—	—
混凝土弯边石 30×15×8(cm)		m	30.00	—	—	—	10.200
预拌水泥砂浆 1:2		m^3	220.00	0.005	0.017	0.008	0.027
混凝土边石		m	30.00	—	—	10.200	—
石灰砂浆 1:3		m^3	192.05	0.083	0.276	0.043	0.143
其他材料费		%	1.00	1.500	1.500	1.500	1.500

注：弯侧石、弯边石根据实际发生或信息价自行换算。

工作内容：挂线，清基，人工拌料，铺基层垫层，找平，铺砌，拌砂浆，养生，夯实，清场等。

计量单位：10m

定额编号				2-317	2-318	2-319	2-320
项目				预制混凝土平石	石质侧石	石质边石	石质平石
基价(元)				511.46	742.42	533.42	730.16
其中	人工费(元)			81.87	108.88	95.64	95.64
	材料费(元)			320.76	478.97	320.76	486.41
	机械使用费(元)			—	—	—	—
	其他措施费(元)			2.46	3.27	2.87	2.87
	安文费(元)			19.51	28.32	20.35	27.86
	管理费(元)			33.45	48.55	34.89	47.75
	利润(元)			27.87	40.46	29.07	39.79
	规费(元)			25.54	33.97	29.84	29.84
名称		单位	单价(元)	数量			
综合工日		工日		(0.94)	(1.25)	(1.10)	(1.10)
混凝土连接型侧平石		m	30.00	10.200	—	—	—
花岗岩边石		m	30.00	—	—	10.200	—
石质缘石		m	46.00	—	—	—	10.200
预拌水泥砂浆 1:2		m^3	220.00	0.008	0.005	0.008	0.008
石质立缘石		m	46.00	—	10.200	—	—
石灰砂浆 1:3		m^3	192.05	0.043	0.0083	0.043	0.043
其他材料费		%	1.00	1.500	1.500	1.500	1.500

工作内容:挂线,清基,人工拌料,铺基层垫层,找平,铺砌,拌砂浆,养生,夯实,清场等。
消解石灰,筛石灰,清底,配料拌和,挂线铺装,找平,夯实,检查标高,材料运输等。

计量单位:10m

定额编号				2-321	2-322	2-323	2-324
项目				预制混凝土树池石	树池石安装	安装树池箅子	
					石质树池石	环保型复合材料($10m^2$)	陶瓷护树板($10m^2$)
基价(元)				451.86	662.39	4118.11	5097.00
其中	人工费(元)			51.39	60.04	803.93	803.93
	材料费(元)			311.48	477.13	2351.65	3175.83
	机械使用费(元)			—	—	36.71	36.71
	其他措施费(元)			1.54	1.80	24.12	24.12
	安文费(元)			17.24	25.27	157.11	194.45
	管理费(元)			29.55	43.32	269.32	333.34
	利润(元)			24.63	36.10	224.44	277.79
	规费(元)			16.03	18.73	250.83	250.83
名称		单位	单价(元)	数量			
综合工日		工日		(0.59)	(0.69)	(9.23)	(9.23)
砾石 5		m^3	52.00	—	—	13.325	13.325
混凝土预制块		m	30.00	10.200	—	—	—
石质缘石		m	46.00	—	10.200	—	—
陶瓷护树板		m^2	240.00	—	—	—	10.150
预拌水泥砂浆 1:2		m^3	220.00	0.004	0.004	—	—
环保型复合材料树池箅子		m^2	160.00	—	—	10.150	—
其他材料费		%	1.00	1.500	1.500	1.500	1.500
电动夯实机 夯击能量(N·m) 250		台班	25.49	—	—	1.440	1.440

注:可根据实际情况更换树池箅子材料。

3. 人工调整侧石及现场浇捣修补侧石

工作内容：局部翻挖，凿除，修边，镶补，拌制混凝土，支模浇捣养生，水平方向扶正，拌制砂浆，灌缝，勾缝，夯实，清场等。

计量单位：10m

定额编号				2-325	2-326
项目				水平方向人工调整侧石	现场浇捣修补侧石
基价(元)				108.02	437.60
其中	人工费(元)			56.62	226.46
	材料费(元)			14.96	64.53
	机械使用费(元)			—	—
	其他措施费(元)			1.70	6.79
	安文费(元)			4.12	16.69
	管理费(元)			7.06	28.62
	利润(元)			5.89	23.85
	规费(元)			17.67	70.66
名称		单位	单价(元)	数量	
综合工日		工日		(0.65)	(2.60)
草袋		个	1.93	—	6.250
预拌水泥砂浆 1:2		m^3	220.00	0.067	—
水		m^3	5.13	—	1.800
木模板方材		m^3	1800.00	—	0.005
预拌混凝土 C20		m^3	260.00	—	0.128
其他材料费		%	1.00	1.500	1.500

二十七、人工砖砌零星砌体及浇筑混凝土小构件

工作内容：砌体包括运料，调制砂浆，砌砖，灌缝，清场等；小构件包括支拆模板，配料搅拌，浇筑，捣固，抹面，养护清场等。

计量单位：m^3

定额编号				2-327	2-328
项目				砖砌体	小构件
基价(元)				868.78	974.00
其中	人工费(元)			308.33	333.59
	材料费(元)			317.69	372.38
	机械使用费(元)			—	—
	其他措施费(元)			9.25	10.01
	安文费(元)			33.14	37.16
	管理费(元)			56.82	63.70
	利润(元)			47.35	53.08
	规费(元)			96.20	104.08
名称		单位	单价(元)	数量	
综合工日		工日		(3.54)	(3.83)
木模板方材		m^3	1800.00	—	0.046
水		m^3	5.13	0.603	1.407
圆钉		kg	7.00	—	0.574
预拌混合砂浆　M7.5		m^3	220.00	0.267	—
草袋		个	1.93	—	2.613
标准砖　240×115×53		千块	477.50	0.526	—
预拌混凝土　C20		m^3	260.00	—	1.030
其他材料费		%	1.00	1.500	1.500

二十八、路名牌整修

工作内容：挖坑，挖出旧牌，埋设，夯实，水泥混凝土浇筑，养护，扶正，加固，刷新，油漆等。

计量单位：块

定额编号				2-329	2-330	2-331	2-332
项目				新装	牌面更换	油漆	扶正
基价(元)				224.14	84.18	86.58	58.30
其中	人工费(元)			56.62	11.41	21.78	36.58
	材料费(元)			57.17	—	43.67	—
	机械使用费(元)			49.83	49.83	—	—
	其他措施费(元)			2.20	0.84	0.65	1.10
	安文费(元)			8.55	3.21	3.30	2.22
	管理费(元)			14.66	5.51	5.66	3.81
	利润(元)			12.22	4.59	4.72	3.18
	规费(元)			22.89	8.79	6.80	11.41
名称		单位	单价(元)	数量			
综合工日		工日		(0.78)	(0.26)	(0.25)	(0.42)
调和漆		kg	15.00	—	—	2.868	—
钢筋 Φ10以内		kg	3.50	5.749	—	—	—
水泥 P·O 42.5		t	382.50	0.067	—	—	—
砂子 中粗砂		m^3	67.00	0.015	—	—	—
路名牌		个	—	(1.00)	(1.00)	—	—
碎石 5~10mm		m^3	76.59	0.125	—	—	—
其他材料费		%	1.00	1.500	—	1.500	—
载重汽车 装载质量(t) 4		台班	398.64	0.125	0.125	—	—

工作内容:挖坑,挖出旧牌,埋设,夯实,水泥混凝土浇筑,养护,扶正,加固,刷新,油漆等。

计量单位:块

定额编号				2-333	2-334
项目				拆除	擦洗
基价(元)				110.41	18.04
其中	人工费(元)			27.87	11.32
	材料费(元)			—	—
	机械使用费(元)			49.83	—
	其他措施费(元)			1.34	0.34
	安文费(元)			4.21	0.69
	管理费(元)			7.22	1.18
	利润(元)			6.02	0.98
	规费(元)			13.92	3.53
名称		单位	单价(元)	数量	
综合工日		工日		(0.45)	(0.13)
载重汽车 装载质量(t) 4		台班	398.64	0.125	—

二十九、安装、维修隔离墩、分隔护栏

工作内容:隔离墩:隔离墩就位,安装,扶正,对齐隔离墩。

分隔护栏:放样,下料,打眼,搬运,安装,焊接,现场清理。

计量单位:个

定额编号				2-335	2-336
项目				隔离墩	分隔护栏(10m)
基价(元)				86.57	330.44
其中	人工费(元)			26.38	63.23
	材料费(元)			36.23	71.25
	机械使用费(元)			1.26	122.10
	其他措施费(元)			0.79	1.90
	安文费(元)			3.30	12.61
	管理费(元)			5.66	21.61
	利润(元)			4.72	18.01
	规费(元)			8.23	19.73
名称		单位	单价(元)	数量	
综合工日		工日		(0.30)	(12.8)
预拌混凝土 C25		m^3	260.00	—	0.270
预拌混凝土 C20		m^3	260.00	0.1364	—
隔离墩		个	—	(1.00)	—
风镐凿子		根	5.00	0.0462	—
分隔护栏		m	—	—	(10.10)
其他材料费		%	1.00	1.500	1.500
水钻机		台班	400.00	—	0.200
手持式风动凿岩机		台班	11.26	—	0.200
电动空气压缩机 排气量(m^3/min) 0.6		台班	35.87	0.0351	0.600
电焊机 综合		台班	122.18	—	0.150

三十、道路巡视检查

工作内容：道路路面及附属设施巡视检查，记录结果。

计量单位：km・次

定额编号				2-337
项目				道路巡视检查
基价(元)				36.52
其中	人工费(元)			11.32
	材料费(元)			—
	机械使用费(元)			13.95
	其他措施费(元)			0.48
	安文费(元)			1.39
	管理费(元)			2.39
	利润(元)			1.99
	规费(元)			5.00
名称		单位	单价(元)	数量
综合工日		工日		(0.17)
载重汽车　装载质量(t)　4		台班	398.64	0.035

三十一、检查井升降、井周加固

1. 井周加固

工作内容：更换井盖框：清扫井口，配置砂浆，铺灰，找平，更换井盖框、井盖，恢复井边道路面层。

计量单位：套

定额编号				2-338	2-339	2-340
项目				检查维修		
				更换隐形井盖	更换防沉降算子	铸铁井盖
基价(元)				222.05	1397.38	447.60
其中	人工费(元)			98.42	348.40	110.53
	材料费(元)			54.88	205.17	6.29
	机械使用费(元)			—	465.62	199.32
	其他措施费(元)			2.95	13.80	5.33
	安文费(元)			8.47	53.31	17.08
	管理费(元)			14.52	91.39	29.27
	利润(元)			12.10	76.16	24.39
	规费(元)			30.71	143.53	55.39
名称		单位	单价(元)	数量		
综合工日		工日		(1.13)	(4.83)	(1.77)
球墨铸铁防沉降算子		个	—	—	(1.00)	—
石油沥青 60#~100#		t	3685.50	0.013	—	—
铸铁井盖、井座 Φ700 重型		套	—	—	—	(1.00)
合金钢钻头 一字型		个	10.00	—	1.009	—
隐形井盖		套	—	(1.00)	—	—
预拌水泥砂浆 1:2		m^3	220.00	0.028	—	0.028
水		m^3	5.13	—	0.343	0.008
钢锯片		片	420.00	—	0.001	—
预拌混凝土 C25		m^3	260.00	—	0.724	—
草袋		个	1.93	—	0.846	—
其他材料费		%	1.00	1.500	1.500	1.500
汽车式起重机 提升质量(t) 8		台班	691.24	—	0.333	—
载重汽车 装载质量(t) 4		台班	398.64	—	0.167	0.500
内燃空气压缩机 排气量(m^3/mim) 6		台班	345.32	—	0.489	—

注：实际施工中原井盖框未损坏，不需要更换井盖框，不计主材。

2. 升降砖砌进水井

工作内容:掘路,调制砂浆,浸砖,安装井盖框,清理现场。

计量单位:座

定额编号				2-341	2-342	2-343	2-344
项目				760mm×520mm			
				升 30cm 以内	每增 7cm	降 30cm 以内	每减 7cm
基价(元)				356.92	88.12	478.78	120.46
其中	人工费(元)			151.55	38.32	297.88	74.91
	材料费(元)			97.13	22.77	3.35	0.89
	机械使用费(元)			—	—	—	—
	其他措施费(元)			4.55	1.15	8.94	2.25
	安文费(元)			13.62	3.36	18.27	4.60
	管理费(元)			23.34	5.76	31.31	7.88
	利润(元)			19.45	4.80	26.09	6.56
	规费(元)			47.28	11.96	92.94	23.37
名称		单位	单价(元)	数量			
综合工日		工日		(1.74)	(0.44)	(3.42)	(0.86)
水		m^3	5.13	0.123	0.029	—	—
标准砖 240×115×53		千块	477.50	0.159	0.037	—	—
预拌水泥砂浆 1:2		m^3	220.00	0.020	0.005	0.015	0.004
预拌混合砂浆 M7.5		m^3	220.00	0.067	0.016	—	—
其他材料费		%	1.00	1.500	1.500	1.500	1.500

工作内容：掘路，调制砂浆，浸砖，安装井盖框，清理现场。

计量单位：座

定额编号				2-345	2-346	2-347	2-348
项目				750×450			
				升 20cm 以内	每增 7cm	降 20cm 以内	每减 7cm
基价(元)				103.07	35.76	62.66	20.49
其中	人工费(元)			28.74	9.58	37.45	12.19
	材料费(元)			48.21	17.25	2.50	0.89
	机械使用费(元)			—	—	—	—
	其他措施费(元)			0.86	0.29	1.12	0.37
	安文费(元)			3.93	1.36	2.39	0.78
	管理费(元)			6.74	2.34	4.10	1.34
	利润(元)			5.62	1.95	3.42	1.12
	规费(元)			8.97	2.99	11.68	3.80
名称		单位	单价(元)	数量			
综合工日		工日		(0.33)	(0.11)	(0.43)	(0.14)
水		m^3	5.13	0.061	0.021	0.008	—
标准砖 240×115×53		千块	477.50	0.079	0.028	—	—
预拌水泥砂浆 1:2		m^3	220.00	0.010	0.004	0.011	0.004
预拌混合砂浆 M7.5		m^3	220.00	0.033	0.012	—	—
其他材料费		%	1.00	1.500	1.500	1.500	1.500

工作内容:掘路,调制砂浆,浸砖,安装井盖框,清理现场。

计量单位:座

定额编号				2-349	2-350	2-351	2-352
项目				双箅			
				升 20cm 以内	每增 7cm	降 20cm 以内	每减 7cm
基价(元)				138.53	46.76	95.91	32.40
其中	人工费(元)			37.45	12.19	56.62	19.16
	材料费(元)			66.38	23.01	4.76	1.56
	机械使用费(元)			—	—	—	—
	其他措施费(元)			1.12	0.37	1.70	0.57
	安文费(元)			5.29	1.78	3.66	1.24
	管理费(元)			9.06	3.06	6.27	2.12
	利润(元)			7.55	2.55	5.23	1.77
	规费(元)			11.68	3.80	17.67	5.98
名称		单位	单价(元)	数量			
综合工日		工日		(0.43)	(0.14)	(0.65)	(0.22)
水		m^3	5.13	0.087	0.031	0.014	—
标准砖 240×115×53		千块	477.50	0.107	0.037	—	—
预拌水泥砂浆 1:2		m^3	220.00	0.019	0.007	0.021	0.007
预拌混合砂浆 M7.5		m^3	220.00	0.044	0.015	—	—
其他材料费		%	1.00	1.500	1.500	1.500	1.500

3. 升降砖砌圆形检查井

工作内容:掘路,调制砂浆,浸砖,安装井盖框,清理现场。

计量单位:座

定额编号				2-353	2-354	2-355	2-356
项目				井径 700mm			
				升 30cm 以内	每增 7cm	降 30cm 以内	每减 7cm
基价(元)				267.07	66.31	363.92	91.04
其中	人工费(元)			113.23	28.74	226.46	56.62
	材料费(元)			72.90	17.26	2.50	0.67
	机械使用费(元)			—	—	—	—
	其他措施费(元)			3.40	0.86	6.79	1.70
	安文费(元)			10.19	2.53	13.88	3.47
	管理费(元)			17.47	4.34	23.80	5.95
	利润(元)			14.55	3.61	19.83	4.96
	规费(元)			35.33	8.97	70.66	17.67
名称		单位	单价(元)	数量			
综合工日		工日		(1.30)	(0.33)	(2.60)	(0.65)
水		m³	5.13	0.093	0.022	0.008	—
标准砖 240×115×53		千块	477.50	0.119	0.028	—	—
预拌水泥砂浆 1:2		m³	220.00	0.015	0.004	0.011	0.003
预拌混合砂浆 M7.5		m³	220.00	0.051	0.012	—	—
其他材料费		%	1.00	1.500	1.500	1.500	1.500

三十二、微波综合养护车维修破损路面

工作内容：运料、刨槽清理、放样、微波处理、摊铺、找平、碾压、围栏养护、清理现场。

计量单位：$10m^2$

定额编号				2-357
项目				微波综合养护车维修面层
基价(元)				3827.31
其中	人工费(元)			479.05
	材料费(元)			497.94
	机械使用费(元)			2081.58
	其他措施费(元)			14.37
	安文费(元)			146.01
	管理费(元)			250.31
	利润(元)			208.59
	规费(元)			149.46
名称		单位	单价(元)	数量
综合工日		工日		(5.50)
沥青混凝土　细粒式		m^3	916.97	0.535
其他材料费		%	1.00	1.500
自卸汽车　装载质量(t)　2		台班	349.94	1.000
微波综合养护车		台班	1731.64	1.000

三十三、雷达勘测

工作内容：检测设备驶至现场、仪器检测（路面破损状况、车辙、平整度、构造深度检测等）、采集数据、处理数据、出具检测报告等。

计量单位：100m

定额编号				2-358
项目				雷达勘测
基价(元)				4261.72
其中	人工费(元)			1916.20
	材料费(元)			—
	机械使用费(元)			1016.62
	其他措施费(元)			57.49
	安文费(元)			162.58
	管理费(元)			278.72
	利润(元)			232.26
	规费(元)			597.85
名称		单位	单价(元)	数量
综合工日		工日		(22.00)
路面雷达探测车		台班	2259.15	0.450

第三章　排水设施养护维修工程

说　明

一、排水设施养护维修章节包括排水管渠、河道的养护维修。

二、本章混凝土基础模板均按钢、木比例综合考虑,使用时不做调整。

三、各种管道施工均按无地下水考虑,如遇地下水,降水、排水费用另行计算。

四、各种管道铺设工作内容包含管道铺设、接口及闭水检验。

五、各种检查井施工均按无地下水考虑,如遇地下水,降水、排水费用另行计算。

六、本章定额各类井的井盖、井座按重型球墨铸铁井盖、井座、井箅考虑,爬梯按塑钢考虑。如品种规格与定额不符可做调整,其他不变。

七、检查井维修脚手架套用通用分部相应子目。

八、软泥、硬泥区分:软泥呈糊状、流态;硬泥呈胶稠塑性硬结态。

九、管内、井内清理混凝土块、密实钢渣废料等杂物按相应子目硬泥清理人工乘以系数 2.5、机械乘以系数 1.5。

十、排水管道清淤是按污水正常流动时的泥量一遍清淤泥计算的,实际使用按施工方案确定的疏通遍数计取。高压射水车冲洗管道根据管径的不同,按施工方案确定的冲洗次数计取。井内积淤超过主管道内底 1/2 时,人工乘以系数 1.5;井内积淤超过井内主管道管口时,人工乘以系数 2.5。

十一、本章清淤子目均不含淤泥场外运输费用;淤泥杂物外运套用通用项目章节中相应定额子目。

十二、维修下井、井壁凿洞、封堵及设拆管口子目中不包含下井安全防护、专业潜水员及调水费用,潜水员下水需另行套用潜水员下水子目,潜水员工资可按照市场价格据实调整。潜水员每人每次下井时间不宜超过 30min,每人每天下水不宜超过 3 次。

十三、施工人员下井作业时,根据施工方案可套用下井安全防护子目。

十四、本章不包括路面路基的修复工作,发生时套用其他章节相应子目。

十五、本章管道维修部分不包括沟槽及基坑的挖方及回填,发生时套用其他章节相应子目。

十六、河坡挡墙等砌筑维修需搭设脚手架时,套用桥梁(涵)章节相应定额子目;河坡挡墙等砌筑维修需带水作业时,围堰费用套用通用项目章节相应定额子目。

十七、堤坡加固、草包土护坡定额子目未列入黄土价格,如需外购黄土按有关规定增列黄土价格。

十八、河道护栏维修套用桥梁(涵)章节中相应定额子目。

十九、移动泵车抽水、污水泵抽水套用通用分部相应子目。

二十、拆除及外运内容套用通用分部相应子目。

工程量计算规则

一、管道铺设工程量按井中至井中的中心线长度计算，在计算工程量时均应扣除各类检查井所占长度。

每座井扣除长度表

检查井规格	扣除长度(m)	检查井规格	扣除长度(m)
Φ700	0.40	各种矩形井	1.00
Φ1000	0.70	各种交汇井	1.20
Φ1250	0.95	各种扇形井	1.00
Φ1500	1.20	各种跌水井	1.60
Φ2000	1.70	矩形跌水井	1.70
Φ2500	2.20	阶梯式跌水井	按实扣

二、管道基础垫层铺筑，按扣除检查井后实铺长度计算。

三、各种井按不同井深和不同的井径分别以座计算。

四、各种定型井基础已包括在定额内，如用于有地下水，另增加 10cm 厚的碎石垫层，套用本章管道基础垫层子目。

五、手动、机动绞车管道清淤、疏通按整井位延长米计算。

六、清除圆管内泥按整井位延长米计算。

七、清除盖板涵及暗涵淤泥，按"m^3"计算。

八、水冲管道按延长米计算。

九、管道检测最少以 150m 为计算单位，不足 150m 的按 150m 计算，超出按实计算。

十、封堵管口及打管口子目水的充满度按 70%考虑，水位充满度 70%~100%时定额子目乘以系数 1.33；水位充满度 100%以上时乘以系数 1.5；井深 5m 以上水深 3m 以上时计取标准乘以系数 1.8。

十一、河坡挡墙等砌筑维修按实际维修面积乘以原设计砌筑厚度以"m^3"计算。

十二、勾缝按实际维修砌筑面积以"m^2"计算。

十三、清淤按实际清除淤泥杂物方量以"m^3"计算。

十四、河道打捞按实际打捞区域的水面面积以"m^2"计算。

一、垫层、基础

工作内容：清底、浇筑、捣固（夯实）抹平、材料场内运输。

计量单位：$10m^3$

定额编号				3-1	3-2	3-3
项目				垫层		
				灰土 3:7	碎石	毛石灌浆
基价（元）				3389.15	2614.23	3422.96
其中	人工费（元）			1806.02	844.35	1065.93
	材料费（元）			346.08	1030.82	1406.04
	机械使用费（元）			83.73	37.11	39.62
	其他措施费（元）			54.18	25.33	32.49
	安文费（元）			129.30	99.73	130.59
	管理费（元）			221.65	170.97	223.86
	利润（元）			184.71	142.48	186.55
	规费（元）			563.48	263.44	337.88
名称		单位	单价（元）	数量		
综合工日		工日		（20.74）	（9.69）	（12.37）
碎石 40		m^3	76.59	—	13.260	—
黄土		m^3	—	（10.848）	—	—
生石灰		t	130.00	2.530	—	—
毛石 综合		m^3	59.25	—	—	12.240
水		m^3	5.13	2.352	—	1.767
预拌混合砂浆 M5.0		m^3	220.00	—	—	2.959
其他材料费		%	1.00	1.500	1.500	1.500
电动夯实机 夯击能量（N·m） 250		台班	25.49	3.285	1.456	0.571
干混砂浆罐式搅拌机 公称储量（L） 20000		台班	197.40	—	—	0.127

工作内容:清底、浇筑、捣固(夯实)抹平、材料场内运输。

计量单位:$10m^3$

定额编号				3-4	3-5	3-6
项目				垫层		
				砂砾石	砂垫层	预拌混凝土
基价(元)				2204.96	1938.92	3095.18
其中	人工费(元)			739.74	558.22	396.31
	材料费(元)			830.76	859.58	2074.14
	机械使用费(元)			32.98	23.76	—
	其他措施费(元)			22.19	16.75	11.89
	安文费(元)			84.12	73.97	118.08
	管理费(元)			144.20	126.81	202.42
	利润(元)			120.17	105.67	168.69
	规费(元)			230.80	174.16	123.65
名称		单位	单价(元)	数量		
综合工日		工日		(8.49)	(6.41)	(4.55)
砂子　中粗砂		m^3	67.00	4.292	12.640	—
电		kW·h	0.70	—	—	8.406
砾石　40		m^3	52.00	10.210	—	—
预拌混凝土　C15		m^3	200.00	—	—	10.100
水		m^3	5.13	—	—	3.431
其他材料费		%	1.00	1.500	1.500	1.500
电动夯实机　夯击能量(N·m)　250		台班	25.49	1.294	0.932	—

工作内容：清底、浇筑、捣固(夯实)抹平、材料场内运输。

计量单位：10m³

定额编号				3-7	3-8	3-9
项目				管渠混凝土基础	混凝土管座	井底混凝土底板
				混凝土	现浇	厚度 50cm 以内
基价(元)				4202.29	5242.64	4241.37
其中	人工费(元)			1090.93	1704.11	589.49
	材料费(元)			2074.09	2127.13	2779.93
	机械使用费(元)			—	—	—
	其他措施费(元)			32.73	51.12	17.68
	安文费(元)			160.32	200.01	161.81
	管理费(元)			274.83	342.87	277.39
	利润(元)			229.02	285.72	231.15
	规费(元)			340.37	531.68	183.92
名称		单位	单价(元)	数量		
综合工日		工日		(12.53)	(19.57)	(6.77)
草袋		个	1.93	—	—	32.824
电		kW·h	0.70	8.406	8.406	10.057
预拌混凝土 C15		m³	200.00	10.100	10.100	—
水		m³	5.13	1.804	7.755	8.276
塑料薄膜		m²	0.26	31.929	115.507	—
预拌混凝土 C25		m³	260.00	—	—	10.100
其他材料费		%	1.00	1.500	1.500	1.500

二、管渠铺设维修

1. 承插式混凝土管

工作内容：排管、下管、调直、找平、槽上搬运；选胶圈、清洗管口、套胶圈等；管道闭水的调制砂浆、砌堵、抹灰、注水、排水、拆堵、清理现场等。

计量单位：10m

定额编号				3-10	3-11	3-12	3-13	3-14
项目				人机配合下管				
				管径				
				300mm以内	400mm以内	500mm以内	600mm以内	700mm以内
基价(元)				386.43	575.59	746.55	895.74	1082.81
其中	人工费(元)			211.39	320.44	408.76	490.37	572.33
	材料费(元)			18.73	19.90	38.27	39.48	61.16
	机械使用费(元)			20.24	30.61	36.83	49.97	73.82
	其他措施费(元)			6.58	9.97	12.69	15.29	17.93
	安文费(元)			14.74	21.96	28.48	34.17	41.31
	管理费(元)			25.27	37.64	48.82	58.58	70.82
	利润(元)			21.06	31.37	40.69	48.82	59.01
	规费(元)			68.42	103.70	132.01	159.06	186.43
名称		单位	单价(元)	数量				
综合工日		工日		(2.49)	(3.77)	(4.80)	(5.78)	(6.76)
水		m^3	5.13	1.572	1.572	3.758	3.758	6.131
标准砖 240×115×53		千块	477.50	0.008	0.008	0.018	0.018	0.032
焊接钢管 DN40		m	13.08	0.003	0.003	0.003	0.003	0.003
钢筋混凝土管		m	—	(10.10)	(10.10)	(10.10)	(10.10)	(10.10)
润滑油		kg	10.50	0.411	0.521	0.617	0.730	0.822
橡胶管 综合		m	4.40	0.165	0.165	0.165	0.165	0.165
预拌混合砂浆 M7.5		m^3	220.00	0.004	0.004	0.008	0.008	0.014
镀锌铁丝 Φ3.5		kg	5.18	0.075	0.075	0.075	0.075	0.075
橡胶圈		个	—	(5.20)	(5.20)	(5.20)	(5.20)	(5.20)
预拌水泥砂浆 1:2		m^3	220.00	0.001	0.001	0.002	0.002	0.003
其他材料费		%	1.00	1.500	1.500	1.500	1.500	1.500
汽车式起重机 提升质量(t) 12		台班	784.73	—	—	—	—	0.089
汽车式起重机 提升质量(t) 8		台班	691.24	0.029	0.044	0.053	0.072	—
叉式起重机 提升质量(t) 3		台班	419.93	—	—	—	—	0.009
干混砂浆罐式搅拌机 公称储量(L) 20000		台班	197.40	0.001	0.001	0.001	0.001	0.001

注：接口橡胶圈数量可按设计用量调整。

工作内容:排管、下管、调直、找平、槽上搬运;选胶圈、清洗管口、套胶圈等;管道闭水的调制砂浆、砌堵、抹灰、注水、排水、拆堵、清理现场等。

计量单位:10m

定额编号			3-15	3-16	3-17	3-18	3-19
项目			人机配合下管				
			管径				
			800mm以内	900mm以内	1000mm以内	1200mm以内	1500mm以内
基价(元)			1278.32	1568.74	1805.59	2171.37	3134.39
其中	人工费(元)		680.95	816.39	942.51	1117.75	1556.56
	材料费(元)		62.42	89.90	91.10	128.99	196.10
	机械使用费(元)		89.57	122.65	148.92	182.63	328.75
	其他措施费(元)		21.35	25.60	29.62	34.98	48.91
	安文费(元)		48.77	59.85	68.88	82.84	119.58
	管理费(元)		83.60	102.60	118.09	142.01	204.99
	利润(元)		69.67	85.50	98.40	118.34	170.82
	规费(元)		221.99	266.25	308.07	363.83	508.68
名称	单位	单价(元)	数量				
综合工日	工日		(8.05)	(9.65)	(11.16)	(13.19)	(18.42)
橡胶管　综合	m	4.40	0.165	0.165	0.165	0.165	0.165
橡胶圈	个	—	(5.20)	(5.20)	(5.20)	(5.20)	(5.20)
预拌混合砂浆　M7.5	m^3	220.00	0.014	0.021	0.021	0.031	0.048
润滑油	kg	10.50	0.940	1.054	1.167	1.388	1.738
钢筋混凝土管	m	—	(10.10)	(10.10)	(10.10)	(10.10)	(10.10)
水	m^3	5.13	6.131	9.157	9.157	13.419	20.917
焊接钢管　DN40	m	13.08	0.003	0.003	0.003	0.003	0.003
预拌水泥砂浆　1:2	m^3	220.00	0.003	0.004	0.004	0.006	0.009
标准砖　240×115×53	千块	477.50	0.032	0.050	0.050	0.072	0.113
镀锌铁丝　Φ3.5	kg	5.18	0.075	0.075	0.075	0.075	0.075
其他材料费	%	1.00	1.500	1.500	1.500	1.500	1.500
汽车式起重机　提升质量(t)　32	台班	1187.93	—	—	—	—	0.261
汽车式起重机　提升质量(t)　25	台班	1017.25	—	—	—	0.171	—
汽车式起重机　提升质量(t)　16	台班	890.11	—	0.131	0.159	—	—
汽车式起重机　提升质量(t)　12	台班	784.73	0.108	—	—	—	—
叉式起重机　提升质量(t)　10	台班	696.36	—	—	—	—	0.026
叉式起重机　提升质量(t)　6	台班	487.54	—	—	—	0.017	—
叉式起重机　提升质量(t)　5	台班	449.76	—	0.013	0.016	—	—
叉式起重机　提升质量(t)　3	台班	419.93	0.011	—	—	—	—
干混砂浆罐式搅拌机　公称储量(L)　20000	台班	197.40	0.001	0.001	0.001	0.002	0.003

注:接口橡胶圈数量可按设计用量调整。

2. HDPE 双壁波纹管

工作内容:检查及清扫管材、切管、安装、上胶圈、对口、调直;管道闭水的调制砂浆、砌堵、抹灰、注水、排水、拆堵、清理现场等。

计量单位:10m

定额编号				3-20	3-21	3-22	3-23	3-24
项目				HDPE 双壁波纹管安装(胶圈接口)				
				管外径				
				300mm 以内	400mm 以内	500mm 以内	600mm 以内	700mm 以内
基价(元)				414.33	450.99	553.80	629.84	752.40
其中	人工费(元)			246.06	268.88	320.01	339.17	388.64
	材料费(元)			18.38	18.63	36.58	37.29	58.72
	机械使用费(元)			0.20	0.20	0.20	33.38	47.29
	其他措施费(元)			7.39	8.07	9.60	10.57	12.18
	安文费(元)			15.81	17.21	21.13	24.03	28.70
	管理费(元)			27.10	29.49	36.22	41.19	49.21
	利润(元)			22.58	24.58	30.18	34.33	41.01
	规费(元)			76.81	83.93	99.88	109.88	126.65
名称		单位	单价(元)	数量				
综合工日		工日		(2.83)	(3.09)	(3.68)	(3.99)	(4.59)
橡胶管　综合		m	4.40	0.165	0.165	0.165	0.165	0.165
预拌混合砂浆　M7.5		m^3	220.00	0.004	0.004	0.008	0.008	0.014
预拌水泥砂浆　1:2		m^3	220.00	0.001	0.001	0.002	0.002	0.003
标准砖　240×115×53		千块	477.50	0.008	0.008	0.018	0.018	0.032
润滑油		kg	10.50	0.199	0.199	0.243	0.298	0.353
镀锌铁丝　Φ3.5		kg	5.18	0.075	0.075	0.075	0.075	0.075
水		m^3	5.13	1.572	1.572	3.758	3.758	6.131
焊接钢管　DN40		m	13.08	0.003	0.003	0.003	0.003	0.003
塑料管		m	—	(10.00)	(10.00)	(10.00)	(10.00)	(10.00)
橡胶圈		个	—	(2.06)	(2.06)	(2.06)	(2.06)	(2.06)
砂布		张	1.31	1.434	1.626	1.722	1.821	1.920
其他材料费		%	1.00	1.500	1.500	1.500	1.500	1.500
载重汽车　装载质量(t)　8		台班	524.22	—	—	—	—	0.016
汽车式起重机　提升质量(t)　8		台班	691.24	—	—	—	0.048	0.056
干混砂浆罐式搅拌机　公称储量(L)　20000		台班	197.40	0.001	0.001	0.001	0.001	0.001

注:接口橡胶圈数量可按设计用量调整。

工作内容：检查及清扫管材、切管、安装、上胶圈、对口、调直；管道闭水的调制砂浆、砌堵、抹灰、注水、排水、拆堵、清理现场等。

计量单位：10m

定额编号				3-25	3-26	3-27	3-28	3-29
项目				HDPE 双壁波纹管安装（胶圈接口）				
				管外径				
				800mm 以内	900mm 以内	1000mm 以内	1200mm 以内	1500mm 以内
基价（元）				819.09	956.85	1042.84	1178.35	1401.07
其中	人工费（元）			424.70	479.40	521.64	565.02	623.90
	材料费（元）			59.43	86.42	87.12	122.89	186.76
	机械使用费（元）			53.52	67.36	80.69	98.55	139.79
	其他措施费（元）			13.33	15.13	16.54	18.04	20.10
	安文费（元）			31.25	36.50	39.78	44.95	53.45
	管理费（元）			53.57	62.58	68.20	77.06	91.63
	利润（元）			44.64	52.15	56.84	64.22	76.36
	规费（元）			138.65	157.31	172.03	187.62	209.08
名称		单位	单价（元）	数量				
综合工日		工日		(5.02)	(5.69)	(6.21)	(6.76)	(7.51)
镀锌铁丝 Φ3.5		kg	5.18	0.075	0.075	0.075	0.075	0.075
标准砖 240×115×53		千块	477.50	0.032	0.050	0.050	0.072	0.113
塑料管		m	—	(10.00)	(10.00)	(10.00)	(10.00)	(10.00)
橡胶圈		个	—	(2.06)	(2.06)	(2.06)	(2.06)	(2.06)
水		m^3	5.13	6.131	9.157	9.157	13.419	20.917
橡胶管 综合		m	4.40	0.165	0.165	0.165	0.165	0.165
预拌水泥砂浆 1:2		m^3	220.00	0.003	0.004	0.004	0.006	0.009
润滑油		kg	10.50	0.408	0.463	0.517	0.539	0.572
预拌混合砂浆 M7.5		m^3	220.00	0.014	0.021	0.021	0.031	0.048
砂布		张	1.31	2.019	2.118	2.217	2.217	2.316
焊接钢管 DN40		m	13.08	0.003	0.003	0.003	0.003	0.003
其他材料费		%	1.00	1.500	1.500	1.500	1.500	1.500
汽车式起重机 提升质量(t) 12		台班	784.73	—	—	—	—	0.152
汽车式起重机 提升质量(t) 8		台班	691.24	0.065	0.082	0.099	0.120	—
干混砂浆罐式搅拌机 公称储量(L) 20000		台班	197.40	0.001	0.001	0.001	0.002	0.003
载重汽车 装载质量(t) 8		台班	524.22	0.016	0.020	0.023	0.029	0.038

注：接口橡胶圈数量可按设计用量调整。

3. 渠道维修

工作内容：清理基底、调制砂浆、挂线砌筑、清整墙面、清整场地；混凝土浇筑、捣固、养生，材料运输等。

计量单位：10m³

定额编号			3-30	3-31	3-32	3-33	3-34	3-35
项目			墙身		填充混凝土	现浇混凝土方沟		现浇混凝土砌筑墙帽
			砖砌	预制块		壁	顶	
基价(元)			6695.28	7805.14	4312.87	6235.46	5093.79	5467.21
其中	人工费(元)		1595.93	1799.66	1114.97	1879.10	1186.65	1361.81
	材料费(元)		3467.14	4146.90	2134.93	2728.20	2696.24	2775.58
	机械使用费(元)		22.90	7.70	—	—	—	—
	其他措施费(元)		48.34	54.15	33.45	56.37	35.60	40.85
	安文费(元)		255.43	297.77	164.54	237.88	194.33	208.57
	管理费(元)		437.87	510.46	282.06	407.80	333.13	357.56
	利润(元)		364.89	425.38	235.05	339.83	277.61	297.96
	规费(元)		502.78	563.12	347.87	586.28	370.23	424.88
名称	单位	单价(元)	数量					
综合工日	工日		(18.44)	(20.70)	(12.80)	(21.57)	(13.62)	(15.64)
电	kW·h	0.70	—	—	4.488	8.406	8.406	8.406
水	m³	5.13	1.865	0.474	9.691	10.214	3.139	10.351
塑料薄膜	m²	0.26	—	—	—	13.862	32.336	190.680
草袋	个	1.93	—	—	15.813	—	—	—
混凝土预制块 综合	m³	380.00	—	10.223	—	—	—	—
预拌混凝土 C15	m³	200.00	—	—	10.100	—	—	—
预拌混凝土 C20	m³	260.00	—	—	—	10.100	10.100	10.100
标准砖 240×115×53	千块	477.50	5.892	—	—	—	—	—
预拌混合砂浆 M7.5	m³	220.00	2.695	0.902	—	—	—	—
其他材料费	%	1.00	1.500	1.500	1.500	1.500	1.500	1.500
干混砂浆罐式搅拌机 公称储量(L) 20000	台班	197.40	0.116	0.039	—	—	—	—

工作内容:湿润基面、调制砂浆、抹灰、勾缝、材料运输、清理场地等。

计量单位:100m²

定额编号				3-36	3-37	3-38
项目				渠道(方沟)		
				抹灰		勾缝
				底面	砖墙立面	砖墙
基价(元)				2579.96	3743.23	1278.04
其中	人工费(元)			890.60	1620.41	751.32
	材料费(元)			845.38	845.38	53.44
	机械使用费(元)			107.62	107.62	11.73
	其他措施费(元)			28.82	50.72	22.77
	安文费(元)			98.43	142.80	48.76
	管理费(元)			168.73	244.81	83.58
	利润(元)			140.61	204.01	69.65
	规费(元)			299.77	527.48	236.79
名称		单位	单价(元)	数量		
综合工日		工日		(10.75)	(19.13)	(8.68)
水		m^3	5.13	0.592	0.592	0.057
预拌水泥砂浆 1:2		m^3	220.00	2.391	2.391	0.238
防水粉		kg	7.70	39.458	39.458	—
其他材料费		%	1.00	1.500	1.500	1.500
干混砂浆罐式搅拌机 公称储量(L) 20000		台班	197.40	0.116	0.116	0.010
机动翻斗车 装载质量(t) 1		台班	207.66	0.408	0.408	0.047

4. 更换沟盖板

工作内容：调制砂浆、铺底灰、就位、勾抹缝隙、材料运输、清理现场等。

计量单位：$10m^3$

定额编号				3-39	3-40	3-41
项目				渠道盖板安装		
				矩形盖板每块体积 $0.1m^3$ 以内	矩形盖板每块体积 $0.3m^3$ 以内	矩形盖板每块体积 $1m^3$ 以外
基价(元)				3419.45	2410.07	1540.35
其中	人工费(元)			1865.51	1040.06	619.02
	材料费(元)			360.66	220.53	108.91
	机械使用费(元)			12.04	364.98	320.10
	其他措施费(元)			56.21	35.40	21.83
	安文费(元)			130.45	91.94	58.76
	管理费(元)			223.63	157.62	100.74
	利润(元)			186.36	131.35	83.95
	规费(元)			584.59	368.19	227.04
名称		单位	单价(元)	数量		
综合工日		工日		(21.48)	(12.99)	(7.92)
水		m^3	5.13	0.391	0.239	0.118
预制混凝土盖板		m^3	—	(10.10)	(10.10)	(10.10)
预拌混合砂浆 M10		m^3	220.00	1.606	0.982	0.485
其他材料费		%	1.00	1.500	1.500	1.500
干混砂浆罐式搅拌机 公称储量(L) 20000		台班	197.40	0.061	0.037	0.018
汽车式起重机 提升质量(t) 12		台班	784.73	—	—	0.376
汽车式起重机 提升质量(t) 8		台班	691.24	—	0.478	—
载重汽车 装载质量(t) 8		台班	524.22	—	0.052	0.041

5. 盲沟维修

工作内容:清理底层、维修盲沟、清理现场。

计量单位:$10m^3$

定额编号				3-42	3-43
项目				砂石盲沟	碎石盲沟粒料人工敷设
基价(元)				2163.29	2335.51
其中	人工费(元)			612.40	620.33
	材料费(元)			999.54	1133.90
	机械使用费(元)			—	—
	其他措施费(元)			18.37	18.61
	安文费(元)			82.53	89.10
	管理费(元)			141.48	152.74
	利润(元)			117.90	127.29
	规费(元)			191.07	193.54
名称		单位	单价(元)	数量	
综合工日		工日		(7.03)	(7.12)
砂子 中粗砂		m^3	67.00	1.872	—
碎石 50~80		m^3	76.59	11.220	14.586
其他材料费		%	1.00	1.500	1.500

工作内容：清理底层、维修盲沟、清理现场。

计量单位：10m

定额编号				3-44	3-45
项目				环向排水管塑料盲沟	滤管盲沟维修
					Φ300
基价(元)				409.63	1024.05
其中	人工费(元)			160.79	578.34
	材料费(元)			129.11	86.07
	机械使用费(元)			—	—
	其他措施费(元)			4.82	17.35
	安文费(元)			15.63	39.07
	管理费(元)			26.79	66.97
	利润(元)			22.32	55.81
	规费(元)			50.17	180.44
名称		单位	单价(元)	数量	
综合工日		工日		(1.85)	(6.64)
塑料板盲沟		m	12.00	10.600	—
滤管 Φ300		m	8.00	—	10.600
其他材料费		%	1.00	1.500	1.500

三、维修检查井

工作内容：拆除、安装检查井框盖、清理现场。

计量单位：座

定额编号				3-46	3-47
项目				更换检查井框盖	
				井框	井盖
基价(元)				390.10	89.09
其中	人工费(元)			77.52	26.39
	材料费(元)			150.29	—
	机械使用费(元)			74.12	39.59
	其他措施费(元)			2.33	0.79
	安文费(元)			14.88	3.40
	管理费(元)			25.51	5.83
	利润(元)			21.26	4.86
	规费(元)			24.19	8.23
名称		单位	单价(元)	数量	
综合工日		工日		(0.89)	(0.30)
混凝土井框		套	—	(1.01)	—
混凝土井盖		套	—	—	(1.01)
预拌水泥砂浆 1:3		m^3	220.00	0.003	—
预拌混凝土 C20		m^3	260.00	0.016	—
标准砖 240×115×53		千块	477.50	0.300	—
其他材料费		%	1.00	1.500	—
载重汽车 装载质量(t) 2.5		台班	395.91	0.100	0.100
内燃空气压缩机 排气量(m^3/min) 6		台班	345.32	0.100	—

注：1. 井框、井盖材质不同可调整。
2. 不含切缝。

工作内容:有毒气体测试、通风、拆除盖座及路面路基、升高井筒、清理现场。

计量单位:座

定额编号				3-48	3-49	3-50	3-51
项目				升高 20cm 以内			升高 30cm 以内
				Φ700 以内	Φ700 以上	750×750	1000×1000
基价(元)				706.84	826.41	990.47	2204.63
其中	人工费(元)			112.88	135.44	169.85	554.22
	材料费(元)			355.24	425.65	517.59	987.63
	机械使用费(元)			81.88	81.88	81.88	118.29
	其他措施费(元)			3.96	4.63	5.67	17.20
	安文费(元)			26.97	31.53	37.79	84.11
	管理费(元)			46.23	54.05	64.78	144.18
	利润(元)			38.52	45.04	53.98	120.15
	规费(元)			41.16	48.19	58.93	178.85
名称		单位	单价(元)	数量			
综合工日		工日		(1.44)	(1.70)	(2.09)	(6.51)
标准砖 240×115×53		千块	477.50	0.690	0.830	1.010	1.970
砌筑水泥砂浆 M7.5		m^3	145.30	0.026	0.031	0.038	0.117
预拌混凝土 C20		m^3	260.00	0.059	0.065	0.078	0.017
水泥砂浆 1:2		m^3	232.70	0.006	0.007	0.008	0.047
其他材料费		%	1.00	1.500	1.500	1.500	1.500
载重汽车 装载质量(t) 4		台班	398.64	0.100	0.100	0.100	0.100
内燃空气压缩机 排气量(m^3/min) 6		台班	345.32	0.100	0.100	0.100	0.100
有毒气体测试仪		台班	178.21	0.042	0.042	0.042	0.042
汽车式起重机 5t		台班	364.10	—	—	—	0.100

注:1. 升降高度超过 20cm 以上时,人工、机械乘以系数 1.5。

2. 不含切缝。

工作内容:有毒气体测试、通风、拆除盖座及路面路基、升高井筒、清理现场。

计量单位:座

定额编号				3-52	3-53	3-54
项目				降低 20cm 以内		
				Φ700 以内	Φ700 以上	750×750
基价(元)				305.36	343.54	456.78
其中	人工费(元)			112.88	135.44	203.81
	材料费(元)			17.22	19.10	22.68
	机械使用费(元)			81.88	81.88	81.88
	其他措施费(元)			3.96	4.63	6.69
	安文费(元)			11.65	13.11	17.43
	管理费(元)			19.97	22.47	29.87
	利润(元)			16.64	18.72	24.89
	规费(元)			41.16	48.19	69.53
名称		单位	单价(元)	数量		
综合工日		工日		(1.44)	(1.70)	(2.48)
砌筑水泥砂浆 M7.5		m^3	145.30	0.008	0.010	0.011
预拌混凝土 C20		m^3	260.00	0.059	0.065	0.078
水泥砂浆 1:2		m^3	232.70	0.002	0.002	0.002
其他材料费		%	1.00	1.500	1.500	1.500
载重汽车 装载质量(t) 4		台班	398.64	0.100	0.100	0.100
内燃空气压缩机 排气量(m^3/min) 6		台班	345.32	0.100	0.100	0.100
有毒气体测试仪		台班	178.21	0.042	0.042	0.042

注:1. 升降高度超过 20cm 以上时,人工、机械乘以 1.5 系数。

2. 不含切缝。

工作内容：拆除路面、切割修边、拆除旧井盖座、拆除旧盖板、清理基槽、浇筑混凝土、安装盖板、填充压实、安装检查井盖座、清理现场。

计量单位：座

定额编号				3-55
项目				更换防沉降盖板
基价(元)				2738.65
其中	人工费(元)			348.40
	材料费(元)			1473.92
	机械使用费(元)			356.68
	其他措施费(元)			11.12
	安文费(元)			104.48
	管理费(元)			179.11
	利润(元)			149.26
	规费(元)			115.68
名称		单位	单价(元)	数量
综合工日		工日		(4.17)
防沉降盖板		块	1250.00	1.000
预拌混凝土　C25		m^3	260.00	0.724
合金钢钻头　一字型		个	10.00	1.009
钢锯片		片	420.00	0.001
草袋		个	1.93	0.846
水		m^3	5.13	0.343
其他材料费		%	1.00	1.500
载重汽车　装载质量(t)　4		台班	398.64	0.167
内燃空气压缩机　排气量(m^3/min)　6		台班	345.32	0.489
汽车式起重机　5t		台班	364.10	0.333

四、排水设施措施费

1. 基础及其他模板

工作内容：模板安装、拆除、涂刷隔离剂、清杂物、场内运输。

计量单位：$10m^2$

定额编号				3-56	3-57
项目				现浇混凝土模板	
				管、渠基础	管座
				钢模	
基价(元)				726.93	1020.65
其中	人工费(元)			294.22	477.13
	材料费(元)			197.02	198.85
	机械使用费(元)			18.25	18.25
	其他措施费(元)			9.00	14.48
	安文费(元)			27.73	38.94
	管理费(元)			47.54	66.75
	利润(元)			39.62	55.63
	规费(元)			93.55	150.62
名称		单位	单价(元)	数量	
综合工日		工日		(3.42)	(5.52)
脱模剂		kg	1.79	1.100	1.100
镀锌铁丝 Φ0.7		kg	5.95	0.019	0.019
圆钉		kg	7.00	0.330	0.330
钢模板连接件		kg	4.30	2.103	2.103
零星卡具		kg	4.95	3.265	3.265
尼龙帽		个	2.50	14.190	14.190
水		m^3	5.13	—	0.001
组合钢模板		kg	4.30	6.930	6.930
铁件 综合		kg	4.50	2.683	2.683
预拌水泥砂浆 1:2		m^3	220.00	0.001	0.001
木模板方材		m^3	1800.00	0.014	0.014
镀锌铁丝 Φ3.5		kg	5.18	2.885	2.885
木支撑		m^3	1800.00	0.026	0.027
其他材料费		%	1.00	1.500	1.500
木工圆锯机 直径(mm) 500		台班	25.04	0.026	0.026
载重汽车 装载质量(t) 8		台班	524.22	0.014	0.014
汽车式起重机 提升质量(t) 8		台班	691.24	0.014	0.014
木工平刨床 刨削宽度(mm) 500		台班	22.39	0.026	0.026

2. 井、渠涵模板

工作内容：模板安装、拆除、涂刷隔离剂、清杂物、场内运输。

计量单位：$10m^2$

定额编号			3-58	3-59	3-60	3-61
项目			现浇混凝土模板工程			
			渠(涵)直墙	顶(盖)板	矩形井壁	井盖
			钢模			木模
基价(元)			713.78	831.02	803.92	1053.41
其中	人工费(元)		300.84	391.08	378.97	451.09
	材料费(元)		174.72	147.53	143.40	263.97
	机械使用费(元)		20.32	24.57	22.40	16.90
	其他措施费(元)		9.22	11.97	11.59	13.59
	安文费(元)		27.23	31.70	30.67	40.19
	管理费(元)		46.68	54.35	52.58	68.89
	利润(元)		38.90	45.29	43.81	57.41
	规费(元)		95.87	124.53	120.50	141.37
名称	单位	单价(元)	数量			
综合工日	工日		(3.50)	(4.55)	(4.41)	(5.19)
零星卡具	kg	4.95	4.843	3.043	5.811	—
脱模剂	kg	1.79	1.100	1.100	1.100	1.100
钢支撑	kg	5.02	—	—	3.155	—
镀锌铁丝 Φ0.7	kg	5.95	0.020	0.019	—	0.020
钢模板连接件	kg	4.30	2.730	5.332	—	—
组合钢模板	kg	4.30	6.930	7.150	7.150	—
尼龙帽	个	2.50	7.590	—	8.000	—
水	m^3	5.13	—	0.001	—	0.001
木模板方材	m^3	1800.00	0.014	0.015	0.014	0.106
铁件 综合	kg	4.50	0.389	—	0.745	—
木支撑	m^3	1800.00	0.024	0.025	—	0.026
预拌水泥砂浆 1:2	m^3	220.00	—	0.001	—	0.001
圆钉	kg	7.00	0.330	0.330	0.330	2.750
镀锌铁丝 Φ3.5	kg	5.18	2.530	—	2.530	0.175
其他材料费	%	1.00	1.500	1.500	1.500	1.500
木工圆锯机 直径(mm) 500	台班	25.04	0.026	0.028	0.026	0.191
载重汽车 装载质量(t) 8	台班	524.22	0.014	0.014	0.014	0.015
汽车式起重机 提升质量(t) 8	台班	691.24	0.017	0.023	0.020	—
木工平刨床 刨削宽度(mm) 500	台班	22.39	0.026	0.028	0.026	0.190

五、维修雨水进水井

1. 砖砌进水井

工作内容：混凝土捣固、养生、调制砂浆、砌筑、抹灰、勾缝、井箅安装、材料场内运输。

计量单位：座

定额编号				3-62	3-63	3-64	3-65
项目				单平箅(680×380)		双平箅(1450×380)	
				井深(m)			
				1	增减 0.25	1	增减 0.25
基价(元)				657.64	158.16	1027.94	237.65
其中	人工费(元)			201.38	49.65	319.66	74.91
	材料费(元)			281.50	65.81	433.32	98.59
	机械使用费(元)			1.58	0.59	2.57	0.79
	其他措施费(元)			6.07	1.50	9.64	2.26
	安文费(元)			25.09	6.03	39.22	9.07
	管理费(元)			43.01	10.34	67.23	15.54
	利润(元)			35.84	8.62	56.02	12.95
	规费(元)			63.17	15.62	100.28	23.54
名称		单位	单价(元)	数量			
综合工日		工日		(2.32)	(0.57)	(3.68)	(0.86)
电		kW·h	0.70	0.113	—	0.188	—
铸铁平箅		套	—	(1.00)	—	(2.00)	—
标准砖 240×115×53		千块	477.50	0.408	0.111	0.605	0.166
水		m^3	5.13	0.273	0.035	0.444	0.052
预拌混合砂浆 M10		m^3	220.00	0.191	0.052	0.285	0.078
塑料薄膜		m^2	0.26	4.197	—	7.359	—
煤焦沥青漆 L01-17		kg	18.29	0.382	—	0.876	—
预拌水泥砂浆 1:2		m^3	220.00	0.004	0.001	0.007	0.002
预拌混凝土 C30		m^3	260.00	—	—	0.012	—
预拌水泥砂浆 1:3		m^3	220.00	0.003	—	0.006	—
预拌混凝土 C15		m^3	200.00	0.147	—	0.245	—
其他材料费		%	1.00	1.500	1.500	1.500	1.500
干混砂浆罐式搅拌机 公称储量(L) 20000		台班	197.40	0.008	0.003	0.013	0.004

2. 更换防坠网、爬梯

工作内容：1. 启闭井盖，安装螺栓，挂防坠网，现场清理。

2. 启闭井盖，更换塑钢踏步，现场清理。

计量单位：付

定额编号				3-66	3-67
项目				防坠网安装	更换井内塑钢踏步(个)
基价(元)				142.12	63.10
其中	人工费(元)			6.53	37.54
	材料费(元)			110.89	2.74
	机械使用费(元)			—	—
	其他措施费(元)			0.20	1.13
	安文费(元)			5.42	2.41
	管理费(元)			9.29	4.13
	利润(元)			7.75	3.44
	规费(元)			2.04	11.71
名称		单位	单价(元)	数量	
综合工日		工日		(0.08)	(0.43)
不锈钢螺栓		100个	600.00	0.080	—
水泥 42.5		t	337.50	—	0.008
塑钢爬梯		个	—	—	(1.00)
冲击钻头 Φ20		个	10.00	0.125	—
防坠网		个	60.00	1.000	—
其他材料费		%	1.00	1.500	1.500

六、管道及渠道疏挖

1. 手动绞车疏通管道(软泥)

工作内容:开启井盖,绑扎竹片,引钢丝绳,安装绞车、滑车、拉管器,拉管,掏泥,井盖盖平,井口清泥。

计量单位:10m

定额编号			3-68	3-69	3-70
项目			软泥		
			圆管(管径在以内)		
			400mm	600mm	800mm
			手动绞车		
基价(元)			129.00	152.12	177.38
其中	人工费(元)		51.39	61.84	72.29
	材料费(元)		4.35	4.35	4.35
	机械使用费(元)		35.30	40.74	47.98
	其他措施费(元)		1.54	1.86	2.17
	安文费(元)		4.92	5.80	6.77
	管理费(元)		8.44	9.95	11.60
	利润(元)		7.03	8.29	9.67
	规费(元)		16.03	19.29	22.55
名称	单位	单价(元)	数量		
综合工日	工日		(0.59)	(0.71)	(0.83)
麻绳	kg	8.71	0.006	0.006	0.006
竹片	m^2	12.00	0.340	0.340	0.340
镀锌铁丝 Φ2.5~4.0	kg	5.18	0.030	0.030	0.030
其他材料费	%	1.00	1.500	1.500	1.500
手动绞车	台班	452.62	0.078	0.090	0.106

工作内容:开启井盖,绑扎竹片,引钢丝绳,安装绞车、滑车、拉管器,拉管,掏泥,井盖盖平,井口清泥。

计量单位:10m

定额编号			3-71	3-72	3-73
项目			软泥		
			圆管(管径在以内)		
			1000mm	1200mm	1500mm
			手动绞车		
基价(元)			230.68	332.05	591.57
其中	人工费(元)		94.94	137.62	246.49
	材料费(元)		4.35	4.35	4.35
	机械使用费(元)		62.46	90.52	162.94
	其他措施费(元)		2.85	4.13	7.39
	安文费(元)		8.80	12.67	22.57
	管理费(元)		15.09	21.72	38.69
	利润(元)		12.57	18.10	32.24
	规费(元)		29.62	42.94	76.90
名称	单位	单价(元)	数量		
综合工日	工日		(1.09)	(1.58)	(2.83)
麻绳	kg	8.71	0.006	0.006	0.006
竹片	m^2	12.00	0.340	0.340	0.340
镀锌铁丝 Φ2.5~4.0	kg	5.18	0.030	0.030	0.030
其他材料费	%	1.00	1.500	1.500	1.500
手动绞车	台班	452.62	0.138	0.200	0.360

2. 手动绞车疏通管道(硬泥)

工作内容:开启井盖,绑扎竹片,引钢丝绳,安装绞车、滑车、拉管器,拉管,掏泥,井盖盖平,井口清泥。

计量单位:10m

定额编号				3-74	3-75	3-76
项目				硬泥		
				圆管(管径在以内)		
				400mm	600mm	800mm
				手动绞车		
基价(元)				241.30	299.07	374.55
其中	人工费(元)			97.55	123.68	154.17
	材料费(元)			4.35	4.35	4.35
	机械使用费(元)			67.89	81.47	104.10
	其他措施费(元)			2.93	3.71	4.63
	安文费(元)			9.21	11.41	14.29
	管理费(元)			15.78	19.56	24.50
	利润(元)			13.15	16.30	20.41
	规费(元)			30.44	38.59	48.10
名称		单位	单价(元)	数量		
综合工日		工日		(1.12)	(1.42)	(1.77)
麻绳		kg	8.71	0.006	0.006	0.006
竹片		m^2	12.00	0.340	0.340	0.340
镀锌铁丝 Φ2.5~4.0		kg	5.18	0.030	0.030	0.030
其他材料费		%	1.00	1.500	1.500	1.500
手动绞车		台班	452.62	0.150	0.180	0.230

工作内容：开启井盖，绑扎竹片，引钢丝绳，安装绞车、滑车、拉管器，拉管，掏泥，井盖盖平，井口清泥。

计量单位：10m

定额编号				3-77	3-78	3-79
项目				硬泥		
				圆管(管径在以内)		
				1000mm	1200mm	1500mm
				手动绞车		
基价(元)				494.09	738.54	1473.31
其中	人工费(元)			205.56	308.33	617.54
	材料费(元)			4.35	4.35	4.35
	机械使用费(元)			135.79	203.68	407.36
	其他措施费(元)			6.17	9.25	18.53
	安文费(元)			18.85	28.18	56.21
	管理费(元)			32.31	48.30	96.35
	利润(元)			26.93	40.25	80.30
	规费(元)			64.13	96.20	192.67
名称		单位	单价(元)	数量		
综合工日		工日		(2.36)	(3.54)	(7.09)
麻绳		kg	8.71	0.006	0.006	0.006
竹片		m^2	12.00	0.340	0.340	0.340
镀锌铁丝 Φ2.5~4.0		kg	5.18	0.030	0.030	0.030
其他材料费		%	1.00	1.500	1.500	1.500
手动绞车		台班	452.62	0.300	0.450	0.900

3. 机动绞车疏通管道(软泥)

工作内容:开启井盖,绑扎竹片,引钢丝绳,安装绞车、滑车、拉管器,拉管,掏泥,井盖盖平,井口清泥。

计量单位:10m

定额编号				3-80	3-81	3-82
项目				软泥		
				圆管(管径在以内)		
				400mm	600mm	800mm
				机动绞车		
基价(元)				159.16	167.26	190.64
其中	人工费(元)			44.42	54.00	62.71
	材料费(元)			4.35	4.35	4.35
	机械使用费(元)			68.81	64.00	72.00
	其他措施费(元)			1.44	1.62	1.88
	安文费(元)			6.07	6.38	7.27
	管理费(元)			10.41	10.94	12.47
	利润(元)			8.67	9.12	10.39
	规费(元)			14.99	16.85	19.57
名称		单位	单价(元)	数量		
综合工日		工日		(0.54)	(0.62)	(0.72)
麻绳		kg	8.71	0.006	0.006	0.006
竹片		m^2	12.00	0.340	0.340	0.340
镀锌铁丝 Φ2.5~4.0		kg	5.18	0.030	0.030	0.030
其他材料费		%	1.00	1.500	1.500	1.500
机动绞车		台班	800.00	0.070	0.080	0.090

工作内容:开启井盖,绑扎竹片,引钢丝绳,安装绞车、滑车、拉管器,拉管,掏泥,井盖盖平,井口清泥。

计量单位:10m

定额编号				3-83	3-84	3-85
项目				软泥		
				圆管(管径在以内)		
				1000mm	1200mm	1500mm
				机动绞车		
基价(元)				251.08	355.51	637.06
其中	人工费(元)			82.75	118.46	211.65
	材料费(元)			4.35	4.35	4.35
	机械使用费(元)			96.00	136.00	248.00
	其他措施费(元)			2.48	3.55	6.35
	安文费(元)			9.58	13.56	24.30
	管理费(元)			16.42	23.25	41.66
	利润(元)			13.68	19.38	34.72
	规费(元)			25.82	36.96	66.03
名称		单位	单价(元)	数量		
综合工日		工日		(0.95)	(1.36)	(2.43)
麻绳		kg	8.71	0.006	0.006	0.006
竹片		m^2	12.00	0.340	0.340	0.340
镀锌铁丝 Φ2.5~4.0		kg	5.18	0.030	0.030	0.030
其他材料费		%	1.00	1.500	1.500	1.500
机动绞车		台班	800.00	0.120	0.170	0.310

4. 机动绞车疏通管道(硬泥)

工作内容:开启井盖,绑扎竹片,引钢丝绳,安装绞车、滑车、拉管器,拉管,掏泥,井盖盖平,井口清泥。

计量单位:10m

定额编号				3-86	3-87	3-88
项目				硬泥		
				圆管(管径在以内)		
				400mm	600mm	800mm
				机动绞车		
基价(元)				264.74	327.94	408.99
其中	人工费(元)			85.36	107.13	134.13
	材料费(元)			4.35	4.35	4.35
	机械使用费(元)			104.00	128.00	160.00
	其他措施费(元)			2.56	3.21	4.02
	安文费(元)			10.10	12.51	15.60
	管理费(元)			17.31	21.45	26.75
	利润(元)			14.43	17.87	22.29
	规费(元)			26.63	33.42	41.85
名称		单位	单价(元)	数量		
综合工日		工日		(0.98)	(1.23)	(1.54)
麻绳		kg	8.71	0.006	0.006	0.006
竹片		m^2	12.00	0.340	0.340	0.340
镀锌铁丝 Φ2.5~4.0		kg	5.18	0.030	0.030	0.030
其他材料费		%	1.00	1.500	1.500	1.500
机动绞车		台班	800.00	0.130	0.160	0.200

工作内容:开启井盖,绑扎竹片,引钢丝绳,安装绞车、滑车、拉管器,拉管,掏泥,井盖盖平,井口清泥。

计量单位:10m

定额编号				3-89	3-90	3-91
项目				硬泥		
				圆管(管径在以内)		
				1000mm	1200mm	1500mm
				机动绞车		
基价(元)				532.65	801.95	1153.54
其中	人工费(元)			175.94	267.40	535.67
	材料费(元)			4.35	4.35	4.35
	机械使用费(元)			208.00	312.00	248.00
	其他措施费(元)			5.28	8.02	16.07
	安文费(元)			20.32	30.59	44.01
	管理费(元)			34.84	52.45	75.44
	利润(元)			29.03	43.71	62.87
	规费(元)			54.89	83.43	167.13
名称		单位	单价(元)	数量		
综合工日		工日		(2.02)	(3.07)	(6.15)
麻绳		kg	8.71	0.006	0.006	0.006
竹片		m^2	12.00	0.340	0.340	0.340
镀锌铁丝 Φ2.5~4.0		kg	5.18	0.030	0.030	0.030
其他材料费		%	1.00	1.500	1.500	1.500
机动绞车		台班	800.00	0.260	0.390	0.310

5. 人工清除圆管内泥(综合泥)

工作内容:开启井盖,通风,检查防护设备,钻管,人工清泥、提泥,井盖盖平,井口清泥。

计量单位:10m

定额编号				3-92	3-93	3-94
项目				综合泥		
				管径(mm 以内)		
				800	900	1000
基价(元)				484.58	440.16	398.50
其中	人工费(元)			303.98	276.11	249.98
	材料费(元)			0.05	0.05	0.05
	机械使用费(元)			—	—	—
	其他措施费(元)			9.12	8.28	7.50
	安文费(元)			18.49	16.79	15.20
	管理费(元)			31.69	28.79	26.06
	利润(元)			26.41	23.99	21.72
	规费(元)			94.84	86.15	77.99
名称		单位	单价(元)	数量		
综合工日		工日		(3.49)	(3.17)	(2.87)
麻绳		kg	8.71	0.006	0.006	0.006
其他材料费		%	1.00	1.500	1.500	1.500

工作内容:开启井盖,通风,检查防护设备,钻管,人工清泥、提泥,井盖盖平,井口清泥。

计量单位:10m

定额编号				3-95	3-96	3-97
项目				综合泥		
				管径(mm 以内)		
				1200	1500	2000
基价(元)				327.70	270.79	245.80
其中	人工费(元)			205.56	169.85	154.17
	材料费(元)			0.05	0.05	0.05
	机械使用费(元)			—	—	—
	其他措施费(元)			6.17	5.10	4.63
	安文费(元)			12.50	10.33	9.38
	管理费(元)			21.43	17.71	16.07
	利润(元)			17.86	14.76	13.40
	规费(元)			64.13	52.99	48.10
名称		单位	单价(元)	数量		
综合工日		工日		(2.36)	(1.95)	(1.77)
麻绳		kg	8.71	0.006	0.006	0.006
其他材料费		%	1.00	1.500	1.500	1.500

6. 竹片疏通管道(软泥)

工作内容:开启井盖,绑扎竹片,引钢丝绳,掏泥,井盖盖平,井口清泥。

计量单位:10m

定额编号				3-98	3-99
项目				软泥	
				管径(mm 以内)	
				400	500
基价(元)				129.42	159.97
其中	人工费(元)			75.78	94.94
	材料费(元)			7.28	7.28
	机械使用费(元)			—	—
	其他措施费(元)			2.27	2.85
	安文费(元)			4.94	6.10
	管理费(元)			8.46	10.46
	利润(元)			7.05	8.72
	规费(元)			23.64	29.62
名称		单位	单价(元)	数量	
综合工日		工日		(0.87)	(1.09)
麻绳		kg	8.71	0.006	0.006
竹片		m^2	12.00	0.580	0.580
镀锌铁丝 Φ2.5~4.0		kg	5.18	0.031	0.031
其他材料费		%	1.00	1.500	1.500

7. 竹片疏通管道(硬泥)

工作内容:开启井盖,绑扎竹片,引钢丝绳,掏泥,井盖盖平,井口清泥。

计量单位:10m

定额编号				3-100	3-101
项目				硬泥	
				管径(mm 以内)	
				400	500
基价(元)				309.91	384.87
其中	人工费(元)			189.01	236.04
	材料费(元)			7.28	7.28
	机械使用费(元)			—	—
	其他措施费(元)			5.67	7.08
	安文费(元)			11.82	14.68
	管理费(元)			20.27	25.17
	利润(元)			16.89	20.98
	规费(元)			58.97	73.64
名称		单位	单价(元)	数量	
综合工日		工日		(2.17)	(2.71)
麻绳		kg	8.71	0.006	0.006
竹片		m^2	12.00	0.580	0.580
镀锌铁丝 Φ2.5~4.0		kg	5.18	0.031	0.031
其他材料费		%	1.00	1.500	1.500

8. 联合冲吸疏通车疏通管道

工作内容:开启井盖,清泥,疏通管道,井壁冲洗,井盖盖平,清理井口。

计量单位:10m

定额编号				3-102	3-103	3-104
项目				联合冲吸疏通车疏通管道		联合冲吸疏通车疏通连管
				<Φ600	≥Φ600	
基价(元)				218.55	241.79	230.10
其中	人工费(元)			33.88	38.15	35.97
	材料费(元)			—	—	—
	机械使用费(元)			138.54	152.39	145.46
	其他措施费(元)			1.02	1.14	1.08
	安文费(元)			8.34	9.22	8.78
	管理费(元)			14.29	15.81	15.05
	利润(元)			11.91	13.18	12.54
	规费(元)			10.57	11.90	11.22
名称		单位	单价(元)	数量		
综合工日		工日		(0.39)	(0.44)	(0.41)
联合冲吸疏通车		台班	6926.90	0.020	0.022	0.021

9. 暗渠清淤

工作内容：人工清理、井口集中出泥、装车、清理现场。

计量单位：1m³

定额编号			3-105	3-106	3-107
项目			暗渠清淤		
			井口集中出泥		开沟盖分散出泥
			人工提泥	机械提泥	
基价(元)			787.53	732.13	423.80
其中	人工费(元)		248.84	214.09	210.43
	材料费(元)		3.41	3.39	0.03
	机械使用费(元)		318.84	318.84	67.83
	其他措施费(元)		8.07	7.03	6.89
	安文费(元)		30.04	27.93	16.17
	管理费(元)		51.50	47.88	27.72
	利润(元)		42.92	39.90	23.10
	规费(元)		83.91	73.07	71.63
名称	单位	单价(元)	数量		
综合工日	工日		(3.01)	(2.61)	(2.56)
下水胶衣	套	260.00	0.013	0.013	—
麻绳	kg	8.71	0.004	0.001	0.004
污水泵 出口直径(mm) 200	台班	268.31	0.143	0.143	—
泥浆罐车	台班	474.36	0.143	0.143	0.143
有毒气体测试仪	台班	178.21	0.007	0.007	—
多功能液压动力站	台班	1109.75	0.186	0.186	—
轴流通风机 功率 7.5kW	台班	34.78	0.143	0.143	—

七、雨水井、检查井、出水口清淤

1. 人工清疏雨水进水井

工作内容：启闭井盖、下井清掏污泥、场内运输至指定装车点、清理场地。

计量单位：座

定额编号				3-108	3-109	3-110
项目				人工井上掏挖进水井		
				井深在(m以内)		井深在(m以外)
				2	3	
基价(元)				17.84	26.18	34.50
其中	人工费(元)			8.71	13.94	19.16
	材料费(元)			0.73	0.73	0.73
	机械使用费(元)			2.37	2.37	2.37
	其他措施费(元)			0.28	0.44	0.59
	安文费(元)			0.68	1.00	1.32
	管理费(元)			1.17	1.71	2.26
	利润(元)			0.97	1.43	1.88
	规费(元)			2.93	4.56	6.19
名称		单位	单价(元)	数量		
综合工日		工日		(0.11)	(0.17)	(0.23)
笤帚		把	7.00	0.100	0.100	0.100
麻绳		kg	8.71	0.002	0.002	0.002
其他材料费		%	1.00	1.500	1.500	1.500
泥浆罐车		台班	474.36	0.005	0.005	0.005

2. 人工井上清疏检查井

工作内容:启闭井盖、有毒气体测试、下井清掏污泥、场内运输至指定装车点、清理场地。

计量单位:座

定额编号				3-111	3-112	3-113
项目				人工井上掏挖检查井		
				井深		
				2m 以内	3m 以内	3m 以外
基价(元)				49.50	59.21	82.81
其中	人工费(元)			16.55	22.65	37.45
	材料费(元)			0.73	0.73	0.73
	机械使用费(元)			17.08	17.08	17.08
	其他措施费(元)			0.64	0.82	1.27
	安文费(元)			1.89	2.26	3.16
	管理费(元)			3.24	3.87	5.42
	利润(元)			2.70	3.23	4.51
	规费(元)			6.67	8.57	13.19
名称		单位	单价(元)	数量		
综合工日		工日		(0.23)	(0.30)	(0.47)
笤帚		把	7.00	0.100	0.100	0.100
麻绳		kg	8.71	0.002	0.002	0.002
其他材料费		%	1.00	1.500	1.500	1.500
泥浆罐车		台班	474.36	0.036	0.036	0.036

3. 人工井下清疏检查井

工作内容:启闭井盖、有毒气体测试、下井清掏污泥、场内运输至指定装车点、清理场地。

计量单位:m^3

定额编号				3-114	3-115	3-116	3-117
项目				人工井下掏挖检查井			
				井深在(m以内)			
				4	6	8	10
基价(元)				1031.22	1057.61	1083.98	1108.98
其中	人工费(元)			316.17	332.72	349.27	364.95
	材料费(元)			27.41	27.41	27.41	27.41
	机械使用费(元)			398.52	398.52	398.52	398.52
	其他措施费(元)			11.06	11.56	12.06	12.53
	安文费(元)			39.34	40.35	41.35	42.31
	管理费(元)			67.44	69.17	70.89	72.53
	利润(元)			56.20	57.64	59.08	60.44
	规费(元)			115.08	120.24	125.40	130.29
名称		单位	单价(元)	数量			
综合工日		工日		(4.02)	(4.21)	(4.40)	(4.58)
下水胶衣		套	260.00	0.100	0.100	0.100	0.100
笤帚		把	7.00	0.100	0.100	0.100	0.100
麻绳		kg	8.71	0.035	0.035	0.035	0.035
其他材料费		%	1.00	1.500	1.500	1.500	1.500
有毒气体测试仪		台班	178.21	0.250	0.250	0.250	0.250
多功能液压动力站		台班	1109.75	0.250	0.250	0.250	0.250
泥浆罐车		台班	474.36	0.143	0.143	0.143	0.143
轴流通风机 功率 7.5kW		台班	34.78	0.250	0.250	0.250	0.250

4. 机械清疏检查井

工作内容:启闭井盖、清疏检查井至场内指定装车点、清理场地。

计量单位:座

定额编号				3-118	3-119	3-120	3-121
项目				吸污车	国产联合吸污车	进口联合冲吸清疏车	抓泥车清淤
基价(元)				234.75	110.39	271.51	274.82
其中	人工费(元)			125.42	—	—	125.42
	材料费(元)			—	—	—	—
	机械使用费(元)			29.34	92.94	228.59	63.08
	其他措施费(元)			3.76	—	—	3.76
	安文费(元)			8.96	4.21	10.36	10.48
	管理费(元)			15.35	7.22	17.76	17.97
	利润(元)			12.79	6.02	14.80	14.98
	规费(元)			39.13	—	—	39.13
名称		单位	单价(元)	数量			
综合工日		工日		(1.44)	—	—	(1.44)
污泥抓斗车		台班	504.67	—	—	—	0.125
吸污车 5t		台班	505.83	0.058	—	—	—
联合吸污车		台班	1858.88	—	0.050	—	—
联合冲吸疏通车		台班	6926.90	—	—	0.033	—

5. 处理污水外溢

工作内容：启闭井盖、掏泥、冲洗井壁及井口。

计量单位：处

定额编号				3-122
项目				收水井(检查井)
				处理污水外溢
基价(元)				1553.51
其中	人工费(元)			130.65
	材料费(元)			12.00
	机械使用费(元)			1097.72
	其他措施费(元)			5.93
	安文费(元)			59.27
	管理费(元)			101.60
	利润(元)			84.67
	规费(元)			61.67
名称		单位	单价(元)	数量
综合工日		工日		(2.00)
竹片		m^2	12.00	1.000
载重汽车　装载质量(t)　4		台班	398.64	0.500
射水车　120kW		台班	1796.80	0.500

6. 出水口清淤

工作内容：人工清泥运到装车地点、清扫场地。

计量单位：处

定额编号				3-123
项目				出水口人工清淤
基价(元)				161.59
其中	人工费(元)			101.38
	材料费(元)			—
	机械使用费(元)			—
	其他措施费(元)			3.04
	安文费(元)			6.16
	管理费(元)			10.57
	利润(元)			8.81
	规费(元)			31.63
名称		单位	单价(元)	数量
综合工日		工日		(1.16)

八、井壁凿洞、人工封堵管口

1. 人工井壁凿洞

工作内容：凿洞、接管口、抹平墙面、清理场地。

计量单位：处

定额编号				3-124	3-125	3-126	3-127
项目				人工井壁凿洞			
				砖墙（壁厚）		石墙（壁厚）	
				24cm 内		50cm 内	
				Φ600 以内	Φ600～1000	Φ600 以内	Φ600～1000
基价（元）				206.44	402.77	342.57	1038.56
其中	人工费（元）			121.33	238.39	201.90	626.77
	材料费（元）			6.64	14.84	13.13	28.95
	机械使用费（元）			4.35	4.35	4.35	4.35
	其他措施费（元）			3.64	7.15	6.06	18.80
	安文费（元）			7.88	15.37	13.07	39.62
	管理费（元）			13.50	26.34	22.40	67.92
	利润（元）			11.25	21.95	18.67	56.60
	规费（元）			37.85	74.38	62.99	195.55
名称		单位	单价（元）	数量			
综合工日		工日		(1.39)	(2.74)	(2.32)	(7.20)
预拌防水水泥砂浆　1:2		m^3	220.00	0.010	0.023	0.020	0.048
预拌防水水泥砂浆　1:2.5		m^3	220.00	0.007	0.018	0.007	0.018
汽油　综合		kg	7.00	0.400	0.800	1.000	2.000
其他材料费		%	1.00	1.500	1.500	1.500	1.500
轴流通风机　功率　7.5kW		台班	34.78	0.125	0.125	0.125	0.125

注：1. 凿除 50cm 以内砖墙子目乘以系数 1.5。

2. 凿除 70cm 以内石墙子目乘以系数 1.5。

3. 从井外向井内凿洞时人工乘以系数 0.8。

2. 机械井壁凿洞

工作内容:凿洞、接管口、抹平墙面、清理场地。

计量单位:处

定额编号				3-128	3-129
项目				机械井壁凿洞	
				砖墙(壁厚)	
				24cm 内	
				Φ600 以内	Φ600~1000
基价(元)				205.09	281.09
其中	人工费(元)			106.87	128.21
	材料费(元)			3.82	9.18
	机械使用费(元)			25.44	55.43
	其他措施费(元)			3.21	3.85
	安文费(元)			7.82	10.72
	管理费(元)			13.41	18.38
	利润(元)			11.18	15.32
	规费(元)			33.34	40.00
名称		单位	单价(元)	数量	
综合工日		工日		(1.23)	(1.47)
预拌防水水泥砂浆 1:2		m^3	220.00	0.010	0.023
预拌防水水泥砂浆 1:2.5		m^3	220.00	0.007	0.018
合金钢钻头 一字型		个	10.00	0.001	0.001
高压风管 Φ25-6P-20m		m	13.22	0.001	0.001
六角空心钢 综合		kg	2.88	0.001	0.002
其他材料费		%	1.00	1.500	1.500
多功能液压动力站		台班	1109.75	0.019	0.046
手持式风动凿岩机		台班	11.26	0.001	0.003
轴流通风机 功率 7.5kW		台班	34.78	0.125	0.125

注:1. 凿除 50cm 以内砖墙子目乘系数 1.5。

2. 从井外向井内凿洞时人工乘以系数 0.8。

工作内容：凿洞、接管口、抹平墙面、清理场地。

计量单位：处

定额编号				3-130	3-131
项目				机械井壁凿洞	
				石墙(壁厚)	
				50cm 内	
				Φ600 以内	Φ600～1000
基价(元)				323.17	763.53
其中	人工费(元)			162.44	387.94
	材料费(元)			6.06	14.80
	机械使用费(元)			48.04	107.44
	其他措施费(元)			4.87	11.64
	安文费(元)			12.33	29.13
	管理费(元)			21.14	49.93
	利润(元)			17.61	41.61
	规费(元)			50.68	121.04
名称		单位	单价(元)	数量	
综合工日		工日		(1.87)	(4.45)
预拌防水水泥砂浆　1:2		m^3	220.00	0.020	0.048
预拌防水水泥砂浆　1:2.5		m^3	220.00	0.007	0.018
合金钢钻头　一字型		个	10.00	0.001	0.003
高压风管　Φ25-6P-20m		m	13.22	0.001	0.001
六角空心钢　综合		kg	2.88	0.002	0.005
其他材料费		%	1.00	1.500	1.500
多功能液压动力站		台班	1109.75	0.039	0.092
手持式风动凿岩机		台班	11.26	0.037	0.088
轴流通风机　功率　7.5kW		台班	34.78	0.125	0.125

注：1. 凿除 70cm 以内石墙子目乘系数 1.5；

2. 从井外向井内凿洞时人工乘以系数 0.8。

工作内容：凿洞、接管口、抹平墙面、清理场地。

计量单位：处

定额编号				3-132	3-133
项目				机械井壁凿洞	
				钢筋混凝土墙(壁厚)	
				24cm 以内	
				Φ600 以内	Φ600~1000
基价(元)				313.94	744.50
其中	人工费(元)			161.31	385.24
	材料费(元)			3.85	9.26
	机械使用费(元)			43.99	100.58
	其他措施费(元)			4.84	11.56
	安文费(元)			11.98	28.40
	管理费(元)			20.53	48.69
	利润(元)			17.11	40.58
	规费(元)			50.33	120.19
名称		单位	单价(元)	数量	
综合工日		工日		(1.85)	(4.42)
预拌防水水泥砂浆 1:2		m^3	220.00	0.010	0.023
预拌防水水泥砂浆 1:2.5		m^3	220.00	0.007	0.018
合金钢钻头 一字型		个	10.00	0.003	0.006
高压风管 Φ25-6P-20m		m	13.22	0.001	0.001
六角空心钢 综合		kg	2.88	0.004	0.009
其他材料费		%	1.00	1.500	1.500
多功能液压动力站		台班	1109.75	0.035	0.085
手持式风动凿岩机		台班	11.26	0.071	0.169
轴流通风机 功率 7.5kW		台班	34.78	0.125	0.125

注：1. 凿除 50cm 以内钢筋混凝土墙子目乘系数 1.5。

2. 从井外向井内凿洞时人工乘以系数 0.8。

3. 封堵管口(潜水砖封)

工作内容:启闭井盖、有毒气体测试、通风、检查防护设备,下井清障、封堵、拆除、清理现场等。

计量单位:个

定额编号				3-134	3-135	3-136
项目				潜水砖封		
				Φ800 以内	Φ1000 以内	Φ1200 以内
基价(元)				4550.90	9358.06	11128.18
其中	人工费(元)			294.31	687.39	942.16
	材料费(元)			112.42	177.99	327.37
	机械使用费(元)			2504.38	5097.58	5849.40
	其他措施费(元)			80.75	168.08	197.41
	安文费(元)			173.62	357.01	424.54
	管理费(元)			297.63	612.02	727.78
	利润(元)			248.02	510.01	606.49
	规费(元)			839.77	1747.98	2053.03
名称		单位	单价(元)	数量		
综合工日		工日		(21.27)	(44.57)	(52.89)
快燥精		kg	1.21	9.535	15.422	28.666
标准砖 240×115×53		千块	477.50	0.129	0.201	0.366
预拌砌筑砂浆 (干拌)DM M7.5		m^3	220.00	0.171	0.276	0.514
其他材料费		%	1.00	1.500	1.500	1.500
有毒气体测试仪		台班	178.21	1.000	1.250	1.500
轴流通风机 功率 7.5kW		台班	34.78	0.125	0.125	0.125
潜水设备		台班	2062.01	1.126	2.362	2.705

工作内容:启闭井盖、有毒气体测试、通风、检查防护设备,下井清障、封堵、拆除、清理现场等。

计量单位:个

定额编号				3-137	3-138	3-139
项目				潜水砖封		
				Φ1400 以内	Φ1600 以内	Φ2000 以内
基价(元)				12531.41	22200.74	26987.76
其中	人工费(元)			1057.92	1874.39	2195.88
	材料费(元)			443.43	932.12	1825.38
	机械使用费(元)			6531.92	11454.38	13491.27
	其他措施费(元)			220.84	388.69	457.00
	安文费(元)			478.07	846.96	1029.58
	管理费(元)			819.55	1451.93	1765.00
	利润(元)			682.96	1209.94	1470.83
	规费(元)			2296.72	4042.33	4752.82
名称		单位	单价(元)	数量		
综合工日		工日		(59.19)	(104.22)	(122.51)
快燥精		kg	1.21	39.045	82.676	162.263
标准砖 240×115×53		千块	477.50	0.493	1.030	2.013
预拌砌筑砂浆 (干拌)DM M7.5		m^3	220.00	0.701	1.484	2.913
其他材料费		%	1.00	1.500	1.500	1.500
轴流通风机 功率 7.5kW		台班	34.78	0.125	0.125	0.125
有毒气体测试仪		台班	178.21	1.500	2.000	2.750
潜水设备		台班	2062.01	3.036	5.380	6.303

4. 设拆浆砌管堵

工作内容:冲刷管口、调制砂浆砌管堵、抹面、拆除、清理现场。

计量单位:m^3

定额编号				3-140	3-141	3-142	3-143
项目				设拆浆砌管堵			
				管径在50cm内	管径在70cm内	管径在100cm内	管径在130cm内
基价(元)				2167.98	2024.46	1977.36	1501.16
其中	人工费(元)			1017.42	958.27	897.83	599.07
	材料费(元)			455.60	414.15	455.60	455.60
	机械使用费(元)			4.35	4.35	4.35	4.35
	其他措施费(元)			30.52	28.75	26.93	17.97
	安文费(元)			82.71	77.23	75.44	57.27
	管理费(元)			141.79	132.40	129.32	98.18
	利润(元)			118.15	110.33	107.77	81.81
	规费(元)			317.44	298.98	280.12	186.91
名称		单位	单价(元)	数量			
综合工日		工日		(11.68)	(11.00)	(10.31)	(6.88)
标准砖 240×115×53		千块	477.50	0.553	0.553	0.553	0.553
水泥 42.5		t	337.50	0.121	—	0.121	0.121
防水粉		kg	7.70	1.818	1.818	1.818	1.818
预拌防水水泥砂浆 1:3		m^3	220.00	0.090	0.090	0.090	0.090
预拌砌筑砂浆 (干拌)DM M7.5		m^3	220.00	0.348	0.348	0.348	0.348
砂子 中砂		t	46.85	0.703	0.703	0.703	0.703
水		m^3	5.13	0.132	0.132	0.132	0.132
其他材料费		%	1.00	1.500	1.500	1.500	1.500
轴流通风机 功率 7.5kW		台班	34.78	0.125	0.125	0.125	0.125

5. 堵管口(草袋、木桩)

工作内容:启闭井盖、有毒气体测试、通风、检查防护设备,下井清障、封堵、拆除、清理现场等。

计量单位:m^3

定额编号			3-144	3-145
项目			草袋堵管口	安拆管堵 木塞堵直径 20~40cm (个)
基价(元)			760.12	566.49
其中	人工费(元)		233.78	115.23
	材料费(元)		65.32	61.39
	机械使用费(元)		247.64	247.64
	其他措施费(元)		8.18	4.62
	安文费(元)		29.00	21.61
	管理费(元)		49.71	37.05
	利润(元)		41.43	30.87
	规费(元)		85.06	48.08
名称	单位	单价(元)	数量	
综合工日	工日		(2.97)	(1.61)
镀锌铁丝 Φ0.7	kg	5.95	—	0.370
黏土	m^3	15.00	1.116	—
橡胶板	kg	9.50	—	1.566
草袋	个	1.93	23.000	—
麻绳	kg	8.71	0.370	—
木塞	m^3	3100.00	—	0.014
其他材料费	%	1.00	1.500	1.500
轴流通风机 功率 7.5kW	台班	34.78	0.125	0.125
有毒气体测试仪	台班	178.21	0.290	0.290
潜污泵 Φ100mm	台班	159.68	1.200	1.200

6. 人工封堵管口气囊封堵

工作内容：启闭井盖、有毒气体测试、通风、检查防护设备，下井清障、封堵、拆除、清理现场等。

计量单位：处

定额编号				3-146	3-147	3-148
项目				设拆气囊管堵		
				公称直径		
				DN200~400	DN500~1000	DN750~1500
基价(元)				846.61	1242.77	1972.04
其中	人工费(元)			163.75	217.75	272.62
	材料费(元)			135.95	372.84	889.01
	机械使用费(元)			334.19	358.38	382.58
	其他措施费(元)			6.92	8.54	10.19
	安文费(元)			32.30	47.41	75.23
	管理费(元)			55.37	81.28	128.97
	利润(元)			46.14	67.73	107.48
	规费(元)			71.99	88.84	105.96
名称		单位	单价(元)	数量		
综合工日		工日		(2.38)	(3.00)	(3.63)
柱形气囊 DN500~1000		套	31153.00	—	0.010	—
柱形气囊 DN750~1500		套	82007.00	—	—	0.010
柱形气囊 DN200~400		套	7814.00	0.010	—	—
防毒面具		套	360.00	0.010	0.010	0.010
牵引绳 ≥25mm		m	10.00	0.020	0.020	0.020
下水胶衣		套	260.00	0.200	0.200	0.200
其他材料费		%	1.00	1.500	1.500	1.500
空气过滤器		台班	100.00	0.250	0.270	0.290
多功能液压动力站		台班	1109.75	0.130	0.150	0.170
有毒气体测试仪		台班	178.21	0.250	0.250	0.250
轴流通风机 功率 7.5kW		台班	34.78	0.250	0.250	0.250
载重汽车 装载质量(t) 5		台班	446.68	0.250	0.250	0.250

7. 人工堵水设闸

工作内容:通风,检查防护设备,下井清障,封堵,拆除,清理现场。

计量单位:座

定额编号				3-149	3-150
项目				管径在	
				Φ800 以内	Φ800 以外
基价(元)				6198.01	8076.51
其中	人工费(元)			2613.00	3484.00
	材料费(元)			1045.07	1368.90
	机械使用费(元)			597.96	677.69
	其他措施费(元)			84.42	111.35
	安文费(元)			236.45	308.12
	管理费(元)			405.35	528.20
	利润(元)			337.79	440.17
	规费(元)			877.97	1158.08
名称		单位	单价(元)	数量	
综合工日		工日		(31.50)	(41.70)
砂子 细砂		m^3	69.00	2.000	3.000
钢管		kg	4.55	2.769	3.254
镀锌铁丝 综合		kg	6.56	3.000	4.500
镀锌铁丝 Φ0.7		kg	5.95	7.000	10.500
螺纹钢 Φ25		kg	3.40	23.100	23.100
麻袋		条	7.80	80.000	100.000
槽钢 综合		kg	3.40	5.487	6.451
草袋		个	1.93	50.000	80.000
其他材料费		%	1.00	1.500	1.500
载重汽车 装载质量(t) 4		台班	398.64	1.500	1.700

九、管道冲洗

1. 水冲管道(闭水冲洗)

工作内容:运、收水冲机具,启闭井盖,闸堵,安装冲刷器,放闸冲刷,掏泥清井。

计量单位:10m

定额编号				3-151	3-152
项目				圆管管径(cm 以内)	圆管管径(cm 以外)
				80	90
基价(元)				40.96	50.56
其中	人工费(元)			17.42	21.78
	材料费(元)			—	—
	机械使用费(元)			9.97	11.96
	其他措施费(元)			0.62	0.77
	安文费(元)			1.56	1.93
	管理费(元)			2.68	3.31
	利润(元)			2.23	2.76
	规费(元)			6.48	8.05
名称		单位	单价(元)	数量	
综合工日		工日		(0.23)	(0.28)
载重汽车　装载质量(t)　4		台班	398.64	0.025	0.030

2. 水冲管道(高压射水车冲洗)

工作内容:运、收水冲机具,启闭井盖,闸堵,安装冲刷器,抽水,放闸冲刷,掏泥清井。

计量单位:10m

定额编号				3-153	3-154	3-155	3-156
项目				水车冲水压力 120kg 以内			
				圆管管径(cm 以内)			圆管管径(cm 以外)
				30	50	90	90
基价(元)				121.46	145.28	183.83	233.72
其中	人工费(元)			13.07	18.55	26.39	37.45
	材料费(元)			2.08	5.78	18.75	33.32
	机械使用费(元)			82.65	91.64	100.62	113.20
	其他措施费(元)			0.39	0.56	0.79	1.12
	安文费(元)			4.63	5.54	7.01	8.92
	管理费(元)			7.94	9.50	12.02	15.29
	利润(元)			6.62	7.92	10.02	12.74
	规费(元)			4.08	5.79	8.23	11.68
名称		单位	单价(元)	数量			
综合工日		工日		(0.15)	(0.21)	(0.30)	(0.43)
水		m^3	5.13	0.400	1.110	3.600	6.400
其他材料费		%	1.00	1.500	1.500	1.500	1.500
射水车 120kW		台班	1796.80	0.046	0.051	0.056	0.063

十、管道、检查井检测、安全防护

1.管道检查井检测

工作内容:启闭井盖,管道检测,记录等。

计量单位:10m

定额编号			3-157	3-158	3-159	3-160
项目			管道检测			
			电视检测		声呐检测	杆式便携视频
			Φ600 以内	Φ600 以上		
基价(元)			224.56	245.38	233.04	263.39
其中	人工费(元)		22.38	21.17	24.82	87.10
	材料费(元)		—	—	—	20.00
	机械使用费(元)		157.83	177.00	161.71	84.87
	其他措施费(元)		0.78	0.74	0.85	2.61
	安文费(元)		8.57	9.36	8.89	10.05
	管理费(元)		14.69	16.05	15.24	17.23
	利润(元)		12.24	13.37	12.70	14.35
	规费(元)		8.07	7.69	8.83	27.18
名称	单位	单价(元)	数量			
综合工日	工日		(0.28)	(0.27)	(0.31)	(1.00)
杆式便携视频管道检测	m	2.00	—	—	—	10.000
小型电视检测设备	台班	1836.28	0.052	—	—	—
多功能液压动力站	台班	1109.75	0.052	0.049	0.052	—
杆式便携视频	台班	169.73	—	—	—	0.500
有毒气体测试仪	台班	178.21	0.026	0.026	0.026	—
大型电视检测设备	台班	2407.86	—	0.049	—	—
声呐检测仪	台班	1910.99	—	—	0.052	—

2. 井下安全防护及检测

工作内容：排风扇安拆、给氧机安拆、潜水衣使用，安全用具、对讲机、有毒气体测试仪、发电机、下井人员体检、配备安检人员、监护人员、警示装置、护栏围挡、交通指挥人员等。

计量单位：次

定额编号				3-161	3-162	3-163
项目				下井安全防护措施	下井安全防护措施每增加一人	潜水员下水（人·次）
基价（元）				2795.65	845.25	1623.00
其中	人工费（元）			435.50	—	87.10
	材料费（元）			1249.60	711.65	1249.60
	机械使用费（元）			506.01	—	—
	其他措施费（元）			14.27	—	2.61
	安文费（元）			106.65	32.25	61.92
	管理费（元）			182.84	55.28	106.14
	利润（元）			152.36	46.07	88.45
	规费（元）			148.42	—	27.18
名称		单位	单价（元）	数量		
综合工日		工日		(5.30)	—	(1.00)
体检费		次	480.00	2.000	1.000	2.000
气体检测费		次	50.00	1.000	—	1.000
潜水衣		套	10800.00	0.020	0.020	0.020
水		m^3	5.13	1.000	1.000	1.000
其他材料费		%	1.00	1.500	1.500	1.500
载重汽车　装载质量(t)　6		台班	465.97	0.300	—	—
多功能液压动力站		台班	1109.75	0.330	—	—

注：适用于井下、管道内的检查检测。潜水员人工工资可按市场价调整。

3. 排水设施巡视检查

工作内容：检查巡视、记录检查结果。

计量单位：km · 次

定额编号				3-164
项目				排水管渠巡视检查
基价(元)				42.33
其中	人工费(元)			13.59
	材料费(元)			—
	机械使用费(元)			17.40
	其他措施费(元)			0.41
	安文费(元)			1.61
	管理费(元)			2.77
	利润(元)			2.31
	规费(元)			4.24
名称		单位	单价(元)	数量
综合工日		工日		(0.16)
巡视车 CCSF-H6		台班	300.00	0.058

十一、河道维修

1.浆砌片石维修

工作内容:拆除损坏部分,修复垫层夯实,清刷洗刷旧缝,洗刷拆除部位,洗、修片石,调制砂浆,砌筑,勾缝,养护。

计量单位:$10m^3$

定额编号				3-165	3-166	3-167
项目				浆砌片石维修		
				基础护底	护坡、台阶	挡土墙
基价(元)				3267.95	3954.80	3755.84
其中	人工费(元)			709.60	1128.82	1030.65
	材料费(元)			1799.17	1814.87	1779.10
	机械使用费(元)			—	—	—
	其他措施费(元)			21.29	33.86	30.92
	安文费(元)			124.67	150.88	143.29
	管理费(元)			213.72	258.64	245.63
	利润(元)			178.10	215.54	204.69
	规费(元)			221.40	352.19	321.56
名称		单位	单价(元)	数量		
综合工日		工日		(8.15)	(12.96)	(11.83)
片石		m^3	80.00	11.587	11.587	11.587
草袋		个	1.93	4.900	4.900	—
水		m^3	5.13	4.020	7.035	2.010
预拌水泥砂浆		m^3	220.00	3.707	3.707	3.707
其他材料费		%	1.00	1.500	1.500	1.500

2. 浆砌预制块维修

工作内容：拆除损坏部分，修复垫层夯实，清剔洗刷旧缝，洗刷拆除部位，洗、修预制块，调制砂浆，砌筑，勾缝，养护。

计量单位：$10m^3$

定额编号				3-168
项目				浆砌预制块维修 护坡、台阶
基价(元)				6946.70
其中	人工费(元)			1393.95
	材料费(元)			3958.88
	机械使用费(元)			15.59
	其他措施费(元)			42.14
	安文费(元)			265.02
	管理费(元)			454.31
	利润(元)			378.59
	规费(元)			438.22
名称		单位	单价(元)	数量
综合工日		工日		(16.08)
预拌砂浆 (干拌)		m^3	220.00	1.650
水		m^3	5.13	19.470
混凝土预制块 综合		m^3	380.00	9.200
干混砂浆罐式搅拌机 公称储量(L) 20000		台班	197.40	0.079

3. 水泥砂浆勾缝维修

工作内容:搭拆简易脚手架,清刷洗刷旧缝、垃圾污物,洒水,调制砂浆,凿齐缝边,嵌实缝隙,养护。

计量单位:m^2

定额编号				3-169	3-170
项目				浆砌片石勾缝	
				平缝	凸缝
基价(元)				15.00	21.97
其中	人工费(元)			8.71	12.19
	材料费(元)			0.94	2.13
	机械使用费(元)			—	—
	其他措施费(元)			0.26	0.37
	安文费(元)			0.57	0.84
	管理费(元)			0.98	1.44
	利润(元)			0.82	1.20
	规费(元)			2.72	3.80
名称		单位	单价(元)	数量	
综合工日		工日		(0.10)	(0.14)
水泥砂浆 1:2		m^3	232.70	0.004	0.009
其他材料费		%	1.00	1.500	1.500

4. 土堤护坡维修

工作内容：拆除沉陷、缺、残部位，平整拍实坡面，敲碎土块装码草包，搭拆跳板，挂线，整修等。

计量单位：10m³

定额编号				3-171	3-172
项目				堤坡加固	草包土护坡
基价(元)				1110.64	1544.08
其中	人工费(元)			696.80	719.45
	材料费(元)			—	334.54
	机械使用费(元)			—	—
	其他措施费(元)			20.90	21.58
	安文费(元)			42.37	58.91
	管理费(元)			72.64	100.98
	利润(元)			60.53	84.15
	规费(元)			217.40	224.47
名称		单位	单价(元)	数量	
综合工日		工日		(8.00)	(8.26)
草袋		个	1.93	—	153.765
麻绳		kg	8.71	—	3.769
其他材料费		%	1.00	—	1.500

十二、河道清淤保洁巡视

1. 河道清淤

工作内容：河底集中砖、石、垃圾杂物成堆，垃圾杂物送上岸，挖深填埋，300m 以内运输。

计量单位：10m³

定额编号				3-173	3-174	3-175
项目				人工清淤		
				河岸高(m 以内)		
				2	4	6
基价(元)				1125.90	1431.35	1975.55
其中	人工费(元)			706.38	898.00	1239.43
	材料费(元)			—	—	—
	机械使用费(元)			—	—	—
	其他措施费(元)			21.19	26.94	37.18
	安文费(元)			42.95	54.61	75.37
	管理费(元)			73.63	93.61	129.20
	利润(元)			61.36	78.01	107.67
	规费(元)			220.39	280.18	386.70
名称		单位	单价(元)	数量		
综合工日		工日		(8.11)	(10.31)	(14.23)

工作内容:挖淤泥、流砂,堆放一边或装车,移动位置,清理工作面,冲泥成浆,泥浆自排。

计量单位:$1000m^3$

定额编号				3-176	3-177	3-178
项目				机械清淤 斗容量 $0.6m^3$ 不装车	机械清淤 斗容量 $0.6m^3$ 装车	河道水冲法清淤
基价(元)				12024.28	13705.08	10085.90
其中	人工费(元)			993.29	1132.30	5661.50
	材料费(元)			—	—	—
	机械使用费(元)			7902.24	9006.65	894.08
	其他措施费(元)			107.75	122.81	169.85
	安文费(元)			458.73	522.85	384.78
	管理费(元)			786.39	896.31	659.62
	利润(元)			655.32	746.93	549.68
	规费(元)			1120.56	1277.23	1766.39
名称		单位	单价(元)	数量		
综合工日		工日		(30.79)	(35.10)	(65.00)
履带式推土机 功率(kW) 75		台班	857.00	2.373	2.704	—
电动单级离心清水泵 出口直径(mm) 100		台班	32.75	—	—	27.300
履带式单斗液压挖掘机 斗容量(m^3) 0.6		台班	801.50	7.322	8.346	—

注:1. 如需排水,排水费用另行计算。

2. 本定额不包括挖掘机的场内支垫费用,如发生按实际计算。水冲法清淤中水为利用河水,如为自来水,费用另行计算。

工作内容：挖淤泥、流砂，装车，清理机下余土。

计量单位：$1000m^3$

定额编号				3-179	3-180
项目				机械装淤泥	
				斗容量 $1.0m^3$（装车）	
				深 6m 以内	深 6m 以外
基价（元）				15698.91	17471.96
其中	人工费（元）			3713.68	4133.16
	材料费（元）			—	—
	机械使用费（元）			8233.94	9163.81
	其他措施费（元）			111.41	123.99
	安文费（元）			598.91	666.56
	管理费（元）			1026.71	1142.67
	利润（元）			855.59	952.22
	规费（元）			1158.67	1289.55
名称		单位	单价（元）	数量	
综合工日		工日		（42.64）	（47.45）
抓铲挖掘机 $1m^3$		台班	822.90	10.006	11.136

2. 河道保洁

工作内容：1. 打捞漂浮物，无浮物。

2. 疏通水孔，清除管口泥土杂物。

计量单位：10m²

定额编号				3-181	3-182
项目				打捞水面漂浮物	人工疏通出水口（1孔）
基价（元）				94.41	34.71
其中	人工费（元）			59.23	21.78
	材料费（元）			—	—
	机械使用费（元）			—	—
	其他措施费（元）			1.78	0.65
	安文费（元）			3.60	1.32
	管理费（元）			6.17	2.27
	利润（元）			5.15	1.89
	规费（元）			18.48	6.80
名称		单位	单价（元）	数量	
综合工日		工日		（0.68）	（0.25）

3.河道巡视检查

工作内容：巡视检查，记录巡视检查结果。

计量单位：km·次

定额编号				3-183
项目				河道巡视
基价(元)				49.52
其中	人工费(元)			8.71
	材料费(元)			—
	机械使用费(元)			30.00
	其他措施费(元)			0.26
	安文费(元)			1.89
	管理费(元)			3.24
	利润(元)			2.70
	规费(元)			2.72
名称		单位	单价(元)	数量
综合工日		工日		(0.10)
巡视车　CCSF-H6		台班	300.00	0.100

第四章　城市照明设施养护维修工程

说　明

一、本章适用于城镇道路、桥梁、立交、市政地下通道、楼宇景观等纳入市政养护的城市照明设施的日常维护维修工程。主要包括：

（一）变配电设施维修；

（二）10kV 以下架空线路维修；

（三）电缆维修；

（四）配管、配线维修；

（五）照明器具维修；

（六）防雷接地装置维修；

（七）路灯保洁及灯杆（架）刷漆、喷漆；

（八）路灯巡视检查；

（九）变压器及输配电装置系统调试。

二、本章定额编制依据：

1. 住房和城乡建设部《市政工程设施养护维修估算指标》（HGZ-120—2011）。

2.《河南省市政工程预算定额》（HA A1-31—2016）。

3.《河南省通用安装工程预算定额》（HA 02-31—2016）。

4.《城市道路照明设计标准》（J 627—2015）。

5.《城市照明管理规定》（中华人民共和国住房和城乡建设部令第 4 号）。

6.《江苏省市政设施养护维修定额》《河北省市政设施养护维修定额》《陕西省市政设施养护维修定额》《广西壮族自治区市政设施养护维修工程消耗量及费用定额》及基础资料。

三、本章定额的相关规定

（一）一般规定

1. 本章定额考虑了路灯维修施工的高空作业因素，不再计算超高增加费。

2. 本章定额均已包括了维修前的备料、设备器材、工机具的场内搬运、工程清理、运输等工作内容。

3. 本定额中的更换项目包括拆旧、换新两个工作内容，实际工作中仅有拆除内容的，套用本章定额相应子目，人工、机械乘以系数 0.3；实际工作中仅有安装内容的，套用《河南省市政工程预算定额》（HA A1-31-2016）相应项目。

4. 楼宇景观灯的更换施工措施按工人腰系白棕绳及安全绳从楼顶往下施工考虑，定额内的安全措施材料费为白棕绳及安全绳的摊销费用。

5. 采用挂篮作业项目按相应维护定额子目乘以系数 1.5，挂篮制作费用另行计算。

6. 挖、填土方及破混凝土路面工作执行本册第一章通用项目相应定额子目，路面恢复及赔偿工作按实际发生费用计算；路灯维护所涉及对树枝修剪、绿化带移除、恢复及赔偿工作，按实际发生费用计算。

7. 本章定额不包括线路参数的测定、运行工作。

8. 本章定额电压等级按 10kV 以下考虑。

（二）电缆维修

架空线路的电缆故障点查找按相应的低压电缆线路故障点查找，定额乘以系数 0.7 计算。

（三）照明器具维修

1. 不属于楼宇景观灯的 LED 灯具更换，按相应的普通路灯灯具更换定额执行。

2. 在实际施工中，中杆投光灯灯架更换和高杆灯灯盘更换采用的高架车机械与定额配置不同时，所用高架车机械可按实调整。

3. 灯架更换均已考虑灯具、灯泡的更换内容。

（四）路灯保洁及灯杆灯架刷漆、喷漆

1. 本章适用于立式灯杆，已综合考虑灯杆高度，不再计算超高增加费。

2. 照明设施保洁定额按现场清洗考虑的，集中清洗时运输费另计。

3. 定额取定油漆品种与实际不同时的，根据实际要求进行换算，但人工、机械消耗量不变。

工程量计算规则

一、变配电设施维修

1. 应定期进行检修,变压器更换按不同容量以"台"为计量单位。

2. 变压器油过滤更换,不论过滤多少次,直到过滤合格为止。以"t"为计量单位,变压器油的过滤量可按制造厂家提供的油量计算。

3. 高压成套配电柜和组合箱式变电站更换以"台"为计量单位。

4. 各种配电箱、柜更换以"套"为单位计算。

5. 各种接线端子更换按不同导线截面面积,以"10个"为单位计算。

6. 各种仪表、电器、分流器、漏电保护开关,以"个"为单位计算。

二、10kV以下架空线路维修

1. 各种电线杆更换分材质与高度,按设计数量以"根"为单位计算。

2. 拉线更换,分不同形式以"组"为单位计算。

3. 横担更换,分不同线数和电压等级以"组"为单位计算。

4. 导线更换分导线类型与截面按1km/单线计算。

5. 路灯设施编号更换按"100个"为单位计算;开关箱号、路灯编号、钉或粘贴号牌更换不满10个,按"10个"为单位计算。

6. 绝缘子更换以"10个"为单位计算。

7. 维修更换设施5个以内的,人工、机械乘以系数1.2。

三、电缆维修

1. 本定额电缆更换工程未包含沟槽开挖及回填,开挖及回填沟槽套用本册第一章通用项目土石方工程。

2. 电缆更换按不同规格型号数量以"100m"为计量单位,定额子目中已包含敷设系数,工程量按其实际路径长度计算,同一沟槽中有2根电缆的,分别计算。

3. 电缆保护管长度,除按设计规定长度计算外,如遇下列情况,应按以下规定增加保护管长度:

(1)横穿道路,按路基宽度两端各加2m。

(2)垂直敷设时,管口离地面加2m。

(3)穿过建筑物外墙时,按基础外缘以外加2m。

(4)穿过排水沟时,按沟壁外缘以外加1m。

4. 电缆敷设长度应根据敷设路径的水平敷设长度和垂直敷设长度,另加下表规定的附加长度:

项目	预留长度	说明
电缆敷设弛度、波形弯度、交叉	2.50%	按电缆全长计算
电缆进入灯杆接线井内	1.0m	规范规定最小值
电缆进入沟内或吊架时引上预留	1.5m	规范规定最小值
电缆终端头	1.5m	检修余量
高压开关柜	2.0m	柜下进出线

注:电缆附加长度及预留长度是电缆敷设长度的组成部分,应计入电缆敷设长度工程量之内。

5. 电缆终端头及中间头、电缆穿刺线夹更换均以"个"为计量单位。

6. 电缆线路故障点查找按事故发生点的数量计算。

四、配管、配线维修

1. 更换管内穿线工程量计算应区别线路性质、导线材质、导线截面面积，按单线路长度计算。线路的分支接头线的长度已综合考虑在定额中，不再计算接头长度。

2. 塑料护套线明敷设工程量计算应区别导线截面面积、导线芯数、敷设位置，按单线路长度计算。

3. 各种配管更换的工程量计算应区别不同敷设方式、敷设位置、管材材质、规格，以“m”为计量单位。不扣除管路中间的接线箱（盒）、灯盒、开关盒所占长度。

4. 带形母线更换工程量计算应区分母线材质、母线截面面积、安装位置，按长度计算。

5. 接线盒更换工程量计算应区别安装形式以及接线盒类型，以“10 个”为单位计算。

6. 开关、插座、按钮更换等的预留线已分别综合在相应定额内，不另行计算。

7. 接线盒更换工程应区别安装形式以及接线盒类型，以“10 个”为单位计算。

8. 维修更换设施 5 个以内的，人工、机械乘以系数 1.2。

五、照明器具维修

1. 各种悬挑灯、广场灯、高杆灯灯架更换分别以“10 套”“套”为单位计算。

2. 各种灯具、照明器件更换分别以“10 套”“套”为单位计算。

3. 灯杆座更换、校正以“10 只”“10 套”为单位计算。

4. 维修更换设施 5 套以内的，人工、机械乘以系数 1.2。

六、防雷接地装置维修

1. 接地极更换以“根”为计量单位，其长度按设计长度计算，设计无规定时，按每根 2.5m 计算，设计有管帽时，管帽另按加工件计算。

2. 接地母线、避雷线更换均按施工图设计水平和垂直图示长度另加 3.9% 的附加长度（包括转弯、上下波动、避绕障碍物、搭接头所占长度）及 2% 的损耗量。

3. 接地跨接线以“10 处”为计量单位计算。凡需接地跨接线时，每跨接一次按一处计算。

七、路灯保洁及灯杆（架）刷漆、喷漆

灯杆灯架除锈、刷油按灯杆灯架尺寸以外围表面面积计算；一般钢结构除锈、喷漆按尺寸以钢结构质量计算。

八、线路巡视检查

线路巡查按巡查线路的长度计算。

九、变压器及输配电装置系统调试

1. 输配电设备系统调试是按照一侧有一台断路器考虑的，若两侧均有断路器，则按照两个系统计算。

2. 变压器系统调试是按照每个电压侧有一台断路器考虑的，若断路器多于一台，则按照相应的电压等级另行计算配电设备系统调试费。

一、变配电设施维修

1.更换杆上变压器

工作内容:拆旧、装新、接线、接地等。

计量单位:台

定额编号				4-1
项目				更换杆上变压器
基价(元)				2679.43
其中	人工费(元)			1124.46
	材料费(元)			80.85
	机械使用费(元)			608.72
	其他措施费(元)			40.05
	安文费(元)			87.62
	管理费(元)			175.23
	利润(元)			146.03
	规费(元)			416.47
名称		单位	单价(元)	数量
综合工日		工日		(14.48)
棉纱头		kg	12.00	0.100
钢锯条		根	0.50	1.500
镀锌六角螺栓带螺母　M16×85		套	2.00	4.100
调和漆		kg	15.00	0.800
电力复合脂		kg	20.00	0.100
镀锌圆钢		kg	4.75	4.080
镀锌铁丝　Φ2.5~4.0		kg	5.18	1.029
防锈漆		kg	16.30	0.500
钢垫板　δ1~2		kg	5.50	3.926
汽油　综合		kg	7.00	0.150
其他材料费		%	1.00	1.500
载重汽车　装载质量(t)　5		台班	446.68	0.654
汽车式起重机　提升质量(t)　8		台班	691.24	0.458

注:支架、横担、撑铁材料费按实际发生计算。

2. 更换地上变压器

工作内容:开箱检查、拆旧、装新、接线、接地、附件安装及调试等。

计量单位:台

定额编号				4-2
项目				更换地上变压器
基价(元)				3045.95
其中	人工费(元)			964.63
	材料费(元)			325.39
	机械使用费(元)			880.61
	其他措施费(元)			36.01
	安文费(元)			99.60
	管理费(元)			199.21
	利润(元)			166.00
	规费(元)			374.50
名称		单位	单价(元)	数量
综合工日		工日		(12.83)
调和漆		kg	15.00	1.200
镀锌扁钢 40×4		kg	4.06	4.500
青壳纸 δ0.1~1.0		kg	55.20	0.150
酚醛磁漆		kg	17.30	0.200
白布		m^2	9.14	0.450
防锈漆		kg	16.30	0.900
铁砂布 0#~2#		张	1.19	0.500
电力复合脂		kg	20.00	0.050
白纱布带 19mm×20m		卷	3.63	1.500
镀锌铁丝 Φ2.5~4.0		kg	5.18	1.029
汽油 综合		kg	7.00	0.400
滤油纸 300×300		张	0.41	30.000
塑料布		m^2	6.72	1.500
钢垫板 δ1~2		kg	5.50	4.811
电焊条 L-60 Φ3.2		kg	39.00	0.300
镀锌六角螺栓带螺母 M18×95		套	2.90	4.100
棉纱头		kg	12.00	0.500
变压器油		kg	16.50	10.000
载重汽车 装载质量(t) 5		台班	446.68	0.175
真空滤油机 能力(L/h) 6000		台班	251.97	0.928
交流弧焊机 容量(kV·A) 21		台班	57.02	0.371
汽车式起重机 提升质量(t) 8		台班	691.24	0.792

3. 更换及过滤变压器油

工作内容：过滤前的准备以及过滤后的清理、油过滤、取油样、配合试验。

计量单位：t

定额编号				4-3
项目				更换及过滤变压器油
基价(元)				1520.32
其中	人工费(元)			275.50
	材料费(元)			426.62
	机械使用费(元)			485.20
	其他措施费(元)			8.86
	安文费(元)			49.71
	管理费(元)			99.43
	利润(元)			82.86
	规费(元)			92.14
名称		单位	单价(元)	数量
综合工日		工日		(3.31)
棉纱头		kg	12.00	0.300
电焊条 L-60 Φ3.2		kg	39.00	0.050
钢板 综合		kg	3.42	27.000
变压器油		kg	16.50	18.000
镀锌铁丝 Φ2.5~4.0		kg	5.18	0.412
绝缘胶带黑 20mm×20m		卷	2.00	0.040
滤油纸 300×300		张	0.41	72.000
汽车式起重机 提升质量(t) 8		台班	691.24	0.074
真空滤油机 能力(L/h) 6000		台班	251.97	1.487
交流弧焊机 容量(kV·A) 21		台班	57.02	0.595
电焊条烘干箱 容量(cm^3) 60×50×75		台班	25.67	0.991

4. 变压器巡检及定检

工作内容：1. 检查接火杆塔或终端杆塔及横担、金具、绝缘子、导线、拉线、户外开关、刀闸、跌落式熔断器、高压避雷器、高压电缆等；

2. 检查变压器的负荷、电压、电流、变压器油、接点、油位、油色、温控系统、运行声音、外壳接地及外观；

3. 填写工作记录。

计量单位：台/次

定额编号				4-4
项目				变压器巡检
基价(元)				257.56
其中	人工费(元)			66.20
	材料费(元)			—
	机械使用费(元)			117.96
	其他措施费(元)			2.99
	安文费(元)			8.42
	管理费(元)			16.84
	利润(元)			14.04
	规费(元)			31.11
名称		单位	单价(元)	数量
综合工日		工日		(1.01)
三相多功能钳形相位伏安表　量程：U:45~450V，精度：±0.5%；I:1.5mA~10A，精度：±0.5%；ϕ:0°~360°，精度：±1°；F:45~65Hz，精度：±0.03%，P:(220±40)V，精度：±0.5%；PF:(220±40)V，精度：±0.01%		台班	16.71	0.250
数字万用表　F-87		台班	4.01	0.250
成像亮度计　亮度：0.01cd/m^2~15kcd/m^2，精度：±5%		台班	78.49	0.250
红外线测温仪　量程：200~1800℃，精度：±1%		台班	35.72	0.250
载重汽车　装载质量(t)　2		台班	336.91	0.250

工作内容：停电、验电、挂警示牌，拆高、低压接线头，外观检查，清扫积尘，紧固松动处，摇测绝缘接地电阻，检查温控机、风机，安装高、低压接线头，恢复送电。

计量单位：台/次

定额编号				4-5
项目				变压器定检
基价(元)				482.15
其中	人工费(元)			136.75
	材料费(元)			2.44
	机械使用费(元)			205.20
	其他措施费(元)			5.63
	安文费(元)			15.77
	管理费(元)			31.53
	利润(元)			26.28
	规费(元)			58.55
名称		单位	单价(元)	数量
综合工日		工日		(1.95)
棉纱头		kg	12.00	0.200
其他材料费		%	1.00	1.500
钳形接地电阻测试仪 量程：0.1～1200Ω，1mA～30A		台班	12.04	0.380
数字万用表 F-87		台班	4.01	0.380
三相多功能钳形相位伏安表 量程：U：45～450V，精度：±0.5%；I：1.5mA～10A，精度：±0.5%；ϕ：0°～360°，精度：±1°；F：45～65Hz，精度：±0.03%，P：(220±40)V，精度：±0.5%；PF：(220±40)V，精度：±0.01%		台班	16.71	0.380
载重汽车 装载质量(t) 2		台班	336.91	0.380
成像亮度计 亮度：0.01cd/m^2～15kcd/m^2，精度：±5%		台班	78.49	0.380
接地电阻测试仪 DET-3/2		台班	50.40	0.380
兆欧表 量程：0.01Ω～20kΩ，0.1～600V		台班	5.72	0.380
红外线测温仪 量程：200～1800℃，精度：±1%		台班	35.72	0.380

5. 更换组合型成套箱式变电站

工作内容：开箱检查、拆旧、装新、接线、接地、调试等。

计量单位：台

定额编号				4-6
项目				更换组合型成套箱式变电站 带高压开关柜
基价(元)				4095.11
其中	人工费(元)			1335.50
	材料费(元)			866.92
	机械使用费(元)			725.57
	其他措施费(元)			47.56
	安文费(元)			133.91
	管理费(元)			267.82
	利润(元)			223.18
	规费(元)			494.65
名称		单位	单价(元)	数量
综合工日		工日		(17.20)
变压器油		kg	16.50	0.800
镀锌扁钢 60×6		kg	4.06	168.000
焊锡		kg	57.50	0.400
焊锡膏		kg	36.00	0.080
棉纱头		kg	12.00	0.150
调和漆		kg	15.00	0.600
电力复合脂		kg	20.00	0.200
白布		m^2	9.14	0.800
防锈漆		kg	16.30	0.600
汽油 综合		kg	7.00	0.800
电焊条 L-60 Φ3.2		kg	39.00	0.250
铁砂布 0#~2#		张	1.19	2.500
钢垫板 δ1~2		kg	5.50	13.953
钢锯条		根	0.50	1.000
镀锌六角螺栓带螺母 M16×200		套	3.00	6.100
汽车式起重机 提升质量(t) 8		台班	691.24	0.619
载重汽车 装载质量(t) 5		台班	446.68	0.627
交流弧焊机 容量(kV·A) 21		台班	57.02	0.309

6. 更换电力电容器

工作内容：开箱检查、拆旧、装新、配合试验、接地等。

计量单位：个(台)

定额编号				4-7
项目				更换电力电容器
基价(元)				116.84
其中	人工费(元)			55.40
	材料费(元)			24.67
	机械使用费(元)			—
	其他措施费(元)			1.66
	安文费(元)			3.82
	管理费(元)			7.64
	利润(元)			6.37
	规费(元)			17.28
名称		单位	单价(元)	数量
综合工日		工日		(0.64)
电力复合脂		kg	20.00	0.020
焊锡膏		kg	36.00	0.010
焊锡		kg	57.50	0.030
镀锌裸铜绞线 16mm^2		kg	59.50	0.300
汽油 综合		kg	7.00	0.100
钢锯条		根	0.50	1.000
防锈漆		kg	16.30	0.100
调和漆		kg	15.00	0.100

7. 更换高压成套配电柜

工作内容：开箱检查、拆旧、装新、接线、接地等。

计量单位：台

定额编号				4-8	4-9	4-10	4-11
项目				更换高压成套配电柜			
				单母线柜		双母线柜	
				断路器柜	互感器柜	断路器柜	互感器柜
基价(元)				1369.90	1092.29	1663.67	1395.91
其中	人工费(元)			692.62	552.56	839.99	680.34
	材料费(元)			54.65	43.39	60.13	47.47
	机械使用费(元)			157.96	125.92	198.39	198.39
	其他措施费(元)			22.42	17.87	27.31	22.52
	安文费(元)			44.80	35.72	54.40	45.65
	管理费(元)			89.59	71.44	108.80	91.29
	利润(元)			74.66	59.53	90.67	76.08
	规费(元)			233.20	185.86	283.98	234.17
名称		单位	单价(元)	数量			
综合工日		工日		(8.36)	(6.67)	(10.17)	(8.34)
汽油 综合		kg	7.00	0.200	0.200	0.200	0.200
焊锡膏		kg	36.00	0.050	0.030	0.060	0.040
电力复合脂		kg	20.00	0.100	0.050	0.100	0.050
电焊条 L-60 Φ3.2		kg	39.00	0.150	0.150	0.150	0.150
棉纱头		kg	12.00	0.200	0.200	0.200	0.200
铁砂布 0#~2#		张	1.19	0.500	0.500	1.000	1.000
镀锌六角螺栓带螺母 M12×80		套	1.70	6.100	6.100	6.100	6.100
防锈漆		kg	16.30	0.100	0.100	0.100	0.100
白布		m^2	9.14	0.300	0.300	0.200	0.300
调和漆		kg	15.00	0.100	0.100	0.100	0.100
钢锯条		根	0.50	0.500	0.500	1.000	1.000
焊锡		kg	57.50	0.250	0.150	0.300	0.200
变压器油		kg	16.50	0.430	0.200	0.570	0.200
钢垫板 δ1~2		kg	5.50	0.481	0.481	0.481	0.481
汽车式起重机 提升质量(t) 8		台班	691.24	0.148	0.123	0.199	0.199
交流弧焊机 容量(kV·A) 21		台班	57.02	0.186	0.186	0.186	0.186
载重汽车 装载质量(t) 4		台班	398.64	0.113	0.076	0.126	0.126

8. 更换成套低压路灯控制柜

工作内容:开箱检查、拆旧、装新、接线、接地等。

计量单位:套

定额编号				4-12	4-13	4-14	4-15	4-16
项目				更换成套低压路灯控制柜				
				常规电气配电柜				
				计量柜	控制总柜	照明分柜	动力分柜	电容器分柜
基价(元)				840.74	835.82	969.52	707.32	295.11
其中	人工费(元)			385.42	387.16	466.94	301.37	48.95
	材料费(元)			111.66	105.16	111.38	111.38	100.84
	机械使用费(元)			74.94	74.94	74.94	74.94	74.94
	其他措施费(元)			12.32	12.37	14.76	9.80	2.22
	安文费(元)			27.49	27.33	31.70	23.13	9.65
	管理费(元)			54.98	54.66	63.41	46.26	19.30
	利润(元)			45.82	45.55	52.84	38.55	16.08
	规费(元)			128.11	128.65	153.55	101.89	23.13
名称		单位	单价(元)	数量				
综合工日		工日		(4.61)	(4.63)	(5.55)	(3.65)	(0.75)
电缆头固定板 (铁件)		kg	3.40	0.230	0.230	0.230	0.230	—
接地铜排 5×30		m	92.00	0.820	0.820	0.820	0.820	0.820
六角螺栓带螺母 M12×55		套	1.50	8.160	4.080	8.160	8.160	8.160
六角螺栓带螺母 M16×60		套	2.86	4.080	4.080	4.080	4.080	4.080
铜卡子		个	9.32	1.060	1.030	1.030	1.030	—
其他材料费		%	1.00	1.500	1.500	1.500	1.500	1.500
载重汽车 装载质量(t) 4		台班	398.64	0.188	0.188	0.188	0.188	0.188

9.更换落地式控制箱

工作内容:拆旧、装新、接线、接地等。

计量单位:套

定额编号				4-17	4-18
项目				更换落地式控制箱	
				半周长 2m 以内	
				四路	六路
基价(元)				1015.10	1053.39
其中	人工费(元)			477.57	501.09
	材料费(元)			106.99	107.88
	机械使用费(元)			100.80	100.80
	其他措施费(元)			15.34	16.04
	安文费(元)			33.19	34.45
	管理费(元)			66.39	68.89
	利润(元)			55.32	57.41
	规费(元)			159.50	166.83
名称		单位	单价(元)	数量	
综合工日		工日		(5.73)	(6.00)
接地线 25mm²		m	24.00	3.650	3.650
六角螺栓带螺母 M12×120		套	1.21	8.000	8.000
电缆固定压板		kg	3.50	1.020	1.270
棉纱头		kg	12.00	0.020	0.020
路灯控制箱		个	—	(1.00)	(1.00)
凡士林润滑脂		kg	10.50	0.040	0.040
电焊条 L-60 Φ3.2		kg	39.00	0.100	0.100
其他材料费		%	1.00	1.500	1.500
交流弧焊机 容量(kV·A) 21		台班	57.02	0.013	0.013
载重汽车 装载质量(t) 4		台班	398.64	0.251	0.251

10. 更换杆上配电设备

工作内容:拆旧、装新、配线、接线、接地等。

计量单位:组

定额编号			4-19	4-20	4-21	4-22	4-23
项目			更换杆上配电设备				
			跌落式熔断器	避雷器	隔离开关	油开关(台)	配电箱(台)
基价(元)			336.49	359.19	515.65	1095.92	590.95
其中	人工费(元)		100.34	109.14	210.26	219.23	256.68
	材料费(元)		44.00	51.42	48.32	43.38	49.82
	机械使用费(元)		94.98	94.98	94.98	522.86	94.98
	其他措施费(元)		4.02	4.28	7.32	12.56	8.71
	安文费(元)		11.00	11.75	16.86	35.84	19.32
	管理费(元)		22.01	23.49	33.72	71.67	38.65
	利润(元)		18.34	19.58	28.10	59.73	32.21
	规费(元)		41.80	44.55	76.09	130.65	90.58
名称	单位	单价(元)	数量				
综合工日	工日		(1.40)	(1.50)	(2.67)	(4.01)	(3.20)
镀锌六角螺栓带螺母 M16×85	套	2.00	3.100	9.200	8.100	4.100	—
防锈漆	kg	16.30	0.100	0.100	0.200	0.300	0.200
软塑料管 Φ8	m	0.50	—	—	—	—	17.500
镀锌六角螺栓带螺母 M12×80	套	1.70	6.100	2.000	—	—	6.100
电力复合脂	kg	20.00	0.050	0.050	0.050	0.050	—
铁丝 Φ2	m	0.12	3.741	3.741	3.741	3.741	—
钢锯条	根	0.50	1.000	1.000	1.000	1.000	1.000
镀锌接地线板 40×5×120	个	1.00	—	2.080	—	—	—
调和漆	kg	15.00	0.200	0.200	0.400	0.500	0.400
棉纱头	kg	12.00	0.100	0.100	0.100	0.100	0.100
镀锌圆钢 Φ10	t	4750.00	0.004	0.004	0.004	0.004	0.004
其他材料费	%	1.00	1.500	1.500	1.500	1.500	1.500
汽车式起重机 提升质量(t) 8	台班	691.24	—	—	—	0.619	—
载重汽车 装载质量(t) 3	台班	378.41	0.251	0.251	0.251	0.251	0.251

11. 更换杆上控制箱

工作内容：拆旧、装新、接线、接地、运行等。

计量单位：套

定额编号				4-24
项目				更换杆上控制箱
基价(元)				1157.36
其中	人工费(元)			320.18
	材料费(元)			417.11
	机械使用费(元)			119.56
	其他措施费(元)			10.87
	安文费(元)			37.85
	管理费(元)			75.69
	利润(元)			63.08
	规费(元)			113.02
名称		单位	单价(元)	数量
综合工日		工日		(3.99)
六角螺栓带螺母　M12×55		套	1.50	4.100
铜接地线　$25mm^2$		m	24.00	10.180
镀锌　M 型抱铁		个	5.08	2.020
镀锌　V 型横箍		副	3.50	2.020
六角螺栓带螺母　M16×60		套	2.86	8.200
镀锌铁丝　Φ1.2~2.2		kg	5.32	0.123
电焊条　L-60 Φ3.2		kg	39.00	0.100
开关箱固定压板　4×50		副	1.51	1.000
镀锌支架支撑　∠50×50×1320		副	17.00	2.020
凡士林润滑脂		kg	10.50	0.020
镀锌横担　∠5×50×1500		根	38.13	2.074
其他材料费		%	1.00	1.500
交流弧焊机　容量(kV·A)　21		台班	57.02	0.013
载重汽车　装载质量(t)　3		台班	378.41	0.314

12. 更换控制箱柜附件

工作内容：开箱检查、拆旧、装新、校验、接线、接地等。

计量单位：个

定　额　编　号				4-25	4-26	4-27
项　　　目				更换控制箱柜附件		
				户外式端子箱	光电控制器	时间控制器
基　　价(元)				603.97	66.53	44.44
其中	人　工　费(元)			235.43	36.76	22.82
	材　料　费(元)			191.64	7.04	7.04
	机械使用费(元)			4.22	—	—
	其他措施费(元)			7.06	1.10	0.68
	安　文　费(元)			19.75	2.18	1.45
	管　理　费(元)			39.50	4.35	2.91
	利　　润(元)			32.92	3.63	2.42
	规　　费(元)			73.45	11.47	7.12
名　　称		单位	单价(元)	数　　量		
综合工日		工日		(2.70)	(0.42)	(0.26)
电焊条　L-60 Φ3.2		kg	39.00	0.200	—	—
六角螺栓带螺母　M6×20		套	0.14	—	4.000	4.000
钢垫板　δ1～2		kg	5.50	0.289	—	—
调和漆		kg	15.00	0.200	—	—
角钢　63 以内		kg	3.11	9.000	—	—
扁钢　60 以内		kg	2.86	3.000	—	—
钢锯条		根	0.50	0.500	—	—
铜芯橡皮花线　BXH 2×16/0.15mm^2		m	2.09	2.000	3.050	3.050
六角螺栓带螺母　M10×30		套	0.90	4.100	—	—
铜芯塑料绝缘电线　BV-35mm^2		m	21.56	6.110	—	—
其他材料费		%	1.00	1.500	1.500	1.500
交流弧焊机　容量(kV·A)　21		台班	57.02	0.074	—	—

13. 制作及更换配电板

工作内容：拆旧、装新、接线等。

计量单位：m²

定额编号				4-28	4-29
项目				制作配电板	更换配电板
基价(元)				419.16	204.19
其中	人工费(元)			80.92	114.19
	材料费(元)			246.60	14.82
	机械使用费(元)			—	4.96
	其他措施费(元)			2.43	3.43
	安文费(元)			13.71	6.68
	管理费(元)			27.41	13.35
	利润(元)			22.84	11.13
	规费(元)			25.25	35.63
名称		单位	单价(元)	数量	
综合工日		工日		(0.93)	(1.31)
铁砂布 0#~2#		张	1.19	0.500	—
调和漆		kg	15.00	—	0.080
塑料软管 综合		kg	7.99	—	0.160
酚醛布板		kg	17.00	14.380	—
镀锌扁钢 25×4		kg	4.08	—	0.830
破布		kg	6.19	0.250	—
铜膨胀螺栓 M8		10个	1.67	—	0.410
绝缘胶带黑 20mm×20m		卷	2.00	—	0.160
电焊条 L-60 Φ3.2		kg	39.00	—	0.050
棉纱头		kg	12.00	—	0.500
交流弧焊机 容量(kV·A) 21		台班	57.02	—	0.087

注：配电板材质为木板、塑料板，据实调整。

14. 更换成套配电箱

工作内容:开箱检查、拆旧、装新、接线、接地等。

计量单位:台

定额编号				4-30	4-31
项目				更换成套配电箱	
				落地式	悬挂嵌入式
基价(元)				657.05	503.43
其中	人工费(元)			295.88	228.11
	材料费(元)			22.62	21.76
	机械使用费(元)			122.33	88.46
	其他措施费(元)			10.17	7.74
	安文费(元)			21.49	16.46
	管理费(元)			42.97	32.92
	利润(元)			35.81	27.44
	规费(元)			105.78	80.54
名称		单位	单价(元)	数量	
综合工日		工日		(3.72)	(2.84)
镀锌扁钢 25×4		kg	4.08	1.500	1.500
铜膨胀螺栓 M12		10个	1.98	—	0.410
电焊条 L-60 Φ3.2		kg	39.00	0.150	0.150
镀锌六角螺栓带螺母 M10×80		套	0.55	6.100	4.100
铁砂布 0#~2#		张	1.19	1.000	1.200
破布		kg	6.19	0.100	0.120
绝缘胶带黑 20mm×20m		卷	2.00	0.200	0.200
酚醛磁漆		kg	17.30	0.020	0.020
塑料软管 综合		kg	7.99	0.300	0.250
调和漆		kg	15.00	0.050	0.050
钢垫板 δ1~2		kg	5.50	0.289	0.192
交流弧焊机 容量(kV·A) 21		台班	57.02	0.123	0.123
载重汽车 装载质量(t) 4		台班	398.64	0.076	0.076
汽车式起重机 提升质量(t) 8		台班	691.24	0.123	0.074

15. 更换熔断器、限位开关

工作内容：开箱检查、拆旧、装新、接线、接地等。

计量单位：个

定额编号				4-32	4-33	4-34
项目				更换熔断器		更换限位开关
				瓷插螺旋式	管式	普通式
基价(元)				28.04	99.39	98.14
其中	人工费(元)			12.19	57.05	48.95
	材料费(元)			7.40	7.66	13.93
	机械使用费(元)			—	—	3.54
	其他措施费(元)			0.37	1.71	1.47
	安文费(元)			0.92	3.25	3.21
	管理费(元)			1.83	6.50	6.42
	利润(元)			1.53	5.42	5.35
	规费(元)			3.80	17.80	15.27
名称		单位	单价(元)	数量		
综合工日		工日		(0.14)	(0.66)	(0.56)
焊锡		kg	57.50	0.030	0.050	—
限位开关		个	—	—	—	(1.00)
镀锌扁钢 25×4		kg	4.08	—	—	0.700
镀锌六角螺栓带螺母 M10×70		套	0.55	2.000	2.000	5.100
破布		kg	6.19	0.050	0.050	0.150
石棉橡胶板 δ1.5		m^2	30.00	0.010	—	—
焊锡膏		kg	36.00	0.010	0.010	—
橡皮护套圈 Φ17		个	1.51	2.000	2.000	—
硬铜绞线 TJ-6mm²		kg	49.70	—	—	0.030
电焊条 L-60 Φ3.2		kg	39.00	—	—	0.150
保险丝 10A		轴	9.68	0.060	—	—
交流弧焊机 容量(kV·A) 21		台班	57.02	—	—	0.062

16. 更换控制器、启动器

工作内容：开箱检查、拆旧、装新、接线、接地等。

计量单位：台

定额编号				4-35	4-36	4-37
项目				更换控制器		更换接触器磁力启动器
				主令	鼓形凸轮	
基价(元)				278.77	282.12	271.17
其中	人工费(元)			162.96	162.96	162.96
	材料费(元)			14.75	18.94	11.10
	机械使用费(元)			2.79	1.43	—
	其他措施费(元)			4.89	4.89	4.89
	安文费(元)			9.12	9.23	8.87
	管理费(元)			18.23	18.45	17.73
	利润(元)			15.19	15.38	14.78
	规费(元)			50.84	50.84	50.84
名称		单位	单价(元)	数量		
综合工日		工日		(1.87)	(1.87)	(1.87)
镀锌六角螺栓带螺母 M12×150		套	2.50	—	4.100	—
电力复合脂		kg	20.00	0.030	0.050	0.020
塑料带 20mm×40m		kg	12.53	—	—	0.040
镀锌六角螺栓带螺母 M12×80		套	1.70	4.100	—	—
电焊条 L-60 Φ3.2		kg	39.00	0.100	0.100	—
焊锡		kg	57.50	—	—	0.090
镀锌扁钢 25×4		kg	4.08	0.670	0.200	—
破布		kg	6.19	—	0.150	0.170
塑料软管 综合		kg	7.99	—	—	0.050
镀锌六角螺栓带螺母 M10×70		套	0.55	1.000	1.000	4.100
焊锡膏		kg	36.00	—	—	0.020
铁砂布 0#~2#		张	1.19	—	—	0.500
硬铜绞线 TJ-6mm²		kg	49.70	—	0.030	—
交流弧焊机 容量(kV·A) 21		台班	57.02	0.049	0.025	—

17. 更换盘柜配线及盘柜巡检

工作内容：1. 拆旧、装新、排线、卡线、校线、接线。

2. 检查高压柜(低压柜)，填写工作记录。

计量单位：10m

定额编号				4-38	4-39
项目				更换盘柜配线	高(低)压盘柜巡检 (台/次)
基价(元)				226.29	54.57
其中	人工费(元)			81.53	11.32
	材料费(元)			82.34	—
	机械使用费(元)			—	28.31
	其他措施费(元)			2.45	0.58
	安文费(元)			7.40	1.78
	管理费(元)			14.80	3.57
	利润(元)			12.33	2.97
	规费(元)			25.44	6.04
名称		单位	单价(元)	数量	
综合工日		工日		(0.94)	(0.19)
绝缘胶带黑 20mm×20m		卷	2.00	0.250	—
棉纱头		kg	12.00	0.080	—
铁砂布 0#~2#		张	1.19	2.500	—
电力复合脂		kg	20.00	0.020	—
钢锯条		根	0.50	0.500	—
汽油 综合		kg	7.00	0.220	—
尼龙扎带 200		个	0.10	16.000	—
焊锡膏		kg	36.00	0.020	—
焊锡		kg	57.50	0.220	—
绝缘导线		m	3.95	10.180	—
镀锌六角螺栓带螺母 M10×70		套	0.55	32.600	—
黄腊黄漆布带 20mm×40m		卷	20.00	0.130	—
数字万用表 F-87		台班	4.01	—	0.060
三相多功能钳形相位伏安表 量程：U：45~450V，精度：±0.5%；I：1.5mA~10A，精度：±0.5%；ϕ：0°~360°，精度：±1°；F：45~65Hz，精度：±0.03%；P：(220±40)V，精度：±0.5%；PF：(220±40)V，精度：±0.01%		台班	16.71	—	0.060
红外线测温仪 量程：200~1 800℃，精度：±1%		台班	35.72	—	0.060
载重汽车 装载质量(t) 2		台班	336.91	—	0.060
成像亮度计 亮度：0.01cd/m²~15kcd/m²，精度：±5%		台班	78.49	—	0.060

18. 更换路灯监控设备及附件

工作内容:开箱检查、拆旧、装新、固定、校验、接线、测试。

计量单位:套

定额编号				4-40	4-41
项目				更换路灯监控箱	更换节能控制箱
基价(元)				664.95	647.02
其中	人工费(元)			237.78	226.46
	材料费(元)			5.16	5.16
	机械使用费(元)			210.57	210.57
	其他措施费(元)			9.65	9.31
	安文费(元)			21.74	21.16
	管理费(元)			43.49	42.31
	利润(元)			36.24	35.26
	规费(元)			100.32	96.79
名称		单位	单价(元)	数量	
综合工日		工日		(3.36)	(3.23)
路灯监控箱		台	—	(1.00)	—
螺栓 M14×75		套	1.24	4.100	4.100
节能控制箱		个	—	—	(1.00)
其他材料费		%	1.00	1.500	1.500
载重汽车 装载质量(t) 2		台班	336.91	0.625	0.625

工作内容：开箱检查、拆旧、装新、固定、绝缘检查、接线、调试。

计量单位：个

定额编号				4-42	4-43	4-44
项目				更换监控主板（扩展板）	更换监控设备供电电源（电台、天线）	更换控制线、信号采集线（m）
基价（元）				169.47	127.57	19.30
其中	人工费（元）			35.71	23.52	12.19
	材料费（元）			—	—	—
	机械使用费（元）			84.23	67.38	—
	其他措施费（元）			2.08	1.51	0.37
	安文费（元）			5.54	4.17	0.63
	管理费（元）			11.08	8.34	1.26
	利润（元）			9.24	6.95	1.05
	规费（元）			21.59	15.70	3.80
名称		单位	单价（元）	数量		
综合工日		工日		（0.66）	（0.47）	（0.14）
监控线、信号采集线		m	—	—	—	（1.01）
监控设备供电电源（电台、天线）		个	—	—	（1.01）	—
监控主板（扩展板）		块	—	（1.01）	—	—
载重汽车　装载质量（t）　2		台班	336.91	0.250	0.200	—

19. 更换接线端子(焊铜)

工作内容:拆旧、装新。

计量单位:10 个

定额编号				4-45
项目				更换接线端子(焊铜)
基价(元)				134.34
其中	人工费(元)			32.66
	材料费(元)			70.01
	机械使用费(元)			—
	其他措施费(元)			0.98
	安文费(元)			4.39
	管理费(元)			8.79
	利润(元)			7.32
	规费(元)			10.19
名称		单位	单价(元)	数量
综合工日		工日		(0.38)
铁砂布 0#~2#		张	1.19	1.000
电力复合脂		kg	20.00	0.020
破布		kg	6.19	0.300
汽油 综合		kg	7.00	0.600
铜接线端子 DT-35		个	4.40	10.200
钢锯条		根	0.50	0.200
焊锡膏		kg	36.00	0.020
绝缘胶带黑 20mm×20m		卷	2.00	0.200
黄腊黄漆布带 20mm×40m		卷	20.00	0.100
焊锡		kg	57.50	0.230
其他材料费		%	1.00	1.500

20. 更换接线端子(压铜)

工作内容:拆旧、装新。

计量单位:10 个

定　额　编　号				4-46
项　　目				更换接线端子(压铜)
基　　价(元)				147.38
其中	人 工 费(元)			53.65
	材 料 费(元)			52.89
	机械使用费(元)			—
	其他措施费(元)			1.61
	安 文 费(元)			4.82
	管 理 费(元)			9.64
	利　润(元)			8.03
	规　费(元)			16.74
名　　称		单位	单价(元)	数　　量
综合工日		工日		(0.62)
铜接线端子　DT-35		个	4.40	10.200
破布		kg	6.19	0.200
铁砂布　0#~2#		张	1.19	1.000
电力复合脂		kg	20.00	0.030
钢锯条		根	0.50	0.200
黄腊黄漆布带　20mm×40m		卷	20.00	0.100
汽油　综合		kg	7.00	0.300
其他材料费		%	1.00	1.500

注:导线截面面积大于 $35mm^2$ 的,据实调整。

21. 更换仪表、电器、小母线

工作内容：开箱检查、拆旧、装新。

计量单位：个

定额编号				4-47	4-48	4-49	4-50	4-51	4-52
项目				更换测量表计	更换继电器	更换电磁锁	更换屏上辅助设备	更换辅助电压互感器	更换小母线（10m）
基价（元）				63.48	82.39	83.38	60.26	111.17	46.59
其中	人工费（元）			37.45	49.73	51.30	34.32	68.37	19.51
	材料费（元）			3.54	3.08	1.81	5.01	2.45	13.29
	机械使用费（元）			—	—	—	—	—	—
	其他措施费（元）			1.12	1.49	1.54	1.03	2.05	0.59
	安文费（元）			2.08	2.69	2.73	1.97	3.64	1.52
	管理费（元）			4.15	5.39	5.45	3.94	7.27	3.05
	利润（元）			3.46	4.49	4.54	3.28	6.06	2.54
	规费（元）			11.68	15.52	16.01	10.71	21.33	6.09
名称		单位	单价（元）	数量					
综合工日		工日		（0.43）	（0.57）	（0.59）	（0.39）	（0.79）	（0.22）
棉纱头		kg	12.00	0.050	—	0.050	0.050	0.050	0.100
钢锯条		根	0.50	—	—	0.090	0.500	0.500	0.200
电力复合脂		kg	20.00	0.010	0.010	—	0.100	—	0.020
镀锌六角螺栓带螺母 M10×70		套	0.55	—	—	2.000	2.000	2.000	7.500
铁砂布 0#~2#		张	1.19	0.100	0.020	—	—	—	0.400
焊锡		kg	57.50	0.030	0.030	—	0.010	—	0.050
塑料软管 De5		m	0.12	3.500	5.000	0.500	1.000	—	—
焊锡膏		kg	36.00	0.010	0.010	—	0.010	—	0.010
标志牌塑料扁型		个	0.50	—	—	—	—	1.000	7.500
塑料异形管 D2.5~5		m	1.09	0.103	0.154	—	—	—	—

22. 更换分流器

工作内容：拆旧、装新、连接、固定。

计量单位：个

	定额编号			4-53
	项目			更换分流器 750A 以内
	基价(元)			181.66
其中	人工费(元)			111.66
	材料费(元)			4.09
	机械使用费(元)			—
	其他措施费(元)			3.35
	安文费(元)			5.94
	管理费(元)			11.88
	利润(元)			9.90
	规费(元)			34.84
名称		单位	单价(元)	数量
综合工日		工日		(1.28)
镀锌六角螺栓带螺母 M10×70		套	0.55	2.000
电力复合脂		kg	20.00	0.030
棉纱头		kg	12.00	0.100
铁砂布 $0^{\#}\sim2^{\#}$		张	1.19	1.000

23. 更换漏电保护开关

工作内容：开箱检查、拆旧、装新、接线、接地等。

计量单位：个

定额编号				4-54
项目				更换漏电保护开关
基价(元)				33.25
其中	人工费(元)			20.29
	材料费(元)			0.95
	机械使用费(元)			—
	其他措施费(元)			0.61
	安文费(元)			1.09
	管理费(元)			2.17
	利润(元)			1.81
	规费(元)			6.33
名称		单位	单价(元)	数量
综合工日		工日		(0.23)
钢锯条		根	0.50	0.050
白布		kg	6.27	0.050
塑料软管 De5		m	0.12	0.020
漏电保护开关		个	—	(1.00)
铁砂布 0#~2#		张	1.19	0.500
其他材料费		%	1.00	1.500

二、10kV 以下架空线路维修

1. 更换灯杆(单杆)

工作内容:拆旧、装新、找正等。

计量单位:根

定额编号				4-55	4-56
项目				更换单杆	
				水泥杆 11m 以内	水泥杆 15m 以内
基价(元)				288.44	487.13
其中	人工费(元)			108.35	215.14
	材料费(元)			2.73	2.73
	机械使用费(元)			85.02	107.14
	其他措施费(元)			4.24	7.70
	安文费(元)			9.43	15.93
	管理费(元)			18.86	31.86
	利润(元)			15.72	26.55
	规费(元)			44.09	80.08
名称		单位	单价(元)	数量	
综合工日		工日		(1.49)	(2.78)
硝基磁漆		kg	29.85	0.020	0.020
水泥电杆		根	—	(1.00)	(1.00)
垫木		m^3	1048.00	0.002	0.002
其他材料费		%	1.00	1.500	1.500
汽车式起重机 提升质量(t) 8		台班	691.24	0.123	0.155

2. 更换灯杆(金属杆)

工作内容:拆旧、装新、找正、紧固螺栓并上防锈油。

计量单位:根

定额编号			4-57	4-58	4-59	4-60
项目			更换金属杆			
			杆长 5m 以下	杆长 10m 以下	杆长 15m 以下	杆长 20m 以下
基价(元)			170.15	214.10	363.49	2665.07
其中	人工费(元)		34.93	55.83	80.39	1400.31
	材料费(元)		33.90	43.09	47.96	75.80
	机械使用费(元)		55.99	55.99	137.97	275.04
	其他措施费(元)		1.70	2.33	3.66	44.49
	安文费(元)		5.56	7.00	11.89	87.15
	管理费(元)		11.13	14.00	23.77	174.30
	利润(元)		9.27	11.67	19.81	145.25
	规费(元)		17.67	24.19	38.04	462.73
名称	单位	单价(元)	数量			
综合工日	工日		(0.56)	(0.80)	(1.23)	(16.70)
金属杆	根	—	(1.00)	(1.00)	(1.00)	(1.00)
酚醛磁漆	kg	17.30	0.400	0.500	0.600	1.200
防火涂料	kg	18.00	0.200	0.250	0.300	0.600
弹簧垫圈 M16~30	10个	2.79	0.633	0.844	0.844	1.688
六角螺栓带螺母 M24×100	套	2.00	—	—	—	16.320
钢垫板 δ2.5~5	kg	7.50	0.481	0.481	0.770	0.770
六角螺栓带螺母 M16×60	套	2.86	6.120	8.160	8.160	—
其他材料费	%	1.00	1.500	1.500	1.500	1.500
汽车式起重机 提升质量(t) 8	台班	691.24	0.081	0.081	—	—
汽车式起重机 提升质量(t) 16	台班	890.11	—	—	0.155	0.309

工作内容：拆旧、装新、找正、紧固螺栓并上防锈油。

计量单位：根

定额编号				4-61	4-62	4-63
项目				更换金属杆		
				杆长 25m 以下	杆长 30m 以下	杆长 40m 以下
基价(元)				3282.83	4619.01	6298.37
其中	人工费(元)			1400.31	1995.11	2850.61
	材料费(元)			78.74	137.79	137.79
	机械使用费(元)			755.82	1008.09	1260.37
	其他措施费(元)			47.98	67.82	95.48
	安文费(元)			107.35	151.04	205.96
	管理费(元)			214.70	302.08	411.91
	利润(元)			178.91	251.74	343.26
	规费(元)			499.02	705.34	992.99
名称		单位	单价(元)	数量		
综合工日		工日		(17.56)	(24.89)	(35.21)
酚醛磁漆		kg	17.30	1.200	2.100	2.100
金属杆		根	—	(1.00)	(1.00)	(1.00)
弹簧垫圈　M16~30		10个	2.79	1.688	2.954	2.954
钢垫板　δ2.5~5		kg	7.50	1.155	2.021	2.021
六角螺栓带螺母　M24×100		套	2.00	16.320	28.560	28.560
防火涂料		kg	18.00	0.600	1.050	1.050
其他材料费		%	1.00	1.500	1.500	1.500
汽车式起重机　提升质量(t)　25		台班	1017.25	0.743	0.991	1.239

3. 更换引下线支架

工作内容:拆旧、装新、找正等。

计量单位:10 副

定额编号			4-64	4-65
项目			更换引下线支架	
			距地面高度 8m 以内	距地面高度 13m 以内
基价(元)			740.19	764.62
其中	人工费(元)		71.77	87.19
	材料费(元)		530.93	530.93
	机械使用费(元)		—	—
	其他措施费(元)		2.15	2.62
	安文费(元)		24.20	25.00
	管理费(元)		48.41	50.01
	利润(元)		40.34	41.67
	规费(元)		22.39	27.20
名称	单位	单价(元)	数量	
综合工日	工日		(0.82)	(1.00)
镀锌 J 型螺栓带螺母	套	1.54	102.000	102.000
蝶式绝缘子 ED-3	个	3.00	20.000	20.000
六角螺栓带螺母 M12×100	套	1.50	204.000	204.000
镀锌引下线支架	副	—	(10.05)	(10.05)
其他材料费	%	1.00	1.500	1.500

4. 更换 10kV 以下横担

工作内容：拆旧、装新。

计量单位：组

定额编号				4-66	4-67
项目				更换 10kV 以下横担	
				铁、木横担	
				单根	双根
基价(元)				52.90	82.20
其中	人工费(元)			30.75	48.34
	材料费(元)			3.57	4.78
	机械使用费(元)			—	—
	其他措施费(元)			0.92	1.45
	安文费(元)			1.73	2.69
	管理费(元)			3.46	5.38
	利润(元)			2.88	4.48
	规费(元)			9.59	15.08
名称		单位	单价(元)	数量	
综合工日		工日		(0.35)	(0.56)
调和漆		kg	15.00	0.020	0.030
棉纱头		kg	12.00	0.050	0.050
横担		根	—	(1.03)	(1.03)
镀锌铁丝 Φ4.0		kg	5.18	0.515	0.720

注：绝缘子按实际发生计算，其他不变。

5. 更换 1kV 以下横担

工作内容:拆旧、装新。

计量单位:组

定额编号				4-68	4-69
项目				更换 1kV 以下横担	
				四线	
				单根	双根
基价(元)				43.92	68.95
其中	人工费(元)			25.08	39.98
	材料费(元)			3.57	4.78
	机械使用费(元)			—	—
	其他措施费(元)			0.75	1.20
	安文费(元)			1.44	2.25
	管理费(元)			2.87	4.51
	利润(元)			2.39	3.76
	规费(元)			7.82	12.47
名称		单位	单价(元)	数量	
综合工日		工日		(0.29)	(0.46)
镀锌铁丝 Φ4.0		kg	5.18	0.515	0.720
横担		根	—	(1.03)	(1.03)
棉纱头		kg	12.00	0.050	0.050
调和漆		kg	15.00	0.020	0.030

6. 更换进户线横担

工作内容：拆旧、装新。

计量单位：根

定额编号				4-70
项目				更换进户线横担
				一端埋设式
				四线
基价(元)				64.43
其中	人工费(元)			34.40
	材料费(元)			8.44
	机械使用费(元)			—
	其他措施费(元)			1.03
	安文费(元)			2.11
	管理费(元)			4.21
	利润(元)			3.51
	规费(元)			10.73
名称		单位	单价(元)	数量
综合工日		工日		(0.40)
地脚螺栓 M12×120		套	0.80	1.050
镀锌圆钢支撑 Φ16×1000		根	4.54	1.020
冲击钻头 Φ16		个	6.00	0.010
调和漆		kg	15.00	0.030
横担		根	—	(1.03)
镀锌六角螺栓带螺母 M12×80		套	1.70	1.020
棉纱头		kg	12.00	0.050
其他材料费		%	1.00	1.500

工作内容:拆旧、装新。

计量单位:根

定额编号				4-71
项目				更换进户线横担 两端埋设式 四线
基价(元)				119.08
其中	人工费(元)			34.40
	材料费(元)			54.75
	机械使用费(元)			—
	其他措施费(元)			1.03
	安文费(元)			3.89
	管理费(元)			7.79
	利润(元)			6.49
	规费(元)			10.73
名称		单位	单价(元)	数量
综合工日		工日		(0.40)
棉纱头		kg	12.00	0.050
镀锌铁拉板　40×4×(200~350)		块	4.48	8.400
横担		根	—	(1.03)
镀锌六角螺栓带螺母　M12×130		套	2.00	4.100
冲击钻头　Φ16		个	6.00	0.020
调和漆		kg	15.00	0.030
镀锌六角螺栓带螺母　M12×80		套	1.70	4.080
其他材料费		%	1.00	1.500

7. 更换拉线

工作内容：拆旧、装新。

计量单位：组

定额编号				4-72	4-73	4-74
项目				更换拉线		
				普通拉线截面 $70mm^2$ 以内	水平及弓形拉线截面 $70mm^2$ 以内	VY 形拉线截面 $70mm^2$ 以内
基价(元)				129.39	251.87	387.48
其中	人工费(元)			44.86	110.88	191.45
	材料费(元)			49.44	64.63	71.43
	机械使用费(元)			—	—	—
	其他措施费(元)			1.35	3.33	5.74
	安文费(元)			4.23	8.24	12.67
	管理费(元)			8.46	16.47	25.34
	利润(元)			7.05	13.73	21.12
	规费(元)			14.00	34.59	59.73
名称		单位	单价(元)	数量		
综合工日		工日		(0.52)	(1.27)	(2.20)
镀锌拉线棒 Φ22×2500		个	29.86	1.020	1.020	1.020
拉线		根	—	(1.018)	(1.018)	(1.018)
镀锌垫板 100×5×200		个	2.50	1.020	1.020	1.020
六角螺栓带螺母 M16×80		套	0.84	2.040	4.080	—
六角螺栓带螺母 M22×85		套	2.48	—	—	4.080
镀锌扁钢抱箍 —40×4		副	13.00	1.020	2.040	2.040
镀锌 U 形拉环 Φ22×557		个	0.71	1.020	1.020	1.020
其他材料费		%	1.00	1.500	1.500	1.500

8. 更换导线

工作内容：拆旧、装新。

计量单位：km/单线

定额编号				4-75	4-76
项目				更换导线	
				钢芯铝绞线截面 35mm² 以内	绝缘铝绞线截面 35mm² 以内
基价(元)				1405.83	6234.21
其中	人工费(元)			448.83	448.83
	材料费(元)			517.87	4609.44
	机械使用费(元)			65.33	65.33
	其他措施费(元)			13.97	13.97
	安文费(元)			45.97	203.86
	管理费(元)			91.94	407.72
	利润(元)			76.62	339.76
	规费(元)			145.30	145.30
名称		单位	单价(元)	数量	
综合工日		工日		(5.28)	(5.28)
铝包带 1×10		kg	48.50	1.270	—
钢锯条		根	0.50	1.000	0.800
铝绑线 Φ2		m	0.24	80.230	—
绝缘导线		m	3.95	—	1018.000
钢芯铝绞线 LGJ		m	—	(1013.00)	—
电力复合脂		kg	20.00	0.020	0.020
铁丝 Φ2		m	0.12	—	82.119
汽油 综合		kg	7.00	0.050	0.040
钳接管 QJG-35		个	1.92	—	4.040
防锈漆		kg	16.30	0.050	0.050
自粘性橡胶带 20mm×5m		卷	17.83	—	8.000
棉纱头		kg	12.00	0.050	0.040
钳接管 QJG-25~35mm²		个	8.55	1.010	—
并沟线夹 35mm²		个	84.30	5.050	5.050
载重汽车 装载质量(t) 5		台班	446.68	0.126	0.126
液压压接机 压力(t) 100		台班	103.99	0.087	0.087

9. 导线跨越架设

工作内容：跨越架的搭拆、架线中的监护转移。

计量单位：处

定额编号				4-77	4-78	4-79
项目				导线跨越		
				电力线、通信线、公路	铁路	河流
基价(元)				1207.28	1608.83	902.63
其中	人工费(元)			586.71	755.59	550.04
	材料费(元)			191.35	270.02	26.74
	机械使用费(元)			40.20	71.92	—
	其他措施费(元)			17.96	23.31	16.50
	安文费(元)			39.48	52.61	29.52
	管理费(元)			78.96	105.22	59.03
	利润(元)			65.80	87.68	49.19
	规费(元)			186.82	242.48	171.61
名称		单位	单价(元)	数量		
综合工日		工日		(6.83)	(8.84)	(6.32)
镀锌铁丝 Φ2.5~4.0		kg	5.18	9.108	10.754	0.638
脚手杆 Φ100×6000 杉木		根	58.60	1.940	3.000	0.400
安全网		m^2	9.44	3.230	4.080	—
载重汽车 装载质量(t) 5		台班	446.68	0.090	0.161	—

10. 路灯设施编号更换

工作内容：拆旧、装新。

计量单位：100 个

定额编号				4-80	4-81	4-82
项目				路灯设施编号更换		
				开关箱	路灯杆号	钉或粘路灯号牌
基价(元)				689.55	500.51	327.32
其中	人工费(元)			407.37	272.19	203.64
	材料费(元)			37.63	58.85	4.08
	机械使用费(元)			—	—	—
	其他措施费(元)			12.22	8.17	6.11
	安文费(元)			22.55	16.37	10.70
	管理费(元)			45.10	32.73	21.41
	利润(元)			37.58	27.28	17.84
	规费(元)			127.10	84.92	63.54
名称		单位	单价(元)	数量		
综合工日		工日		(4.68)	(3.13)	(2.34)
棉纱头		kg	12.00	0.200	0.300	—
水泥钉 10#		百支	0.98	—	—	4.160
酚醛黑板漆		kg	9.98	—	1.600	—
酚醛红漆		kg	15.24	1.150	—	—
路灯号牌		个	—	(101.00)	(101.00)	(101.00)
白酚醛漆		kg	17.70	—	0.850	—
溶剂汽油 200#		kg	7.50	0.500	1.000	—
漆刷 (1″~1.5″)		把	2.79	5.000	6.000	—

11. 更换绝缘子

工作内容：开箱检查、拆旧、装新、接线。

计量单位：10个

定 额 编 号			4-83
项 目			10kV 以下 户外式支持绝缘子
基 价(元)			335.09
其中	人 工 费(元)		135.18
	材 料 费(元)		88.40
	机械使用费(元)		14.14
	其他措施费(元)		4.06
	安 文 费(元)		10.96
	管 理 费(元)		21.91
	利 润(元)		18.26
	规 费(元)		42.18
名 称	单位	单价(元)	数 量
综合工日	工日		(1.55)
钢锯条	根	0.50	2.000
镀锌扁钢 40×4	kg	4.06	15.500
绝缘子	个	—	(10.20)
调和漆	kg	15.00	0.120
棉纱头	kg	12.00	0.300
汽油 综合	kg	7.00	0.150
电焊条 L-60 Φ3.2	kg	39.00	0.300
镀锌六角螺栓带螺母 M14×80	套	3.10	2.040
交流弧焊机 容量(kV·A) 21	台班	57.02	0.248

三、电缆维修

1. 低压电缆线路故障点查找

工作内容：检测线路，电缆故障检测、记录。

计量单位：处

定额编号				4-84
项目				低压电缆线路故障点查找
基价(元)				1423.91
其中	人工费(元)			594.02
	材料费(元)			—
	机械使用费(元)			363.63
	其他措施费(元)			21.84
	安文费(元)			46.56
	管理费(元)			93.12
	利润(元)			77.60
	规费(元)			227.14
名称		单位	单价(元)	数量
综合工日		工日		(7.82)
载重汽车 装载质量(t) 2		台班	336.91	1.000
电缆故障测试仪		台班	22.71	1.000
数字万用表 F-87		台班	4.01	1.000

2. 更换铜芯电缆

工作内容：拆旧、装新。

计量单位：100m

定额编号				4-85	4-86	4-87
项目				更换铜芯电缆		
				水平敷设		
				截面 35mm² 以内	截面 120mm² 以内	截面 240mm² 以内
基价(元)				1164.40	2048.36	3183.19
其中	人工费(元)			572.77	1032.31	1450.39
	材料费(元)			201.48	238.97	274.04
	机械使用费(元)			14.79	99.45	429.09
	其他措施费(元)			17.34	32.02	47.71
	安文费(元)			38.08	66.98	104.09
	管理费(元)			76.15	133.96	208.18
	利润(元)			63.46	111.64	173.48
	规费(元)			180.33	333.03	496.21
名称		单位	单价(元)	数量		
综合工日		工日		(6.62)	(12.11)	(17.70)
硬酯酸一级		kg	8.14	0.050	0.080	0.100
汽油　综合		kg	7.00	0.750	0.950	1.040
镀锌电缆吊挂　3.0×100		套	5.12	—	—	6.210
镀锌电缆卡子　2×35		套	1.13	23.400	—	—
镀锌电缆吊挂　3.0×50		套	10.50	7.110	6.700	—
镀锌六角螺栓带螺母　M8×80		套	0.50	30.600	30.600	—
镀锌铁丝　Φ1.2~2.2		kg	5.32	0.329	0.463	0.494
沥青绝缘漆		kg	16.60	0.100	0.150	0.200
膨胀螺栓　M10×80		10个	6.80	1.600	1.400	—
封铅　含铅65% 锡35%		kg	51.10	1.020	1.550	2.020
破布		kg	6.19	0.500	0.600	0.800
镀锌六角螺栓带螺母　M10×80		套	0.55	—	—	42.800
合金钢钻头　Φ10		个	10.00	0.160	0.140	—
橡皮垫　δ2		m²	33.40	0.070	0.070	0.070
铜芯电缆		m	—	(101.00)	(101.00)	(101.00)
镀锌电缆卡子　3×50		套	1.72	—	22.300	—
镀锌电缆卡子　3×100		套	4.07	—	—	21.400
标志牌塑料扁型		个	0.50	6.000	6.000	6.000
其他材料费		%	1.00	1.500	1.500	1.500
汽车式起重机　提升质量(t)　12		台班	784.73	—	—	0.347
汽车式起重机　提升质量(t)　8		台班	691.24	0.013	0.087	—
载重汽车　装载质量(t)　5		台班	446.68	0.013	0.088	0.351

工作内容：拆旧、装新。

计量单位：100m

定额编号			4-88	4-89	4-90
项目			更换铜芯电缆		
			竖直通道电缆		
			截面 35mm² 以内	截面 120mm² 以内	截面 240mm² 以内
基价(元)			4045.23	6480.07	9419.52
其中	人工费(元)		2102.07	3276.27	4460.91
	材料费(元)		504.25	643.23	1062.86
	机械使用费(元)		90.83	399.44	837.15
	其他措施费(元)		64.10	102.83	142.21
	安文费(元)		132.28	211.90	308.02
	管理费(元)		264.56	423.80	616.04
	利润(元)		220.47	353.16	513.36
	规费(元)		666.67	1069.44	1478.97
名称	单位	单价(元)	数量		
综合工日	工日		(24.39)	(38.75)	(53.30)
沥青绝缘漆	kg	16.60	0.100	0.150	0.200
镀锌电缆卡子　3×50	套	1.72	—	171.000	—
破布	kg	6.19	0.500	0.600	0.800
镀锌电缆卡子　3×100	套	4.07	—	—	171.000
封铅　含铅 65% 锡 35%	kg	51.10	1.020	1.550	2.020
汽油　综合	kg	7.00	0.750	0.950	1.040
膨胀螺栓　M10×80	10 个	6.80	24.000	24.000	8.000
镀锌六角螺栓带螺母　M10×80	套	0.55	—	—	260.000
标志牌塑料扁型	个	0.50	6.000	6.000	6.000
铜芯电缆	m	—	(101.00)	(101.00)	(101.00)
镀锌电缆卡子　2×35	套	1.13	171.000	—	—
合金钢钻头　Φ10	个	10.00	0.240	0.240	0.080
硬酯酸一级	kg	8.14	0.050	0.080	0.100
镀锌铁丝　Φ1.2~2.2	kg	5.32	3.087	3.499	3.705
镀锌六角螺栓带螺母　M8×80	套	0.50	102.000	102.000	—
橡皮垫　δ2	m²	33.40	0.150	0.260	0.320
其他材料费	%	1.00	1.500	1.500	1.500
汽车式起重机　提升质量(t)　12	台班	784.73	—	—	0.867
汽车式起重机　提升质量(t)　8	台班	691.24	0.123	0.521	—
载重汽车　装载质量(t)　5	台班	446.68	0.013	0.088	0.351

3. 更换铝芯电缆

工作内容：拆旧、装新。

计量单位：100m

定额编号				4-91	4-92	4-93
项目				更换铝芯电缆		
				水平电缆		
				截面 35mm^2 以内	截面 120mm^2 以内	截面 240mm^2 以内
基价(元)				906.74	1554.85	2473.54
其中	人工费(元)			409.02	737.21	1039.63
	材料费(元)			201.61	238.97	317.61
	机械使用费(元)			15.93	79.65	344.79
	其他措施费(元)			12.44	22.96	34.57
	安文费(元)			29.65	50.84	80.88
	管理费(元)			59.30	101.69	161.77
	利润(元)			49.42	84.74	134.81
	规费(元)			129.37	238.79	359.48
名称		单位	单价(元)	数量		
综合工日		工日		(4.74)	(8.67)	(12.78)
镀锌六角螺栓带螺母 M8×80		套	0.50	30.600	30.600	—
封铅 含铅 65% 锡 35%		kg	51.10	1.020	1.550	2.020
镀锌铁丝 Φ1.2~2.2		kg	5.32	0.329	0.463	0.494
沥青绝缘漆		kg	16.60	0.100	0.150	0.200
镀锌电缆卡子 3×100		套	4.07	—	—	21.400
汽油 综合		kg	7.00	0.750	0.950	1.040
破布		kg	6.19	0.500	0.600	0.800
铝芯电缆		m	—	(101.00)	(101.00)	(101.00)
膨胀螺栓 M10×80		10个	6.80	1.620	1.400	1.400
合金钢钻头 Φ10		个	10.00	0.160	0.140	—
标志牌塑料扁型		个	0.50	6.000	6.000	6.000
电缆吊挂		套	10.50	7.110	6.700	6.210
镀锌电缆卡子 3×50		套	1.72	—	22.300	—
镀锌电缆卡子 2×35		套	1.13	23.400	—	—
橡皮垫 δ2		m^2	33.40	0.070	0.070	0.070
镀锌六角螺栓带螺母 M10×80		套	0.55	—	—	42.800
硬酯酸一级		kg	8.14	0.050	0.080	0.100
其他材料费		%	1.00	1.500	1.500	1.500
汽车式起重机 提升质量(t) 12		台班	784.73	—	—	0.280
汽车式起重机 提升质量(t) 8		台班	691.24	0.014	0.070	—
载重汽车 装载质量(t) 5		台班	446.68	0.014	0.070	0.280

工作内容：拆旧、装新。

计量单位：100m

定额编号				4-94	4-95	4-96
项目				更换铝芯电缆		
				竖直通道电缆		
				截面 $35mm^2$ 以内	截面 $120mm^2$ 以内	截面 $240mm^2$ 以内
基价（元）				3110.71	4893.60	7187.67
其中	人工费（元）			1501.69	2340.03	3186.73
	材料费（元）			504.25	643.23	1062.86
	机械使用费（元）			103.03	321.59	674.38
	其他措施费（元）			46.23	73.86	102.36
	安文费（元）			101.72	160.02	235.04
	管理费（元）			203.44	320.04	470.07
	利润（元）			169.53	266.70	391.73
	规费（元）			480.82	768.13	1064.50
名称		单位	单价（元）	数量		
综合工日		工日		(17.54)	(27.78)	(38.27)
汽油　综合		kg	7.00	0.750	0.950	1.040
橡皮垫　δ2		m^2	33.40	0.150	0.260	0.320
镀锌铁丝　Φ1.2~2.2		kg	5.32	3.087	3.499	3.705
破布		kg	6.19	0.500	0.600	0.800
镀锌电缆卡子　3×50		套	1.72	—	171.000	—
镀锌电缆卡子　2×35		套	1.13	171.000	—	—
硬酯酸一级		kg	8.14	0.050	0.080	0.100
镀锌电缆卡子　3×100		套	4.07	—	—	171.000
标志牌塑料扁型		个	0.50	6.000	6.000	6.000
膨胀螺栓　M10×80		10个	6.80	24.000	24.000	8.000
合金钢钻头　Φ10		个	10.00	0.240	0.240	0.080
封铅　含铅65%　锡35%		kg	51.10	1.020	1.550	2.020
镀锌六角螺栓带螺母　M10×80		套	0.55	—	—	260.000
沥青绝缘漆		kg	16.60	0.100	0.150	0.200
铝芯电缆		m	—	(101.00)	(101.00)	(101.00)
镀锌六角螺栓带螺母　M8×80		套	0.50	102.000	102.000	—
其他材料费		%	1.00	1.500	1.500	1.500
汽车式起重机　提升质量(t)　12		台班	784.73	—	—	0.700
汽车式起重机　提升质量(t)　8		台班	691.24	0.140	0.420	—
载重汽车　装载质量(t)　5		台班	446.68	0.014	0.070	0.280

4. 更换干包式电力电缆终端头

工作内容：拆除旧电缆头、量尺寸、锯断、剥护套、焊接地线、装手套包缠绝缘、安装固定。

计量单位：个

定额编号				4-97	4-98	4-99
项目				更换干包式电力电缆终端头		
				1 kV 以下截面 $35mm^2$ 以内	1 kV 以下截面 $120mm^2$ 以内	1 kV 以下截面 $240mm^2$ 以内
基价(元)				110.46	164.05	217.67
其中	人工费(元)			32.05	52.35	68.11
	材料费(元)			50.60	68.77	93.05
	机械使用费(元)			—	—	—
	其他措施费(元)			0.96	1.57	2.04
	安文费(元)			3.61	5.36	7.12
	管理费(元)			7.22	10.73	14.24
	利润(元)			6.02	8.94	11.86
	规费(元)			10.00	16.33	21.25
名称		单位	单价(元)	数量		
综合工日		工日		(0.37)	(0.60)	(0.78)
自粘性橡胶带 20mm×5m		卷	17.83	0.600	0.800	1.000
镀锌六角螺栓带螺母 M12×50		套	1.00	—	5.000	7.000
电力复合脂		kg	20.00	0.030	0.050	0.080
塑料带 20mm×40m		kg	12.53	0.140	0.450	0.700
焊锡膏		kg	36.00	0.010	0.020	0.040
镀锡裸铜软绞线 TJRX 16~$25mm^2$		kg	59.50	0.200	0.250	0.350
镀锌六角螺栓带螺母 M10×80		套	0.55	9.000	4.000	4.000
固定卡子 3×80		套	2.37	2.060	2.060	2.060
汽油 综合		kg	7.00	0.300	0.350	0.400
焊锡		kg	57.50	0.050	0.100	0.200
破布		kg	6.19	0.300	0.500	0.800
塑料手套 ST型		个	7.50	1.050	1.050	1.050
其他材料费		%	1.00	1.500	1.500	1.500

5. 更换热缩式电缆终端头

工作内容：拆除旧电缆头、量尺寸、锯断、剥切清洗、内屏蔽层处理、焊接地线、套热缩管、装终端盒、安装固定。

计量单位：个

定额编号			4-100	4-101	4-102
项目			更换热缩式电缆终端头		
			热缩式截面 $35mm^2$ 以内	热缩式截面 $120mm^2$ 以内	热缩式截面 $240mm^2$ 以内
基价(元)			388.63	559.31	696.48
其中	人工费(元)		151.29	221.76	268.88
	材料费(元)		126.29	176.36	229.36
	机械使用费(元)		—	—	—
	其他措施费(元)		4.54	6.65	8.07
	安文费(元)		12.71	18.29	22.77
	管理费(元)		25.42	36.58	45.55
	利润(元)		21.18	30.48	37.96
	规费(元)		47.20	69.19	83.89
名称	单位	单价(元)	数量		
综合工日	工日		(1.74)	(2.55)	(3.09)
破布	kg	6.19	0.500	0.800	1.000
镀锌六角螺栓带螺母 M12×80	套	1.70	—	4.080	4.080
镀锌六角螺栓带螺母 M10×80	套	0.55	8.160	4.080	4.080
焊锡膏	kg	36.00	0.010	0.020	0.040
焊锡	kg	57.50	0.050	0.100	0.200
相色带 20mm×20m	卷	9.26	0.100	0.160	0.200
固定卡子 3×80	套	2.37	2.040	2.040	2.040
户外热塑头户外终端盒 240	套	51.30	—	—	1.020
电力复合脂	kg	20.00	0.030	0.050	0.080
自粘性橡胶带 20mm×5m	卷	17.83	0.500	1.200	2.050
户外热塑头户外终端盒 120	套	51.30	—	1.020	—
镀锡裸铜软绞线 TJRX 16~$25mm^2$	kg	59.50	0.200	0.250	0.350
汽油 综合	kg	7.00	0.800	1.050	1.200
户外热塑头户外终端盒 35	套	51.30	1.020	—	—
定相带	个	178.17	0.160	0.280	0.400
其他材料费	%	1.00	1.500	1.500	1.500

6. 更换干包式电力电缆中间头

工作内容:拆除旧电缆头、量尺寸、锯断、剥护套及绝缘层、焊接地线、清洗、包缠绝缘、压连接管安装、接线。

计量单位:个

定额编号				4-103	4-104	4-105
项目				更换干包式电力电缆中间头		
				干包中间头 1kV 以下截面 $35mm^2$ 以内	干包中间头 1kV 以下截面 $120mm^2$ 以内	干包中间头 1kV 以下截面 $240mm^2$ 以内
基价(元)				221.58	709.88	934.27
其中	人工费(元)			62.28	102.43	132.65
	材料费(元)			104.18	464.09	600.89
	机械使用费(元)			—	—	12.79
	其他措施费(元)			1.87	3.07	3.98
	安文费(元)			7.25	23.21	30.55
	管理费(元)			14.49	46.43	61.10
	利润(元)			12.08	38.69	50.92
	规费(元)			19.43	31.96	41.39
名称		单位	单价(元)	数量		
综合工日		工日		(0.72)	(1.18)	(1.52)
焊锡		kg	57.50	0.050	0.100	0.200
铝压接管 $35mm^2$		个	9.50	3.760	—	—
封铅 含铅 65% 锡 35%		kg	51.10	0.360	0.590	0.710
电力复合脂		kg	20.00	0.030	0.050	0.080
焊锡膏		kg	36.00	0.010	0.020	0.040
铝压接管 $120mm^2$		个	95.00	—	3.760	—
自粘性橡胶带 20mm×5m		卷	17.83	1.200	1.800	2.500
镀锡裸铜软绞线 TJRX $16\sim25mm^2$		kg	59.50	0.250	0.250	0.350
破布		kg	6.19	0.300	0.500	0.800
铝压接管 $240mm^2$		个	120.00	—	—	3.760
汽油 综合		kg	7.00	0.400	0.600	0.800
塑料带 20mm×40m		kg	12.53	0.300	0.650	1.120
其他材料费		%	1.00	1.500	1.500	1.500
液压压接机 压力(t) 100		台班	103.99	—	—	0.123

7. 更换热缩式电缆中间头

工作内容：拆除旧电缆头、量尺寸、锯断、剥切清洗、内屏蔽层处理、焊接地线、套热缩管、压接线端子、加热成形、安装。

计量单位：个

定额编号				4-106	4-107	4-108
项目				更换热缩式电缆中间头		
				1kV 以下截面 $35mm^2$ 以内	1kV 以下截面 $120mm^2$ 以内	1kV 以下截面 $240mm^2$ 以内
基价(元)				579.51	1202.31	1625.09
其中	人工费(元)			78.56	124.55	160.61
	材料费(元)			385.65	851.68	1161.56
	机械使用费(元)			—	—	—
	其他措施费(元)			2.36	3.74	4.82
	安文费(元)			18.95	39.32	53.14
	管理费(元)			37.90	78.63	106.28
	利润(元)			31.58	65.53	88.57
	规费(元)			24.51	38.86	50.11
名称		单位	单价(元)	数量		
综合工日		工日		(0.90)	(1.43)	(1.84)
汽油　综合		kg	7.00	0.500	0.700	0.900
破布		kg	6.19	0.500	0.800	1.000
镀锡裸铜软绞线　TJRX 16~$25mm^2$		kg	59.50	0.250	0.300	0.350
热缩式电缆中间接头　120		套	305.00	—	1.020	—
焊锡膏		kg	36.00	0.010	0.020	0.040
铝压接管　$35mm^2$		个	9.50	3.760	—	—
塑料带　20mm×40m		kg	12.53	0.300	0.500	0.700
镀锌六角螺栓带螺母　M8×80		套	0.50	4.080	4.080	4.080
热缩式电缆中间接头　35		套	227.50	1.020	—	—
固定卡子　3×80		套	2.37	2.040	2.040	2.040
铝压接管　$240mm^2$		个	120.00	—	—	3.760
相色带　20mm×20m		卷	9.26	0.100	0.160	0.200
焊锡		kg	57.50	0.050	0.100	0.200
热缩式电缆中间接头　240		套	449.50	—	—	1.020
沥青绝缘漆		kg	16.60	4.000	6.000	8.000
铝压接管　$120mm^2$		个	95.00	—	3.760	—
自粘性橡胶带　20mm×5m		卷	17.83	0.500	1.200	2.050
电力复合脂		kg	20.00	0.030	0.050	0.080
其他材料费		%	1.00	1.500	1.500	1.500

工作内容：拆除旧电缆头、量尺寸、锯断、剥切清洗、内屏蔽层处理、焊接地线、套热缩管、压接线端子、加热成形、安装。

计量单位：个

定额编号				4-109	4-110	4-111
项目				更换热缩式电缆中间头		
				10kV 以下截面 $35mm^2$ 以内	10kV 以下截面 $120mm^2$ 以内	10kV 以下截面 $240mm^2$ 以内
基价(元)				619.51	1180.24	1626.80
其中	人工费(元)			97.20	150.16	213.83
	材料费(元)			394.52	798.63	1091.60
	机械使用费(元)			—	—	—
	其他措施费(元)			2.92	4.50	6.41
	安文费(元)			20.26	38.59	53.20
	管理费(元)			40.52	77.19	106.39
	利润(元)			33.76	64.32	88.66
	规费(元)			30.33	46.85	66.71
名称		单位	单价(元)	数量		
综合工日		工日		(1.12)	(1.72)	(2.46)
热缩式电缆中间接头 120		套	305.00	—	1.020	—
相色带 20mm×20m		卷	9.26	0.300	0.500	0.700
破布		kg	6.19	0.500	0.800	1.300
固定卡子 3×80		套	2.37	2.040	2.060	2.060
铝压接管 $240mm^2$		个	120.00	—	—	3.060
热缩式电缆中间接头 35		套	227.50	1.020	—	—
镀锡裸铜软绞线 TJRX 16~$25mm^2$		kg	59.50	0.250	0.300	0.350
自粘性橡胶带 20mm×5m		卷	17.83	0.500	1.200	2.050
沥青绝缘漆		kg	16.60	5.000	7.000	9.000
焊锡		kg	57.50	0.050	0.100	0.200
电力复合脂		kg	20.00	0.030	0.050	0.080
热缩式电缆中间接头 240		套	449.50	—	—	1.020
铝压接管 $35mm^2$		个	9.50	3.060	—	—
铝压接管 $120mm^2$		个	95.00	—	3.060	—
焊锡膏		kg	36.00	0.010	0.020	0.040
汽油 综合		kg	7.00	0.600	0.800	1.000
镀锌六角螺栓带螺母 M8×80		套	0.50	4.080	4.100	4.100
其他材料费		%	1.00	1.500	1.500	1.500

8. 更换电缆穿刺线夹

工作内容:拆除旧穿刺线夹、量尺寸、剥保护层、安装、包缠绝缘封堵。

计量单位:个

定额编号				4-112
项目				更换电缆穿刺线夹
基价(元)				49.52
其中	人工费(元)			27.78
	材料费(元)			4.68
	机械使用费(元)			—
	其他措施费(元)			0.83
	安文费(元)			1.62
	管理费(元)			3.24
	利润(元)			2.70
	规费(元)			8.67
名称		单位	单价(元)	数量
综合工日		工日		(0.32)
固定卡子 3×80		套	2.37	0.520
电力复合脂		kg	20.00	0.010
自粘性橡胶带 20mm×5m		卷	17.83	0.150
塑料带 20mm×40m		kg	12.53	0.040
线夹		只	—	(1.00)
其他材料费		%	1.00	1.500

注:密封材料按实际发生计算,其他不变。

9. 更换电缆井盖

工作内容:拆旧、装新、清理现场。

计量单位:套

定额编号				4-113	4-114
项目				更换电缆井盖	
				铸铁盖、座	混凝土盖、座
基价(元)				90.11	83.63
其中	人工费(元)			53.83	49.73
	材料费(元)			4.13	4.13
	机械使用费(元)			—	—
	其他措施费(元)			1.61	1.49
	安文费(元)			2.95	2.73
	管理费(元)			5.89	5.47
	利润(元)			4.91	4.56
	规费(元)			16.79	15.52
名称		单位	单价(元)	数量	
综合工日		工日		(0.62)	(0.57)
铸铁井盖井座		套	—	(1.01)	—
混凝土井框		套	—	—	(1.03)
砌筑水泥砂浆 M7.5		m^3	145.30	0.028	0.028
其他材料费		%	1.00	1.500	1.500

四、配管、配线维修

1. 更换砖、混凝土结构明配电线管

工作内容:拆旧、装新、接地、刷漆。

计量单位:100m

定额编号				4-115
项目				更换砖、混凝土结构明配电线管
基价(元)				4176.41
其中	人工费(元)			1128.47
	材料费(元)			1962.32
	机械使用费(元)			62.37
	其他措施费(元)			33.85
	安文费(元)			136.57
	管理费(元)			273.14
	利润(元)			227.61
	规费(元)			352.08
名称		单位	单价(元)	数量
综合工日		工日		(12.96)
清油		kg	19.20	0.657
钢筋 Φ5.5		kg	3.50	2.410
电线管 TC50		m	12.00	103.000
焦炭		kg	1.28	10.000
醇酸防锈漆		kg	15.66	1.750
电焊条 L-60 Φ3.2		kg	39.00	1.280
膨胀螺栓 M6×50		10个	6.00	6.739
冲击钻头 Φ12		个	5.00	0.910
镀锌内接头 DN50		个	15.71	25.750
沥青漆		kg	14.95	0.630
管卡子 (电线管用)40~50		个	0.60	67.890
厚漆各色 Y02-1		kg	11.00	1.638
砂子 中粗砂		m^3	67.00	0.032
镀锌铁丝 Φ1.2~2.2		kg	5.32	0.257
镀锌锁紧螺母 DN50×1.5		个	2.61	16.056
钢锯条		根	0.50	2.000
塑料胀管 Φ8×50		个	0.15	69.300
木螺钉 d4×65		10个	0.90	6.860
溶剂汽油 200#		kg	7.50	0.670
木柴		kg	0.18	2.500
其他材料费		%	1.00	1.500
交流弧焊机 容量(kV·A) 21		台班	57.02	0.830

续表

定额编号			4-115
项目			更换砖、混凝土结构明配电线管
名称	单位	单价(元)	数量
吹风机 能力(m^3/min) 4	台班	19.30	0.297
电动弯管机 管径(mm) 108	台班	75.74	0.123

2. 更换钢结构支架、钢索配电线管

工作内容:拆旧、装新、接地、刷漆。

计量单位:100m

定额编号				4-116	4-117
项目				更换钢结构支架配电线管	更换钢索配电线管
				电线管公称直径 50mm 以内	电线管公称直径 32mm 以内
基价(元)				3841.89	2893.70
其中	人工费(元)			1179.77	1157.82
	材料费(元)			1610.00	864.13
	机械使用费(元)			62.37	34.20
	其他措施费(元)			35.39	34.73
	安文费(元)			125.63	94.62
	管理费(元)			251.26	189.25
	利润(元)			209.38	157.71
	规费(元)			368.09	361.24
名称		单位	单价(元)	数量	
综合工日		工日		(13.55)	(13.29)
溶剂汽油 200#		kg	7.50	0.670	0.450
电线管 TC32		m	6.13	—	103.000
电线管 TC50		m	12.00	103.000	—
醇酸防锈漆		kg	15.66	2.750	1.840
镀锌管接头 (金属软管) DN32		个	1.23	—	25.750
镀锌管接头 (金属软管) DN50		个	3.36	25.750	—
电线管用塑料护口 Φ40~50		个	0.55	15.450	—
钢筋 Φ5.5		kg	3.50	2.410	0.830
沥青漆		kg	14.95	0.630	0.530
钢锯条		根	0.50	2.000	1.800
镀锌锁紧螺母 DN50×1.5		个	2.61	16.056	—
半圆头螺钉 M6×12		套	0.06	137.280	104.000
镀锌锁紧螺母 DN32×1.5		个	1.66	—	16.056
砂子 中粗砂		m^3	67.00	0.032	0.020
厚漆各色 Y02-1		kg	11.00	1.638	1.105
电线管用塑料护口 Φ25~32		个	0.27	—	15.450
木柴		kg	0.18	2.500	1.000
管卡子 (电线管用) 40~50		个	0.60	67.980	—
镀锌铁丝 Φ1.2~2.2		kg	5.32	0.257	0.257
电焊条 L-60 Φ3.2		kg	39.00	1.280	0.770
管卡子 (电线管用) 25~32		个	0.46	—	103.000
焦炭		kg	1.28	10.000	5.000
清油		kg	19.20	0.657	0.441

续表

定 额 编 号			4-116	4-117
项 目			更换钢结构支架配电线管	更换钢索配电线管
			电线管公称直径 50mm 以内	电线管公称直径 32mm 以内
名 称	单位	单价(元)	数 量	
其他材料费	%	1.00	1.500	1.500
交流弧焊机 容量(kV·A) 21	台班	57.02	0.830	0.496
吹风机 能力(m^3/min) 4	台班	19.30	0.297	0.087
电动弯管机 管径(mm) 108	台班	75.74	0.123	0.056

3. 镀锌钢管地埋敷设

工作内容:钢管内和管口去毛刺、套丝、敷设管子(包括连接、在井口锯断、去毛刺焊接地螺栓、弯管)。

计量单位:100m

定额编号				4-118
项目				镀锌钢管地埋敷设 钢管公称直径 100mm
基价(元)				3200.41
其中	人工费(元)			1600.46
	材料费(元)			502.45
	机械使用费(元)			61.77
	其他措施费(元)			48.01
	安文费(元)			104.65
	管理费(元)			209.31
	利润(元)			174.42
	规费(元)			499.34
名称		单位	单价(元)	数量
综合工日		工日		(18.38)
溶剂汽油 200#		kg	7.50	1.130
锁紧螺母 M3×100		个	5.93	16.056
硬铜绞线 $TJ-16mm^2$		m	10.60	19.920
钢锯条		根	0.50	4.500
电焊条 L-60 Φ3.2		kg	39.00	1.360
镀锌钢管 DN100		m	—	(104.00)
钢管用塑料护口 Φ100		个	1.09	15.450
镀锌六角螺栓带螺母 M12×40		套	1.00	33.660
镀锌铁丝 Φ1.2~2.2		kg	5.32	0.679
醇酸防锈漆		kg	15.66	4.520
其他材料费		%	1.00	1.500
电动弯管机 管径(mm) 108		台班	75.74	0.212
吹风机 能力(m^3/min) 4		台班	19.30	0.513
交流弧焊机 容量(kV·A) 21		台班	57.02	0.628

4. 更换砖、混凝土结构明配钢管

工作内容：拆旧、装新、接地、刷漆。

计量单位：100m

定额编号				4-119	4-120	4-121	4-122
项目				更换砖、混凝土结构明配钢管			
				钢管公称直径(mm 以内)			
				32	50	70	100
基价(元)				2380.08	3193.60	4572.65	6713.93
其中	人工费(元)			1268.61	1652.37	2429.65	3659.16
	材料费(元)			275.29	434.93	535.14	692.32
	机械使用费(元)			39.11	53.85	79.13	86.47
	其他措施费(元)			38.06	49.57	72.89	109.77
	安文费(元)			77.83	104.43	149.53	219.55
	管理费(元)			155.66	208.86	299.05	439.09
	利润(元)			129.71	174.05	249.21	365.91
	规费(元)			395.81	515.54	758.05	1141.66
名称		单位	单价(元)	数量			
综合工日		工日		(14.57)	(18.97)	(27.90)	(42.01)
焦炭		kg	1.28	5.000	10.000	17.500	27.500
膨胀螺栓 M6×50		10个	6.00	—	6.732	10.200	10.200
厚漆各色 Y02-1		kg	11.00	1.105	1.638	2.070	2.733
镀锌管接头 (金属软管) DN50		个	3.36	—	16.480	—	—
镀锌管接头 (金属软管) DN70		个	4.37	—	—	15.450	—
锁紧螺母 M3×50		个	2.65	—	16.056	—	—
锁紧螺母 M3×70		个	3.00	—	—	16.056	—
钢管塑料护口 25~32		个	0.27	15.450	—	—	—
钢管塑料护口 40~50		个	0.55	—	15.450	—	—
钢管塑料护口 80		个	0.82	—	—	15.450	—
锁紧螺母 M3×100		个	5.93	—	—	—	16.056
镀锌管卡子 3×50		个	0.86	—	67.980	—	—
镀锌管卡子 3×75		个	0.98	—	—	51.500	—
木柴		kg	0.18	1.000	2.500	2.500	5.000
镀锌管卡子 3×32		个	0.68	85.490	—	—	—
溶剂汽油 200#		kg	7.50	0.800	1.230	1.790	2.360
钢筋 Φ5.5		kg	3.50	0.900	2.780	4.310	4.310
钢管用塑料护口 Φ100		个	1.09	—	—	—	15.450
木螺钉 d4×65		10个	0.90	17.260	6.834	—	—
镀锌钢管		m	—	(104.00)	(104.00)	(104.00)	(104.00)
镀锌铁丝 Φ1.2~2.2		kg	5.32	0.679	0.679	0.679	0.679
沥青漆		kg	14.95	0.530	0.630	0.880	1.140
镀锌管卡子 Φ100~150		个	2.83	—	—	—	51.500

续表

定额编号			4-119	4-120	4-121	4-122
项目			更换砖、混凝土结构明配钢管			
			钢管公称直径(mm 以内)			
			32	50	70	100
名称	单位	单价(元)	数量			
清油	kg	19.20	0.441	0.657	0.912	1.226
钢锯条	根	0.50	2.000	3.000	3.000	4.500
塑料胀管 Φ8×50	个	0.15	174.300	69.300	—	—
醇酸防锈漆	kg	15.66	3.210	5.000	7.380	9.660
电焊条 L-60 Φ3.2	kg	39.00	0.900	1.130	1.360	1.360
砂子 中粗砂	m^3	67.00	0.020	0.035	0.079	0.149
镀锌螺母 M12	个	0.35	16.056	—	—	—
冲击钻头 Φ12	个	5.00	1.150	0.920	0.680	0.680
镀锌管接头 (金属软管) DN32	个	1.23	16.480	—	—	—
其他材料费	%	1.00	1.500	1.500	1.500	1.500
电动弯管机 管径(mm) 108	台班	75.74	0.056	0.123	0.260	0.297
交流弧焊机 容量(kV·A) 21	台班	57.02	0.582	0.731	0.879	0.879
吹风机 能力(m^3/min) 4	台班	19.30	0.087	0.148	0.483	0.718

5. 更换控制柜、箱进出线钢管

工作内容:拆旧、装新。

计量单位:套

定额编号				4-123	4-124
项目				更换控制柜、箱进出线钢管	
				镀锌管 DN40	
				沿杆安装高度 4m 以内	沿杆安装高度 8m 以内
基价(元)				330.22	459.55
其中	人工费(元)			61.06	95.37
	材料费(元)			190.87	254.42
	机械使用费(元)			7.01	7.01
	其他措施费(元)			1.83	2.86
	安文费(元)			10.80	15.03
	管理费(元)			21.60	30.05
	利润(元)			18.00	25.05
	规费(元)			19.05	29.76
名称		单位	单价(元)	数量	
综合工日		工日		(0.70)	(1.10)
镀锌扁钢卡子 25×4		kg	4.04	1.030	1.350
镀锌角钢横担 50×5×800		根	45.80	2.971	3.962
镀锌扁钢抱箍 —40×4		副	13.00	2.972	3.962
六角螺栓带螺母 M12×55		套	1.50	6.120	8.160
其他材料费		%	1.00	1.500	1.500
交流弧焊机 容量(kV·A) 21		台班	57.02	0.123	0.123

6. 更换地埋敷设塑料管

工作内容:更换。

计量单位:100m

定额编号				4-125	4-126	4-127	4-128	4-129
项目				更换地埋敷设塑料管				
				公称直径				
				32mm	50mm	70mm	100mm	150mm
基价(元)				937.69	1295.39	1550.65	1829.75	1937.64
其中	人工费(元)			531.40	727.46	858.98	990.50	1014.28
	材料费(元)			1.90	1.90	2.15	2.15	2.11
	机械使用费(元)			71.36	107.23	142.71	196.53	249.95
	其他措施费(元)			16.66	22.91	27.21	31.70	32.95
	安文费(元)			30.66	42.36	50.71	59.83	63.36
	管理费(元)			61.33	84.72	101.41	119.67	126.72
	利润(元)			51.10	70.60	84.51	99.72	105.60
	规费(元)			173.28	238.21	282.97	329.65	342.67
名称		单位	单价(元)	数量				
综合工日		工日		(6.28)	(8.62)	(10.22)	(11.87)	(12.27)
塑料管		m	—	(106.00)	(106.00)	(106.00)	(106.00)	(106.00)
硬塑料管接头		个	—	(19.475)	(19.475)	(19.475)	(19.475)	(19.475)
钢锯条		根	0.50	1.000	1.000	1.500	1.500	1.500
镀锌铁丝 Φ1.2~2.2		kg	5.32	0.257	0.257	0.257	0.257	0.250
其他材料费		%	1.00	1.500	1.500	1.500	1.500	1.500
载重汽车 装载质量(t) 4		台班	398.64	0.179	0.269	0.358	0.493	0.627

7. 更换地埋敷设塑料波纹管

工作内容：更换。

计量单位：100m

定额编号				4-130	4-131
项目				更换地埋敷设塑料波纹管	
				管外径 110mm	管外径 160mm
基价（元）				1142.52	1646.99
其中	人工费（元）			701.24	1013.84
	材料费（元）			14.56	19.70
	机械使用费（元）			11.53	14.15
	其他措施费（元）			21.13	30.52
	安文费（元）			37.36	53.86
	管理费（元）			74.72	107.71
	利润（元）			62.27	89.76
	规费（元）			219.71	317.45
名称		单位	单价（元）	数量	
综合工日		工日		(8.07)	(11.67)
砂布		张	1.31	5.222	6.956
难燃波纹管		m	—	(106.00)	(106.00)
橡胶圈		个	—	(3.075)	(3.075)
润滑油		kg	10.50	0.735	1.008
载重汽车　装载质量(t)　8		台班	524.22	0.022	0.027

8. 更换砖、混凝土结构明配塑料管

工作内容：拆旧、装新。

计量单位：100m

定额编号				4-132	4-133
项目				更换砖、混凝土结构明配塑料管	
				硬质聚乙烯管	
				公称直径	
				20mm 以内	50mm 以内
基价(元)				1319.02	1507.71
其中	人工费(元)			654.30	885.63
	材料费(元)			239.67	89.12
	机械使用费(元)			—	—
	其他措施费(元)			19.63	26.57
	安文费(元)			43.13	49.30
	管理费(元)			86.26	98.60
	利润(元)			71.89	82.17
	规费(元)			204.14	276.32
名称		单位	单价(元)	数量	
综合工日		工日		(7.51)	(10.17)
钢锯条		根	0.50	1.000	1.000
木螺钉 d4×65		10 个	0.90	33.252	16.830
镀锌铁丝 Φ1.2~2.2		kg	5.32	0.257	0.257
聚氯乙烯焊条 Φ2.5		kg	18.35	0.240	0.480
塑料管卡子 50		个	0.37	—	83.430
塑料管		m	—	(106.00)	(106.00)
塑料管卡 FCL20		个	0.84	164.800	—
冲击钻头 Φ12		个	5.00	2.220	1.120
塑料胀管 Φ8×50		个	0.15	336.000	170.100
其他材料费		%	1.00	1.500	1.500

工作内容:拆旧、装新。

计量单位:100m

定额编号				4-134
项目				更换砖、混凝土结构明配塑料管
				硬质聚乙烯管
				公称直径
				100mm 以内
基价(元)				2647.71
其中	人工费(元)			1567.71
	材料费(元)			139.80
	机械使用费(元)			—
	其他措施费(元)			47.03
	安文费(元)			86.58
	管理费(元)			173.16
	利润(元)			144.30
	规费(元)			489.13
名称		单位	单价(元)	数量
综合工日		工日		(18.00)
聚氯乙烯焊条 Φ2.5		kg	18.35	0.480
塑料管		m	—	(106.00)
镀锌铁丝 Φ1.2~2.2		kg	5.32	0.257
膨胀螺栓 M6×50		10个	6.00	13.260
冲击钻头 Φ12		个	5.00	0.880
塑料管卡子 100		个	0.64	66.950
钢锯条		根	0.50	1.500
其他材料费		%	1.00	1.500

9. 更换管内穿线

工作内容：拆旧、装新、接线、穿线等。

计量单位：100m

定额编号				4-135	4-136
项目				更换照明线路导线截面 2.5mm² 以内	更换照明线路导线截面 6mm² 以内
基价(元)				700.03	618.33
其中	人工费(元)			81.44	65.24
	材料费(元)			483.92	436.42
	机械使用费(元)			—	—
	其他措施费(元)			2.44	1.96
	安文费(元)			22.89	20.22
	管理费(元)			45.78	40.44
	利润(元)			38.15	33.70
	规费(元)			25.41	20.35
名称		单位	单价(元)	数量	
综合工日		工日		(0.94)	(0.75)
钢丝碳素		kg	4.70	0.092	0.102
汽油　综合		kg	7.00	0.500	0.600
焊锡膏		kg	36.00	0.010	0.010
绝缘胶带　25mm×10m		卷	1.50	0.250	0.170
焊锡		kg	57.50	0.200	0.110
绝缘导线		m	3.95	116.000	105.000
棉纱头		kg	12.00	0.200	0.300
其他材料费		%	1.00	1.500	1.500

10.更换砖、混凝土结构明敷塑料护套线

工作内容:拆旧、装新、配线、接线等。

计量单位:100m

定额编号				4-137	4-138	4-139	4-140
项目				更换砖、混凝土结构明敷塑料护套线			
				二芯		三芯	
				导线截面			
				2.5mm² 以内	10mm² 以内	2.5mm² 以内	10mm² 以内
基价(元)				2001.03	2172.14	2074.64	2247.52
其中	人工费(元)			858.89	1001.39	904.45	1046.94
	材料费(元)			543.04	496.81	544.28	499.55
	机械使用费(元)			—	—	—	—
	其他措施费(元)			25.77	30.04	27.13	31.41
	安文费(元)			65.43	71.03	67.84	73.49
	管理费(元)			130.87	142.06	135.68	146.99
	利润(元)			109.06	118.38	113.07	122.49
	规费(元)			267.97	312.43	282.19	326.65
名称		单位	单价(元)	数量			
综合工日		工日		(9.86)	(11.50)	(10.38)	(12.02)
接线盒 (50~70)×(50~70)×25		个	2.13	10.000	5.000	10.000	5.000
木螺钉 d4×65		10个	0.90	21.000	10.000	21.000	10.000
直瓷管 Φ(9~15)×305		个	0.28	15.450	12.360	18.540	—
绝缘导线		m	3.95	110.960	104.850	110.960	104.850
直瓷管 Φ(10~16)×300		个	0.47	—	—	—	12.360
钢精扎头 1#~5#		包	6.60	7.300	7.300	7.300	7.300
鞋钉 20		kg	10.81	0.210	0.210	0.210	0.210
水泥 42.5		kg	0.35	5.000	5.000	6.000	6.000
其他材料费		%	1.00	1.500	1.500	1.500	1.500

11. 更换沿钢索塑料护套线(明敷)

工作内容:拆旧、装新、配线、接线等。

计量单位:100m

定额编号				4-141
项目				更换沿钢索塑料护套线(明敷)
				三芯
				导线截面 $6mm^2$ 以内
基价(元)				1308.78
其中	人工费(元)			413.12
	材料费(元)			554.66
	机械使用费(元)			—
	其他措施费(元)			12.39
	安文费(元)			42.80
	管理费(元)			85.59
	利润(元)			71.33
	规费(元)			128.89
名称		单位	单价(元)	数量
综合工日		工日		(4.74)
绝缘导线		m	3.95	104.850
半圆头螺钉 M6×20		套	0.06	55.080
钢板 60×110×1.5		块	4.68	14.000
钢精扎头 1#~5#		包	6.60	5.100
接线盒 (50~70)×(50~70)×25		个	2.13	14.000
其他材料费		%	1.00	1.500

12. 更换接线箱

工作内容：拆旧、装新、刷漆、固定。

计量单位：10 个

定额编号				4-142	4-143
项目				明装	暗装
				接线箱半周长 1500mm 以内	
基价(元)				1694.81	2114.26
其中	人工费(元)			1051.12	1320.00
	材料费(元)			25.58	20.18
	机械使用费(元)			—	—
	其他措施费(元)			31.53	39.60
	安文费(元)			55.42	69.14
	管理费(元)			110.84	138.27
	利润(元)			92.37	115.23
	规费(元)			327.95	411.84
名称		单位	单价(元)	数量	
综合工日		工日		(12.07)	(15.16)
地脚螺栓 M8×100		个	0.60	42.000	—
接线箱 (暗装) 1500mm 以内		个	—	—	(10.00)
沥青漆		kg	14.95	—	1.330
接线箱 (明装) 1500mm 以内		个	—	(10.00)	—
其他材料费		%	1.00	1.500	1.500

13. 更换接线盒

工作内容：拆旧、装新、刷漆、固定。

计量单位：10 个

定额编号				4-144	4-145	4-146	4-147
项目				暗装		明装	更换钢索上接线盒
				接线盒	开关盒	普通接线盒	
基价(元)				104.91	98.36	152.70	46.21
其中	人工费(元)			52.43	55.83	93.20	29.18
	材料费(元)			18.54	8.43	4.32	—
	机械使用费(元)			—	—	—	—
	其他措施费(元)			1.57	1.67	2.80	0.88
	安文费(元)			3.43	3.22	4.99	1.51
	管理费(元)			6.86	6.43	9.99	3.02
	利润(元)			5.72	5.36	8.32	2.52
	规费(元)			16.36	17.42	29.08	9.10
名称		单位	单价(元)	数量			
综合工日		工日		(0.60)	(0.64)	(1.07)	(0.34)
塑料胀管 Φ8×50		个	0.15	—	—	20.200	—
电线管用塑料护口 Φ15~20		个	0.14	22.220	10.100	—	—
半圆头螺钉 M4×30		套	0.06	—	—	20.400	—
锁紧螺母 M15×3		个	0.65	23.320	10.600	—	—
钢索上安装接线盒		个	—	—	—	—	(10.10)
开关盒 (暗装)		个	—	—	(10.10)	—	—
接线盒 100×100×5		个	—	(10.10)	—	(10.10)	—
其他材料费		%	1.00	1.500	1.500	1.500	1.500

14. 更换开关、按钮

工作内容：拆旧、装新、接线等。

计量单位：10套

定额编号				4-148	4-149	4-150	4-151	4-152
项目				更换暗装板式开关	更换明装板式开关	更换拉线开关	更换一般按钮	
							明装	暗装
基价(元)				121.87	161.76	161.76	160.27	113.55
其中	人工费(元)			69.24	67.68	67.68	67.68	67.68
	材料费(元)			10.35	46.24	46.24	44.99	5.39
	机械使用费(元)			—	—	—	—	—
	其他措施费(元)			2.08	2.03	2.03	2.03	2.03
	安文费(元)			3.99	5.29	5.29	5.24	3.71
	管理费(元)			7.97	10.58	10.58	10.48	7.43
	利润(元)			6.64	8.82	8.82	8.73	6.19
	规费(元)			21.60	21.12	21.12	21.12	21.12
名称		单位	单价(元)	数量				
综合工日		工日		(0.80)	(0.78)	(0.78)	(0.78)	(0.78)
木螺钉 d4×50		10个	0.60	0.204	4.080	4.080	2.040	—
控制按纽 LA2		个	—	—	—	—	(10.20)	—
扳把暗装三联开关		套	—	(10.20)	—	—	—	—
镀锌铁丝 Φ1.4		kg	5.32	0.103	0.103	0.103	0.103	0.103
单拉线单控开关		个	—	—	—	(10.20)	—	—
扳把明装开关		套	—	—	(10.20)	—	—	—
防水按钮 LN-10S 3P		个	—	—	—	—	—	(10.20)
木圆台 (63~138)×22		块	3.60	—	10.500	10.500	10.500	—
铜芯塑料绝缘电线 BV-2.5mm^2		m	1.56	6.110	3.050	3.050	3.050	3.050
其他材料费		%	1.00	1.500	1.500	1.500	1.500	1.500

注：开关型号为“单联”“双联”“四联”时，据实调整。

15. 更换插座

工作内容:拆旧、装新、接线等。

计量单位:10 个

定　额　编　号				4-153	4-154
项　　目				更换明插座	更换暗插座
				三相四孔	
				30A	
基　　价(元)				205.62	160.34
其中	人　工　费(元)			81.53	81.53
	材　料　费(元)			64.82	26.45
	机械使用费(元)			—	—
	其他措施费(元)			2.45	2.45
	安　文　费(元)			6.72	5.24
	管　理　费(元)			13.45	10.49
	利　　润(元)			11.21	8.74
	规　　费(元)			25.44	25.44
名　　称		单位	单价(元)	数　　量	
综合工日		工日		(0.94)	(0.94)
暗装插座三相四孔　30A 以下		套	—	—	(10.20)
明装插座三相四孔　30A 以下		套	—	(10.20)	—
镀锌铁丝　Φ1.4		kg	5.32	0.103	0.103
木圆台　(63~138)×22		块	3.60	10.500	—
铜芯塑料绝缘电线　BV-6mm^2		m	3.58	6.100	6.100
木螺钉　d4×50		10 个	0.60	2.040	2.040
木螺钉　d6×100		10 个	1.20	2.040	2.040
其他材料费		%	1.00	1.500	1.500

16. 更换带形母线

工作内容：拆旧、装新、刷项色漆。

计量单位：10m/单相

定额编号				4-155	4-156
项目				更换带形铜母线	更换带形铝母线
基价(元)				513.51	351.74
其中	人工费(元)			208.78	146.68
	材料费(元)			111.28	68.10
	机械使用费(元)			43.69	33.13
	其他措施费(元)			6.26	4.40
	安文费(元)			16.79	11.50
	管理费(元)			33.58	23.00
	利润(元)			27.99	19.17
	规费(元)			65.14	45.76
名称		单位	单价(元)	数量	
综合工日		工日		(2.40)	(1.68)
木工铅笔		支	0.25	0.420	—
焊锡		kg	57.50	0.070	—
酚醛磁漆		kg	17.30	0.450	0.450
钍钨极棒		g	0.46	—	7.000
棉纱头		kg	12.00	0.060	0.060
钢锯条		根	0.50	1.000	0.500
绝缘清漆		kg	15.00	—	0.180
焊锡膏		kg	36.00	0.020	—
铝焊条 L109 Φ4		kg	68.00	—	0.140
铁砂布 0#~2#		张	1.19	0.800	0.500
铈钨棒		g	0.46	8.400	—
沉头螺钉 M16×25		10个	1.00	0.720	0.714
汽油 综合		kg	7.00	0.400	—
氩气		m^3	17.00	0.900	0.700
紫铜电焊条 T107 Φ3.2		kg	84.10	0.510	—
镀锌六角螺栓带螺母 M16×140		套	2.50	12.200	12.200
电力复合脂		kg	20.00	0.020	0.010
氩弧焊机 电流(A) 500		台班	90.86	0.210	0.123
立式钻床 钻孔直径(mm) 25		台班	6.58	0.049	0.013
万能母线煨弯机		台班	27.82	0.873	0.786

17. 更换带形母线引下线

工作内容：拆旧、装新、刷项色漆。

计量单位：10m/单相

定额编号				4-157	4-158
项目				更换带形铜母线引下线	更换带形铝母线引下线
基价（元）				939.06	697.67
其中	人工费（元）			408.24	291.70
	材料费（元）			221.01	176.25
	机械使用费（元）			26.89	23.50
	其他措施费（元）			12.25	8.75
	安文费（元）			30.71	22.81
	管理费（元）			61.41	45.63
	利润（元）			51.18	38.02
	规费（元）			127.37	91.01
名称		单位	单价（元）	数量	
综合工日		工日		(4.69)	(3.35)
铁砂布 0#~2#		张	1.19	—	1.000
电力复合脂		kg	20.00	0.160	0.080
棉纱头		kg	12.00	0.060	0.080
酚醛磁漆		kg	17.30	0.450	0.450
焊锡膏		kg	36.00	0.160	—
木工铅笔		支	0.25	0.717	—
沉头螺钉 M16×25		10个	1.00	0.714	0.714
镀锌六角螺栓带螺母 2平垫1弹垫 M10×100以内		10套	5.00	32.600	32.600
钢锯条		根	0.50	2.300	2.000
焊锡		kg	57.50	0.560	—
汽油 综合		kg	7.00	0.900	—
万能母线煨弯机		台班	27.82	0.873	0.786
立式钻床 钻孔直径(mm) 25		台班	6.58	0.396	0.248

18. 地下顶管

工作内容：钢管刷油、下管、装机具、顶管、接管、清理、扫管等。

计量单位：10m

定额编号				4-159	4-160	4-161	4-162
项目				地下敷设			
				地下顶管			
				钢管直径≤150mm		钢管直径≤300mm	
				顶管距离≤10m	顶管距离>10m	顶管距离≤10m	顶管距离>10m
基价(元)				2431.70	1987.38	2604.55	2175.04
其中	人工费(元)			369.65	369.65	424.87	424.87
	材料费(元)			359.32	247.02	398.51	281.89
	机械使用费(元)			1091.67	851.10	1122.55	898.86
	其他措施费(元)			21.05	18.98	22.91	20.83
	安文费(元)			79.52	64.99	85.17	71.12
	管理费(元)			159.03	129.97	170.34	142.25
	利润(元)			132.53	108.31	141.95	118.54
	规费(元)			218.93	197.36	238.25	216.68
名称		单位	单价(元)	数量			
综合工日		工日		(6.72)	(6.21)	(7.41)	(6.89)
枕木 2500×200×160		根	177.00	1.136	0.571	1.136	0.571
无缝钢管 D159×6		kg	9.10	2.568	2.142	—	—
低碳钢焊条 J422 综合		kg	4.10	0.020	0.020	—	—
钢管		m	—	(10.25)	(10.25)	(10.25)	(10.25)
沥青清漆		kg	11.40	1.752	1.752	2.017	2.017
中厚钢板 综合		kg	3.39	2.478	1.241	2.848	1.427
无缝钢管 D219×6		kg	9.00	—	—	4.735	3.944
水		t	5.13	19.019	18.519	21.872	21.297
乙炔气		kg	8.82	0.396	0.396	0.456	0.456
氧气		m^3	3.82	0.015	0.015	0.015	0.015
其他材料费		%	1.00	1.500	1.500	1.500	1.500
立式油压千斤顶 起重量(t) 100		台班	9.33	2.152	2.052	2.253	2.152
污水泵 出口直径(mm) 70		台班	73.09	1.402	1.171	1.612	1.612
载重汽车 装载质量(t) 5		台班	446.68	1.402	0.936	1.402	0.936
电动双筒慢速卷扬机 牵引力(kN) 30		台班	185.90	1.076	1.026	1.126	1.076
交流弧焊机 容量(kV·A) 21		台班	57.02	0.070	0.070	0.070	0.070
高压油泵 压力(MPa) 50		台班	106.00	1.076	1.026	1.126	1.076
电动单级离心清水泵 出口直径(mm) 50		台班	26.49	0.936	0.936	0.936	0.936

注：保护管为其他材质的据实调整。

五、照明器具维修

1. 更换单臂悬挑灯架(抱箍式)

工作内容:拆旧、装新、接线、调试、复明。

计量单位:10套

定额编号				4-163	4-164	4-165	4-166
项目				更换单臂悬挑灯架(抱杆式)			
				单抱箍臂长 1.2m 以下	单抱箍臂长 3m 以下	双抱箍臂长 3m 以下	双抱箍臂长 5m 以下
基价(元)				1160.77	1707.41	2752.01	3304.77
其中	人工费(元)			325.93	712.13	949.22	1091.01
	材料费(元)			267.56	268.11	813.96	813.40
	机械使用费(元)			249.95	223.08	244.24	494.19
	其他措施费(元)			12.30	21.36	28.48	35.25
	安文费(元)			37.96	55.83	89.99	108.07
	管理费(元)			75.91	111.67	179.98	216.13
	利润(元)			63.26	93.05	149.98	180.11
	规费(元)			127.90	222.18	296.16	366.61
名称		单位	单价(元)	数量			
综合工日		工日		(4.37)	(8.18)	(10.90)	(13.15)
镀锌大灯泡抱箍连压板		副	12.35	10.100	10.100	20.200	20.200
六角螺栓带螺母 M16×60		套	2.86	—	—	40.800	40.800
钢丝 Φ2.0		kg	4.80	—	0.112	0.143	0.143
直脚 3#		个	5.50	20.200	20.200	—	—
羊角熔断器 10A		个	2.75	10.100	10.100	10.300	10.100
铁担针式瓷瓶 3#		个	12.30	—	—	20.600	20.600
电焊条 L-60 Φ3.2		kg	39.00	—	—	0.020	0.020
镀锌油漆单臂悬挑灯架		套	—	(10.00)	(10.00)	(10.00)	(10.00)
六角螺栓带螺母 M12×120		套	1.21	—	—	20.400	20.400
镀锌半挑 8×50×400		块	12.30	—	—	10.400	10.400
其他材料费		%	1.00	1.500	1.500	1.500	1.500
载重汽车 装载质量(t) 4		台班	398.64	0.627	—	—	0.627
交流弧焊机 容量(kV·A) 21		台班	57.02	—	—	0.371	0.371
平台作业升降车 提升高度(m) 9		台班	303.93	—	0.734	0.734	0.734

工作内容:拆旧、装新、接线、调试、复明。

计量单位:10 套

定额编号				4-167	4-168	4-169	4-170
项目				更换单臂悬挑灯架(抱杆式)			
				双抱箍臂长 5m 以上	双拉梗臂长 3m 以下	双拉梗臂长 5m 以下	双拉梗臂长 5m 以上
基价(元)				3565.47	3510.67	3927.45	4318.34
其中	人工费(元)			1255.63	1186.30	1363.90	1569.28
	材料费(元)			813.40	881.16	940.38	940.38
	机械使用费(元)			494.19	473.03	528.65	584.27
	其他措施费(元)			40.19	38.11	43.44	49.60
	安文费(元)			116.59	114.80	128.43	141.21
	管理费(元)			233.18	229.60	256.85	282.42
	利润(元)			194.32	191.33	214.05	235.35
	规费(元)			417.97	396.34	451.75	515.83
名称		单位	单价(元)	数量			
综合工日		工日		(15.04)	(14.25)	(16.29)	(18.64)
镀锌横担抱箍		副	10.25	—	10.100	10.100	10.100
羊角熔断器 10A		个	2.75	10.100	10.100	10.100	10.100
成套马路弯灯架		套	—	—	(10.00)	(10.00)	(10.00)
镀锌油漆单臂悬挑灯架		套	—	(10.00)	—	—	—
电焊条 L-60 Φ3.2		kg	39.00	0.020	—	—	—
蝶式绝缘子 ED-3		个	3.00	—	20.400	20.400	20.400
镀锌拉线横担 ∠50×5×650		副	31.13	—	10.200	10.200	10.200
六角螺栓带螺母 M12×75		套	1.50	—	40.800	40.800	40.800
铁担针式瓷瓶 3#		个	12.30	20.600	—	—	—
六角螺栓带螺母 M16×60		套	2.86	40.800	40.800	61.200	61.200
钢丝 Φ2.0		kg	4.80	0.143	—	—	—
镀锌大灯泡抱箍连压板		副	12.35	20.200	—	—	—
六角螺栓带螺母 M12×120		套	1.21	20.400	20.400	20.400	20.400
镀锌大灯抱箍压板		副	15.40	—	10.100	10.100	10.100
镀锌半挑 8×50×400		块	12.30	10.400	—	—	—
其他材料费		%	1.00	1.500	1.500	1.500	1.500
载重汽车 装载质量(t) 4		台班	398.64	0.627	0.627	0.627	0.627
交流弧焊机 容量(kV·A) 21		台班	57.02	0.371	—	—	—
平台作业升降车 提升高度(m) 9		台班	303.93	0.734	0.734	0.917	1.100

工作内容:拆旧、装新、接线、调试、复明。

计量单位:10套

定额编号				4-171	4-172
项目				更换单臂悬挑灯架(抱杆式)	
				双臂架臂长 3m 以下	双臂架臂长 5m 以下
基价(元)				2930.91	3185.29
其中	人工费(元)			1067.32	1227.94
	材料费(元)			549.55	549.55
	机械使用费(元)			473.03	473.03
	其他措施费(元)			34.54	39.36
	安文费(元)			95.84	104.16
	管理费(元)			191.68	208.32
	利润(元)			159.73	173.60
	规费(元)			359.22	409.33
名称		单位	单价(元)	数量	
综合工日		工日		(12.88)	(14.73)
六角螺栓带螺母 M16×60		套	2.86	40.800	40.800
羊角熔断器 10A		个	2.75	10.100	10.100
镀锌油漆单臂悬挑灯架		套	—	(20.00)	(20.00)
蝶式绝缘子 ED-3		个	3.00	20.400	20.400
六角螺栓带螺母 M12×120		套	1.21	20.400	20.400
镀锌大灯抱箍压板		副	15.40	20.200	20.200
其他材料费		%	1.00	1.500	1.500
载重汽车 装载质量(t) 4		台班	398.64	0.627	0.627
平台作业升降车 提升高度(m) 9		台班	303.93	0.734	0.734

2. 更换单臂悬挑灯架(顶套式)

工作内容:拆旧、装新、接线、调试、复明。

计量单位:10 套

定额编号				4-173	4-174	4-175
项目				更换单臂悬挑灯架(顶套式)		
				成套型臂长 3m 以下	成套型臂长 5m 以下	成套型臂长 5m 以上
基价(元)				1201.27	1588.46	1805.99
其中	人工费(元)			573.64	818.13	941.90
	材料费(元)			62.12	62.12	62.12
	机械使用费(元)			186.01	186.01	204.24
	其他措施费(元)			17.21	24.54	28.26
	安文费(元)			39.28	51.94	59.06
	管理费(元)			78.56	103.89	118.11
	利润(元)			65.47	86.57	98.43
	规费(元)			178.98	255.26	293.87
名称		单位	单价(元)	数量		
综合工日		工日		(6.59)	(9.39)	(10.81)
镀锌油漆单臂悬挑灯架		套	—	(10.00)	(10.00)	(10.00)
六角螺栓带螺母 M12×55		套	1.50	40.800	40.800	40.800
其他材料费		%	1.00	1.500	1.500	1.500
平台作业升降车 提升高度(m) 9		台班	303.93	0.612	0.612	0.672

工作内容:拆旧、装新、接线、调试、复明。

计量单位:10套

定额编号				4-176	4-177	4-178
项目				更换单臂悬挑灯架(顶套式)		
				组装型臂长 3m以下	组装型臂长 5m以下	组装型臂长 5m以上
基价(元)				1303.78	1718.00	1949.85
其中	人工费(元)			613.45	875.01	1007.83
	材料费(元)			95.56	95.56	95.56
	机械使用费(元)			186.01	186.01	204.24
	其他措施费(元)			18.40	26.25	30.23
	安文费(元)			42.63	56.18	63.76
	管理费(元)			85.27	112.36	127.52
	利润(元)			71.06	93.63	106.27
	规费(元)			191.40	273.00	314.44
名称		单位	单价(元)	数量		
综合工日		工日		(7.04)	(10.05)	(11.57)
六角螺栓带螺母 M10×75		套	0.30	40.800	40.800	40.800
顶套		个	2.05	10.100	10.100	10.100
镀锌油漆单臂悬挑灯架		套	—	(10.00)	(10.00)	(10.00)
六角螺栓带螺母 M12×55		套	1.50	40.800	40.800	40.800
其他材料费		%	1.00	1.500	1.500	1.500
平台作业升降车 提升高度(m) 9		台班	303.93	0.612	0.612	0.672

3. 更换双臂悬挑灯架(具)(成套型)

工作内容:拆旧、装新、接线、调试、复明。

计量单位:10套

定额编号				4-179	4-180	4-181
项目				更换双臂悬挑灯架(对称式)		
				成套型		
				臂长2.5m以下	臂长5m以下	臂长5m以上
基价(元)				1942.68	2222.75	2547.56
其中	人工费(元)			964.63	1103.99	1271.83
	材料费(元)			64.60	67.59	69.09
	机械使用费(元)			287.09	334.42	382.92
	其他措施费(元)			28.94	33.12	38.15
	安文费(元)			63.53	72.68	83.31
	管理费(元)			127.05	145.37	166.61
	利润(元)			105.88	121.14	138.84
	规费(元)			300.96	344.44	396.81
名称		单位	单价(元)	数量		
综合工日		工日		(11.08)	(12.68)	(14.60)
钢丝 Φ2.0		kg	4.80	0.509	1.124	1.431
镀锌油漆双臂悬挑灯		套	—	(10.00)	(10.00)	(10.00)
六角螺栓 M12×50		套	1.50	40.800	40.800	40.800
其他材料费		%	1.00	1.500	1.500	1.500
平台作业升降车 提升高度(m) 16		台班	391.13	0.734	0.855	0.979

工作内容:拆旧、装新、接线、调试、复明。

计量单位:10套

定额编号				4-182	4-183	4-184
项目				更换双臂悬挑灯架(非对称式)		
				成套型		
				臂长2.5m以下	臂长5m以下	臂长5m以上
基价(元)				1885.97	2158.36	2505.09
其中	人工费(元)			928.83	1063.32	1245.01
	材料费(元)			64.60	67.59	69.09
	机械使用费(元)			287.09	334.42	382.92
	其他措施费(元)			27.86	31.90	37.35
	安文费(元)			61.67	70.58	81.92
	管理费(元)			123.34	141.16	163.83
	利润(元)			102.79	117.63	136.53
	规费(元)			289.79	331.76	388.44
名称		单位	单价(元)	数量		
综合工日		工日		(10.66)	(12.21)	(14.29)
钢丝 Φ2.0		kg	4.80	0.509	1.124	1.431
六角螺栓 M12×50		套	1.50	40.800	40.800	40.800
镀锌油漆双臂悬挑灯		套	—	(10.00)	(10.00)	(10.00)
其他材料费		%	1.00	1.500	1.500	1.500
平台作业升降车 提升高度(m) 16		台班	391.13	0.734	0.855	0.979

4. 更换双臂悬挑灯架(具)(组装型)

工作内容:拆旧、装新、接线、调试、复明。

计量单位:10套

定额编号				4-185	4-186	4-187
项目				更换双臂悬挑灯架(对称式)		
				组装型		
				臂长2.5m以下	臂长5m以下	臂长5m以上
基价(元)				2255.79	2577.27	2938.04
其中	人工费(元)			1100.77	1265.39	1456.83
	材料费(元)			99.91	102.91	104.40
	机械使用费(元)			334.42	382.92	430.24
	其他措施费(元)			33.02	37.96	43.70
	安文费(元)			73.76	84.28	96.07
	管理费(元)			147.53	168.55	192.15
	利润(元)			122.94	140.46	160.12
	规费(元)			343.44	394.80	454.53
名称		单位	单价(元)	数量		
综合工日		工日		(12.64)	(14.53)	(16.73)
镀锌油漆双臂悬挑灯		套	—	(10.00)	(10.00)	(10.00)
顶套		个	2.05	11.000	11.000	11.000
六角螺栓带螺母 M12×65		套	1.50	40.800	40.800	40.800
六角螺栓带螺母 M10×75		套	0.30	40.800	40.800	40.800
钢丝 Φ2.0		kg	4.80	0.509	1.124	1.431
其他材料费		%	1.00	1.500	1.500	1.500
平台作业升降车 提升高度(m) 16		台班	391.13	0.855	0.979	1.100

工作内容:拆旧、装新、接线、调试、复明。

计量单位:10 套

定额编号				4-188	4-189	4-190
项目				更换双臂悬挑灯架(非对称式)		
				组装型		
				臂长 2.5m 以下	臂长 5m 以下	臂长 5m 以上
基价(元)				2173.31	2481.54	2828.41
其中	人工费(元)			1048.68	1204.94	1387.59
	材料费(元)			99.91	102.91	104.40
	机械使用费(元)			334.42	382.92	430.24
	其他措施费(元)			31.46	36.15	41.63
	安文费(元)			71.07	81.15	92.49
	管理费(元)			142.13	162.29	184.98
	利润(元)			118.45	135.24	154.15
	规费(元)			327.19	375.94	432.93
名称		单位	单价(元)	数量		
综合工日		工日		(12.04)	(13.83)	(15.93)
镀锌油漆双臂悬挑灯		套	—	(10.00)	(10.00)	(10.00)
顶套		个	2.05	11.000	11.000	11.000
六角螺栓带螺母 M12×65		套	1.50	40.800	40.800	40.800
六角螺栓带螺母 M10×75		套	0.30	40.800	40.800	40.800
钢丝 Φ2.0		kg	4.80	0.509	1.124	1.431
其他材料费		%	1.00	1.500	1.500	1.500
平台作业升降车 提升高度(m) 16		台班	391.13	0.855	0.979	1.100

5. 更换广场灯架(具)(成套型)

工作内容:拆旧、装新、调试、复明。

计量单位:10 套

定额编号				4-191	4-192	4-193
项目				更换广场灯架		
				成套型		
				灯高 11m 以下		
				灯火数 7 火	灯火数 9 火	灯火数 12 火
基价(元)				1510.34	1725.80	1998.10
其中	人工费(元)			548.38	684.43	856.37
	材料费(元)			126.72	126.72	126.72
	机械使用费(元)			383.12	383.12	383.12
	其他措施费(元)			19.44	23.52	28.68
	安文费(元)			49.39	56.43	65.34
	管理费(元)			98.78	112.87	130.68
	利润(元)			82.31	94.06	108.90
	规费(元)			202.20	244.65	298.29
名称		单位	单价(元)	数量		
综合工日		工日		(7.04)	(8.60)	(10.58)
广场灯架		套	—	(10.00)	(10.00)	(10.00)
六角螺栓带螺母 M12×65		套	1.50	81.600	81.600	81.600
钢丝 Φ2.0		kg	4.80	0.509	0.509	0.509
其他材料费		%	1.00	1.500	1.500	1.500
平台作业升降车 提升高度(m) 16		台班	391.13	0.305	0.305	0.305
汽车式起重机 提升质量(t) 8		台班	691.24	0.309	0.309	0.309
载重汽车 装载质量(t) 4		台班	398.64	0.126	0.126	0.126

工作内容:拆旧、装新、调试、复明。

计量单位:10套

定额编号				4-194	4-195	4-196
项目				更换广场灯架		
				成套型		
				灯高11m以下		
				灯火数15火	灯火数20火	灯火数25火
基价(元)				2376.03	2798.89	3319.68
其中	人工费(元)			985.01	1231.16	1539.14
	材料费(元)			126.72	126.72	126.72
	机械使用费(元)			527.91	553.02	578.14
	其他措施费(元)			32.79	40.43	49.92
	安文费(元)			77.70	91.52	108.55
	管理费(元)			155.39	183.05	217.11
	利润(元)			129.49	152.54	180.92
	规费(元)			341.02	420.45	519.18
名称		单位	单价(元)	数量		
综合工日		工日		(12.12)	(15.00)	(18.60)
广场灯架		套	—	(10.00)	(10.00)	(10.00)
六角螺栓带螺母 M12×65		套	1.50	81.600	81.600	81.600
钢丝 Φ2.0		kg	4.80	0.509	0.509	0.509
其他材料费		%	1.00	1.500	1.500	1.500
平台作业升降车 提升高度(m) 16		台班	391.13	0.612	0.612	0.612
汽车式起重机 提升质量(t) 8		台班	691.24	0.309	0.309	0.309
载重汽车 装载质量(t) 4		台班	398.64	0.188	0.251	0.314

工作内容：拆旧、装新、调试、复明。

计量单位：10套

定额编号				4-197	4-198	4-199
项目				更换广场灯架		
				成套型		
				灯高18m以下		
				灯火数7火	灯火数9火	灯火数12火
基价(元)				1769.60	2040.65	2412.49
其中	人工费(元)			685.22	856.37	1070.63
	材料费(元)			126.72	126.72	126.72
	机械使用费(元)			419.18	419.18	443.90
	其他措施费(元)			23.55	28.68	35.36
	安文费(元)			57.87	66.73	78.89
	管理费(元)			115.73	133.46	157.78
	利润(元)			96.44	111.22	131.48
	规费(元)			244.89	298.29	367.73
名称		单位	单价(元)	数量		
综合工日		工日		(8.61)	(10.58)	(13.10)
广场灯架		套	—	(10.00)	(10.00)	(10.00)
六角螺栓带螺母 M12×65		套	1.50	81.600	81.600	81.600
钢丝 Φ2.0		kg	4.80	0.509	0.509	0.509
其他材料费		%	1.00	1.500	1.500	1.500
平台作业升降车 提升高度(m) 20		台班	509.38	0.305	0.305	0.305
汽车式起重机 提升质量(t) 8		台班	691.24	0.309	0.309	0.309
载重汽车 装载质量(t) 4		台班	398.64	0.126	0.126	0.188

工作内容:拆旧、装新、调试、复明。

计量单位:10 套

定额编号				4-200	4-201	4-202
项目				更换广场灯架		
				成套型		
				灯高 18m 以下		
				灯火数 15 火	灯火数 20 火	灯火数 25 火
基价(元)				2851.25	3372.04	4014.09
其中	人工费(元)			1231.16	1539.14	1923.69
	材料费(元)			126.72	126.72	126.72
	机械使用费(元)			600.28	625.39	650.51
	其他措施费(元)			40.17	49.67	61.46
	安文费(元)			93.24	110.27	131.26
	管理费(元)			186.47	220.53	262.52
	利润(元)			155.39	183.78	218.77
	规费(元)			417.82	516.54	639.16
名称		单位	单价(元)	数量		
综合工日		工日		(14.94)	(18.54)	(23.02)
广场灯架		套	—	(10.00)	(10.00)	(10.00)
六角螺栓带螺母 M12×65		套	1.50	81.600	81.600	81.600
钢丝 Φ2.0		kg	4.80	0.509	0.509	0.509
其他材料费		%	1.00	1.500	1.500	1.500
平台作业升降车 提升高度(m) 20		台班	509.38	0.612	0.612	0.612
汽车式起重机 提升质量(t) 8		台班	691.24	0.309	0.309	0.309
载重汽车 装载质量(t) 4		台班	398.64	0.188	0.251	0.314

6. 更换广场灯架(具)(组装型)

工作内容:拆旧、装新、调试、复明。

计量单位:10 套

定额编号				4-203	4-204	4-205
项目				更换广场灯架		
				组装型		
				灯高 11m 以下		
				灯火数 7 火	灯火数 9 火	灯火数 12 火
基价(元)				1812.22	1986.44	2298.97
其中	人工费(元)			712.13	822.14	998.95
	材料费(元)			126.72	126.72	126.72
	机械使用费(元)			419.18	419.18	443.90
	其他措施费(元)			24.35	27.66	33.21
	安文费(元)			59.26	64.96	75.18
	管理费(元)			118.52	129.91	150.35
	利润(元)			98.77	108.26	125.29
	规费(元)			253.29	287.61	345.37
名称		单位	单价(元)	数量		
综合工日		工日		(8.92)	(10.18)	(12.28)
广场灯架		套	—	(10.00)	(10.00)	(10.00)
六角螺栓带螺母 M12×65		套	1.50	81.600	81.600	81.600
钢丝 Φ2.0		kg	4.80	0.509	0.509	0.509
其他材料费		%	1.00	1.500	1.500	1.500
载重汽车 装载质量(t) 4		台班	398.64	0.126	0.126	0.188
汽车式起重机 提升质量(t) 8		台班	691.24	0.309	0.309	0.309
平台作业升降车 提升高度(m) 20		台班	509.38	0.305	0.305	0.305

工作内容：拆旧、装新、调试、复明。

计量单位：10套

定额编号			4-206	4-207	4-208
项目			更换广场灯架		
			组装型		
			灯高11m以下		
			灯火数15火	灯火数20火	灯火数25火
基价(元)			2772.63	1707.00	1932.61
其中	人工费(元)		1181.51	487.76	609.35
	材料费(元)		126.72	126.72	126.72
	机械使用费(元)		600.28	625.39	650.51
	其他措施费(元)		38.69	18.13	22.03
	安文费(元)		90.66	55.82	63.20
	管理费(元)		181.33	111.64	126.39
	利润(元)		151.11	93.03	105.33
	规费(元)		402.33	188.51	229.08
名称	单位	单价(元)	数量		
综合工日	工日		(14.37)	(6.47)	(7.93)
广场灯架	套	—	(10.00)	(10.00)	(10.00)
六角螺栓带螺母　M12×65	套	1.50	81.600	81.600	81.600
钢丝　Φ2.0	kg	4.80	0.509	0.509	0.509
其他材料费	%	1.00	1.500	1.500	1.500
载重汽车　装载质量(t)　4	台班	398.64	0.188	0.251	0.314
汽车式起重机　提升质量(t)　8	台班	691.24	0.309	0.309	0.309
平台作业升降车　提升高度(m)　20	台班	509.38	0.612	0.612	0.612

工作内容:拆旧、装新、调试、复明。

计量单位:10套

定额编号				4-209	4-210	4-211
项目				更换广场灯架		
				组装型		
				灯高18m以下		
				灯火数7火	灯火数9火	灯火数12火
基价(元)				1149.42	1221.43	2751.82
其中	人工费(元)			293.61	339.08	1284.90
	材料费(元)			126.72	126.72	126.72
	机械使用费(元)			419.18	419.18	443.90
	其他措施费(元)			11.80	13.16	41.79
	安文费(元)			37.59	39.94	89.98
	管理费(元)			75.17	79.88	179.97
	利润(元)			62.64	66.57	149.97
	规费(元)			122.71	136.90	434.59
名称		单位	单价(元)	数量		
综合工日		工日		(4.12)	(4.64)	(15.56)
广场灯架		套	—	(10.00)	(10.00)	(10.00)
六角螺栓带螺母 M12×65		套	1.50	81.600	81.600	81.600
钢丝 Φ2.0		kg	4.80	0.509	0.509	0.509
其他材料费		%	1.00	1.500	1.500	1.500
载重汽车 装载质量(t) 4		台班	398.64	0.126	0.126	0.188
汽车式起重机 提升质量(t) 8		台班	691.24	0.309	0.309	0.309
平台作业升降车 提升高度(m) 20		台班	509.38	0.305	0.305	0.305

工作内容:拆旧、装新、调试、复明。

计量单位:10套

定额编号				4-212	4-213	4-214
项目				更换广场灯架		
				组装型		
				灯高18m以下		
				灯火数15火	灯火数20火	灯火数25火
基价(元)				3240.78	3859.93	4623.21
其中	人工费(元)			1477.13	1847.22	2308.32
	材料费(元)			126.72	126.72	126.72
	机械使用费(元)			600.28	625.39	650.51
	其他措施费(元)			47.55	58.91	73.00
	安文费(元)			105.97	126.22	151.18
	管理费(元)			211.95	252.44	302.36
	利润(元)			176.62	210.37	251.96
	规费(元)			494.56	612.66	759.16
名称		单位	单价(元)	数量		
综合工日		工日		(17.77)	(22.08)	(27.43)
广场灯架		套	—	(10.00)	(10.00)	(10.00)
六角螺栓带螺母 M12×65		套	1.50	81.600	81.600	81.600
钢丝 Φ2.0		kg	4.80	0.509	0.509	0.509
其他材料费		%	1.00	1.500	1.500	1.500
载重汽车 装载质量(t) 4		台班	398.64	0.188	0.251	0.314
汽车式起重机 提升质量(t) 8		台班	691.24	0.309	0.309	0.309
平台作业升降车 提升高度(m) 20		台班	509.38	0.612	0.612	0.612

7. 更换高杆灯架(具)(成套型)

工作内容:拆旧、装新、调试、复明。

计量单位:10套

定额编号				4-215	4-216	4-217
项目				更换高杆灯架		
				成套型		
				灯盘固定式		
				灯火数12火	灯火数18火	灯火数24火
基价(元)				4786.82	5122.26	5489.89
其中	人工费(元)			2116.01	2327.83	2559.96
	材料费(元)			7.92	7.92	7.92
	机械使用费(元)			1123.27	1123.27	1123.27
	其他措施费(元)			70.98	77.33	84.30
	安文费(元)			156.53	167.50	179.52
	管理费(元)			313.06	335.00	359.04
	利润(元)			260.88	279.16	299.20
	规费(元)			738.17	804.25	876.68
名称		单位	单价(元)	数量		
综合工日		工日		(26.16)	(28.59)	(31.26)
电焊条 L-60 Φ3.2		kg	39.00	0.200	0.200	0.200
高杆灯灯盘		套	—	(10.00)	(10.00)	(10.00)
其他材料费		%	1.00	1.500	1.500	1.500
载重汽车 装载质量(t) 4		台班	398.64	0.627	0.627	0.627
汽车式起重机 提升质量(t) 16		台班	890.11	0.619	0.619	0.619
平台作业升降车 提升高度(m) 20		台班	509.38	0.612	0.612	0.612
交流弧焊机 容量(kV·A) 21		台班	57.02	0.186	0.186	0.186

续表

定　额　编　号				4-218	4-219	4-220
项　　目				更换高杆灯架		
				成套型		
				灯盘固定式		
				灯火数 36 火	灯火数 48 火	灯火数 60 火
基　　价(元)				6990.22	7435.34	7927.35
其中	人　工　费(元)			2816.64	3097.71	3408.40
	材　料　费(元)			11.88	11.88	11.88
	机械使用费(元)			1989.40	1989.40	1989.40
	其他措施费(元)			96.98	105.41	114.73
	安　文　费(元)			228.58	243.14	259.22
	管　理　费(元)			457.16	486.27	518.45
	利　　润(元)			380.97	405.23	432.04
	规　　费(元)			1008.61	1096.30	1193.23
名　　称		单位	单价(元)	数　　量		
综合工日		工日		(35.44)	(38.67)	(42.24)
电焊条　L-60 Φ3.2		kg	39.00	0.300	0.300	0.300
高杆灯灯盘		套	—	(10.00)	(10.00)	(10.00)
其他材料费		%	1.00	1.500	1.500	1.500
载重汽车　装载质量(t)　4		台班	398.64	0.627	0.627	0.627
汽车式起重机　提升质量(t)　16		台班	890.11	1.239	1.239	1.239
平台作业升降车　提升高度(m)　20		台班	509.38	1.222	1.222	1.222
交流弧焊机　容量(kV·A)　21		台班	57.02	0.248	0.248	0.248

工作内容:拆旧、装新、调试、复明。

计量单位:10套

定额编号				4-221	4-222	4-223
项目				更换高杆灯架		
				成套型		
				灯盘升降式		
				灯火数 12 火	灯火数 18 火	灯火数 24 火
基价(元)				10062.07	10447.74	10869.84
其中	人工费(元)			2433.75	2677.28	2943.81
	材料费(元)			4051.77	4051.77	4051.77
	机械使用费(元)			1123.27	1123.27	1123.27
	其他措施费(元)			80.51	87.82	95.81
	安文费(元)			329.03	341.64	355.44
	管理费(元)			658.06	683.28	710.89
	利润(元)			548.38	569.40	592.41
	规费(元)			837.30	913.28	996.44
名称		单位	单价(元)	数量		
综合工日		工日		(29.81)	(32.60)	(35.66)
电焊条 L-60 Φ3.2		kg	39.00	0.200	0.200	0.200
破布		kg	6.19	0.500	0.500	0.500
煤油		kg	8.44	2.000	2.000	2.000
高杆灯灯盘		套	—	(10.00)	(10.00)	(10.00)
黄油		kg	10.50	1.000	1.000	1.000
肥皂		块	0.94	0.500	0.500	0.500
升降传动装置		套	3950.00	1.000	1.000	1.000
凡士林润滑脂		kg	10.50	0.300	0.300	0.300
其他材料费		%	1.00	1.500	1.500	1.500
载重汽车 装载质量(t) 4		台班	398.64	0.627	0.627	0.627
汽车式起重机 提升质量(t) 16		台班	890.11	0.619	0.619	0.619
平台作业升降车 提升高度(m) 20		台班	509.38	0.612	0.612	0.612
交流弧焊机 容量(kV·A) 21		台班	57.02	0.186	0.186	0.186

工作内容:拆旧、装新、调试、复明。

计量单位:10套

定额编号				4-224	4-225	4-226
项目				更换高杆灯架		
				成套型		
				灯盘升降式		
				灯火数36火	灯火数48火	灯火数60火
基价(元)				12436.48	12947.40	13513.77
其中	人工费(元)			3239.60	3562.22	3919.85
	材料费(元)			4059.43	4059.43	4059.43
	机械使用费(元)			1989.40	1989.40	1989.40
	其他措施费(元)			109.67	119.35	130.08
	安文费(元)			406.67	423.38	441.90
	管理费(元)			813.35	846.76	883.80
	利润(元)			677.79	705.63	736.50
	规费(元)			1140.57	1241.23	1352.81
名称		单位	单价(元)	数量		
综合工日		工日		(40.30)	(44.00)	(48.11)
电焊条 L-60 Φ3.2		kg	39.00	0.300	0.300	0.300
破布		kg	6.19	0.750	0.750	0.750
煤油		kg	8.44	2.000	2.000	2.000
高杆灯灯盘		套	—	(10.00)	(10.00)	(10.00)
黄油		kg	10.50	1.000	1.000	1.000
肥皂		块	0.94	0.500	0.500	0.500
升降传动装置		套	3950.00	1.000	1.000	1.000
凡士林润滑脂		kg	10.50	0.500	0.500	0.500
其他材料费		%	1.00	1.500	1.500	1.500
载重汽车 装载质量(t) 4		台班	398.64	0.627	0.627	0.627
汽车式起重机 提升质量(t) 16		台班	890.11	1.239	1.239	1.239
平台作业升降车 提升高度(m) 20		台班	509.38	1.222	1.222	1.222
交流弧焊机 容量(kV·A) 21		台班	57.02	0.248	0.248	0.248

8. 更换高杆灯架(具)(组装型)

工作内容:拆旧、装新、调试、复明。

计量单位:10套

定额编号				4-227	4-228	4-229
项目				更换高杆灯架		
				组装型		
				灯盘固定式		
				灯火数12火	灯火数18火	灯火数24火
基价(元)				4954.39	5306.71	5692.64
其中	人工费(元)			2221.83	2444.29	2687.99
	材料费(元)			7.92	7.92	7.92
	机械使用费(元)			1123.27	1123.27	1123.27
	其他措施费(元)			74.15	80.83	88.14
	安文费(元)			162.01	173.53	186.15
	管理费(元)			324.02	347.06	372.30
	利润(元)			270.01	289.22	310.25
	规费(元)			771.18	840.59	916.62
名称		单位	单价(元)	数量		
综合工日		工日		(27.37)	(29.93)	(32.73)
高杆灯灯盘		套	—	(10.00)	(10.00)	(10.00)
电焊条 L-60 Φ3.2		kg	39.00	0.200	0.200	0.200
其他材料费		%	1.00	1.500	1.500	1.500
载重汽车 装载质量(t) 4		台班	398.64	0.627	0.627	0.627
汽车式起重机 提升质量(t) 16		台班	890.11	0.619	0.619	0.619
平台作业升降车 提升高度(m) 20		台班	509.38	0.612	0.612	0.612
交流弧焊机 容量(kV·A) 21		台班	57.02	0.186	0.186	0.186

工作内容:拆旧、装新、调试、复明。

计量单位:10套

定额编号				4-230	4-231	4-232
项目				更换高杆灯架		
				组装型		
				灯盘固定式		
				灯火数36火	灯火数48火	灯火数60火
基价(元)				7213.52	7680.72	8197.99
其中	人工费(元)			2957.65	3252.66	3579.29
	材料费(元)			11.88	11.88	11.88
	机械使用费(元)			1989.40	1989.40	1989.40
	其他措施费(元)			101.21	110.06	119.86
	安文费(元)			235.88	251.16	268.07
	管理费(元)			471.76	502.32	536.15
	利润(元)			393.14	418.60	446.79
	规费(元)			1052.60	1144.64	1246.55
名称		单位	单价(元)	数量		
综合工日		工日		(37.06)	(40.45)	(44.20)
高杆灯灯盘		套	—	(10.00)	(10.00)	(10.00)
电焊条 L-60 Φ3.2		kg	39.00	0.300	0.300	0.300
其他材料费		%	1.00	1.500	1.500	1.500
载重汽车 装载质量(t) 4		台班	398.64	0.627	0.627	0.627
汽车式起重机 提升质量(t) 16		台班	890.11	1.239	1.239	1.239
平台作业升降车 提升高度(m) 20		台班	509.38	1.222	1.222	1.222
交流弧焊机 容量(kV·A) 21		台班	57.02	0.248	0.248	0.248

工作内容:拆旧、装新、调试、复明。

计量单位:10 套

定额编号				4-233	4-234	4-235
项目				更换高杆灯架		
				组装型		
				灯盘升降式		
				灯火数 12 火	灯火数 18 火	灯火数 24 火
基价(元)				10254.36	10659.49	11103.37
其中	人工费(元)			2555.17	2810.98	3091.27
	材料费(元)			4051.77	4051.77	4051.77
	机械使用费(元)			1123.27	1123.27	1123.27
	其他措施费(元)			84.15	91.83	100.24
	安文费(元)			335.32	348.57	363.08
	管理费(元)			670.64	697.13	726.16
	利润(元)			558.86	580.94	605.13
	规费(元)			875.18	955.00	1042.45
名称		单位	单价(元)	数量		
综合工日		工日		(31.20)	(34.14)	(37.36)
电焊条 L-60 Φ3.2		kg	39.00	0.200	0.200	0.200
煤油		kg	8.44	2.000	2.000	2.000
肥皂		块	0.94	0.500	0.500	0.500
凡士林润滑脂		kg	10.50	0.300	0.300	0.300
破布		kg	6.19	0.500	0.500	0.500
升降传动装置		套	3950.00	1.000	1.000	1.000
高杆灯灯盘		套	—	(10.00)	(10.00)	(10.00)
黄油		kg	10.50	1.000	1.000	1.000
其他材料费		%	1.00	1.500	1.500	1.500
载重汽车 装载质量(t) 4		台班	398.64	0.627	0.627	0.627
汽车式起重机 提升质量(t) 16		台班	890.11	0.619	0.619	0.619
平台作业升降车 提升高度(m) 20		台班	509.38	0.612	0.612	0.612
交流弧焊机 容量(kV·A) 21		台班	57.02	0.186	0.186	0.186

工作内容:拆旧、装新、调试、复明。

计量单位:10 套

定额编号				4-236	4-237	4-238
项目				更换高杆灯架		
				组装型		
				灯盘升降式		
				灯火数 36 火	灯火数 48 火	灯火数 60 火
基价(元)				12699.45	13236.18	13831.24
其中	人工费(元)			3401.69	3740.60	4116.35
	材料费(元)			4064.76	4064.76	4064.76
	机械使用费(元)			1989.40	1989.40	1989.40
	其他措施费(元)			114.53	124.70	135.97
	安文费(元)			415.27	432.82	452.28
	管理费(元)			830.54	865.65	904.56
	利润(元)			692.12	721.37	753.80
	规费(元)			1191.14	1296.88	1414.12
名称		单位	单价(元)	数量		
综合工日		工日		(42.16)	(46.05)	(50.37)
电焊条 L-60 Φ3.2		kg	39.00	0.300	0.300	0.300
煤油		kg	8.44	2.000	2.000	2.000
肥皂		块	0.94	0.500	0.500	0.500
凡士林润滑脂		kg	10.50	0.500	0.500	0.500
破布		kg	6.19	0.750	0.750	0.750
升降传动装置		套	3950.00	1.000	1.000	1.000
高杆灯灯盘		套	—	(10.00)	(10.00)	(10.00)
黄油		kg	10.50	1.500	1.500	1.500
其他材料费		%	1.00	1.500	1.500	1.500
载重汽车 装载质量(t) 4		台班	398.64	0.627	0.627	0.627
汽车式起重机 提升质量(t) 16		台班	890.11	1.239	1.239	1.239
平台作业升降车 提升高度(m) 20		台班	509.38	1.222	1.222	1.222
交流弧焊机 容量(kV·A) 21		台班	57.02	0.248	0.248	0.248

9. 更换桥梁景观灯

工作内容：拆旧、装新、调试、复明。

计量单位：10套

定额编号				4-239	4-240	4-241	4-242
项目				更换桥梁栏杆灯			
				成套嵌入式	成套明装式	组装嵌入式	组装明装式
基价(元)				1164.06	991.23	1370.01	1164.77
其中	人工费(元)			547.51	438.37	655.95	526.35
	材料费(元)			28.99	28.99	57.98	57.98
	机械使用费(元)			199.72	199.72	199.72	199.72
	其他措施费(元)			18.44	15.17	21.69	17.80
	安文费(元)			38.06	32.41	44.80	38.09
	管理费(元)			76.13	64.83	89.60	76.18
	利润(元)			63.44	54.02	74.67	63.48
	规费(元)			191.77	157.72	225.60	185.17
名称		单位	单价(元)	数量			
综合工日		工日		(6.79)	(5.53)	(8.03)	(6.54)
膨胀螺栓 M8×60		套	0.70	40.800	40.800	81.600	81.600
成套灯具		套	—	(10.10)	(10.10)	(10.10)	(10.10)
其他材料费		%	1.00	1.500	1.500	1.500	1.500
载重汽车 装载质量(t) 4		台班	398.64	0.501	0.501	0.501	0.501

工作内容:拆旧、装新、调试、复明。

计量单位:10 套

定额编号				4-243	4-244	4-245	4-246
项目				更换桥梁景观灯			
				点光源	发光板	桶灯(洗墙灯)	LED 线型灯
基价(元)				93.13	97.27	95.90	38.32
其中	人工费(元)			29.61	32.23	31.36	23.52
	材料费(元)			—	—	—	—
	机械使用费(元)			34.59	34.59	34.59	0.90
	其他措施费(元)			1.29	1.37	1.34	0.71
	安文费(元)			3.05	3.18	3.14	1.25
	管理费(元)			6.09	6.36	6.27	2.51
	利润(元)			5.08	5.30	5.23	2.09
	规费(元)			13.42	14.24	13.97	7.34
名称		单位	单价(元)	数量			
综合工日		工日		(0.44)	(0.47)	(0.46)	(0.27)
成套灯具		套	—	(1.01)	(1.01)	(1.01)	(1.01)
其他材料费		%	1.00	1.500	1.500	1.500	1.500
载重汽车 装载质量(t) 2		台班	336.91	0.100	0.100	0.100	—
电锤 520W		台班	9.03	0.100	0.100	0.100	0.100

工作内容：拆旧、装新、调试、复明。

计量单位：10m

定额编号				4-247
项目				更换桥梁景观灯
				LED 软管
基价(元)				184.17
其中	人工费(元)			87.10
	材料费(元)			—
	机械使用费(元)			34.59
	其他措施费(元)			3.02
	安文费(元)			6.02
	管理费(元)			12.04
	利润(元)			10.04
	规费(元)			31.36
名称		单位	单价(元)	数量
综合工日		工日		(1.10)
光带		m	—	(10.10)
其他材料费		%	1.00	1.500
载重汽车　装载质量(t)　2		台班	336.91	0.100
电锤　520W		台班	9.03	0.100

10. 更换楼宇景观灯

工作内容：拆旧、装新、调试、复明。

计量单位：m

定额编号				4-248
项目				更换楼宇景观灯
				荧光灯带
基价(元)				174.50
其中	人工费(元)			81.00
	材料费(元)			—
	机械使用费(元)			34.59
	其他措施费(元)			2.83
	安文费(元)			5.71
	管理费(元)			11.41
	利润(元)			9.51
	规费(元)			29.45
名称		单位	单价(元)	数量
综合工日		工日		(1.03)
光带		m	—	(1.01)
其他材料费		%	1.00	1.500
载重汽车　装载质量(t)　2		台班	336.91	0.100
电锤　520W		台班	9.03	0.100

工作内容:拆旧、装新、调试、复明。

计量单位:套

定额编号				4-249	4-250	4-251	4-252
项目				更换楼宇景观灯			
				点光源	桶灯(洗墙灯)	地面射灯	立面轮廓灯
基价(元)				153.82	171.75	55.95	101.43
其中	人工费(元)			67.94	79.26	26.13	54.87
	材料费(元)			—	—	11.45	11.41
	机械使用费(元)			34.59	34.59	0.90	0.90
	其他措施费(元)			2.44	2.78	0.78	1.65
	安文费(元)			5.03	5.62	1.83	3.32
	管理费(元)			10.06	11.23	3.66	6.63
	利润(元)			8.38	9.36	3.05	5.53
	规费(元)			25.38	28.91	8.15	17.12
名称		单位	单价(元)	数量			
综合工日		工日		(0.88)	(1.01)	(0.30)	(0.63)
成套灯具		套	—	(1.01)	(1.01)	(1.01)	(1.01)
固定卡子 Φ90		个	2.14	—	—	2.030	2.030
封铅 含铅65% 锡35%		kg	51.10	—	—	0.022	0.022
焊锡		kg	57.50	—	—	0.003	0.003
防水胶布		个	23.66	—	—	0.130	0.130
冲击钻头 Φ6~8		个	3.90	—	—	0.030	0.020
膨胀螺栓 M6		套	0.60	—	—	4.080	4.080
其他材料费		%	1.00	1.500	1.500	1.500	1.500
载重汽车 装载质量(t) 2		台班	336.91	0.100	0.100	—	—
电锤 520W		台班	9.03	0.100	0.100	0.100	0.100

工作内容:拆旧、装新、调试、复明。

计量单位:套

定额编号				4-253	4-254
项目				更换楼宇景观灯	
				LED 灯	
				线型灯(数码管)	
				垂直	横向
基价(元)				171.75	213.13
其中	人工费(元)			79.26	105.39
	材料费(元)			—	—
	机械使用费(元)			34.59	34.59
	其他措施费(元)			2.78	3.56
	安文费(元)			5.62	6.97
	管理费(元)			11.23	13.94
	利润(元)			9.36	11.62
	规费(元)			28.91	37.06
名称		单位	单价(元)	数量	
综合工日		工日		(1.01)	(1.31)
成套灯具		套	—	(1.01)	(1.01)
载重汽车　装载质量(t)　2		台班	336.91	0.100	0.100
电锤　520W		台班	9.03	0.100	0.100

工作内容:拆旧、装新、调试、复明。

计量单位:10m

定额编号				4-255	4-256
项目				更换楼宇景观灯	
				LED 灯	
				软管	
				垂直	横向
基价(元)				166.59	297.27
其中	人工费(元)			104.52	158.52
	材料费(元)			—	—
	机械使用费(元)			0.90	34.59
	其他措施费(元)			3.14	5.16
	安文费(元)			5.45	9.72
	管理费(元)			10.89	19.44
	利润(元)			9.08	16.20
	规费(元)			32.61	53.64
名称		单位	单价(元)	数量	
综合工日		工日		(1.20)	(1.92)
光带		m	—	(10.10)	(10.10)
其他材料费		%	1.00	1.500	1.500
载重汽车　装载质量(t)　2		台班	336.91	—	0.100
电锤　520W		台班	9.03	0.100	0.100

工作内容：拆旧、装新、调试、复明。

计量单位：台

定额编号				4-257
项目				更换楼宇景观灯
				更换智能控制器
基价(元)				87.60
其中	人工费(元)			26.13
	材料费(元)			—
	机械使用费(元)			34.59
	其他措施费(元)			1.19
	安文费(元)			2.86
	管理费(元)			5.73
	利润(元)			4.77
	规费(元)			12.33
名称		单位	单价(元)	数量
综合工日		工日		(0.40)
智能控制器		套	—	(1.00)
其他材料费		%	1.00	1.500
载重汽车　装载质量(t)　2		台班	336.91	0.100
电锤　520W		台班	9.03	0.100

11. 更换地道涵洞灯

工作内容:拆旧、装新、调试、复明。

计量单位:10套

定额编号				4-258	4-259	4-260	4-261
项目				更换地道涵洞灯			
				吸顶式		嵌入式	
				敞开型	密封型	敞开型	密封型
基价(元)				680.65	750.30	706.58	775.96
其中	人工费(元)			297.45	341.43	313.82	357.63
	材料费(元)			28.99	28.99	28.99	28.99
	机械使用费(元)			148.62	148.62	148.62	148.62
	其他措施费(元)			8.92	10.24	9.41	10.73
	安文费(元)			22.26	24.53	23.11	25.37
	管理费(元)			44.51	49.07	46.21	50.75
	利润(元)			37.10	40.89	38.51	42.29
	规费(元)			92.80	106.53	97.91	111.58
名称		单位	单价(元)	数量			
综合工日		工日		(3.42)	(3.92)	(3.60)	(4.11)
成套灯具		套	—	(10.10)	(10.10)	(10.10)	(10.10)
膨胀螺栓 M8×60		套	0.70	40.800	40.800	40.800	40.800
其他材料费		%	1.00	1.500	1.500	1.500	1.500
平台作业升降车 提升高度(m) 9		台班	303.93	0.489	0.489	0.489	0.489

12. 更换照明器件

工作内容：拆旧、装新、调试、复明。

计量单位：支

定额编号				4-262
项目				更换日光灯管
基价(元)				22.07
其中	人工费(元)			13.94
	材料费(元)			—
	机械使用费(元)			—
	其他措施费(元)			0.42
	安文费(元)			0.72
	管理费(元)			1.44
	利润(元)			1.20
	规费(元)			4.35
名称		单位	单价(元)	数量
综合工日		工日		(0.16)
荧光灯管		条	—	(1.01)
其他材料费		%	1.00	1.500

工作内容:拆旧、装新、调试、复明。

计量单位:10套

定额编号				4-263	4-264	4-265	4-266
项目				更换碘钨灯	更换管形氙灯	更换投光灯	更换高(低)压钠灯泡
基价(元)				455.20	1137.98	664.57	226.74
其中	人工费(元)			252.50	273.76	252.50	71.77
	材料费(元)			46.88	554.58	181.93	—
	机械使用费(元)			—	42.37	42.37	95.83
	其他措施费(元)			7.58	8.21	7.58	2.15
	安文费(元)			14.88	37.21	21.73	7.41
	管理费(元)			29.77	74.42	43.46	14.83
	利润(元)			24.81	62.02	36.22	12.36
	规费(元)			78.78	85.41	78.78	22.39
名称		单位	单价(元)	数量			
综合工日		工日		(2.90)	(3.14)	(2.90)	(0.82)
沉头螺钉 M10×35		10个	11.32	4.080	4.080	—	—
六角螺栓带螺母 M10×75		套	0.30	—	—	40.800	—
电焊条 L-60 Φ3.2		kg	39.00	—	1.000	1.000	—
六角螺栓带螺母 M12×75		套	1.50	—	40.800	—	—
成套灯具		套	—	(10.10)	(10.10)	(10.10)	—
高(低)压钠灯泡		个	—	—	—	—	(10.10)
不锈钢板 δ8以内		t	16000.00	—	0.025	0.008	—
其他材料费		%	1.00	1.500	1.500	1.500	1.500
平台作业升降车 提升高度(m) 16		台班	391.13	—	—	—	0.245
交流弧焊机 容量(kV·A) 21		台班	57.02	—	0.743	0.743	—

工作内容:拆旧、装新、调试、复明。

计量单位:10套

定额编号				4-267	4-268	4-269	4-270	4-271
项目				更换照明灯具				
				敞开式	双光源式	密封式	普通	悬吊式
基价(元)				298.36	508.15	367.64	128.97	874.92
其中	人工费(元)			81.44	142.50	89.63	81.44	259.12
	材料费(元)			—	—	—	—	154.30
	机械使用费(元)			143.54	239.37	191.26	—	239.37
	其他措施费(元)			2.44	4.28	2.69	2.44	7.77
	安文费(元)			9.76	16.62	12.02	4.22	28.61
	管理费(元)			19.51	33.23	24.04	8.43	57.22
	利润(元)			16.26	27.69	20.04	7.03	47.68
	规费(元)			25.41	44.46	27.96	25.41	80.85
名称		单位	单价(元)	数量				
综合工日		工日		(0.94)	(1.64)	(1.03)	(0.94)	(2.98)
成套灯具		套	—	(10.00)	(10.00)	(10.00)	(10.00)	(10.00)
六角螺栓带螺母 M12×75		套	1.50	—	—	—	—	20.400
蝶式绝缘子 ED-3		个	3.00	—	—	—	—	20.600
镀锌悬吊铁件		kg	5.42	—	—	—	—	11.000
其他材料费		%	1.00	1.500	1.500	1.500	1.500	1.500
平台作业升降车 提升高度(m) 16		台班	391.13	0.367	0.612	0.489	—	0.612

工作内容:拆旧、装新、调试、复明。

计量单位:10 套

定额编号				4-272	4-273	4-274	4-275
项目				更换镇流器	更换触发器	更换电容器	更换风雨灯头
基价(元)				845.52	590.58	279.04	64.55
其中	人工费(元)			109.14	69.24	69.24	40.76
	材料费(元)			426.49	264.00	—	—
	机械使用费(元)			143.54	143.54	143.54	—
	其他措施费(元)			3.27	2.08	2.08	1.22
	安文费(元)			27.65	19.31	9.12	2.11
	管理费(元)			55.30	38.62	18.25	4.22
	利润(元)			46.08	32.19	15.21	3.52
	规费(元)			34.05	21.60	21.60	12.72
名称		单位	单价(元)	数量			
综合工日		工日		(1.25)	(0.80)	(0.80)	(0.47)
触发器		套	26.01	—	10.000	—	—
电容器 400W		套	—	—	—	(10.00)	—
风雨灯头连铅吊环		套	—	—	—	—	(10.10)
汞钠灯镇流器		套	—	(10.10)	—	—	—
镇流器支架		块	41.30	10.100	—	—	—
六角螺栓带螺母 M8×30		套	0.10	30.600	—	—	—
其他材料费		%	1.00	1.500	1.500	1.500	1.500
平台作业升降车 提升高度(m) 16		台班	391.13	0.367	0.367	0.367	—

工作内容：拆旧、装新、调试、复明。

计量单位：10 个

定额编号				4-276	4-277
项目				更换 LED 灯具驱动电源	更换 LED 发光模块
基价(元)				498.26	73.80
其中	人工费(元)			262.17	46.60
	材料费(元)			70.39	—
	机械使用费(元)			—	—
	其他措施费(元)			7.87	1.40
	安文费(元)			16.29	2.41
	管理费(元)			32.59	4.83
	利润(元)			27.15	4.02
	规费(元)			81.80	14.54
名称		单位	单价(元)	数量	
综合工日		工日		(3.01)	(0.54)
LED 发光模块		个	—	—	(10.00)
LED 灯具驱动电源		个	—	(10.00)	—
六角螺栓带螺母 M6×20		套	0.14	40.000	—
铜芯橡皮花线 BXH 2×16/0.15mm^2		m	2.09	30.500	—
其他材料费		%	1.00	1.500	1.500

13. 更换太阳能电池板

工作内容：开箱检查、拆旧、装新、连接与接线、调试、复明。

计量单位：块

定额编号				4-278
项目				更换太阳能电池板
基价(元)				168.66
其中	人工费(元)			34.23
	材料费(元)			3.88
	机械使用费(元)			86.32
	其他措施费(元)			1.62
	安文费(元)			5.52
	管理费(元)			11.03
	利润(元)			9.19
	规费(元)			16.87
名称		单位	单价(元)	数量
综合工日		工日		(0.54)
绝缘胶带 18mm×10m×0.13mm		卷	1.50	0.200
白布		kg	6.27	0.500
铜芯橡皮绝缘电线 BX-2.5mm^2		m	1.76	0.220
其他材料费		%	1.00	1.500
汽车式起重机 提升质量(t) 12		台班	784.73	0.035
真有效值数据存储型万用表 直/交流电压:500mV~1000V,直/交流电流:500μA~10A,电阻:50Ω~500MΩ,电容:1nF~100mF,频率:1Hz~1MHz,K型热电偶温度:-200~1350℃		台班	7.62	0.084
汽车式高空作业车 提升高度(m) 21		台班	746.34	0.078

14. 更换蓄电池

工作内容：开箱检查、拆旧、装新、连接与接线、调试、复明。

计量单位：组件

定额编号				4-279
项目				更换蓄电池
基价(元)				155.21
其中	人工费(元)			55.57
	材料费(元)			7.20
	机械使用费(元)			44.38
	其他措施费(元)			2.14
	安文费(元)			5.08
	管理费(元)			10.15
	利润(元)			8.46
	规费(元)			22.23
名称		单位	单价(元)	数量
综合工日		工日		(0.76)
合金钢钻头 Φ16		个	10.00	0.020
白布		kg	6.27	0.030
肥皂水		kg	10.12	0.200
三色塑料带 20mm×40m		m	0.40	0.110
膨胀螺栓 M14		10套	30.00	0.143
钢锯条		根	0.50	0.300
电力复合脂		kg	20.00	0.010
其他材料费		%	1.00	1.500
载重汽车 装载质量(t) 5		台班	446.68	0.039
汽车式起重机 提升质量(t) 8		台班	691.24	0.039

15. 更换杆座及校正设施

工作内容：拆旧、装新、箱体接地、绝缘处理。

计量单位：10 只

定额编号				4-280	4-281
项目				更换组装型杆座	
				金属杆座	混凝土制件
基价(元)				1016.71	1241.55
其中	人工费(元)			346.31	491.33
	材料费(元)			118.13	114.04
	机械使用费(元)			249.95	249.95
	其他措施费(元)			12.91	17.26
	安文费(元)			33.25	40.60
	管理费(元)			66.49	81.20
	利润(元)			55.41	67.66
	规费(元)			134.26	179.51
名称		单位	单价(元)	数量	
综合工日		工日		(4.60)	(6.27)
六角螺栓带螺母　M8×30		套	0.10	30.600	20.400
半硬塑料管　Φ32		m	16.00	7.000	7.000
弹簧垫片　综合		10 个	1.30	1.020	—
灯座箱		个	—	(10.00)	(10.00)
其他材料费		%	1.00	1.500	—
载重汽车　装载质量(t)　4		台班	398.64	0.627	0.627

工作内容:准备、升降、校正、位移、保洁。

计量单位:10 个

定额编号				4-282	4-283
项目				设施维护	
				校正灯杆、杆座铁、水泥	校正灯架(10 套)
基价(元)				740.20	455.05
其中	人工费(元)			163.75	97.55
	材料费(元)			—	—
	机械使用费(元)			407.50	254.69
	其他措施费(元)			4.91	2.93
	安文费(元)			24.20	14.88
	管理费(元)			48.41	29.76
	利润(元)			40.34	24.80
	规费(元)			51.09	30.44
名称		单位	单价(元)	数量	
综合工日		工日		(1.88)	(1.12)
平台作业升降车 提升高度(m) 20		台班	509.38	0.800	0.500

工作内容:材料装卸运输,拆除旧灯杆门,更换新灯杆门。

计量单位:个

定额编号				4-284
项目				更换灯杆门
基价(元)				53.31
其中	人工费(元)			16.55
	材料费(元)			—
	机械使用费(元)			20.21
	其他措施费(元)			0.74
	安文费(元)			1.74
	管理费(元)			3.49
	利润(元)			2.91
	规费(元)			7.67
名称		单位	单价(元)	数量
综合工日		工日		(0.25)
灯杆门		块	—	(1.00)
其他材料费		%	1.00	1.500
载重汽车　装载质量(t)　2		台班	336.91	0.060

六、防雷接地装置维修

1.接地极(板)安装

工作内容:下料、尖端加工、油漆、焊接并打入地下。

计量单位:根(块)

定额编号				4-285	4-286
项目				角钢接地极安装	
				普通土	坚土
基价(元)				51.14	56.32
其中	人工费(元)			20.38	23.26
	材料费(元)			7.44	7.44
	机械使用费(元)			8.55	9.07
	其他措施费(元)			0.61	0.70
	安文费(元)			1.67	1.84
	管理费(元)			3.34	3.68
	利润(元)			2.79	3.07
	规费(元)			6.36	7.26
名称		单位	单价(元)	数量	
综合工日		工日		(0.23)	(0.27)
沥青漆		kg	14.95	0.020	0.020
扁钢 45×4		kg	3.03	0.260	0.260
电焊条 L-60 Φ3.2		kg	39.00	0.150	0.150
钢锯条		根	0.50	1.000	1.000
交流弧焊机 容量(kV·A) 21		台班	57.02	0.150	0.159

工作内容:下料、尖端加工、油漆、焊接并打入地下。

计量单位:根(块)

定额编号				4-287
项目				圆钢接地极安装
				普通土
基价(元)				53.04
其中	人工费(元)			22.73
	材料费(元)			6.87
	机械使用费(元)			7.58
	其他措施费(元)			0.68
	安文费(元)			1.73
	管理费(元)			3.47
	利润(元)			2.89
	规费(元)			7.09
名称		单位	单价(元)	数量
综合工日		工日		(0.26)
沥青漆		kg	14.95	0.010
扁钢 45×4		kg	3.03	0.130
电焊条 L-60 Φ3.2		kg	39.00	0.160
钢锯条		根	0.50	0.170
交流弧焊机 容量(kV·A) 21		台班	57.02	0.133

2. 接地母线敷设

工作内容：挖地沟、接地线平直、下料、测位、打眼、埋卡子、煨弯、敷设、焊接、回填、夯实、刷漆。

计量单位：10m

定额编号				4-288
项目				接地母线敷设
基价(元)				293.60
其中	人工费(元)			177.51
	材料费(元)			8.58
	机械使用费(元)			2.00
	其他措施费(元)			5.33
	安文费(元)			9.60
	管理费(元)			19.20
	利润(元)			16.00
	规费(元)			55.38
名称		单位	单价(元)	数量
综合工日		工日		(2.04)
沥青漆		kg	14.95	0.010
电焊条 L-60 Φ3.2		kg	39.00	0.200
钢锯条		根	0.50	1.000
其他材料费		%	1.00	1.500
交流弧焊机 容量(kV·A) 21		台班	57.02	0.035

3. 接地跨接线敷设

工作内容:下料、钻孔、煨弯、挖填土、固定、刷漆。

计量单位:10 处

定额编号				4-289	4-290
项目				接地跨接线	构架接地(处)
基价(元)				624.73	979.56
其中	人工费(元)			64.63	134.48
	材料费(元)			432.57	646.07
	机械使用费(元)			10.09	3.54
	其他措施费(元)			1.94	4.03
	安文费(元)			20.43	32.03
	管理费(元)			40.86	64.06
	利润(元)			34.05	53.39
	规费(元)			20.16	41.96
名称		单位	单价(元)	数量	
综合工日		工日		(0.74)	(1.54)
并沟线夹 95mm²		个	84.30	4.590	7.280
电焊条 L-60 Φ3.2		kg	39.00	0.400	0.130
镀锌接地线板 40×5×120		个	1.00	—	1.130
扁钢 45×4		kg	3.03	—	7.280
铅油(厚漆)		kg	8.50	0.020	—
六角螺栓带螺母 M16×60		套	2.86	10.200	1.000
调和漆		kg	15.00	—	0.050
清油		kg	19.20	0.010	—
钢锯条		根	0.50	1.000	1.000
交流弧焊机 容量(kV·A) 21		台班	57.02	0.177	0.062

4. 更换避雷针

工作内容：拆旧、装新、补漆。

计量单位：套

定额编号				4-291
项目				更换避雷针
基价(元)				2187.99
其中	人工费(元)			779.81
	材料费(元)			284.81
	机械使用费(元)			469.90
	其他措施费(元)			28.03
	安文费(元)			71.55
	管理费(元)			143.09
	利润(元)			119.25
	规费(元)			291.55
名称		单位	单价(元)	数量
综合工日		工日		(10.11)
钢筋 Φ25		kg	3.40	33.500
镀锌铁丝 Φ2.5~4.0		kg	5.18	5.146
钢板底座 300×300×6		kg	5.45	6.000
电焊条 L-60 Φ3.2		kg	39.00	1.500
六角螺栓带螺母 M18×95		套	1.60	18.000
调和漆		kg	15.00	1.000
六角螺栓带螺母 M16×80		套	0.84	6.000
其他材料费		%	1.00	1.500
普通车床 工件直径×工件长度(mm) 400×1000		台班	168.70	0.161
载重汽车 装载质量(t) 4		台班	398.64	0.251
交流弧焊机 容量(kV·A) 21		台班	57.02	0.904
汽车式起重机 提升质量(t) 12		台班	784.73	0.371

注：避雷针材料费按实际发生计算。

5. 更换避雷引下线

工作内容：拆旧、装新。

计量单位：10m

定额编号				4-292	4-293
项目				更换避雷引下线	
				高度 30m 以下	高空引接地下线安装
基价(元)				307.05	408.99
其中	人工费(元)			162.18	226.55
	材料费(元)			28.41	28.41
	机械使用费(元)			14.14	14.14
	其他措施费(元)			4.87	6.80
	安文费(元)			10.04	13.37
	管理费(元)			20.08	26.75
	利润(元)			16.73	22.29
	规费(元)			50.60	70.68
名称		单位	单价(元)	数量	
综合工日		工日		(1.86)	(2.60)
电焊条 L-60 Φ3.2		kg	39.00	0.290	0.290
引下线		m	—	(10.00)	(10.00)
润滑油		kg	10.50	0.300	0.300
防锈漆		kg	16.30	0.140	0.140
焊接钢管 DN25		m	8.30	1.030	1.030
铅油(厚漆)		kg	8.50	0.070	0.070
镀锌扁钢卡子 25×4		kg	4.04	0.520	0.520
其他材料费		%	1.00	1.500	1.500
交流弧焊机 容量(kV·A) 21		台班	57.02	0.248	0.248

七、路灯保洁及灯杆(架)刷漆、喷漆

1. 路灯保洁

工作内容:清水洗刷两遍,去污粉洗刷一遍。

计量单位:10个

定额编号				4-294
项目				设施维护 灯罩保洁
基价(元)				351.35
其中	人工费(元)			26.13
	材料费(元)			7.98
	机械使用费(元)			254.69
	其他措施费(元)			0.78
	安文费(元)			11.49
	管理费(元)			22.98
	利润(元)			19.15
	规费(元)			8.15
名称		单位	单价(元)	数量
综合工日		工日		(0.30)
棉纱线		kg	5.90	0.500
洗衣粉		kg	10.00	0.500
水		m^3	5.13	0.005
平台作业升降车 提升高度(m) 20		台班	509.38	0.500

工作内容:清洁灯杆外污垢。

计量单位:根

定额编号				4-295	4-296	4-297
项目				灯杆清洁		
				灯杆高度 5m 以下	灯杆高度 12m 以下	灯杆高度 20m 以下
基价(元)				50.70	82.25	112.23
其中	人工费(元)			18.03	22.21	24.65
	材料费(元)			0.52	0.78	0.89
	机械使用费(元)			18.24	39.11	61.13
	其他措施费(元)			0.54	0.67	0.74
	安文费(元)			1.66	2.69	3.67
	管理费(元)			3.32	5.38	7.34
	利润(元)			2.76	4.48	6.12
	规费(元)			5.63	6.93	7.69
名称		单位	单价(元)	数量		
综合工日		工日		(0.21)	(0.26)	(0.28)
水		m^3	5.13	0.100	0.150	0.170
其他材料费		%	1.00	1.500	1.500	1.500
平台作业升降车　提升高度(m)　20		台班	509.38	—	—	0.120
平台作业升降车　提升高度(m)　16		台班	391.13	—	0.100	—
平台作业升降车　提升高度(m)　9		台班	303.93	0.060	—	—

2. 灯杆灯架刷漆

工作内容:调配,涂刷。

计量单位:m²

定额编号				4-298	4-299	4-300	4-301	4-302	4-303
项目				灯杆灯架刷油					
				杆高 12m 以下					
				防锈漆		调和漆		磁漆	
				第一遍	第二遍	第一遍	第二遍	第一遍	第二遍
基价(元)				19.32	18.70	18.96	18.45	20.07	19.56
其中	人工费(元)			3.31	3.14	3.31	3.14	3.31	3.14
	材料费(元)			2.16	1.86	1.85	1.64	2.79	2.58
	机械使用费(元)			9.78	9.78	9.78	9.78	9.78	9.78
	其他措施费(元)			0.10	0.09	0.10	0.09	0.10	0.09
	安文费(元)			0.63	0.61	0.62	0.60	0.66	0.64
	管理费(元)			1.26	1.22	1.24	1.21	1.31	1.28
	利润(元)			1.05	1.02	1.03	1.01	1.09	1.07
	规费(元)			1.03	0.98	1.03	0.98	1.03	0.98
名称		单位	单价(元)	数量					
综合工日		工日		(0.04)	(0.04)	(0.04)	(0.04)	(0.04)	(0.04)
酚醛调和漆(各色)		kg	15.00	—	—	0.116	0.102	—	—
清油		kg	19.20	—	—	—	—	0.024	0.021
酚醛磁漆(各种颜色)		kg	19.00	—	—	—	—	0.108	0.102
汽油 综合		kg	7.00	0.043	0.039	0.012	0.012	0.034	0.028
酚醛防锈漆(各种颜色)		kg	12.68	0.144	0.123	—	—	—	—
其他材料费		%	1.00	1.500	1.500	1.500	1.500	1.500	1.500
平台作业升降车 提升高度(m) 16		台班	391.13	0.025	0.025	0.025	0.025	0.025	0.025

3.灯杆灯架喷漆

工作内容:调配、喷漆。

计量单位:m^2

定额编号				4-304	4-305	4-306	4-307	4-308	4-309
项目				灯杆灯架喷漆					
				杆高 12m 以下					
				防锈漆		银粉漆		调和漆	
				第一遍	第二遍	第一遍	第二遍	第一遍	第二遍
基价(元)				15.62	14.68	14.25	13.85	14.92	14.38
其中	人工费(元)			1.13	0.96	1.13	0.96	1.13	0.96
	材料费(元)			2.48	2.14	1.55	1.44	2.12	1.89
	机械使用费(元)			9.25	9.01	9.01	9.01	9.01	9.01
	其他措施费(元)			0.03	0.03	0.03	0.03	0.03	0.03
	安文费(元)			0.51	0.48	0.47	0.45	0.49	0.47
	管理费(元)			1.02	0.96	0.93	0.91	0.98	0.94
	利润(元)			0.85	0.80	0.78	0.75	0.81	0.78
	规费(元)			0.35	0.30	0.35	0.30	0.35	0.30
名称		单位	单价(元)	数量					
综合工日		工日		(0.01)	(0.01)	(0.01)	(0.01)	(0.01)	(0.01)
汽油 综合		kg	7.00	0.050	0.044	0.091	0.085	0.014	0.013
酚醛清漆		kg	12.70	—	—	0.045	0.042	—	—
银粉		kg	29.00	—	—	0.011	0.010	—	—
酚醛调和漆(各色)		kg	15.00	—	—	—	—	0.133	0.118
酚醛防锈漆(各种颜色)		kg	12.68	0.165	0.142	—	—	—	—
其他材料费		%	1.00	1.500	1.500	1.500	1.500	1.500	1.500
平台作业升降车 提升高度(m) 16		台班	391.13	0.020	0.020	0.020	0.020	0.020	0.020
内燃空气压缩机 排气量(m^3/min) 3		台班	238.42	0.006	0.005	0.005	0.005	0.005	0.005

八、路灯巡视检查

工作内容：巡查线路，检查昼夜亮灯率及设备设施状况，记录。

计量单位：km·次

定额编号				4-310	4-311
项目				线路巡查	
				白天	夜间
基价(元)				10.01	17.77
其中	人工费(元)			2.61	5.23
	材料费(元)			—	—
	机械使用费(元)			4.38	7.08
	其他措施费(元)			0.13	0.24
	安文费(元)			0.33	0.58
	管理费(元)			0.65	1.16
	利润(元)			0.55	0.97
	规费(元)			1.36	2.51
名称		单位	单价(元)	数量	
综合工日		工日		(0.04)	(0.08)
载重汽车　装载质量(t)　2		台班	336.91	0.013	0.021

九、变压器及输配电装置系统调试

1. 变压器系统调试

工作内容:变压器、断路器、互感器、隔离开关、风冷及油循环冷却系统电气装置、常规保护装置等一、二次回路的调试及空投试验。

计量单位:系统

定额编号				4-312
项目				变压器系统调试
				容量≤800kV·A
基价(元)				1416.71
其中	人工费(元)			552.74
	材料费(元)			12.93
	机械使用费(元)			445.82
	其他措施费(元)			16.58
	安文费(元)			46.33
	管理费(元)			92.65
	利润(元)			77.21
	规费(元)			172.45
名称		单位	单价(元)	数量
综合工日		工日		(6.35)
铜芯橡皮绝缘电线 BX-2.5mm^2		m	1.76	1.339
自粘性橡胶带 25mm×20m		卷	15.50	0.670
其他材料费		%	1.00	1.500
数字示波器 频率:500MHz		台班	70.63	0.766
相位表 量程:电压:20~500V,精度:±1.2%;电流:200mA~10A,精度:±1%;相位:0°~360°,精度:±0.03°		台班	8.88	0.766
手持式万用表 50000计数,真有效值,PC接口		台班	6.28	0.820
交/直流低电阻测试仪 量程:1μΩ~2MΩ,精度:±0.05%		台班	7.29	0.820
高压绝缘电阻测试仪 量程:0.05~50Ω,1~100mΩ,1000V		台班	36.54	0.547
全自动变比组别测试仪 $K=1\sim1000$,精度:±0.2%		台班	16.34	0.820
计时/计频器/校准器 量程:0~4.2GHz		台班	155.01	0.820
数字电桥 量程:20Hz~1MHz,8600点,精度:±0.05%		台班	58.64	0.547
数字频率计 量程:10Hz~1000MHz		台班	18.45	0.820
变压器特性综合测试台 量程:10~1600kV·A,精度:0.2级,输出电压:0~430V(可调)		台班	108.80	0.547
微机继电保护测试仪 模拟测试:1.6/1.0MB数据交换		台班	194.83	0.547

2. 输配电装置系统调试

工作内容：自动开关或断路器、隔离开关、常规保护装置、电测量仪表、电力电缆等一、二次回路系统的调试。

计量单位：系统

定额编号				4-313	4-314
项目				输配电装置系统调试	
				≤1kV 交流供电	≤10kV 交流供电 带负荷隔离开关
基价(元)				309.46	589.02
其中	人工费(元)			161.14	278.72
	材料费(元)			2.32	6.95
	机械使用费(元)			43.66	118.15
	其他措施费(元)			4.83	8.36
	安文费(元)			10.12	19.26
	管理费(元)			20.24	38.52
	利润(元)			16.87	32.10
	规费(元)			50.28	86.96
名称		单位	单价(元)	数量	
综合工日		工日		(1.85)	(3.20)
自粘性橡胶带 25mm×20m		卷	15.50	0.120	0.360
铜芯橡皮绝缘电线 BX-2.5mm^2		m	1.76	0.240	0.720
其他材料费		%	1.00	1.500	1.500
高压试验变压器配套操作箱、调压器 TEDGC-50/0.38/0~0.42		台班	35.91	—	0.500
振荡器 范围：频率：40~500kHz，稳定度：±3×10^{-6}，阻抗：40Ω~4kΩ，误差：±5%，电感：0.2~2mH，误差：±5%，回波损耗：0~14dB，误差：±0.5dB		台班	16.51	0.789	0.789
高压绝缘电阻测试仪 量程：0.05~50Ω，1~100mΩ，1000V		台班	36.54	—	0.841
相位表 量程：电压：20~500V，精度：±1.2%；电流：200mA~10A，精度：±1%；相位：0°~360°，精度：±0.03°		台班	8.88	0.789	0.789
YDQ 充气式试验变压器 量程：1~500kV·A，空载电流：< 7%，阻抗电压：<8%		台班	51.61	—	0.500
手持式万用表 50000 计数，真有效值，PC 接口		台班	6.28	1.682	1.682
电缆测试仪 量程：10m~20km		台班	15.53	0.841	0.841

河南省市政公用设施养护维修预算定额

（下册）

河南省建筑工程标准定额站　主编

黄河水利出版社
·郑州·

目　录

总说明 …… (1)
费用组成说明及工程造价计价程序表 …… (2)
专业说明 …… (9)

(上　册)

第一章　通用项目 …… (11)
说　明 …… (13)
工程量计算规则 …… (14)
一、挖土方 …… (16)
1. 人工挖土方、路槽、沟槽、基坑 …… (16)
2. 机械挖土方、路槽、沟槽、基坑 …… (28)
二、沟槽、基坑支撑 …… (37)
1. 挡土板 …… (37)
三、平整场地、原土打夯、回填 …… (39)
1. 平整场地 …… (39)
2. 原土打夯 …… (40)
3. 回　填 …… (41)
四、拆　除 …… (44)
1. 切　缝 …… (44)
2. 铣　刨 …… (45)
3. 拆除多合土 …… (46)
4. 拆除沥青混凝土路面 …… (47)
5. 拆除水泥路面 …… (48)
6. 机械破碎旧路 …… (49)
7. 拆除人行道、侧石、平石 …… (50)
8. 拆除砌体、构筑物 …… (51)
9. 拆除栏杆 …… (52)
10. 拆除井 …… (53)
11. 拆除管道 …… (54)
12. 伐　树 …… (56)
13. 其他拆除 …… (57)
五、材料运输 …… (58)
1. 人工装运输材料 …… (58)
2. 机动翻斗车运输材料 …… (63)
3. 汽车装运输材料 …… (68)
六、土方、淤泥外运 …… (79)
1. 汽车运土方 …… (79)

2. 吸运管道、涵洞淤泥 …………………………………………………………………………… (81)
3. 外运污泥装袋、运输 …………………………………………………………………………… (82)
七、措施项目 …………………………………………………………………………………………… (83)
1. 脚手架安拆 …………………………………………………………………………………… (83)
2. 排水导流 ……………………………………………………………………………………… (87)
八、其　他 ……………………………………………………………………………………………… (89)
1. 旧石料加工 …………………………………………………………………………………… (89)
2. 临时线路 ……………………………………………………………………………………… (90)
3. 移动隔离带 …………………………………………………………………………………… (91)
4. 冲刷路面、桥面 ……………………………………………………………………………… (92)
第二章　道路设施养护维修工程 ……………………………………………………………………… (93)
说　明 …………………………………………………………………………………………………… (95)
工程量计算规则 ………………………………………………………………………………………… (96)
一、路基处理 …………………………………………………………………………………………… (97)
1. 人工整修路肩、边土坡 ……………………………………………………………………… (97)
2. 路基加固 ……………………………………………………………………………………… (98)
3. 碾压路床 ……………………………………………………………………………………… (99)
二、铺设土工布、嵌缝条贴缝 ………………………………………………………………………… (100)
三、多合土养护 ………………………………………………………………………………………… (101)
四、石灰稳定土摊铺 …………………………………………………………………………………… (102)
1. 石灰稳定土基层(人工拌铺) ………………………………………………………………… (102)
2. 石灰稳定土基层(厂拌人铺) ………………………………………………………………… (106)
五、水泥稳定土摊铺 …………………………………………………………………………………… (107)
1. 水泥稳定土基层(人工拌铺) ………………………………………………………………… (107)
2. 水泥稳定土基层(厂拌人铺) ………………………………………………………………… (108)
六、水泥石灰稳定土摊铺 ……………………………………………………………………………… (109)
1. 水泥石灰稳定土基层(人工拌铺) …………………………………………………………… (109)
2. 水泥石灰稳定土基层(厂拌人铺) …………………………………………………………… (110)
七、碎石基层 …………………………………………………………………………………………… (111)
1. 级配碎石基层 ………………………………………………………………………………… (111)
2. 粒料基层 ……………………………………………………………………………………… (112)
3. 灰土碎石基层(人工拌铺) …………………………………………………………………… (114)
4. 灰土碎石基层(厂拌人铺) …………………………………………………………………… (115)
八、水泥混凝土基层 …………………………………………………………………………………… (116)
九、石灰、粉煤灰、土摊铺 ……………………………………………………………………………… (118)
1. 石灰、粉煤灰、土基层(人工拌铺) …………………………………………………………… (118)
2. 石灰、粉煤灰、土基层(厂拌人铺) …………………………………………………………… (120)
十、石灰、粉煤灰、碎石摊铺 …………………………………………………………………………… (121)
1. 石灰、粉煤灰、碎石基层(人工拌铺) ………………………………………………………… (121)
2. 石灰、粉煤灰、碎石基层(厂拌人铺) ………………………………………………………… (122)

十一、稳定碎石基层 …………………………………………………………………………………… (123)
1. 水泥稳定碎石基层 ……………………………………………………………………… (123)
2. 水泥粉煤灰稳定碎石基层 ……………………………………………………………… (125)
3. 特粗粒沥青稳定碎石基层 ……………………………………………………………… (127)
十二、沥青路面裂缝处理 ………………………………………………………………………… (128)
十三、沥青封层、封面 …………………………………………………………………………… (129)
1. 沥青封层 …………………………………………………………………………………… (129)
2. 沥青封面 …………………………………………………………………………………… (130)
十四、沥青结合层 ………………………………………………………………………………… (131)
1. 粘　层 ……………………………………………………………………………………… (131)
2. 透　层 ……………………………………………………………………………………… (132)
十五、热再生沥青混凝土路面 …………………………………………………………………… (133)
十六、混凝土路面真空吸水及切缝 ……………………………………………………………… (134)
十七、地基注浆 …………………………………………………………………………………… (136)
1. 水泥混凝土路面钻孔注浆 ……………………………………………………………… (136)
2. 劈裂注浆 …………………………………………………………………………………… (137)
十八、人工冷补沥青混凝土面层 ………………………………………………………………… (138)
十九、沥青黑色碎石路面 ………………………………………………………………………… (139)
1. 沥青黑色碎石路面(厂拌人铺) ………………………………………………………… (139)
2. 沥青黑色碎石路面(厂拌机铺) ………………………………………………………… (141)
二十、沥青混凝土路面 …………………………………………………………………………… (143)
1. 粗粒式沥青混凝土路面(厂拌人铺) …………………………………………………… (143)
2. 粗粒式沥青混凝土路面(厂拌机铺) …………………………………………………… (145)
3. 中粒式沥青混凝土路面(厂拌人铺) …………………………………………………… (147)
4. 中粒式沥青混凝土路面(厂拌机铺) …………………………………………………… (149)
5. 细粒式沥青混凝土路面(厂拌人铺) …………………………………………………… (151)
6. 细粒式沥青混凝土路面(厂拌机铺) …………………………………………………… (153)
二十一、沥青贯入式路面 ………………………………………………………………………… (155)
二十二、修补沥青表面处治路面 ………………………………………………………………… (156)
二十三、沥青玛琋脂碎石混合料沥青混凝土路面 ……………………………………………… (158)
1. 沥青玛琋脂碎石混合料沥青混凝土路面(厂拌人铺) ………………………………… (158)
2. 沥青玛琋脂碎石混合料沥青混凝土路面(厂拌机铺) ………………………………… (159)
二十四、混凝土路面 ……………………………………………………………………………… (160)
1. 混凝土路面 ………………………………………………………………………………… (160)
2. 混凝土路面刻纹 …………………………………………………………………………… (161)
3. 伸缩缝 ……………………………………………………………………………………… (162)
二十五、铺砌人行道板 …………………………………………………………………………… (164)
1. 铺砌人行道板(砂垫层) ………………………………………………………………… (164)
2. 铺砌人行道板(砂浆垫层) ……………………………………………………………… (166)
二十六、修补侧(平、边、树池)石 ……………………………………………………………… (168)
1. 侧石垫层 …………………………………………………………………………………… (168)

2. 修补侧石、平石、边石、树池石 …………………………………………………… (169)
3. 人工调整侧石及现场浇捣修补侧石 …………………………………………… (172)
二十七、人工砖砌零星砌体及浇筑混凝土小构件 …………………………………… (173)
二十八、路名牌整修 ……………………………………………………………………… (174)
二十九、安装、维修隔离墩、分隔护栏 ………………………………………………… (176)
三十、道路巡视检查 ……………………………………………………………………… (177)
三十一、检查井升降、井周加固 ………………………………………………………… (178)
1. 井周加固 ………………………………………………………………………………… (178)
2. 升降砖砌进水井 ………………………………………………………………………… (179)
3. 升降砖砌圆形检查井 …………………………………………………………………… (182)
三十二、微波综合养护车维修破损路面 ………………………………………………… (183)
三十三、雷达勘测 ………………………………………………………………………… (184)
第三章　排水设施养护维修工程 ……………………………………………………… (185)
说　明 ……………………………………………………………………………………… (187)
工程量计算规则 …………………………………………………………………………… (188)
一、垫层、基础 …………………………………………………………………………… (189)
二、管渠铺设维修 ………………………………………………………………………… (192)
1. 承插式混凝土管 ………………………………………………………………………… (192)
2. HDPE 双壁波纹管 ……………………………………………………………………… (194)
3. 渠道维修 ………………………………………………………………………………… (196)
4. 更换沟盖板 ……………………………………………………………………………… (198)
5. 盲沟维修 ………………………………………………………………………………… (199)
三、维修检查井 …………………………………………………………………………… (201)
四、排水设施措施费 ……………………………………………………………………… (205)
1. 基础及其他模板 ………………………………………………………………………… (205)
2. 井、渠涵模板 …………………………………………………………………………… (206)
五、维修雨水进水井 ……………………………………………………………………… (207)
1. 砖砌进水井 ……………………………………………………………………………… (207)
2. 更换防坠网、爬梯 ……………………………………………………………………… (208)
六、管道及渠道疏挖 ……………………………………………………………………… (209)
1. 手动绞车疏通管道(软泥) ……………………………………………………………… (209)
2. 手动绞车疏通管道(硬泥) ……………………………………………………………… (211)
3. 机动绞车疏通管道(软泥) ……………………………………………………………… (213)
4. 机动绞车疏通管道(硬泥) ……………………………………………………………… (215)
5. 人工清除圆管内泥(综合泥) …………………………………………………………… (217)
6. 竹片疏通管道(软泥) …………………………………………………………………… (219)
7. 竹片疏通管道(硬泥) …………………………………………………………………… (220)
8. 联合冲吸疏通车疏通管道 ……………………………………………………………… (221)
9. 暗渠清淤 ………………………………………………………………………………… (222)
七、雨水井、检查井、出水口清淤 ………………………………………………………… (223)
1. 人工清疏雨水进水井 …………………………………………………………………… (223)
2. 人工井上清疏检查井 …………………………………………………………………… (224)

3. 人工井下清疏检查井 …………………………………………………………… (225)
4. 机械清疏检查井 ………………………………………………………………… (226)
5. 处理污水外溢 …………………………………………………………………… (227)
6. 出水口清淤 ……………………………………………………………………… (228)
八、井壁凿洞、人工封堵管口 ……………………………………………………… (229)
1. 人工井壁凿洞 …………………………………………………………………… (229)
2. 机械井壁凿洞 …………………………………………………………………… (230)
3. 封堵管口(潜水砖封) …………………………………………………………… (233)
4. 设拆浆砌管堵 …………………………………………………………………… (235)
5. 堵管口(草袋、木桩) …………………………………………………………… (236)
6. 人工封堵管口气囊封堵 ………………………………………………………… (237)
7. 人工堵水设闸 …………………………………………………………………… (238)
九、管道冲洗 ………………………………………………………………………… (239)
1. 水冲管道(闭水冲洗) …………………………………………………………… (239)
2. 水冲管道(高压射水车冲洗) …………………………………………………… (240)
十、管道、检查井检测、安全防护 ………………………………………………… (241)
1. 管道检查井检测 ………………………………………………………………… (241)
2. 井下安全防护及检测 …………………………………………………………… (242)
3. 排水设施巡视检查 ……………………………………………………………… (243)
十一、河道维修 ……………………………………………………………………… (244)
1. 浆砌片石维修 …………………………………………………………………… (244)
2. 浆砌预制块维修 ………………………………………………………………… (245)
3. 水泥砂浆勾缝维修 ……………………………………………………………… (246)
4. 土堤护坡维修 …………………………………………………………………… (247)
十二、河道清淤保洁巡视 …………………………………………………………… (248)
1. 河道清淤 ………………………………………………………………………… (248)
2. 河道保洁 ………………………………………………………………………… (251)
3. 河道巡视检查 …………………………………………………………………… (252)
第四章　城市照明设施养护维修工程 ………………………………………… (253)
说　明 ………………………………………………………………………………… (255)
工程量计算规则 ……………………………………………………………………… (257)
一、变配电设施维修 ………………………………………………………………… (259)
1. 更换杆上变压器 ………………………………………………………………… (259)
2. 更换地上变压器 ………………………………………………………………… (260)
3. 更换及过滤变压器油 …………………………………………………………… (261)
4. 变压器巡检及定检 ……………………………………………………………… (262)
5. 更换组合型成套箱式变电站 …………………………………………………… (264)
6. 更换电力电容器 ………………………………………………………………… (265)
7. 更换高压成套配电柜 …………………………………………………………… (266)
8. 更换成套低压路灯控制柜 ……………………………………………………… (267)
9. 更换落地式控制箱 ……………………………………………………………… (268)
10. 更换杆上配电设备 ……………………………………………………………… (269)

11. 更换杆上控制箱 …………………………………………………………………… (270)
12. 更换控制箱柜附件 …………………………………………………………………… (271)
13. 制作及更换配电板 …………………………………………………………………… (272)
14. 更换成套配电箱 …………………………………………………………………… (273)
15. 更换熔断器、限位开关 ……………………………………………………………… (274)
16. 更换控制器、启动器 ………………………………………………………………… (275)
17. 更换盘柜配线及盘柜巡检 ………………………………………………………… (276)
18. 更换路灯监控设备及附件 ………………………………………………………… (277)
19. 更换接线端子(焊铜) ……………………………………………………………… (279)
20. 更换接线端子(压铜) ……………………………………………………………… (280)
21. 更换仪表、电器、小母线 …………………………………………………………… (281)
22. 更换分流器 ………………………………………………………………………… (282)
23. 更换漏电保护开关 ………………………………………………………………… (283)
二、10kV 以下架空线路维修 …………………………………………………………… (284)
1. 更换灯杆(单杆) …………………………………………………………………… (284)
2. 更换灯杆(金属杆) ………………………………………………………………… (285)
3. 更换引下线支架 …………………………………………………………………… (287)
4. 更换 10kV 以下横担 ………………………………………………………………… (288)
5. 更换 1kV 以下横担 ………………………………………………………………… (289)
6. 更换进户线横担 …………………………………………………………………… (290)
7. 更换拉线 …………………………………………………………………………… (292)
8. 更换导线 …………………………………………………………………………… (293)
9. 导线跨越架设 ……………………………………………………………………… (294)
10. 路灯设施编号更换 ………………………………………………………………… (295)
11. 更换绝缘子 ………………………………………………………………………… (296)
三、电缆维修 ……………………………………………………………………………… (297)
1. 低压电缆线路故障点查找 ………………………………………………………… (297)
2. 更换铜芯电缆 ……………………………………………………………………… (298)
3. 更换铝芯电缆 ……………………………………………………………………… (300)
4. 更换干包式电力电缆终端头 ……………………………………………………… (302)
5. 更换热缩式电缆终端头 …………………………………………………………… (303)
6. 更换干包式电力电缆中间头 ……………………………………………………… (304)
7. 更换热缩式电缆中间头 …………………………………………………………… (305)
8. 更换电缆穿刺线夹 ………………………………………………………………… (307)
9. 更换电缆井盖 ……………………………………………………………………… (308)
四、配管、配线维修 ……………………………………………………………………… (309)
1. 更换砖、混凝土结构明配电线管 …………………………………………………… (309)
2. 更换钢结构支架、钢索配电线管 …………………………………………………… (311)
3. 镀锌钢管地埋敷设 ………………………………………………………………… (313)
4. 更换砖、混凝土结构明配钢管 ……………………………………………………… (314)
5. 更换控制柜、箱进出线钢管 ………………………………………………………… (316)
6. 更换地埋敷设塑料管 ……………………………………………………………… (317)

7. 更换地埋敷设塑料波纹管 …………………………………………………………………………（318）
8. 更换砖、混凝土结构明配塑料管 ……………………………………………………………（319）
9. 更换管内穿线 ……………………………………………………………………………………（321）
10. 更换砖、混凝土结构明敷塑料护套线 …………………………………………………（322）
11. 更换沿钢索塑料护套线（明敷）……………………………………………………………（323）
12. 更换接线箱 ……………………………………………………………………………………（324）
13. 更换接线盒 ……………………………………………………………………………………（325）
14. 更换开关、按钮 ………………………………………………………………………………（326）
15. 更换插座 ………………………………………………………………………………………（327）
16. 更换带形母线 …………………………………………………………………………………（328）
17. 更换带形母线引下线 …………………………………………………………………………（329）
18. 地下顶管 ………………………………………………………………………………………（330）
五、照明器具维修 ……………………………………………………………………………………（331）
1. 更换单臂悬挑灯架（抱箍式） ………………………………………………………………（331）
2. 更换单臂悬挑灯架（顶套式） ………………………………………………………………（334）
3. 更换双臂悬挑灯架（具）（成套型） ………………………………………………………（336）
4. 更换双臂悬挑灯架（具）（组装型） ………………………………………………………（338）
5. 更换广场灯架（具）（成套型） ……………………………………………………………（340）
6. 更换广场灯架（具）（组装型） ……………………………………………………………（344）
7. 更换高杆灯架（具）（成套型） ……………………………………………………………（348）
8. 更换高杆灯架（具）（组装型） ……………………………………………………………（352）
9. 更换桥梁景观灯 ………………………………………………………………………………（356）
10. 更换楼宇景观灯 ………………………………………………………………………………（359）
11. 更换地道涵洞灯 ………………………………………………………………………………（364）
12. 更换照明器件 …………………………………………………………………………………（365）
13. 更换太阳能电池板 ……………………………………………………………………………（370）
14. 更换蓄电池 ……………………………………………………………………………………（371）
15. 更换杆座及校正设施 …………………………………………………………………………（372）
六、防雷接地装置维修 ………………………………………………………………………………（375）
1. 接地极（板）安装 ……………………………………………………………………………（375）
2. 接地母线敷设 …………………………………………………………………………………（377）
3. 接地跨接线敷设 ………………………………………………………………………………（378）
4. 更换避雷针 ……………………………………………………………………………………（379）
5. 更换避雷引下线 ………………………………………………………………………………（380）
七、路灯保洁及灯杆（架）刷漆、喷漆 ……………………………………………………………（381）
1. 路灯保洁 ………………………………………………………………………………………（381）
2. 灯杆灯架刷漆 …………………………………………………………………………………（383）
3. 灯杆灯架喷漆 …………………………………………………………………………………（384）
八、路灯巡视检查 ……………………………………………………………………………………（385）
九、变压器及输配电装置系统调试 …………………………………………………………………（386）
1. 变压器系统调试 ………………………………………………………………………………（386）
2. 输配电装置系统调试 …………………………………………………………………………（387）

(下　册)

第五章　城市隧道养护维修工程 ………………………………………………(389)
说　明 ………………………………………………………………………………(391)
工程量计算规则 ……………………………………………………………………(392)
一、隧道结构 ………………………………………………………………………(393)
1. 主体衬砌修补 ……………………………………………………………………(393)
2. 风道维护 …………………………………………………………………………(396)
3. 变形缝修补 ………………………………………………………………………(398)
4. 逃生通道 …………………………………………………………………………(399)
5. 安全防护门保养 …………………………………………………………………(400)
6. 设备间门维修 ……………………………………………………………………(401)
7. 钢爬梯油漆 ………………………………………………………………………(402)
8. 洞口设施 …………………………………………………………………………(403)
二、道路排水 ………………………………………………………………………(405)
1. 横截沟及窨井 ……………………………………………………………………(405)
2. 伸缩缝 ……………………………………………………………………………(409)
3. 防撞墙 ……………………………………………………………………………(410)
4. 排水边沟及集水井维修 …………………………………………………………(413)
5. 施工封道 …………………………………………………………………………(416)
三、附属工程 ………………………………………………………………………(417)
1. 竖　井 ……………………………………………………………………………(417)
2. 风　塔 ……………………………………………………………………………(419)
3. 电缆桥架 …………………………………………………………………………(420)
4. 泵　房 ……………………………………………………………………………(421)
5. 交通标志线出新 …………………………………………………………………(422)
6. 护　栏 ……………………………………………………………………………(424)
四、机电设施 ………………………………………………………………………(425)
1. 变电所 ……………………………………………………………………………(425)
2. 箱式变、配电站 …………………………………………………………………(426)
3. 路灯配电柜 ………………………………………………………………………(428)
4. 照明设备 …………………………………………………………………………(430)
5. 隧道铭牌 …………………………………………………………………………(432)
6. 火灾报警系统 ……………………………………………………………………(433)
7. 消防主机 …………………………………………………………………………(434)
8. 光纤光栅 …………………………………………………………………………(435)
9. 手动报警器 ………………………………………………………………………(436)
10. 探测器 ……………………………………………………………………………(437)
11. 卷帘门电机 ………………………………………………………………………(438)
12. 消火栓及消防泵结合器 …………………………………………………………(439)
13. 通风系统 …………………………………………………………………………(441)
14. 配电柜、控制柜 …………………………………………………………………(445)

15. 潜水泵 …………………………………………………………………………… (446)
16. 维修低压法兰阀门 ……………………………………………………………… (448)
17. 水泵耦合器 ……………………………………………………………………… (449)
18. 小型电动起吊设备 ……………………………………………………………… (450)
19. 格栅机 …………………………………………………………………………… (451)
20. EPS ……………………………………………………………………………… (452)
21. UPS ……………………………………………………………………………… (453)
22. 柴油发电机组 …………………………………………………………………… (454)
23. 供配电系统 ……………………………………………………………………… (455)
24. 光缆接头检修 …………………………………………………………………… (457)
25. 中央监控系统 …………………………………………………………………… (458)
26. 广播通信系统 …………………………………………………………………… (465)
五、保洁与清扫 …………………………………………………………………………… (470)
1. 路面清扫 …………………………………………………………………………… (470)
2. 侧墙清洗 …………………………………………………………………………… (472)
3. 横截沟清泥 ………………………………………………………………………… (473)
4. 其他保洁 …………………………………………………………………………… (474)
六、防水堵漏 ……………………………………………………………………………… (478)
1. 止水工程 …………………………………………………………………………… (478)
2. 堵漏工程 …………………………………………………………………………… (479)
3. 防水工程 …………………………………………………………………………… (480)
4. 日常设施检查 ……………………………………………………………………… (481)
5. 定期检查 …………………………………………………………………………… (482)
6. 渗漏检测 …………………………………………………………………………… (483)
7. CO 含量检测 ……………………………………………………………………… (484)
8. 墙面装饰面更换 …………………………………………………………………… (485)
9. 防火涂料 …………………………………………………………………………… (487)
10. 防火板 ……………………………………………………………………………… (488)
11. 道口涂装层 ………………………………………………………………………… (489)
第六章　泵站机电设备养护维修工程 ………………………………………………… (491)
说　明 ……………………………………………………………………………………… (493)
工程量计算规则 …………………………………………………………………………… (494)
一、泵机维修 ……………………………………………………………………………… (495)
1. 吊装潜水泵维修 …………………………………………………………………… (495)
2. 离心污水泵的拆装检查 …………………………………………………………… (497)
3. 潜水泵的拆装检查 ………………………………………………………………… (499)
4. 轴流泵的拆装检查 ………………………………………………………………… (501)
5. 泵轴的维修更换 …………………………………………………………………… (503)
6. 泵轴承的维修更换 ………………………………………………………………… (505)
7. 泵叶轮的维修更换 ………………………………………………………………… (507)
8. 泵轴套的维修更换 ………………………………………………………………… (509)
9. 泵密封环的维修更换 ……………………………………………………………… (511)

二、机械设备维修 …… (513)
1. 除污机及螺旋输送机维修 …… (513)
2. 天车维修 …… (516)
3. 闸阀检修 …… (517)
4. 更换阀门 …… (519)
5. 闸门维修 …… (522)
6. 启闭机维修 …… (524)
7. 排水管件维修 …… (525)
三、电器设备维修 …… (526)
1. 10kV 及以下高压开关柜维修 …… (526)
2. 室外变电设备维修 …… (534)
3. 室内变电设备维修 …… (537)
4. 油浸式变压器维修 …… (538)
5. 干式变压器维修 …… (540)
6. 微型电机、变频机组检查接线 …… (541)
7. 小型交流异步电机检查接线 …… (542)
8. 小型立式电机检查接线 …… (544)
9. 大中型电机检查接线 …… (546)
10. 电机维护 …… (547)
11. 小型电机干燥 …… (549)
12. 大中型电机干燥 …… (550)
13. 现场检验电器仪器 …… (551)
14. 0. 4kV 开关柜维修 …… (552)
15. 电机启动柜维修 …… (554)
16. 控制柜维修 …… (558)
17. 更换动力配电箱 …… (561)
18. 更换控制器 …… (564)
19. 更换控制开关 …… (565)
20. 更换电器仪表 …… (568)
21. 更换交流接触器 …… (569)
22. 更换互感器、继电器 …… (570)
23. 更换磁力启动器 …… (572)
24. 更换信号灯及水位信号装置 …… (574)
25. 焊铜接线端子 …… (576)
26. 压铜接线端子 …… (577)
27. 压铝接线端子 …… (579)
28. 线端连接 …… (581)
29. 更换零线端子板 …… (583)
30. 更换导线 …… (584)
31. 更换插座 …… (585)
32. 更换开关 …… (586)
33. 化学除臭装置计量泵现场检修维护 …… (587)

34. 化学除臭装置气柜(反应器内有填料)检修维护 …… (589)
四、泵站日常维护项目 …… (590)
1. 泵站日常运行维护 …… (590)
2. 变电室(低压室、高压室、控制室、泵房)维护清扫 …… (593)
3. 变压器维护 …… (595)
4. 监测、维护、试验 …… (596)
5. 高压设备检查试验 …… (597)
6. 接地电阻测试 …… (598)
7. 泵的清堵 …… (599)
8. 水泵维护 …… (601)
9. 潜污泵维护 …… (604)
10. 潜水轴流泵维护 …… (606)
11. 变压器维护 …… (608)
12. 启闭机保养 …… (609)
13. 清挖泵站集水池 …… (610)
14. 格栅除污 …… (611)
15. 地道桥下掏挖收水井 …… (612)
16. 地道桥下掏挖检查井 …… (613)
17. 人工坡道运输淤泥 …… (614)
18. 格栅捞污机的维护保养 …… (615)
19. 集水池维修 …… (616)
20. 柴油发电机组维护 …… (617)
21. 进出水启闭闸门维护 …… (618)
五、泵站监控中心设备维修 …… (619)
1. 拆除工程 …… (619)
2. 综合布线系统 …… (631)
3. 建筑设备自动化系统 …… (649)
4. 计算机及网络系统 …… (664)
5. 安全防范系统 …… (675)
6. 音频、视频系统 …… (700)
7. 泵站自动化、监控系统维护 …… (706)
第七章　城市桥梁设施维修工程 …… (713)
说　明 …… (715)
工程量计算规则 …… (716)
一、桥面工程 …… (717)
1. 粒料基础及垫层 …… (717)
2. 维修砖石砌体 …… (719)
3. 小型抛石 …… (720)
4. 水泥砂浆粉面 …… (721)
5. 镶贴面层 …… (724)
6. 油　漆 …… (725)
7. 刷　浆 …… (727)

8. 剔除原砌体缝 ………………………………………………………………………… (728)
9. 台阶维修 ……………………………………………………………………………… (729)
10. 支座维修 ……………………………………………………………………………… (730)
11. 沉降缝、伸缩缝维修 ………………………………………………………………… (731)
12. 伸缩缝更换 …………………………………………………………………………… (732)
13. 桥梁日常养护 ………………………………………………………………………… (734)
14. 中央隔离设施 ………………………………………………………………………… (737)
15. 桥梁检查 ……………………………………………………………………………… (738)
二、结构工程 ……………………………………………………………………………… (739)
1. 小型钢筋制作、安装 ………………………………………………………………… (739)
2. 小型模板制作、安装 ………………………………………………………………… (740)
3. 预制构件安装 ………………………………………………………………………… (741)
4. 石砌拱圈头维修 ……………………………………………………………………… (742)
5. 砖砌拱圈头维修 ……………………………………………………………………… (743)
6. 混凝土结构修补 ……………………………………………………………………… (744)
7. 小型脚手架 …………………………………………………………………………… (747)
8. 小型支撑 ……………………………………………………………………………… (748)
9. 加固工程 ……………………………………………………………………………… (750)
三、桥梁附属结构 ………………………………………………………………………… (756)
1. 水泥砂浆料石勾缝 …………………………………………………………………… (756)
2. 水泥砂浆块石勾缝 …………………………………………………………………… (757)
3. 水泥砂浆砖墙勾缝 …………………………………………………………………… (758)
4. 小型水泥混凝土浇筑 ………………………………………………………………… (759)
5. 栏杆维修 ……………………………………………………………………………… (761)
6. 人行天桥维修 ………………………………………………………………………… (762)
7. 水井井圈、井台维修、排水 …………………………………………………………… (763)
第八章　非开挖修复工程 ……………………………………………………………… (767)
说　明 ……………………………………………………………………………………… (769)
工程量计算规则 …………………………………………………………………………… (770)
一、异物清除 ……………………………………………………………………………… (771)
1. 切树根异物 …………………………………………………………………………… (771)
2. 清除管道结垢 ………………………………………………………………………… (772)
3. 管道堆积异物清除 …………………………………………………………………… (773)
4. 管内金属穿入物清除 ………………………………………………………………… (774)
二、管道修复 ……………………………………………………………………………… (775)
1. 点位(局部树脂固化)修复 …………………………………………………………… (775)
2. 拉入法 CIPP 紫外光固化 …………………………………………………………… (777)
3. 不锈钢内衬修复 ……………………………………………………………………… (784)
三、喷涂法修复 …………………………………………………………………………… (786)
1. 聚氨酯基材料喷涂 …………………………………………………………………… (786)

第五章　城市隧道养护维修工程

说　明

一、本章定额包括隧道结构、道路排水、附属工程、机电设施、保洁与清扫、防水堵漏，共六节。

二、本章定额适用于城市地下道路（含部分地下过街通道）日常维护工程，以及损坏部件的更换。

三、本章定额的编制依据：

1.《公路隧道养护工程预算定额》（JTG/T M72-01—2017）。

2.《江苏省市政设施养护维修定额》（ISBN 978-7-5630-3561-8/TU · 103）。

3.《城市隧道养护技术规范》（DB41/T 1271—2016）。

4.《河南省市政工程预算定额》（HA A1-31—2016）。

5. 省、市、行业相关现行的市政预算定额及基础资料。

四、本章定额中已包括施工封道费用。

五、施工脚手架搭拆费用及大型机械进出场费，实际发生时可套用其他相关定额。

六、养护保洁工程所发生的旧料及垃圾外运费按实结算。

七、本章定额不适用于设备的整体拆除与安装。

八、定额工作内容中“维修（更换）部件”指每次维修都需要通过加工等手段加以维修的部件，定额中已经综合考虑了相应的人工、材料、机械消耗量。

九、定额中的穿管线路人工适用于钢管及聚乙烯管两种，如采用其他材质的保护管，可根据养护难易程度适当调整人工。

工程量计算规则

一、混凝土构筑物维护按修补材料划分子目,以体积或面积计算,裂缝修补、沉降缝、止水带以实际长度计算。

二、钢爬梯以钢构件展开面积计算。

三、洞口设施维护中道口侧墙、光隔栅、挡土墙结构缺损按修补材料划分定额子目,以“m^2”为单位计算。

四、顶棚、龙门架、立杆油漆按材料不同划分子目,以“m^2”为计算单位。

五、检查井以个数计算。

六、横截沟、伸缩缝、接缝处理按长度计算。

七、构筑物内的钢结构防腐、修理、补强等项目,均按“m^2”计算。

八、泵房集水池维修定额按维修面积,以“m^2”计算。

九、泵房内钢结构维修以其几何形状,以“m^2”计算。

十、电缆桥架修理以其构件的几何形状,按展开面积计算。

十一、交通指示牌、防眩板的更换、安装数量以“块”为计量单位。

十二、变配电、控制设备应定期进行检修,按不同容量以“台”为计量单位。

十三、路灯配电柜以单相为一回路计算,按不同回路的数量,以“台”为计量单位。

十四、地下线路按不同芯线数量以“km”为计量单位,定额子目中已包含敷设系数,工程量按其实际路径长度计算,同一沟槽中有2根电缆的,分别计算。

十五、分系统故障检修以“系统”为计量单位;分系统以一次一个故障现象为计量次数。

十六、隧道路面机械清扫按作业面积,以“m^2”计算。

十七、横截沟清泥分高压水枪冲洗与人工清洗方式进行,以“m”计算。

十八、隧道路面清扫、侧墙清洗等工程量均按实际清扫面积计算。

十九、孔洞、穿墙孔防水堵漏,适用孔径10~20cm,以“只”计算。

二十、日常检查、定期检查巡视均以“km”计算。

二十一、渗漏检测均以“km”计算。

二十二、变形检测均以“km”计算。

二十三、沉降检测均以“点”计算。

二十四、装饰层骨架按更换主材重量计算。

一、隧道结构

1. 主体衬砌修补

工作内容：材料运输、凿除松动、浇筑、抹面养护、清理现场。

计量单位：m^3

定额编号				5-1	5-2	5-3
项目				混凝土缺损修补		
				混凝土	水泥砂浆	环氧砂浆
基价(元)				2608.99	687.76	1069.62
其中	人工费(元)			835.38	137.97	143.72
	材料费(元)			316.36	14.41	328.21
	机械使用费(元)			713.37	356.12	356.12
	其他措施费(元)			29.08	6.19	6.36
	安文费(元)			99.53	26.24	40.81
	管理费(元)			170.63	44.98	69.95
	利润(元)			142.19	37.48	58.29
	规费(元)			302.45	64.37	66.16
名称		单位	单价(元)	数量		
综合工日		工日		(10.59)	(2.09)	(2.16)
预拌混凝土 C40 42.5级 坍落度35~50 mm		m^3	260.00	1.030	—	—
草袋		个	1.93	13.000	2.000	—
水		t	5.13	0.985	—	—
水泥砂浆 1:1		m^3	277.13	—	0.018	—
环氧砂浆 1:0.7:2.4		m^3	15629.27	—	—	0.021
圆钉		kg	7.00	0.060	—	—
风镐凿子		根	5.00	1.680	0.100	—
预埋铁件		kg	4.10	1.430	—	—
预拌地面砂浆 (干拌)DS M15		m^3	220.00	—	0.023	—
电		kW·h	0.70	0.824	—	—
钢模板		kg	4.30	0.734	—	—
载重汽车 装载质量(t) 4		台班	398.64	1.000	0.510	0.510
电动空气压缩机 排气量(m^3/min) 6		台班	207.03	0.290	—	—
平台作业升降车 提升高度(m) 20		台班	509.38	0.500	0.300	0.300

工作内容：裂缝基层清理、灌注灌缝材料、手孔清理、定位、找平、材料搅拌、封堵、清洗现场。

计量单位：m

定额编号				5-4
项目				混凝土裂缝修补
				环氧树脂
基价(元)				325.93
其中	人工费(元)			144.93
	材料费(元)			28.98
	机械使用费(元)			50.94
	其他措施费(元)			4.35
	安文费(元)			12.43
	管理费(元)			21.32
	利润(元)			17.76
	规费(元)			45.22
名称		单位	单价(元)	数量
综合工日		工日		(1.66)
聚氨酯固化剂		kg	42.00	0.204
丙酮		kg	9.46	0.136
环氧树脂		kg	27.50	0.680
其他材料费		%	1.00	1.500
平台作业升降车　提升高度(m)　20		台班	509.38	0.100

工作内容：材料运输、凿除松动、浇筑混凝土、抹面养护、清理现场。

计量单位：100m²

定额编号			5-5	5-6
项目			水泥混凝土面层修补	
			厚度 22cm	每增减 1cm
基价(元)			10499.98	473.11
其中	人工费(元)		2053.82	93.37
	材料费(元)		6042.58	273.04
	机械使用费(元)		41.66	—
	其他措施费(元)		61.61	2.80
	安文费(元)		400.57	18.05
	管理费(元)		686.70	30.94
	利润(元)		572.25	25.78
	规费(元)		640.79	29.13
名称	单位	单价(元)	数量	
综合工日	工日		(23.58)	(1.07)
木模板方材	m³	1800.00	0.023	0.001
防水混凝土 C25 抗渗等级 P6	m³	260.00	22.440	1.020
风镐凿子	根	5.00	8.800	0.400
扁钢 综合	kg	2.86	0.750	—
塑料薄膜	m²	0.26	11.000	—
水	m³	5.13	5.550	—
其他材料费	%	1.00	1.500	1.500
混凝土切缝机 功率(kW) 7.5	台班	29.57	1.409	—

2. 风道维护

工作内容：材料运输、凿除松动、砂浆粉刷（浇筑混凝土）、抹面养护、清理现场。

计量单位：m^2

定额编号				5-7	5-8
项目				上风道修补	下风道修补
				水泥砂浆	混凝土(m^3)
基价(元)				295.38	2468.84
其中	人工费(元)			141.10	971.51
	材料费(元)			5.99	308.18
	机械使用费(元)			47.84	418.57
	其他措施费(元)			4.72	33.37
	安文费(元)			11.27	94.19
	管理费(元)			19.32	161.46
	利润(元)			16.10	134.55
	规费(元)			49.04	347.01
名称		单位	单价(元)	数量	
综合工日		工日		(1.74)	(12.20)
风镐凿子		根	5.00	0.015	0.500
预埋铁件		kg	4.10	—	1.430
水		m^3	5.13	0.053	0.280
草袋		个	1.93	—	3.600
水泥砂浆 1:2		m^3	232.70	0.023	—
圆钉		kg	7.00	—	0.060
电		kW·h	0.70	0.420	11.154
木模板方材		m^3	1800.00	—	0.010
预拌混凝土 C40 42.5级 坍落度35~50 mm		m^3	260.00	—	1.020
载重汽车 装载质量(t) 4		台班	398.64	0.120	1.050

工作内容:开启盖板、井边清理、安装、固定、现场清理。

计量单位:块

定额编号				5-9
项目				电缆井盖板调换
基价(元)				123.55
其中	人工费(元)			45.20
	材料费(元)			6.96
	机械使用费(元)			36.41
	其他措施费(元)			1.36
	安文费(元)			4.71
	管理费(元)			8.08
	利润(元)			6.73
	规费(元)			14.10
名称		单位	单价(元)	数量
综合工日		工日		(0.52)
预拌混凝土 C40 42.5级 坍落度35~50 mm		m^3	260.00	0.008
预制混凝土盖板		m^3	—	(1.00)
电		kW·h	0.70	0.370
预拌砌筑砂浆 (干拌)DM M10		m^3	220.00	0.021
汽车式起重机 提升质量(t) 5		台班	364.10	0.100

3. 变形缝修补

工作内容：清理基层、嵌塞麻丝材料、修补变形缝、清理现场。

计量单位：m

定额编号				5-10
项目				变形缝修补
基价(元)				142.34
其中	人工费(元)			47.03
	材料费(元)			5.79
	机械使用费(元)			50.94
	其他措施费(元)			1.41
	安文费(元)			5.43
	管理费(元)			9.31
	利润(元)			7.76
	规费(元)			14.67
名称		单位	单价(元)	数量
综合工日		工日		(0.54)
油麻丝		kg	21.62	0.130
石油沥青		kg	3.69	0.500
水泥 32.5		kg	0.30	0.500
砂子 粗砂		m^3	70.00	0.014
平台作业升降车 提升高度(m) 20		台班	509.38	0.100

4. 逃生通道

工作内容：逃生通道检查保养、清理现场。

计量单位：m^2

定额编号				5-11
项目				逃生通道
基价(元)				83.03
其中	人工费(元)			43.55
	材料费(元)			11.46
	机械使用费(元)			—
	其他措施费(元)			1.31
	安文费(元)			3.17
	管理费(元)			5.43
	利润(元)			4.52
	规费(元)			13.59
名称		单位	单价(元)	数量
综合工日		工日		(0.50)
防水剂		kg	16.20	0.412
预拌砌筑砂浆 (干拌)DM M10		m^3	220.00	0.021
其他材料费		%	1.00	1.500

5. 安全防护门保养

工作内容：安全防护门清洁、保养、加油、配件更换、刷漆、清理现场。

计量单位：扇

定额编号				5-12
项目				安全防护门保养
基价(元)				486.44
其中	人工费(元)			200.33
	材料费(元)			140.72
	机械使用费(元)			—
	其他措施费(元)			6.01
	安文费(元)			18.56
	管理费(元)			31.81
	利润(元)			26.51
	规费(元)			62.50
名称		单位	单价(元)	数量
综合工日		工日		(2.30)
带锈底漆		kg	17.20	1.800
电		kW·h	0.70	3.689
黄油		kg	10.50	0.320
丙烯酸清漆		kg	28.26	3.600
其他材料费		%	1.00	1.500

6. 设备间门维修

工作内容：设备间门清洁、保养、加油、配件更换、刷漆、清理现场。

计量单位：m^2

定额编号				5-13
项目				设备间门维修
基价(元)				287.10
其中	人工费(元)			92.33
	材料费(元)			117.81
	机械使用费(元)			—
	其他措施费(元)			2.77
	安文费(元)			10.95
	管理费(元)			18.78
	利润(元)			15.65
	规费(元)			28.81
名称		单位	单价(元)	数量
综合工日		工日		(1.06)
柴油		kg	6.94	3.913
丙烯酸清漆		kg	28.26	2.200
黄油(钙基脂)		kg	8.00	0.250
带锈底漆		kg	17.20	1.100
门窗密封橡胶条		m	5.00	1.060
电		kW·h	0.70	0.737
其他材料费		%	1.00	1.500

7. 钢爬梯油漆

工作内容：钢爬梯除锈、油漆、清理现场。

计量单位：m

<table>
<tr><td colspan="4">定　额　编　号</td><td>5-14</td></tr>
<tr><td colspan="4">项　　　目</td><td>钢爬梯油漆</td></tr>
<tr><td colspan="4">基　　　价(元)</td><td>289.67</td></tr>
<tr><td rowspan="8">其
中</td><td colspan="3">人　工　费(元)</td><td>102.78</td></tr>
<tr><td colspan="3">材　料　费(元)</td><td>105.96</td></tr>
<tr><td colspan="3">机械使用费(元)</td><td>—</td></tr>
<tr><td colspan="3">其他措施费(元)</td><td>3.08</td></tr>
<tr><td colspan="3">安　文　费(元)</td><td>11.05</td></tr>
<tr><td colspan="3">管　理　费(元)</td><td>18.94</td></tr>
<tr><td colspan="3">利　　润(元)</td><td>15.79</td></tr>
<tr><td colspan="3">规　　费(元)</td><td>32.07</td></tr>
<tr><td colspan="2">名　　称</td><td>单位</td><td>单价(元)</td><td>数　　量</td></tr>
<tr><td colspan="2">综合工日</td><td>工日</td><td></td><td>(1.18)</td></tr>
<tr><td colspan="2">带锈底漆</td><td>kg</td><td>17.20</td><td>1.357</td></tr>
<tr><td colspan="2">稀释剂</td><td>kg</td><td>13.10</td><td>0.188</td></tr>
<tr><td colspan="2">丙烯酸清漆</td><td>kg</td><td>28.26</td><td>2.714</td></tr>
<tr><td colspan="2">电</td><td>kW·h</td><td>0.70</td><td>0.737</td></tr>
<tr><td colspan="2">油漆溶剂油</td><td>kg</td><td>4.40</td><td>0.313</td></tr>
<tr><td colspan="2">其他材料费</td><td>%</td><td>1.00</td><td>1.500</td></tr>
</table>

8. 洞口设施

工作内容：凿除侧墙、光隔栅松动，浇筑水泥砂浆。

计量单位：m^2

定额编号				5-15	5-16
项目				侧墙修补	光隔栅修补
				水泥砂浆	
基价(元)				274.87	275.39
其中	人工费(元)			150.51	125.42
	材料费(元)			3.96	5.99
	机械使用费(元)			25.47	57.56
	其他措施费(元)			4.52	3.76
	安文费(元)			10.49	10.51
	管理费(元)			17.98	18.01
	利润(元)			14.98	15.01
	规费(元)			46.96	39.13
名称		单位	单价(元)	数量	
综合工日		工日		(1.73)	(1.44)
预拌砌筑砂浆 (干拌)DM M7.5		m^3	220.00	0.018	—
水		t	5.13	—	0.053
水泥砂浆 1:2		m^3	232.70	—	0.023
风镐凿子		根	5.00	—	0.015
电		kW·h	0.70	—	0.420
平台作业升降车 提升高度(m) 20		台班	509.38	0.050	0.113

工作内容：除锈、油漆搅拌、涂料底漆、面漆、清理。

计量单位：m^2

定额编号				5-17	5-18	5-19
项目				防腐油漆		
				钢顶棚	桁架式龙门架	高杆立杆
基价(元)				171.23	126.74	207.49
其中	人工费(元)			62.71	43.55	78.39
	材料费(元)			34.54	22.79	44.02
	机械使用费(元)			25.47	25.47	25.47
	其他措施费(元)			1.88	1.31	2.35
	安文费(元)			6.53	4.83	7.92
	管理费(元)			11.20	8.29	13.57
	利润(元)			9.33	6.91	11.31
	规费(元)			19.57	13.59	24.46
名称		单位	单价(元)	数量		
综合工日		工日		(0.72)	(0.50)	(0.90)
稀释剂		kg	13.10	0.051	—	—
溶剂汽油		kg	7.50	0.085	0.096	—
电		kW·h	0.70	1.474	—	—
环氧富锌底漆		kg	36.44	0.345	—	—
丙烯酸清漆		kg	28.26	—	0.531	1.060
带锈底漆		kg	17.20	0.345	0.391	0.780
氯化橡胶面漆		kg	31.84	0.414	—	—
其他材料费		%	1.00	1.500	1.500	1.500
平台作业升降车 提升高度(m) 20		台班	509.38	0.050	0.050	0.050

二、道路排水

1. 横截沟及窨井

工作内容：翻挖拆盖座及盖框、整理洗刷接口面、拆砌砖墙、粉刷、安装盖座。

计量单位：座

定额编号				5-20	5-21
项目				升降窨井(15cm 以内)	
				750mm×750mm 以下	750mm×750mm 以上
基价(元)				263.73	321.47
其中	人工费(元)			77.61	112.10
	材料费(元)			37.04	39.37
	机械使用费(元)			76.27	76.27
	其他措施费(元)			2.73	3.77
	安文费(元)			10.06	12.26
	管理费(元)			17.25	21.02
	利润(元)			14.37	17.52
	规费(元)			28.40	39.16
名称		单位	单价(元)	数量	
综合工日		工日		(0.99)	(1.39)
风镐凿子		根	5.00	0.101	0.090
预拌砌筑砂浆 (干拌)DM M7.5		m^3	220.00	0.030	0.040
电		kW·h	0.70	37.653	37.653
混凝土 C30 42.5级 坍落度35~50 mm		m^3	260.00	0.009	0.009
水		t	5.13	0.134	0.164
其他材料费		%	1.00	1.500	1.500
载重汽车 装载质量(t) 4		台班	398.64	0.100	0.100
汽车式起重机 提升质量(t) 5		台班	364.10	0.100	0.100

工作内容:1. 启闭井盖、清理框内外杂物、换井盖。

2. 清除框内外杂物、翻挖井座、换井座、路面填实、清理现场。

3. 翻挖盖板、调换盖板、配置砂浆、砂浆衬平、填实平整、清理现场。

4. 拆除盖板、安装盖板、配置砂浆、调平、砂浆衬平、填实平整、清理现场。

计量单位:座

定额编号				5-22	5-23	5-24	5-25
项目				更换窨井铸铁井盖	更换窨井铸铁井座	预制混凝土盖板	更换横截沟盖板(块)
基价(元)				728.76	298.83	340.80	367.39
其中	人工费(元)			15.68	126.47	142.76	69.68
	材料费(元)			548.10	30.69	7.77	—
	机械使用费(元)			39.86	46.60	83.01	188.32
	其他措施费(元)			0.87	4.20	4.68	4.50
	安文费(元)			27.80	11.40	13.00	14.02
	管理费(元)			47.66	19.54	22.29	24.03
	利润(元)			39.72	16.29	18.57	20.02
	规费(元)			9.07	43.64	48.72	46.82
名称		单位	单价(元)	数量			
综合工日		工日		(0.28)	(1.55)	(1.74)	(1.40)
铸铁井盖		套	540.00	1.000	—	—	—
铸铁井座		套	—	—	(1.00)	—	—
预拌砌筑砂浆 (干拌)DM M7.5		m^3	220.00	—	0.007	0.023	—
预制混凝土盖板		m^3	—	—	—	(1.00)	(1.00)
混凝土 C30 42.5级 坍落度35~50 mm		m^3	260.00	—	0.009	0.009	—
电		kW·h	0.70	—	37.653	0.370	—
其他材料费		%	1.00	1.500	1.500	1.500	1.500
载重汽车 装载质量(t) 6		台班	465.97	—	0.100	0.100	—
载重汽车 装载质量(t) 4		台班	398.64	0.100	—	—	0.300
叉式装载机 装载质量(t) 5		台班	229.09	—	—	—	0.300
汽车式起重机 提升质量(t) 5		台班	364.10	—	—	0.100	—

工作内容:拆除篦子、调换、配置砂浆、砂浆衬平、填实平整、清理现场。

计量单位:个

定额编号				5-26
项目				更换进水口篦子
基价(元)				192.51
其中	人工费(元)			83.62
	材料费(元)			5.43
	机械使用费(元)			39.86
	其他措施费(元)			2.91
	安文费(元)			7.34
	管理费(元)			12.59
	利润(元)			10.49
	规费(元)			30.27
名称		单位	单价(元)	数量
综合工日		工日		(1.06)
铸铁平箅		套	—	(1.01)
水泥砂浆 1:2		m^3	232.70	0.023
其他材料费		%	1.00	1.500
载重汽车 装载质量(t) 4		台班	398.64	0.100

工作内容：拆卸盖框盖板、整理接口面、浇筑混凝土、粉刷、养护、安装盖板、清理现场。

计量单位：100m

定额编号				5-27
项目				维修横截沟
基价(元)				63043.03
其中	人工费(元)			20183.68
	材料费(元)			6345.39
	机械使用费(元)			17895.65
	其他措施费(元)			759.15
	安文费(元)			2405.09
	管理费(元)			4123.01
	利润(元)			3435.85
	规费(元)			7895.21
名称		单位	单价(元)	数量
综合工日		工日		(269.95)
圆钉		kg	7.00	2.040
套筒钢管支撑设备		kg	3.80	69.000
碎石　5~32		t	80.00	19.575
混凝土　C30 42.5级 坍落度35~50 mm		m^3	260.00	10.450
水泥砂浆　1:2		m^3	232.70	0.187
木材(成材)		m^3	2500.00	0.344
铁撑板		t	4150.62	0.190
其他材料费		%	1.00	1.500
混凝土输送泵车　输送量(m^3/h)　75		台班	1534.02	3.610
载重汽车　装载质量(t)　4		台班	398.64	31.000

2. 伸缩缝

工作内容：伸缩缝过渡段混凝土切割、翻挖、混凝土浇筑、清理现场。

计量单位：m^3

定额编号				5-28
项目				伸缩缝过渡段混凝土翻修
基价(元)				1568.49
其中	人工费(元)			686.35
	材料费(元)			355.07
	机械使用费(元)			39.86
	其他措施费(元)			20.99
	安文费(元)			59.84
	管理费(元)			102.58
	利润(元)			85.48
	规费(元)			218.32
名称		单位	单价(元)	数量
综合工日		工日		(7.98)
切缝机刀片		个	327.00	0.050
电		kW·h	0.70	1.780
柴油		kg	6.94	1.824
草袋		个	1.93	9.620
水		t	5.13	1.190
预拌混凝土 C30		m^3	260.00	1.020
风镐凿子		根	5.00	3.780
木模板方材		m^3	1800.00	0.006
其他材料费		%	1.00	1.500
载重汽车 装载质量(t) 4		台班	398.64	0.100

3. 防撞墙

工作内容：裂缝清理、灌注灌缝材料。

计量单位：m

定额编号				5-29
项目				防撞墙裂缝修补
				环氧砂浆
基价(元)				1223.25
其中	人工费(元)			105.39
	材料费(元)			755.14
	机械使用费(元)			119.59
	其他措施费(元)			4.37
	安文费(元)			46.67
	管理费(元)			80.00
	利润(元)			66.67
	规费(元)			45.42
名称		单位	单价(元)	数量
综合工日		工日		(1.51)
环氧砂浆 1:0.7:2.4		m^3	15629.27	0.047
聚氨酯固化剂		kg	42.00	0.224
其他材料费		%	1.00	1.500
载重汽车 装载质量(t) 4		台班	398.64	0.300

工作内容:露筋清理、修补。

计量单位:m²

定额编号				5-30
项目				防撞墙露筋修补
				环氧砂浆
基价(元)				657.70
其中	人工费(元)			85.53
	材料费(元)			394.53
	机械使用费(元)			39.86
	其他措施费(元)			2.97
	安文费(元)			25.09
	管理费(元)			43.01
	利润(元)			35.84
	规费(元)			30.87
名称		单位	单价(元)	数量
综合工日		工日		(1.08)
环氧砂浆 1:0.7:2.4		m³	15629.27	0.021
聚氨酯固化剂		kg	42.00	0.935
石英砂		kg	0.90	23.573
其他材料费		%	1.00	1.500
载重汽车 装载质量(t) 4		台班	398.64	0.100

工作内容：缺损修补、配料、修补、清理现场。

计量单位：m^2

定额编号				5-31
项目				防撞墙缺损修补
				环氧混凝土
基价(元)				1335.05
其中	人工费(元)			249.45
	材料费(元)			567.06
	机械使用费(元)			199.32
	其他措施费(元)			9.49
	安文费(元)			50.93
	管理费(元)			87.31
	利润(元)			72.76
	规费(元)			98.73
名称		单位	单价(元)	数量
综合工日		工日		(3.36)
聚氨酯固化剂		kg	42.00	2.214
环氧砂浆 1:0.7:2.4		m^3	15629.27	0.021
木材(成材)		m^3	2500.00	0.011
混凝土 C30 42.5级 坍落度35~50 mm		m^3	260.00	0.423
其他材料费		%	1.00	1.500
载重汽车 装载质量(t) 4		台班	398.64	0.500

4. 排水边沟及集水井维修

工作内容:准备工作、管道清理、修复(更换)管道、防腐层修复、保温层修复、清理现场。

计量单位:10 件

定额编号				5-32	5-33	5-34
项目				承插铸铁管修复		
				公称直径		
				≤200	≤400	≤600
基价(元)				2562.30	4067.84	6863.79
其中	人工费(元)			1428.44	2067.75	3309.80
	材料费(元)			166.94	395.52	677.02
	机械使用费(元)			66.55	226.98	591.46
	其他措施费(元)			43.46	64.44	105.32
	安文费(元)			97.75	155.19	261.85
	管理费(元)			167.57	266.04	448.89
	利润(元)			139.65	221.70	374.08
	规费(元)			451.94	670.22	1095.37
名称		单位	单价(元)	数量		
综合工日		工日		(16.55)	(24.34)	(39.50)
乙炔气		m^3	28.00	0.750	2.070	3.190
水泥		kg	0.40	21.470	49.280	86.350
铸铁管件		个	—	(10.00)	(10.00)	(10.00)
油麻丝		kg	21.62	4.310	9.870	17.330
石棉绒		kg	4.05	8.570	19.680	34.440
氧气		m^3	3.82	1.830	4.950	7.590
其他材料费		%	1.00	1.500	1.500	1.500
汽车式起重机　提升质量(t)　8		台班	691.24	—	0.200	0.500
载重汽车　装载质量(t)　4		台班	398.64	0.150	0.200	—
载重汽车　装载质量(t)　5		台班	446.68	—	—	0.500
风割机		台班	45.00	0.150	0.200	0.500

工作内容：准备工作、管道清理、修复(更换)管道、防腐层修复、保温层修复、清理现场。

计量单位:10 件

定额编号				5-35	5-36	5-37
项目				承插铸铁管接头修复		
				公称直径		
				≤200	≤400	≤600
基价(元)				1329.42	2202.01	3781.11
其中	人工费(元)			731.64	1196.75	1994.59
	材料费(元)			65.93	151.24	265.02
	机械使用费(元)			64.65	87.53	218.83
	其他措施费(元)			22.55	36.71	61.85
	安文费(元)			50.72	84.01	144.25
	管理费(元)			86.94	144.01	247.28
	利润(元)			72.45	120.01	206.07
	规费(元)			234.54	381.75	643.22
名称		单位	单价(元)	数量		
综合工日		工日		(8.55)	(13.94)	(23.40)
水泥 42.5		kg	0.35	21.470	49.280	86.360
油麻		kg	5.50	4.310	9.870	17.330
石棉绒		kg	4.05	8.570	19.680	34.440
载重汽车 装载质量(t) 4		台班	398.64	0.150	0.200	0.500
单速电动葫芦 提升质量(t) 3		台班	32.34	0.150	—	—
单速电动葫芦 提升质量(t) 5		台班	39.01	—	0.200	0.500

工作内容:准备工作、清除残漆、喷涂新漆、清理现场。

计量单位:10m²

定额编号				5-38
项目				承插铸铁管修复 管道防腐油漆
基价(元)				286.02
其中	人工费(元)			98.77
	材料费(元)			96.85
	机械使用费(元)			11.41
	其他措施费(元)			2.96
	安文费(元)			10.91
	管理费(元)			18.71
	利润(元)			15.59
	规费(元)			30.82
名称		单位	单价(元)	数量
综合工日		工日		(1.13)
钢丝刷子		把	2.59	0.480
砂纸		张	0.26	3.600
防锈漆		kg	16.30	1.800
调和漆		kg	15.00	2.736
除锈剂		kg	26.60	0.840
水		m^3	5.13	0.100
其他材料费		%	1.00	1.500
电动空气压缩机　排气量(m^3/min)　0.6		台班	35.87	0.318

5. 施工封道

工作内容:放置锥形交通路标、频闪警示灯、施工导向箭头,施工匝道车辆停放,组织现场交通指挥,撤回路标、频闪警示灯、施工导向箭头等。

计量单位:次

定额编号				5-39	5-40
项目				一条车道	二条车道
基价(元)				817.43	1226.13
其中	人工费(元)			87.10	130.65
	材料费(元)			126.88	190.31
	机械使用费(元)			398.64	597.96
	其他措施费(元)			6.63	9.95
	安文费(元)			31.19	46.78
	管理费(元)			53.46	80.19
	利润(元)			44.55	66.82
	规费(元)			68.98	103.47
名称		单位	单价(元)	数量	
综合工日		工日		(2.00)	(3.00)
锥形交通路标		只	15.00	5.000	7.500
频闪警示灯		只	20.00	2.500	3.750
其他材料费		%	1.00	1.500	1.500
载重汽车 装载质量(t) 4		台班	398.64	1.000	1.500

注:施工封道是指隧道内作业。

三、附属工程

1. 竖　井

工作内容：凿除破损结构、清理界面、钢筋绑扎、立模支撑、浇筑混凝土、养护、补强结构、清理场地。

计量单位：m^2

定额编号				5-41	5-42
项目				竖井混凝土修补	
				面积 $1m^2$ 以内	面积 $1m^2$ 以外
基价(元)				1198.17	1051.81
其中	人工费(元)			261.30	209.04
	材料费(元)			419.67	414.27
	机械使用费(元)			227.01	181.60
	其他措施费(元)			8.84	7.08
	安文费(元)			45.71	40.13
	管理费(元)			78.36	68.79
	利润(元)			65.30	57.32
	规费(元)			91.98	73.58
名称		单位	单价(元)	数量	
综合工日		工日		(3.25)	(2.60)
风镐凿子		根	5.00	3.000	3.500
钢纤维		kg	19.00	7.000	6.300
电		kW·h	0.70	2.100	2.500
木材(成材)		m^3	2500.00	0.020	0.020
预拌混凝土　C30		m^3	260.00	0.150	0.170
钢筋　Φ10 以内		t	3500.00	0.050	0.050
其他材料费		%	1.00	1.500	1.500
载重汽车　装载质量(t)　4		台班	398.64	0.250	0.200
平台作业升降车　提升高度(m)　20		台班	509.38	0.250	0.200

工作内容：凿除破损结构、清理界面、补强结构、清理场地。

计量单位：m

定额编号				5-43	5-44
项目				混凝土裂缝修补	
				长度≤1m	长度>1m
基价(元)				600.96	521.57
其中	人工费(元)			174.20	121.94
	材料费(元)			34.97	38.25
	机械使用费(元)			214.32	214.32
	其他措施费(元)			7.24	5.67
	安文费(元)			22.93	19.90
	管理费(元)			39.30	34.11
	利润(元)			32.75	28.43
	规费(元)			75.25	58.95
名称		单位	单价(元)	数量	
综合工日		工日		(2.50)	(1.90)
冲击钻头 Φ10~20		个	4.00	2.000	2.000
电		kW·h	0.70	1.500	1.800
防水剂		kg	16.20	1.000	1.200
预拌砌筑砂浆 (干拌)DM M7.5		m^3	220.00	0.010	0.009
聚合物水泥防水涂料		t	7000.00	0.001	0.001
其他材料费		%	1.00	1.500	1.500
载重汽车 装载质量(t) 4		台班	398.64	0.500	0.500
冲击钻		台班	30.00	0.500	0.500

2. 风　塔

工作内容：风塔内墙面及风塔外墙破损修补、墙面涂装、清理现场。

计量单位：m^2

定额编号				5-45	5-46
项目				风塔墙面涂装	
				高度≤5m	高度>5m
基价(元)				364.18	563.49
其中	人工费(元)			87.10	174.20
	材料费(元)			49.89	49.89
	机械使用费(元)			130.67	181.60
	其他措施费(元)			3.42	6.03
	安文费(元)			13.89	21.50
	管理费(元)			23.82	36.85
	利润(元)			19.85	30.71
	规费(元)			35.54	62.71
名称		单位	单价(元)	数量	
综合工日		工日		(1.20)	(2.20)
白水泥		kg	0.57	0.010	0.010
预拌砌筑砂浆 (干拌)DM M10		m^3	220.00	0.120	0.120
外防水氯丁酚醛胶		kg	15.10	0.500	0.500
聚合物水泥防水涂料		t	7000.00	0.002	0.002
石膏粉		kg	0.60	2.000	2.000
其他材料费		%	1.00	1.500	1.500
载重汽车 装载质量(t) 4		台班	398.64	0.200	0.200
平台作业升降车 提升高度(m) 20		台班	509.38	0.100	0.200

3. 电缆桥架

工作内容:准备工作、缺损部件切割、电焊补强、毛刺打磨、防腐处理、清理现场。

计量单位:10m²

定额编号				5-47	5-48
项目				电缆桥架修理	
				面积≤10m²	面积>10m²
基价(元)				1852.66	1668.54
其中	人工费(元)			261.30	235.17
	材料费(元)			153.11	138.76
	机械使用费(元)			964.42	867.98
	其他措施费(元)			15.88	14.29
	安文费(元)			70.68	63.65
	管理费(元)			121.16	109.12
	利润(元)			100.97	90.94
	规费(元)			165.14	148.63
名称		单位	单价(元)	数量	
综合工日		工日		(5.00)	(4.50)
防锈漆		kg	16.30	3.000	2.700
低碳钢焊条 综合		kg	5.20	2.000	1.800
调和漆		kg	15.00	2.500	2.250
带锈底漆		kg	17.20	3.000	2.700
电		kW·h	0.70	3.500	4.500
其他材料费		%	1.00	1.500	1.500
载重汽车 装载质量(t) 4		台班	398.64	2.000	1.800
交流弧焊机 容量(kV·A) 32		台班	83.57	2.000	1.800

4. 泵　房

工作内容：抽去水池内积水、机械吸泥车吸泥、人工清理水泵吸水口淤泥、池内边角积泥、泵房保洁。

计量单位：m^3

定额编号				5-49
项目				集水池清泥
基价(元)				612.13
其中	人工费(元)			130.65
	材料费(元)			1.86
	机械使用费(元)			317.57
	其他措施费(元)			5.73
	安文费(元)			23.35
	管理费(元)			40.03
	利润(元)			33.36
	规费(元)			59.58
名称		单位	单价(元)	数量
综合工日		工日		(1.95)
尼龙编织袋		只	1.83	1.000
其他材料费		%	1.00	1.500
载重汽车　装载质量(t)　4		台班	398.64	0.150
多功能高压疏通车		台班	670.03	0.150
载重汽车　装载质量(t)　8		台班	524.22	0.300

5. 交通标志线出新

工作内容：清扫、放线、机械喷涂划线。

计量单位：100m²

定额编号				5-50
项目				交通标线
基价(元)				3524.08
其中	人工费(元)			435.50
	材料费(元)			446.70
	机械使用费(元)			1899.30
	其他措施费(元)			16.28
	安文费(元)			134.44
	管理费(元)			230.48
	利润(元)			192.06
	规费(元)			169.32
名称		单位	单价(元)	数量
综合工日		工日		(5.80)
底漆		kg	17.10	17.000
热熔标线涂料		kg	—	(438.67)
反光材料(玻璃珠)		kg	4.50	33.200
其他材料费		%	1.00	1.500
热熔划线车　自行式		台班	731.75	0.800
热熔划线车　手推式		台班	416.54	0.800
载重汽车　装载质量(t)　4		台班	398.64	0.800
热熔釜溶解车		台班	827.19	0.800

工作内容:准备工作、更换坏损部件、修复脱落(松动)装置、核正方向、保洁、清理现场。

计量单位:块

定额编号				5-51
项目				交通指示牌
基价(元)				369.31
其中	人工费(元)			118.46
	材料费(元)			—
	机械使用费(元)			151.97
	其他措施费(元)			3.55
	安文费(元)			14.09
	管理费(元)			24.15
	利润(元)			20.13
	规费(元)			36.96
名称		单位	单价(元)	数量
综合工日		工日		(1.36)
交通指示牌		块	—	(1.00)
平台作业升降车　提升高度(m)　9		台班	303.93	0.500

工作内容:准备工作、更换坏损部件、修复脱落(松动)装置、核正方向、保洁、清理现场。

计量单位:块

定额编号				5-52
项目				防眩板
基价(元)				32.77
其中	人工费(元)			20.56
	材料费(元)			—
	机械使用费(元)			—
	其他措施费(元)			0.62
	安文费(元)			1.25
	管理费(元)			2.14
	利润(元)			1.79
	规费(元)			6.41
名称		单位	单价(元)	数量
综合工日		工日		(0.24)
防眩板		块	—	(1.00)

6. 护　栏

工作内容:除锈、打磨、油漆一遍,日常的清洁保养,清理现场。

计量单位:100m²

定　额　编　号				5-53
项　目				护栏
基　价(元)				3657.76
其中	人　工　费(元)			1698.45
	材　料　费(元)			800.33
	机械使用费(元)			—
	其他措施费(元)			50.95
	安　文　费(元)			139.54
	管　理　费(元)			239.22
	利　润(元)			199.35
	规　费(元)			529.92
名　称		单位	单价(元)	数　量
综合工日		工日		(19.50)
防锈漆		kg	16.30	25.000
酚醛调和漆		kg	15.00	25.000
清洁布　250×250		块	3.00	2.000
其他材料费		%	1.00	1.500

四、机电设施

1.变电所

工作内容:变压器巡视,换干燥器,加变压器油,测量电压、电流和接地电阻,变压器预防性试验,更换失效的负荷开关、空气开关、断路器、接触器和熔断器,窗和门锁检修,清扫灰尘等。

计量单位:座

定额编号			5-54	5-55	5-56	5-57	5-58
项目			变电所				
			变压器容量				
			50kV·A	100kV·A	200kV·A	315kV·A	500kV·A
基价(元)			9572.52	9821.02	10188.93	10580.18	11315.99
其中	人工费(元)		4836.66	4984.73	5215.55	5446.36	5907.99
	材料费(元)		0.29	0.29	0.29	0.29	0.29
	机械使用费(元)		1500.49	1511.00	1511.00	1530.67	1530.67
	其他措施费(元)		151.07	155.51	162.43	169.36	183.21
	安文费(元)		365.19	374.67	388.71	403.63	431.70
	管理费(元)		626.04	642.29	666.36	691.94	740.07
	利润(元)		521.70	535.25	555.30	576.62	616.72
	规费(元)		1571.08	1617.28	1689.29	1761.31	1905.34
名称	单位	单价(元)	数量				
综合工日	工日		(57.01)	(58.71)	(61.36)	(64.01)	(69.31)
压铜接线端子	个	—	(0.24)	(0.24)	(0.24)	(0.24)	(0.24)
控制电缆终端子	个	—	(0.40)	(0.40)	(0.40)	(0.40)	(0.40)
控制电缆	m	—	(0.60)	(0.60)	(0.60)	(0.60)	(0.60)
低压瓷柱 Z-301	只	—	(0.36)	(0.36)	(0.36)	(0.36)	(0.36)
铜接线端子 DT-25	个	3.60	0.080	0.080	0.080	0.080	0.080
变电所总成 50kV·A	处	—	(0.02)	—	—	—	—
变电所总成 100kV·A	处	—	—	(0.02)	—	—	—
变电所总成 200kV·A	处	—	—	—	(0.02)	—	—
变电所总成 315kV·A	处	—	—	—	—	(0.02)	—
变电所总成 500kV·A	处	—	—	—	—	—	(0.02)
高压试验成套装置 YDJ	台班	698.05	1.000	1.000	1.000	1.000	1.000
载重汽车 装载质量(t) 4	台班	398.64	1.484	1.484	1.484	1.484	1.484
汽车式起重机 提升质量(t) 5	台班	364.10	0.013	0.015	0.015	0.015	0.015
电能校验仪	台班	86.00	1.000	1.000	1.000	1.000	1.000
电焊机 综合	台班	122.18	0.564	0.644	0.644	0.805	0.805
高压绝缘电阻测试仪 3124	台班	51.22	1.000	1.000	1.000	1.000	1.000

2. 箱式变、配电站

工作内容：变压器巡视，换干燥器，加变压器油，测量电压、电流和接地电阻，变压器预防性试验，更换失效的负荷开关、空气开关、断路器、接触器和熔断器，窗和门锁检修，清扫灰尘等。

计量单位：台

定额编号			5-59	5-60	5-61
项目			箱式变、配电站		
			变压器容量		
			50kV·A	100kV·A	200kV·A
基价(元)			10692.51	11826.75	13828.68
其中	人工费(元)		5572.66	6284.27	7540.25
	材料费(元)		—	—	—
	机械使用费(元)		1455.81	1455.81	1455.81
	其他措施费(元)		173.17	194.51	232.19
	安文费(元)		407.92	451.19	527.56
	管理费(元)		699.29	773.47	904.40
	利润(元)		582.74	644.56	753.66
	规费(元)		1800.92	2022.94	2414.81
名称	单位	单价(元)	数量		
综合工日	工日		(65.47)	(73.64)	(88.06)
交流接触器 CJ20-10	只	—	(0.10)	(0.10)	(0.10)
箱式变电站总成 200kV·A	台	—	—	—	(0.02)
热继电器 JR16-60/3 32A	个	—	(0.30)	(0.30)	(0.30)
箱式变电站总成 100kV·A	台	—	—	(0.02)	—
接触器 B30C	只	—	(0.30)	(0.30)	(0.30)
避雷器 FYS-1-22	组	—	(0.10)	(0.10)	(0.10)
箱式变电站总成 50kV·A	台	—	(0.02)	—	—
电容器 BCMJ 0.4~14kvar	只	—	—	(1.80)	(3.00)
指示灯	只	—	(0.30)	(0.60)	(1.16)
真空接触器 CKJP-125A	只	—	(0.24)	(0.36)	(0.72)
熔断器 AM3-40/32A	只	—	(1.80)	(3.00)	(6.00)
熔断器 NT16-0-100A	只	—	(1.20)	(1.80)	(3.60)
熔断器 RT19-16/4A	只	—	(2.40)	(4.20)	(8.40)
高压试验成套装置 YDJ	台班	698.05	1.000	1.000	1.000
载重汽车 装载质量(t) 4	台班	398.64	1.489	1.489	1.489
汽车式起重机 提升质量(t) 5	台班	364.10	0.015	0.015	0.015
电能校验仪	台班	86.00	1.000	1.000	1.000
电焊机 综合	台班	122.18	0.176	0.176	0.176
高压绝缘电阻测试仪 3124	台班	51.22	1.000	1.000	1.000

工作内容：变压器巡视，换干燥器，加变压器油，测量电压、电流和接地电阻，变压器预防性试验，更换失效的负荷开关、空气开关、断路器、接触器和熔断器，窗和门锁检修，清扫灰尘等。

计量单位：台

定额编号				5-62	5-63	5-64
项目				箱式变、配电站		
				变压器容量		
				315kV·A	500kV·A	无变压器
基价(元)				18492.86	17091.20	3359.89
其中	人工费(元)			8567.16	9587.10	1777.71
	材料费(元)			2548.89	—	422.77
	机械使用费(元)			1455.81	1455.81	20.40
	其他措施费(元)			263.00	293.60	53.33
	安文费(元)			705.50	652.03	128.18
	管理费(元)			1209.43	1117.76	219.74
	利润(元)			1007.86	931.47	183.11
	规费(元)			2735.21	3053.43	554.65
名称		单位	单价(元)	数量		
综合工日		工日		(99.85)	(111.56)	(20.41)
电容器　BCMJ 0.4~14kvar		只	—	(4.50)	(4.50)	(1.80)
指示灯		只	—	(1.56)	(1.96)	(0.60)
箱式变电站总成　500kV·A		台	—	—	(0.02)	—
箱式变电站总成　315kV·A		台	127444.40	0.020	—	—
配电站总成　无变压器		台	21138.40	—	—	0.020
交流接触器　CJ20-10		只	—	(0.10)	(0.10)	(0.10)
避雷器　FYS-1-22		组	—	(0.10)	(0.10)	(0.10)
热继电器　JR16-60/3 32A		个	—	(0.30)	(0.30)	(0.30)
熔断器　AM3-40/32A		只	—	(9.00)	(12.00)	(6.00)
熔断器　NT16-0100A		只	—	(5.40)	(7.20)	(3.60)
熔断器　RT19-16/4A		只	—	(10.80)	(13.20)	(4.20)
真空接触器　CKJP-125A		只	—	(1.08)	(1.44)	(0.72)
接触器　B30C		只	—	(0.30)	(0.30)	(0.30)
高压试验成套装置　YDJ		台班	698.05	1.000	1.000	—
载重汽车　装载质量(t)　4		台班	398.64	1.489	1.489	—
汽车式起重机　提升质量(t)　5		台班	364.10	0.015	0.015	—
电能校验仪		台班	86.00	1.000	1.000	—
电焊机　综合		台班	122.18	0.176	0.176	0.167
高压绝缘电阻测试仪　3124		台班	51.22	1.000	1.000	—

3. 路灯配电柜

工作内容：测量电压、电流和接地电阻，更换负荷开关、空气开关、断路器、接触器、熔断器和熔芯，门锁检修，清扫灰尘等。

计量单位：组

定额编号			5-65	5-66	5-67	5-68
项目			路灯配电柜			
			出线回路数量			
			6路	12路	18路	24路
基价（元）			2590.05	4242.17	5155.56	7546.26
其中	人工费（元）		986.84	1788.16	2126.11	3390.80
	材料费（元）		846.82	1162.21	1477.59	1792.98
	机械使用费（元）		9.30	9.55	9.67	9.91
	其他措施费（元）		29.63	53.66	63.80	101.74
	安文费（元）		98.81	161.84	196.68	287.89
	管理费（元）		169.39	277.44	337.17	493.53
	利润（元）		141.16	231.20	280.98	411.27
	规费（元）		308.10	558.11	663.56	1058.14
名称	单位	单价（元）	数量			
综合工日	工日		(11.34)	(20.54)	(24.42)	(38.94)
功率补偿器 JKG21B-10	只	850.00	0.050	0.050	0.050	0.050
真空接触器 CKJP-125A	只	—	(0.30)	(0.60)	(0.90)	(1.20)
热继电器 JR16-60/3 32A	个	—	(0.10)	(0.20)	(0.30)	(0.40)
接触器 B50C	只	260.00	0.100	0.200	0.300	0.400
路灯柜总成 24路	台	14584.20	—	—	—	0.010
路灯柜总成 6路	台	9307.80	0.010	—	—	—
电容器 BCMJ0.4-3-12	只	264.00	0.600	1.200	1.800	2.400
通用各柜总成	组	39544.00	0.010	0.010	0.010	0.010
熔断器 AM3-40/32A	只	—	(1.20)	(2.40)	(3.60)	(4.80)
熔断器 CF1-6/4A	只	10.00	3.600	5.400	7.200	9.000
熔断器 RL14-15/6A	只	6.00	2.600	5.200	7.800	10.400
熔断器 NT00-160/100A	只	36.00	1.200	2.400	3.600	4.800
熔断器 NT1-200	只	61.00	0.600	1.200	1.800	2.400
路灯柜总成 18路	台	12825.40	—	—	0.010	—
路灯柜总成 12路	台	11066.60	—	0.010	—	—
指示灯	只	—	(0.60)	(0.72)	(0.84)	(0.96)
汽车式起重机 提升质量（t） 5	台班	364.10	0.009	0.009	0.009	0.009
载重汽车 装载质量（t） 4	台班	398.64	0.005	0.005	0.005	0.005
电焊机 综合	台班	122.18	0.033	0.035	0.036	0.038

计量单位:组

定额编号			5-69	5-70	5-71	5-72
项目			路灯配电柜			
			出线回路数量			
			30 路	36 路	42 路	48 路
基价(元)			9096.92	10961.67	12231.25	13049.62
其中	人工费(元)		4192.12	4993.44	5543.04	5794.76
	材料费(元)		2022.94	2517.36	2848.35	3199.33
	机械使用费(元)		10.16	10.40	10.77	11.01
	其他措施费(元)		125.78	149.82	166.31	173.86
	安文费(元)		347.05	418.19	466.62	497.84
	管理费(元)		594.94	716.89	799.92	853.45
	利润(元)		495.78	597.41	666.60	711.20
	规费(元)		1308.15	1558.16	1729.64	1808.17
名称	单位	单价(元)	数量			
综合工日	工日		(48.14)	(57.34)	(63.65)	(66.54)
热继电器 JR16-60/3 32A	个	—	(0.50)	(0.60)	(0.70)	(0.80)
通用各柜总成	组	39544.00	0.010	0.010	0.010	0.010
功率补偿器 JKG21B-10	只	850.00	0.050	0.050	0.050	0.050
真空接触器 CKJP-125A	只	—	(1.50)	(1.80)	(2.10)	(2.40)
指示灯	只	—	(1.08)	(1.20)	(1.32)	(1.44)
路灯柜总成 48 路	台	21619.40	—	—	—	0.010
路灯柜总成 42 路	台	19860.60	—	—	0.010	—
路灯柜总成 36 路	台	18101.80	—	0.010	—	—
路灯配电柜总成 30 路	台	—	(0.01)	—	—	—
电容器 BCMJ0.4-3-12	只	264.00	3.000	3.600	4.200	4.800
接触器 B50C	只	260.00	0.500	0.600	0.700	0.800
熔断器 CF1-6/4A	只	10.00	10.800	12.600	14.400	18.200
熔断器 NT1-200	只	61.00	3.000	3.600	4.200	4.800
熔断器 RL14-15/6A	只	6.00	13.000	15.600	18.200	20.800
熔断器 AM4-50A	只	13.00	6.000	7.200	8.400	9.600
熔断器 NT00-160/100A	只	36.00	6.000	7.200	8.400	9.600
汽车式起重机 提升质量(t) 5	台班	364.10	0.009	0.009	0.009	0.009
电焊机 综合	台班	122.18	0.040	0.042	0.045	0.047
载重汽车 装载质量(t) 4	台班	398.64	0.005	0.005	0.005	0.005

4. 照明设备

工作内容：准备工作、清洁灯具各部、排查故障、更换失效及坏损的部件、修复松动（脱落）装置、电气测试、清理现场。

计量单位：套

定额编号				5-73	5-74	5-75	5-76
项目				照明设备			
				单管荧光灯	双管荧光灯	LED 灯	HID 灯
基价（元）				217.70	282.82	142.23	221.26
其中	人工费（元）			22.73	28.57	29.00	38.76
	材料费（元）			79.63	126.62	7.67	61.12
	机械使用费（元）			70.87	70.87	70.87	70.87
	其他措施费（元）			0.88	1.06	1.07	1.36
	安文费（元）			8.31	10.79	5.43	8.44
	管理费（元）			14.24	18.50	9.30	14.47
	利润（元）			11.86	15.41	7.75	12.06
	规费（元）			9.18	11.00	11.14	14.18
名称		单位	单价（元）	数量			
综合工日		工日		(0.31)	(0.38)	(0.38)	(0.50)
熔断器 380V/100A		个	12.10	0.500	0.500	—	0.500
散热器		套	—	—	—	(0.10)	—
灯具		套	100.00	0.100	0.100	—	0.100
日光灯 50W		套	40.00	1.000	2.000	—	—
自粘性橡胶带 20mm×5m		卷	17.83	0.800	1.050	0.100	0.800
电气组件		套	—	—	—	(1.754)	—
LED 光源		组	—	—	—	(1.502)	—
触发器		套	26.01	—	—	—	0.400
绝缘导线		m	3.95	—	—	—	2.100
BV 铜芯聚氯乙烯绝缘线 450V/750V-2.5mm^2		m	1.75	2.100	3.150	3.150	—
RV 铜芯聚氯乙烯绝缘软线 0.5mm^2		m	0.25	1.050	1.050	1.050	—
镇流器		套	10.50	0.400	0.400	—	0.400
HID 灯灯泡		只	10.00	—	—	—	0.700
其他材料费		%	1.00	1.500	1.500	1.500	1.500
载重汽车 装载质量(t) 4		台班	398.64	0.050	0.050	0.050	0.050
平台作业升降车 提升高度(m) 20		台班	509.38	0.100	0.100	0.100	0.100

工作内容:准备工作、清洁灯具各部、排查故障、更换失效及坏损的部件、修复松动(脱落)装置、电气测试、清理现场。

计量单位:套

定额编号				5-77	5-78
项目				安全标志灯	交通导向灯
基价(元)				136.34	105.55
其中	人工费(元)			17.42	21.78
	材料费(元)			65.94	15.19
	机械使用费(元)			25.47	39.86
	其他措施费(元)			0.52	1.06
	安文费(元)			5.20	4.03
	管理费(元)			8.92	6.90
	利润(元)			7.43	5.75
	规费(元)			5.44	10.98
名称		单位	单价(元)	数量	
综合工日		工日		(0.20)	(0.35)
自粘性橡胶带 20mm×5m		卷	17.83	0.500	0.500
开关电源		台	—	—	(0.50)
熔断器 220V/100A		个	12.10	0.500	0.500
LED 光源(小功率)		组	—	—	(1.00)
RVV 铜芯聚氯乙烯绝缘聚氯乙烯护套软线 2×0.5mm^2		m	—	(1.05)	(1.05)
灯具		套	100.00	0.500	—
其他材料费		%	1.00	1.500	1.500
载重汽车 装载质量(t) 4		台班	398.64	—	0.100
平台作业升降车 提升高度(m) 20		台班	509.38	0.050	—

5. 隧道铭牌

工作内容：准备工作、拆除铭牌、测位画线、打眼埋螺栓、支架制作、安装、铭牌安装等。

计量单位：100 套

定额编号				5-79
项目				隧道铭牌
基价(元)				9681.05
其中	人工费(元)			2986.31
	材料费(元)			4143.33
	机械使用费(元)			—
	其他措施费(元)			89.59
	安文费(元)			369.33
	管理费(元)			633.14
	利润(元)			527.62
	规费(元)			931.73
名称		单位	单价(元)	数量
综合工日		工日		(34.29)
电		kW·h	0.70	3.000
隧道铭牌		块	—	(100.00)
膨胀螺栓 M12		10套	20.00	204.000
其他材料费		%	1.00	1.500

6. 火灾报警系统

工作内容:准备工作、更换坏损部件、修复松动(脱落)装置、系统调试、清理现场。

计量单位:系统

定额编号				5-80
项目				火灾报警系统
基价(元)				2799.83
其中	人工费(元)			1373.65
	材料费(元)			—
	机械使用费(元)			468.05
	其他措施费(元)			45.23
	安文费(元)			106.81
	管理费(元)			183.11
	利润(元)			152.59
	规费(元)			470.39
名称		单位	单价(元)	数量
综合工日		工日		(16.77)
载重汽车　装载质量(t)　4		台班	398.64	1.000
自偶调压器(TDJC-S-1)		台班	20.60	1.400
数字万用表　PS-56		台班	3.71	2.800
火灾探测器试验器		台班	3.91	1.000
接地电阻测试仪		台班	52.85	0.070
直流稳压稳流电源		台班	6.52	1.400
交流稳压电源(JH1741/05)		台班	9.60	1.400

7. 消防主机

工作内容:准备工作、更换坏损部件、电气测试、系统调试、清理现场。

计量单位:台

定　额　编　号				5-81
项　　目				消防主机
基　　价(元)				182.47
其中	人　工　费(元)			89.89
	材　料　费(元)			33.00
	机械使用费(元)			—
	其他措施费(元)			2.70
	安　文　费(元)			6.96
	管　理　费(元)			11.93
	利　　润(元)			9.94
	规　　费(元)			28.05
名　　称		单位	单价(元)	数　　量
综合工日		工日		(1.03)
钢丝刷子		把	2.59	0.200
除锈剂		kg	26.60	1.200
防静电手刷		个	1.94	0.040
其他材料费		%	1.00	1.500

8. 光纤光栅

工作内容:准备工作、更换坏损部件、修复松动(脱落)装置、系统调试、清理现场。

计量单位:m

定额编号				5-82
项目				光纤光栅
基价(元)				20.18
其中	人工费(元)			2.35
	材料费(元)			13.84
	机械使用费(元)			—
	其他措施费(元)			0.07
	安文费(元)			0.77
	管理费(元)			1.32
	利润(元)			1.10
	规费(元)			0.73
名称		单位	单价(元)	数量
综合工日		工日		(0.03)
钢丝刷子		把	2.59	0.100
除锈剂		kg	26.60	0.500
防静电手刷		个	1.94	0.040
其他材料费		%	1.00	1.500

9.手动报警器

工作内容:准备工作、更换坏损部件、修复松动(脱落)装置、系统调试、清理现场。

计量单位:套

定额编号				5-83
项目				手动报警器
基价(元)				71.86
其中	人工费(元)			5.66
	材料费(元)			—
	机械使用费(元)			52.90
	其他措施费(元)			0.17
	安文费(元)			2.74
	管理费(元)			4.70
	利润(元)			3.92
	规费(元)			1.77
名称		单位	单价(元)	数量
综合工日		工日		(0.07)
数字万用表 F-87		台班	4.01	2.800
直流稳压稳流电源		台班	6.52	1.400
自偶调压器(TDJC-S-1)		台班	20.60	1.400
接地电阻测试仪		台班	52.85	0.070

10. 探测器

工作内容:准备工作、更换坏损部件、修复松动(脱落)装置、系统调试、清理现场。

计量单位:5套

定额编号				5-84
项目				探测器
基价(元)				754.18
其中	人工费(元)			6.18
	材料费(元)			—
	机械使用费(元)			580.86
	其他措施费(元)			4.21
	安文费(元)			28.77
	管理费(元)			49.32
	利润(元)			41.10
	规费(元)			43.74
名称		单位	单价(元)	数量
综合工日		工日		(1.07)
火灾探测器试验器		台班	3.91	1.000
汽车式高空作业车 提升高度(m) 18		台班	535.28	1.000
直流稳压稳流电源		台班	6.52	1.400
自偶调压器(TDJC-S-1)		台班	20.60	1.400
接地电阻测试仪		台班	52.85	0.070

11.卷帘门电机

工作内容:准备工作、更换卷帘门电机、除锈、调试、清理现场。

计量单位:台

定额编号				5-85
项目				卷帘门电机
基价(元)				90.45
其中	人工费(元)			18.64
	材料费(元)			27.52
	机械使用费(元)			21.05
	其他措施费(元)			0.78
	安文费(元)			3.45
	管理费(元)			5.92
	利润(元)			4.93
	规费(元)			8.16
名称		单位	单价(元)	数量
综合工日		工日		(0.27)
钢丝刷子		把	2.59	0.200
除锈剂		kg	26.60	1.000
其他材料费		%	1.00	1.500
载重汽车　装载质量(t)　2		台班	336.91	0.045
汽车式高空作业车　提升高度(m)　18		台班	535.28	0.011

12. 消火栓及消防泵结合器

工作内容:准备工作、清洁零部件、检查零部件、拆卸零部件、测量零部件、补充更换药剂、防锈处理。

计量单位:个

定额编号				5-86	5-87	5-88	5-89
项目				轻水泡沫箱	2个灭火器	4个灭火器	消火栓箱
基价(元)				2246.43	385.47	701.09	836.87
其中	人工费(元)			174.20	43.55	58.18	91.54
	材料费(元)			1510.93	251.42	497.53	136.01
	机械使用费(元)			131.55	13.16	13.16	399.91
	其他措施费(元)			6.55	1.44	1.88	6.77
	安文费(元)			85.70	14.71	26.75	31.93
	管理费(元)			146.92	25.21	45.85	54.73
	利润(元)			122.43	21.01	38.21	45.61
	规费(元)			68.15	14.97	19.53	70.37
名称		单位	单价(元)	数量			
综合工日		工日		(2.33)	(0.53)	(0.70)	(2.05)
枪头 DN25		只	20.00	1.000	—	—	—
调和漆		kg	15.00	0.200	0.160	0.211	—
室内消火栓		套	84.00	—	—	—	1.000
水		m^3	5.13	—	0.160	0.211	—
轻水泡沫药剂		kg	10.00	30.000	—	—	—
除锈剂		kg	26.60	0.100	0.080	0.106	—
干粉灭火器 8kg		只	120.00	—	2.000	4.000	—
水枪 DN25		个	20.00	—	—	—	1.000
防锈漆		kg	16.30	0.150	0.120	0.158	—
帆布水龙带		m	8.00	—	—	—	1.000
水枪 DN65		个	22.00	—	—	—	1.000
螺纹球阀 DN50		个	160.00	1.000	—	—	—
比例混合器		只	1000.00	1.000	—	—	—
砂轮片 Φ100		片	5.00	0.100	0.080	0.106	—
其他材料费		%	1.00	1.500	1.500	1.500	1.500
螺栓套丝机 直径 39mm		台班	26.11	—	—	—	0.022
台式砂轮机		台班	50.00	—	—	—	0.014
载重汽车 装载质量(t) 4		台班	398.64	0.330	0.033	0.033	1.000

工作内容：外观检查、清洁、灭火器数量及其有效期检查、灭火器压力及腐蚀情况检查、完整性检查。

计量单位：1台(套)·次

定额编号				5-90	5-91
项目				手提式灭火器	手推式灭火器
基价(元)				1.53	1.53
其中	人工费(元)			0.96	0.96
	材料费(元)			—	—
	机械使用费(元)			—	—
	其他措施费(元)			0.03	0.03
	安文费(元)			0.06	0.06
	管理费(元)			0.10	0.10
	利润(元)			0.08	0.08
	规费(元)			0.30	0.30
名称		单位	单价(元)	数量	
综合工日		工日		(0.01)	(0.01)
其他材料费		%	1.00	1.500	1.500

13. 通风系统

工作内容：准备工作、拆卸零部件、清洗零部件、检查测量零部件、更换零部件、除锈防腐、装配调试、现场整机安装、现场调试。

计量单位：台

定额编号				5-92	5-93
项目				轴流风机	
				≤100kW	≤200kW
基价(元)				4816.77	5649.88
其中	人工费(元)			1776.84	2194.92
	材料费(元)			833.42	932.01
	机械使用费(元)			791.71	833.50
	其他措施费(元)			57.33	69.87
	安文费(元)			183.76	215.54
	管理费(元)			315.02	369.50
	利润(元)			262.51	307.92
	规费(元)			596.18	726.62
名称		单位	单价(元)	数量	
综合工日		工日		(21.40)	(26.20)
钢锯条		根	0.50	6.000	8.000
绝缘胶带黑 20mm×20m		卷	2.00	1.000	1.000
薄砂轮片 500mm×25mm×4mm		片	6.57	6.000	8.000
铁纱布 0#~2#		张	1.00	20.000	22.000
除锈剂		kg	26.60	3.000	3.000
机油 5#~7#		kg	12.10	2.000	2.000
防锈漆		kg	16.30	15.000	16.000
砂纸		张	0.26	8.000	8.000
黄油(钙基脂)		kg	8.00	4.000	4.000
柴油		kg	6.94	15.000	20.000
调和漆		kg	15.00	18.000	20.000
其他材料费		%	1.00	1.500	1.500
载重汽车 装载质量(t) 4		台班	398.64	1.000	1.000
单速电动葫芦 提升质量(t) 3		台班	32.34	4.000	4.000
数字兆欧表 BM-2061000MΩ		台班	13.00	1.000	1.000
交流弧焊机 容量(kV·A) 32		台班	83.57	3.000	3.500

工作内容:现场整机拆卸、运送修理车间、准备工作、拆卸零部件、清洗零部件、检查测量零部件、更换零部件、除锈防腐、装配调试、现场整机安装、现场调试。

计量单位:台

定额编号				5-94	5-95	5-96
项目				射流风机		
				≤10kW	≤20kW	>20kW
基价(元)				2549.78	3036.93	3564.34
其中	人工费(元)			783.90	1034.31	1306.50
	材料费(元)			396.87	470.97	549.73
	机械使用费(元)			652.10	652.10	652.10
	其他措施费(元)			27.54	35.05	43.22
	安文费(元)			97.27	115.86	135.98
	管理费(元)			166.76	198.62	233.11
	利润(元)			138.96	165.51	194.26
	规费(元)			286.38	364.51	449.44
名称		单位	单价(元)	数量		
综合工日		工日		(10.00)	(12.88)	(16.00)
机油 5#~7#		kg	12.10	1.000	1.000	1.000
除锈剂		kg	26.60	2.000	2.000	2.000
调和漆		kg	15.00	10.000	12.000	15.000
铁纱布 0#~2#		张	1.00	8.000	10.000	10.000
钢锯条		根	0.50	5.000	5.000	5.000
柴油		kg	6.94	8.000	10.000	10.000
绝缘胶带黑 20mm×20m		卷	2.00	1.000	1.000	1.000
黄油(钙基脂)		kg	8.00	1.500	2.000	2.000
防锈漆		kg	16.30	5.000	6.000	8.000
薄砂轮片 500mm×25mm×4mm		片	6.57	2.000	3.000	3.000
砂纸		张	0.26	4.000	5.000	5.000
其他材料费		%	1.00	1.500	1.500	1.500
单速电动葫芦 提升质量(t) 3		台班	32.34	4.000	4.000	4.000
电动空气压缩机 排气量(m^3/min) 1		台班	49.05	2.000	2.000	2.000
载重汽车 装载质量(t) 4		台班	398.64	1.000	1.000	1.000
数字兆欧表 BM-2061000MΩ		台班	13.00	2.000	2.000	2.000

工作内容：现场整机拆卸、运送修理车间、准备工作、拆卸零部件、清洗零部件、检查测量零部件、更换零部件、除锈防腐、装配调试、现场整机安装、现场调试。

计量单位：台

定额编号				5-97	5-98
项目				混流风机	
				≤10kW	>10kW
基价(元)				7248.04	8555.64
其中	人工费(元)			3048.50	3810.63
	材料费(元)			392.81	470.97
	机械使用费(元)			1572.76	1572.76
	其他措施费(元)			95.48	118.34
	安文费(元)			276.51	326.40
	管理费(元)			474.02	559.54
	利润(元)			395.02	466.28
	规费(元)			992.94	1230.72
名称		单位	单价(元)	数量	
综合工日		工日		(36.00)	(44.75)
柴油		kg	6.94	8.000	10.000
砂纸		张	0.26	4.000	5.000
绝缘胶带黑 20mm×20m		卷	2.00	1.000	1.000
薄砂轮片 500mm×25mm×4mm		片	6.57	2.000	3.000
防锈漆		kg	16.30	5.000	6.000
钢锯条		根	0.50	5.000	5.000
调和漆		kg	15.00	10.000	12.000
铁纱布 0#~2#		张	1.00	8.000	10.000
黄油(钙基脂)		kg	8.00	1.000	2.000
除锈剂		kg	26.60	2.000	2.000
机油 5#~7#		kg	12.10	1.000	1.000
其他材料费		%	1.00	1.500	1.500
数字兆欧表 BM-2061000MΩ		台班	13.00	2.000	2.000
平台作业升降车 提升高度(m) 20		台班	509.38	2.000	2.000
单速电动葫芦 提升质量(t) 3		台班	32.34	4.000	4.000
载重汽车 装载质量(t) 4		台班	398.64	1.000	1.000

工作内容：准备工作、拆卸零部件、清洗零部件、检查测量零部件、更换零部件、除锈防腐、装配调试。

计量单位：m²

定额编号				5-99	5-100	5-101
项目				电动组合风阀	消音装置	风管、扩压管
基价(元)				1724.61	1448.54	668.96
其中	人工费(元)			836.16	627.12	278.72
	材料费(元)			95.27	77.14	55.85
	机械使用费(元)			211.73	287.12	119.59
	其他措施费(元)			27.09	20.02	9.57
	安文费(元)			65.79	55.26	25.52
	管理费(元)			112.79	94.73	43.75
	利润(元)			93.99	78.95	36.46
	规费(元)			281.79	208.20	99.50
名称		单位	单价(元)	数量		
综合工日		工日		(10.10)	(7.50)	(3.50)
调和漆		kg	15.00	2.000	2.000	2.000
黄油(钙基脂)		kg	8.00	0.500	—	—
绝缘胶带黑 20mm×20m		卷	2.00	0.200	—	—
钢锯条		根	0.50	2.000	1.000	0.500
不锈钢螺栓 M16		套	5.50	4.000	—	—
柴油		kg	6.94	1.000	—	—
薄砂轮片 500mm×25mm×4mm		片	6.57	0.500	0.200	0.200
水		m³	5.13	—	0.250	0.100
砂纸		张	0.26	1.000	—	—
机油 5#~7#		kg	12.10	0.250	—	—
防锈漆		kg	16.30	1.000	1.000	1.000
除锈剂		kg	26.60	0.250	1.000	0.250
其他材料费		%	1.00	1.500	1.500	1.500
平台作业升降车 提升高度(m) 20		台班	509.38	—	0.300	—
数字兆欧表 BM-2061000MΩ		台班	13.00	0.200	—	—
载重汽车 装载质量(t) 4		台班	398.64	0.500	0.300	0.300
电动空气压缩机 排气量(m³/min) 1		台班	49.05	0.200	0.300	—

14. 配电柜、控制柜

工作内容：内部清洁、损坏部件更换、检查防水、内部除尘、启动检查、绝缘检查。

计量单位：1 台(套)·次

定额编号				5-102	5-103
项目				配电柜、控制柜	
				配电柜	控制柜
基价(元)				33.87	50.15
其中	人工费(元)			4.18	24.91
	材料费(元)			14.10	—
	机械使用费(元)			7.75	7.75
	其他措施费(元)			0.22	0.84
	安文费(元)			1.29	1.91
	管理费(元)			2.21	3.28
	利润(元)			1.85	2.73
	规费(元)			2.27	8.73
名称		单位	单价(元)	数量	
综合工日		工日		(0.07)	(0.31)
除锈剂		kg	26.60	0.500	—
钢丝刷子		把	2.59	0.200	—
防静电手刷		个	1.94	0.040	—
其他材料费		%	1.00	1.500	—
载重汽车 装载质量(t) 2		台班	336.91	0.023	0.023

15. 潜水泵

工作内容：设备的起吊、解体、清洗、检查、刮研、换油、调整、装配、无负荷试运转、复位。

计量单位：台

定额编号				5-104	5-105	5-106
项目				潜水泵的拆装检查		
				设备质量（1t 以内）	设备质量（2t 以内）	设备质量（3.5t 以内）
				电动双梁起重机		
				提升质量 5t		
基价（元）				2519.84	3017.65	4596.36
其中	人工费（元）			1484.18	1712.39	2529.38
	材料费（元）			90.76	143.29	219.88
	机械使用费（元）			39.05	99.40	255.60
	其他措施费（元）			44.53	51.37	75.88
	安文费（元）			96.13	115.12	175.35
	管理费（元）			164.80	197.35	300.60
	利润（元）			137.33	164.46	250.50
	规费（元）			463.06	534.27	789.17
名称		单位	单价（元）	数量		
综合工日		工日		(17.04)	(19.66)	(29.04)
铁砂布 0#～2#		张	1.19	1.000	2.000	3.000
破布		kg	6.19	1.000	1.500	2.000
棉纱线		kg	5.90	0.500	0.800	1.000
水		m^3	5.13	0.200	0.400	0.600
石棉橡胶板 高压 Φ1～6		kg	33.00	0.500	0.800	1.000
铅油		kg	27.00	0.200	0.300	0.400
电		kW·h	0.70	30.000	45.000	80.000
机油 5#～7#		kg	12.10	0.800	1.200	2.000
黄油(钙基脂)		kg	8.00	0.200	0.800	1.000
煤油		kg	8.44	2.000	3.000	5.000
汽油 综合		kg	7.00	1.000	1.500	2.500
其他材料费		%	1.00	1.500	1.500	1.500
电动双梁起重机 提升质量(t) 5		台班	142.00	0.275	0.700	1.800

工作内容：设备的起吊、解体、清洗、检查、刮研、换油、调整、装配、无负荷试运转、复位。

计量单位：台

定额编号				5-107	5-108
项目				潜水泵的拆装检查	
				设备质量(5.5t 以内)	设备质量(8t 以内)
				电动双梁起重机	
				提升质量 10t	
基价(元)				5950.63	8403.03
其中	人工费(元)			3166.96	4538.26
	材料费(元)			312.77	388.18
	机械使用费(元)			447.30	596.40
	其他措施费(元)			95.01	136.15
	安文费(元)			227.02	320.58
	管理费(元)			389.17	549.56
	利润(元)			324.31	457.96
	规费(元)			988.09	1415.94
名称		单位	单价(元)	数量	
综合工日		工日		(36.36)	(52.10)
铅油		kg	27.00	0.500	0.800
机油 5#～7#		kg	12.10	3.000	4.000
棉纱线		kg	5.90	1.200	1.200
汽油 综合		kg	7.00	4.000	5.500
电		kW·h	0.70	105.000	140.000
水		m^3	5.13	0.800	1.000
黄油(钙基脂)		kg	8.00	1.200	1.200
石棉橡胶板 高压 Φ1～6		kg	33.00	1.500	1.500
铁砂布 0#～2#		张	1.19	3.000	4.000
破布		kg	6.19	2.500	2.500
煤油		kg	8.44	8.000	10.000
其他材料费		%	1.00	1.500	1.500
电动双梁起重机 提升质量(t) 10		台班	213.00	2.100	2.800

16. 维修低压法兰阀门

工作内容：准备工作、阀门清理、修复(更换)部件、油漆、保温层修复、清理现场。

计量单位：个

定额编号				5-109	5-110	5-111
项目				维修低压法兰阀门		
				(公称直径)≤200	(公称直径)≤400	(公称直径)≤600
基价(元)				347.03	732.16	999.49
其中	人工费(元)			143.80	356.33	356.33
	材料费(元)			2.13	2.54	2.96
	机械使用费(元)			90.19	126.18	333.23
	其他措施费(元)			4.92	11.53	13.07
	安文费(元)			13.24	27.93	38.13
	管理费(元)			22.70	47.88	65.37
	利润(元)			18.91	39.90	54.47
	规费(元)			51.14	119.87	135.93
名称		单位	单价(元)	数量		
综合工日		工日		(1.80)	(4.30)	(4.68)
带母镀锌六角螺栓 M16×60		套	1.00	1.236	1.648	2.060
法兰阀门		个	—	(1.00)	(1.00)	(1.00)
低碳钢焊条 综合		kg	5.20	0.165	0.165	0.165
其他材料费		%	1.00	1.500	1.500	1.500
桅杆式起重机 提升质量(t) 5		台班	398.42	0.070	0.110	0.250
汽车式起重机 提升质量(t) 8		台班	691.24	—	0.029	0.046
载重汽车 装载质量(t) 4		台班	398.64	0.150	0.150	0.500
交流弧焊机 容量(kV·A) 32		台班	83.57	0.030	0.030	0.030

17. 水泵耦合器

工作内容:准备工作、清洁、检查、防锈处理、密封处理、试运行。

计量单位:台

定额编号				5-112
项目				水泵耦合器
基价(元)				530.84
其中	人工费(元)			174.20
	材料费(元)			17.44
	机械使用费(元)			172.81
	其他措施费(元)			7.24
	安文费(元)			20.25
	管理费(元)			34.72
	利润(元)			28.93
	规费(元)			75.25
名称		单位	单价(元)	数量
综合工日		工日		(2.50)
机油		kg	12.10	0.500
棉纱		kg	12.00	0.500
水		m^3	5.13	1.000
其他材料费		%	1.00	1.500
汽车式起重机　提升质量(t)　8		台班	691.24	0.250

18. 小型电动起吊设备

工作内容:准备工作、清洁、注油、检查、拆卸、测量零部件、装配、校正、调试。

计量单位:台

定额编号				5-113	5-114
项目				小型电动起吊设备	
				≤1t	≤2t
基价(元)				2628.31	3204.30
其中	人工费(元)			348.40	522.60
	材料费(元)			1349.91	1526.05
	机械使用费(元)			361.07	429.24
	其他措施费(元)			13.47	19.30
	安文费(元)			100.27	122.24
	管理费(元)			171.89	209.56
	利润(元)			143.24	174.63
	规费(元)			140.06	200.68
名称		单位	单价(元)	数量	
综合工日		工日		(4.75)	(6.90)
砂纸		张	0.26	4.000	6.000
继电器 JSL-10 系列		个	540.00	1.800	1.800
机油 5#~7#		kg	12.10	3.500	5.250
白布		m^2	9.14	0.750	1.125
接触器 B30C		只	—	(0.90)	(0.90)
行程开关		只	—	(3.00)	(3.00)
绝缘胶带 20m/卷		卷	2.00	2.000	3.000
除锈剂		kg	26.60	2.500	3.750
砂轮片 Φ200		片	10.00	3.000	4.500
熔断器 380V/100A		个	12.10	0.900	0.900
黄油(钙基脂)		kg	8.00	5.000	7.500
钢锯条		根	0.50	4.000	6.000
防锈漆		kg	16.30	3.330	4.995
调和漆		kg	15.00	6.670	10.005
其他材料费		%	1.00	1.500	1.500
数字兆欧表 BM-2061000MΩ		台班	13.00	2.000	2.500
载重汽车 装载质量(t) 4		台班	398.64	0.750	0.900
手持角磨机		台班	3.00	1.250	1.875
单速电动葫芦 提升质量(t) 3		台班	32.34	1.000	1.000

19. 格栅机

工作内容:设备的起吊、解件、清洗、检查、科研、换洗、调整、装配、无负荷运转复位;设备本体与本体联系的附件除锈、清洗、调查、就位、找正、紧固、刷防锈漆等。

计量单位:台

定额编号				5-115	5-116	5-117	5-118
项目				格栅捞污机的维修			
				格栅捞污机固定宽度(m 以内)			
				1.2	1.8	2.4	4
基价(元)				5207.84	5516.42	5941.61	6532.77
其中	人工费(元)			3105.29	3210.16	3400.30	3606.38
	材料费(元)			217.44	336.52	439.34	660.50
	机械使用费(元)			—	—	—	—
	其他措施费(元)			93.16	96.30	102.01	108.19
	安文费(元)			198.68	210.45	226.67	249.23
	管理费(元)			340.59	360.77	388.58	427.24
	利润(元)			283.83	300.65	323.82	356.04
	规费(元)			968.85	1001.57	1060.89	1125.19
名称		单位	单价(元)	数量			
综合工日		工日		(35.65)	(36.86)	(39.04)	(41.41)
水		m^3	5.13	0.450	0.580	0.760	0.930
黄油(钙基脂)		kg	8.00	0.500	0.700	0.900	1.200
棉纱线		kg	5.90	2.600	3.880	4.800	6.400
防锈漆		kg	16.30	4.200	6.200	8.300	13.500
汽油 综合		kg	7.00	4.000	5.000	6.500	8.500
煤油		kg	8.44	6.000	8.000	10.500	14.000
砂纸		张	0.26	3.000	5.000	7.000	10.000
机油 5#~7#		kg	12.10	3.000	7.000	9.000	15.000
电		kW·h	0.70	12.000	15.000	19.000	24.000
其他材料费		%	1.00	1.500	1.500	1.500	1.500

20. EPS

工作内容:准备工作、检查、更换坏损部件、修复测试、电气测试、清理现场。

计量单位:1 台(套)·次

定额编号				5-119
项目				EPS
基价(元)				60.85
其中	人工费(元)			25.00
	材料费(元)			0.08
	机械使用费(元)			15.50
	其他措施费(元)			0.93
	安文费(元)			2.32
	管理费(元)			3.98
	利润(元)			3.32
	规费(元)			9.72
名称		单位	单价(元)	数量
综合工日		工日		(0.33)
防静电手刷		个	1.94	0.040
其他材料费		%	1.00	1.500
载重汽车 装载质量(t) 2		台班	336.91	0.046

21. UPS

工作内容:准备工作、检查、更换坏损部件、修复测试、电气测试、清理现场。

计量单位:1 台(套)·次

定额编号				5-120
项目				UPS
基价(元)				60.85
其中	人工费(元)			25.00
	材料费(元)			0.08
	机械使用费(元)			15.50
	其他措施费(元)			0.93
	安文费(元)			2.32
	管理费(元)			3.98
	利润(元)			3.32
	规费(元)			9.72
名称		单位	单价(元)	数量
综合工日		工日		(0.33)
防静电手刷		个	1.94	0.040
其他材料费		%	1.00	1.500
载重汽车　装载质量(t)　2		台班	336.91	0.046

22. 柴油发电机组

工作内容：准备工作、负荷运行试验、运行状况检测、电流电压测试、简单故障排除、保洁、清理现场。

计量单位：1 台(套)・次

定额编号				5-121	5-122	5-123	5-124
项目				柴油发电机组			
				100kW 以下	100~300kW	300~600kW	600kW 以上
基价(元)				289.79	291.44	292.98	305.38
其中	人工费(元)			175.25	176.29	177.25	178.47
	材料费(元)			—	—	—	—
	机械使用费(元)			7.75	7.75	7.75	15.50
	其他措施费(元)			5.35	5.38	5.41	5.54
	安文费(元)			11.06	11.12	11.18	11.65
	管理费(元)			18.95	19.06	19.16	19.97
	利润(元)			15.79	15.88	15.97	16.64
	规费(元)			55.64	55.96	56.26	57.61
名称		单位	单价(元)	数量			
综合工日		工日		(2.04)	(2.05)	(2.06)	(2.10)
载重汽车 装载质量(t) 2		台班	336.91	0.023	0.023	0.023	0.046

23. 供配电系统

工作内容：准备工作、检查、更换坏损部件、修复测试、电气测试、清理现场。

计量单位：只

定额编号				5-125
项目				蓄电池
基价(元)				94.22
其中	人工费(元)			30.49
	材料费(元)			5.52
	机械使用费(元)			32.90
	其他措施费(元)			0.91
	安文费(元)			3.59
	管理费(元)			6.16
	利润(元)			5.14
	规费(元)			9.51
名称		单位	单价(元)	数量
综合工日		工日		(0.35)
电		kW · h	0.70	6.500
自粘性橡胶带 20mm×5m		卷	17.83	0.050
其他材料费		%	1.00	1.500
智能电瓶活化仪		台班	57.00	0.200
数字表(F1587)		台班	21.50	1.000

工作内容：准备工作、检查、更换坏损部件、电气测试、清理现场。

计量单位：100m

定额编号				5-126
项目				电缆检修
基价(元)				1557.82
其中	人工费(元)			492.55
	材料费(元)			188.39
	机械使用费(元)			415.62
	其他措施费(元)			18.86
	安文费(元)			59.43
	管理费(元)			101.88
	利润(元)			84.90
	规费(元)			196.19
名称		单位	单价(元)	数量
综合工日		工日		(6.67)
塑料膨胀管 Φ6×50		个	0.05	240.000
KVV 铜芯聚氯乙烯绝缘聚氯乙烯护套控制电缆 24×1.5mm²		m	32.00	1.015
标志牌塑料扁型		个	0.50	6.000
冲击钻头 Φ6~8		个	3.90	1.330
镀锌六角螺栓带螺母 M8×30~60		套	0.40	3.060
电缆吊挂		套	10.50	7.110
固定卡子 1.5×32		个	2.37	23.400
镀锌铁丝 13#~17#		kg	5.00	0.320
其他材料费		%	1.00	1.500
数字万用表 F-87		台班	4.01	1.000
汽车式起重机 提升质量(t) 5		台班	364.10	0.017
载重汽车 装载质量(t) 4		台班	398.64	1.017

24. 光缆接头检修

工作内容:准备工作、更换坏损部件、电气测试、系统调试、清理现场。

计量单位:个

定额编号				5-127
项目				光缆接头检修
基价(元)				1790.77
其中	人工费(元)			261.30
	材料费(元)			588.70
	机械使用费(元)			522.54
	其他措施费(元)			11.86
	安文费(元)			68.32
	管理费(元)			117.12
	利润(元)			97.60
	规费(元)			123.33
名称		单位	单价(元)	数量
综合工日		工日		(4.00)
光缆接续器材		套	5.00	2.000
通信光缆		m	—	(20.36)
光缆接头(包括接续材料)		套	285.00	2.000
其他材料费		%	1.00	1.500
光纤切割器(AV33011)		台班	22.70	0.500
光纤熔接机		台班	107.06	0.500
手持光损耗测试仪(MS9020A)		台班	29.00	1.500
载重汽车 装载质量(t) 4		台班	398.64	1.000
手提式光纤多用表		台班	15.52	1.000

25. 中央监控系统

工作内容：准备工作、更换坏损部件、修复松动（脱落）装置、校正方向、电气测试、系统调试、清理现场。

计量单位：系统

定额编号				5-128
项目				交通监控系统
基价(元)				3478.98
其中	人工费(元)			1373.57
	材料费(元)			—
	机械使用费(元)			1039.97
	其他措施费(元)			45.23
	安文费(元)			132.72
	管理费(元)			227.53
	利润(元)			189.60
	规费(元)			470.36
名称		单位	单价(元)	数量
综合工日		工日		(16.77)
手持光损耗测试仪(MS9020A)		台班	29.00	1.000
数字万用表 F-87		台班	4.01	2.000
精密交直流稳压电源		台班	67.20	1.000
数字示波器		台班	307.02	1.000
脉冲计数器(PM6665/036)		台班	42.00	1.000
手提式光纤多用表		台班	15.52	1.000
网络测试仪 超五类线缆测试仪		台班	104.07	1.000
载重汽车 装载质量(t) 4		台班	398.64	1.000
脉冲信号发生器(NF-1513A)		台班	13.00	1.000
光功率计		台班	55.50	1.000

工作内容:准备工作、更换坏损部件、修复松动(脱落)装置、单机测试、电气测试、系统调试、清理现场。

计量单位:套

定额编号				5-129
项目				远程控制单元
基价(元)				2133.50
其中	人工费(元)			1050.43
	材料费(元)			—
	机械使用费(元)			363.71
	其他措施费(元)			33.52
	安文费(元)			81.39
	管理费(元)			139.53
	利润(元)			116.28
	规费(元)			348.64
名称		单位	单价(元)	数量
综合工日		工日		(12.56)
小型通信模块		个	—	(1.00)
小型 CUP 模块		个	—	(1.00)
数字多用表(DF-11±10μV~1000V)		台班	7.00	2.670
载重汽车　装载质量(t)　4		台班	398.64	0.500
综合校验仪		台班	81.50	1.600
数字电压表　量程:10μV~1000V		台班	5.73	2.670

工作内容：准备工作、更换坏损部件、修复松动(脱落)装置、清理现场。

计量单位：组

定额编号				5-130	5-131
项目				车道信号灯	车道指示器
基价(元)				802.58	88.30
其中	人工费(元)			27.87	27.87
	材料费(元)			540.00	3.63
	机械使用费(元)			91.00	30.70
	其他措施费(元)			1.48	1.07
	安文费(元)			30.62	3.37
	管理费(元)			52.49	5.77
	利润(元)			43.74	4.81
	规费(元)			15.38	11.08
名称		单位	单价(元)	数量	
综合工日		工日		(0.48)	(0.38)
防静电手刷		个	1.94	—	0.040
继电器 JSL-10 系列		个	540.00	1.000	—
信号灯面板		个	—	(1.00)	—
电		kW·h	0.70	—	5.000
其他材料费		%	1.00	—	1.500
数字万用表 F-87		台班	4.01	0.320	0.048
数字电压表 量程:10μV~1000V		台班	5.73	0.320	—
数字多用表(DF-11±10μV~1000V)		台班	7.00	0.320	—
汽车式高空作业车 提升高度(m) 18		台班	535.28	0.160	0.057

工作内容:准备工作、检查摄像机图像质量观感、控制功能及录像机功能、检查数据备份、故障修复、联动控制、清理现场。

计量单位:1台(套)·次

定额编号				5-132	5-133	5-134
项目				摄像机		
				高速球形	定焦	变焦
基价(元)				82.38	65.92	88.25
其中	人工费(元)			5.57	5.57	5.57
	材料费(元)			0.08	0.08	0.08
	机械使用费(元)			56.49	44.19	60.69
	其他措施费(元)			0.63	0.50	0.70
	安文费(元)			3.14	2.51	3.37
	管理费(元)			5.39	4.31	5.77
	利润(元)			4.49	3.59	4.81
	规费(元)			6.59	5.17	7.26
名称		单位	单价(元)	数量		
综合工日		工日		(0.18)	(0.15)	(0.20)
防静电手刷		个	1.94	0.040	0.040	0.040
其他材料费		%	1.00	1.500	1.500	1.500
电视信号发生器 16种图像		台班	11.36	0.040	0.048	0.048
载重汽车 装载质量(t) 2		台班	336.91	0.046	0.034	0.069
汽车式高空作业车 提升高度(m) 18		台班	535.28	0.070	0.048	0.063
光功率计		台班	55.50	0.046	0.046	0.048
电压电流表(各种量程)		台班	8.90	—	0.048	—
视频监控测试仪		台班	10.65	0.048	0.048	0.048
数字多用表(DF-11±10μV~1000V)		台班	7.00	—	0.048	—
彩色监视器		台班	4.39	—	0.048	—
高压绝缘电阻测试仪 3124		台班	51.22	—	0.048	—

工作内容:准备工作、各项功能检查、功能测试、清理现场。

计量单位:1台(套)·次

定额编号				5-135	5-136	5-137
项目				监视器	视频录像机	服务器
基价(元)				32.98	76.48	57.60
其中	人工费(元)			6.27	8.27	10.36
	材料费(元)			—	0.08	0.08
	机械使用费(元)			17.24	49.05	32.39
	其他措施费(元)			0.37	0.61	0.50
	安文费(元)			1.26	2.92	2.20
	管理费(元)			2.16	5.00	3.77
	利润(元)			1.80	4.17	3.14
	规费(元)			3.88	6.38	5.16
名称		单位	单价(元)	数量		
综合工日		工日		(0.12)	(0.19)	(0.17)
防静电手刷		个	1.94	—	0.040	0.040
其他材料费		%	1.00	1.500	1.500	1.500
网络分析仪 量程:10Hz~500MHz		台班	41.56	—	—	0.114
载重汽车 装载质量(t) 2		台班	336.91	0.046	0.091	0.046
数字多用表(DF-11±10μV~1000V)		台班	7.00	0.095	—	—
高压绝缘电阻测试仪 3124		台班	51.22	—	0.095	—
电视信号发生器 16种图像		台班	11.36	0.095	—	—
微机硬盘测试仪(HD-260)		台班	133.51	—	0.095	0.091
电压电流表(各种量程)		台班	8.90	—	0.095	—

工作内容：1. 异响、发热情况检查、内部清洁、地板抗静电检查、接地情况检查、物理特性及性能测试。
2. 检查计量仪、显示器及故障显示灯、操作开关、继电器、配线连接情况、整体检测精度比对和调整。
3. 分析仪及自动校正装置的除湿功能、通风装置功能、采风口过滤器更换，计量仪、显示器及故障显示灯检查。

计量单位：1 台(套)·次

定额编号				5-138	5-139	5-140
项目				网络交换机	风速风向检测器	CO/VI 检测仪
基价(元)				36.64	64.03	66.51
其中	人工费(元)			6.27	12.46	12.46
	材料费(元)			0.08	7.89	7.89
	机械使用费(元)			20.24	26.69	28.59
	其他措施费(元)			0.37	0.60	0.62
	安文费(元)			1.40	2.44	2.54
	管理费(元)			2.40	4.19	4.35
	利润(元)			2.00	3.49	3.62
	规费(元)			3.88	6.27	6.44
名称		单位	单价(元)	数量		
综合工日		工日		(0.12)	(0.20)	(0.20)
双绞线缆		m	—	(5.00)	—	—
电		kW·h	0.70	—	11.000	11.000
防静电手刷		个	1.94	0.040	0.040	0.040
其他材料费		%	1.00	1.500	1.500	1.500
风向测试仪		台班	3.33	—	0.072	—
载重汽车 装载质量(t) 2		台班	336.91	0.046	0.023	0.023
网络分析仪 量程:10Hz~500MHz		台班	41.56	0.114	—	—
数字多用表(DF-11±10μV~1000V)		台班	7.00	—	0.072	0.072
汽车式高空作业车 提升高度(m) 18		台班	535.28	—	0.034	0.038

工作内容:准备工作、更换坏损部件、修复松动(脱落)装置、单机测试、电气测试、系统调试、清理现场。

计量单位:套

定额编号				5-141
项目				车检器检修
基价(元)				944.39
其中	人工费(元)			261.30
	材料费(元)			—
	机械使用费(元)			398.64
	其他措施费(元)			11.86
	安文费(元)			36.03
	管理费(元)			61.76
	利润(元)			51.47
	规费(元)			123.33
名称		单位	单价(元)	数量
综合工日		工日		(4.00)
载重汽车 装载质量(t) 4		台班	398.64	1.000

26. 广播通信系统

工作内容：准备工作、维护检测、等换器件或更新设备、单机调试、系统调试。

计量单位：套

定额编号				5-142	5-143	5-144	5-145	5-146	5-147
项目				程控电话系统		无线通信系统		有线广播系统	
				控制室	隧道内	控制室	隧道内	控制室	隧道内
基价(元)				516.58	1775.46	695.32	2812.05	553.58	3061.13
其中	人工费(元)			228.64	783.90	228.64	871.00	228.64	1045.20
	材料费(元)			—	—	—	—	—	—
	机械使用费(元)			116.65	402.76	278.59	1107.06	159.25	1083.00
	其他措施费(元)			7.86	27.03	6.86	34.17	6.86	39.40
	安文费(元)			19.71	67.73	26.53	107.28	21.12	116.78
	管理费(元)			33.78	116.12	45.47	183.91	36.20	200.20
	利润(元)			28.15	96.76	37.89	153.26	30.17	166.83
	规费(元)			81.79	281.16	71.34	355.37	71.34	409.72
名称		单位	单价(元)	数量					
综合工日		工日		(2.88)	(9.88)	(2.63)	(12.00)	(2.63)	(14.00)
音频功率源(YS44F)		台班	22.55	—	—	—	—	0.250	—
线路信号测试仪(XJ-02)		台班	54.00	0.125	0.500	—	—	—	—
双踪多功能示波器(XJ4245)		台班	4.70	—	—	1.500	—	0.250	0.250
微机硬盘测试仪(HD-260)		台班	133.51	—	—	—	—	0.125	—
载重汽车　装载质量(t)　4		台班	398.64	0.250	0.875	—	—	—	—
场强仪　量程：9～110dB，频率：8.6～9.6GHz		台班	9.06	—	—	1.000	0.250	—	—
数字式快速对线仪		台班	50.40	0.125	0.500	—	—	0.125	0.125
汽车式高空作业车　提升高度(m)　18		台班	535.28	—	—	—	2.000	—	2.000
晶体管直流稳压电源		台班	8.74	0.250	—	—	—	—	—
频谱分析仪		台班	259.87	—	—	1.000	0.125	—	—
误码率测试仪		台班	1015.70	—	—	—	—	0.125	—
数字温度计		台班	6.90	—	—	0.125	—	—	—
数字多用表(DF-11±10μV～1000V)		台班	7.00	0.250	0.250	0.250	0.250	0.250	0.500
低频信号发生器		台班	5.87	—	—	—	—	0.125	0.250

工作内容：外壳绝缘测试、内部清洁、功能检查、电压检查、内部线路检查、运行环境安全性检查。

计量单位：1台(套)·次

定额编号				5-148	5-149	5-150	5-151
项目				紧急电话			扬声器
				分机	控制主机	计算机	
基价(元)				43.55	43.73	23.86	34.31
其中	人工费(元)			6.27	7.14	6.27	6.27
	材料费(元)			3.55	0.08	0.08	0.08
	机械使用费(元)			22.60	24.55	10.54	18.29
	其他措施费(元)			0.37	0.44	0.28	0.37
	安文费(元)			1.66	1.67	0.91	1.31
	管理费(元)			2.85	2.86	1.56	2.24
	利润(元)			2.37	2.38	1.30	1.87
	规费(元)			3.88	4.61	2.92	3.88
名称		单位	单价(元)	数量			
综合工日		工日		(0.12)	(0.14)	(0.10)	(0.12)
防静电手刷		个	1.94	0.008	0.040	0.040	0.040
除锈剂		kg	26.60	0.120	—	—	—
钢丝刷子		把	2.59	0.020	—	—	—
水晶头		个	1.17	0.200	—	—	—
其他材料费		%	1.00	1.500	1.500	1.500	1.500
接地电阻测试仪		台班	52.85	0.072	—	—	—
数字式温湿度测试仪		台班	3.31	0.072	—	—	—
载重汽车　装载质量(t)　2		台班	336.91	0.046	0.057	0.023	0.046
高压绝缘电阻测试仪　3124		台班	51.22	—	0.048	0.048	0.048
数字多用表(DF-11±10μV~1000V)		台班	7.00	0.072	0.048	0.048	0.048
光功率计		台班	55.50	0.046	0.046	—	—

工作内容：准备工作、更换坏损部件、修复松动(脱落)装置、校正方向、电气测试、单机调试、系统调试、清理现场。

计量单位：系统

定额编号				5-152
项目				CCTV 系统
基价(元)				2739.09
其中	人工费(元)			1373.57
	材料费(元)			—
	机械使用费(元)			417.01
	其他措施费(元)			45.23
	安文费(元)			104.50
	管理费(元)			179.14
	利润(元)			149.28
	规费(元)			470.36
名称		单位	单价(元)	数量
综合工日		工日		(16.77)
数字万用表 F-87		台班	4.01	1.000
载重汽车 装载质量(t) 4		台班	398.64	1.000
彩色监视器		台班	4.39	1.000
电视图形发生器		台班	5.27	1.000
双踪多功能示波器(XJ4245)		台班	4.70	1.000

工作内容:准备工作、更换坏损部件、修复松动(脱落)装置、系统调试、清理现场。

计量单位:套

定额编号				5-153	5-154	5-155
项目				可变情报板	背投屏	场外设备
基价(元)				2650.54	70.03	386.47
其中	人工费(元)			348.40	25.43	87.10
	材料费(元)			—	8.10	—
	机械使用费(元)			1626.59	16.74	193.38
	其他措施费(元)			22.51	0.76	3.94
	安文费(元)			101.12	2.67	14.74
	管理费(元)			173.35	4.58	25.28
	利润(元)			144.45	3.82	21.06
	规费(元)			234.12	7.93	40.97
名称		单位	单价(元)	数量		
综合工日		工日		(7.00)	(0.29)	(1.33)
电源		个	—	(1.00)	—	—
高压汞灯泡		个	8.10	—	1.000	—
显示模块		个	—	(1.00)	—	—
风扇(带检测功能)		个	—	—	(1.00)	—
通讯板卡		个	—	(1.00)	—	—
数字多用表(DF-11±10μV~1000V)		台班	7.00	1.000	1.000	1.000
数字电压表 量程:10μV~1000V		台班	5.73	1.000	1.000	1.000
数字万用表 F-87		台班	4.01	2.000	1.000	1.000
汽车式高空作业车 提升高度(m) 18		台班	535.28	3.000	—	0.330

工作内容:准备工作、更换坏损部件、修复松动(脱落)装置、校正方向、电气测试、单机调试、系统调试、清理现场。

计量单位:台

定额编号				5-156	5-157
项目				视频分析仪	工作站
基价(元)				138.86	277.66
其中	人工费(元)			74.64	174.20
	材料费(元)			—	—
	机械使用费(元)			16.74	—
	其他措施费(元)			2.24	5.23
	安文费(元)			5.30	10.59
	管理费(元)			9.08	18.16
	利润(元)			7.57	15.13
	规费(元)			23.29	54.35
名称		单位	单价(元)	数量	
综合工日		工日		(0.86)	(2.00)
视频采集卡		个	—	(1.00)	—
数字多用表(DF-11±10μV~1000V)		台班	7.00	1.000	—
数字万用表 F-87		台班	4.01	1.000	—
数字电压表 量程:10μV~1000V		台班	5.73	1.000	—

五、保洁与清扫

1. 路面清扫

工作内容：清扫垃圾、杂物，清运垃圾、杂物。

计量单位：1000m²

定额编号				5-158	5-159
项目				人工清扫	机械清扫
基价(元)				33.19	18.08
其中	人工费(元)			17.42	1.13
	材料费(元)			4.56	1.13
	机械使用费(元)			—	12.58
	其他措施费(元)			0.52	0.03
	安文费(元)			1.27	0.69
	管理费(元)			2.17	1.18
	利润(元)			1.81	0.99
	规费(元)			5.44	0.35
名称		单位	单价(元)	数量	
综合工日		工日		(0.20)	(0.01)
尼龙编织袋		只	1.83	2.000	—
扫路丝		台	95.00	—	0.010
塑料手套 ST型		个	7.50	0.040	—
竹扫把		把	6.00	0.100	—
水		m^3	5.13	—	0.035
清扫车		台班	967.44	—	0.013

工作内容：1. 车辆检查、清扫隧道边沟、人工配合、倾倒垃圾、车辆清洗。
2. 车辆检查、路况检查、路面捡拾。

计量单位：1000m²

定额编号				5-160	5-161
项目				路面清泥	路面捡拾
基价(元)				315.36	10.71
其中	人工费(元)			132.39	1.31
	材料费(元)			21.18	3.71
	机械使用费(元)			59.80	3.19
	其他措施费(元)			4.57	0.07
	安文费(元)			12.03	0.41
	管理费(元)			20.62	0.70
	利润(元)			17.19	0.58
	规费(元)			47.58	0.74
名称		单位	单价(元)	数量	
综合工日		工日		(1.67)	(0.02)
水		m^3	5.13	0.500	—
尼龙编织袋		只	1.83	10.000	2.000
其他材料费		%	1.00	1.500	1.500
载重汽车　装载质量(t)　4		台班	398.64	0.150	0.008

2. 侧墙清洗

工作内容：车辆检查、墙面清洗、车辆清洗。

计量单位：$1000m^2$

定额编号				5-162	5-163
项目				隧道侧墙墙面	防撞墙墙面
基价(元)				983.91	558.59
其中	人工费(元)			97.46	69.68
	材料费(元)			9.08	8.61
	机械使用费(元)			679.95	363.61
	其他措施费(元)			3.68	2.49
	安文费(元)			37.54	21.31
	管理费(元)			64.35	36.53
	利润(元)			53.62	30.44
	规费(元)			38.23	25.92
名称		单位	单价(元)	数量	
综合工日		工日		(1.31)	(0.90)
清洁剂		kg	9.00	0.200	0.200
水		m^3	5.13	1.380	1.250
帆布水龙带		m	8.00	0.025	0.050
扫刷		片	—	(0.062)	(0.688)
洒水车　罐容量(L)　4000		台班	447.27	0.187	0.100
侧壁清洗车		台班	3188.80	0.187	0.100

3. 横截沟清泥

工作内容：清扫隧道边沟、人工配合清扫、倾倒垃圾、车辆清洗。

计量单位：m

定额编号				5-164	5-165
项目				高压水枪清洗	人工清淤泥
基价(元)				31.67	96.62
其中	人工费(元)			8.71	43.55
	材料费(元)			1.17	2.75
	机械使用费(元)			12.52	17.58
	其他措施费(元)			0.37	1.53
	安文费(元)			1.21	3.69
	管理费(元)			2.07	6.32
	利润(元)			1.73	5.27
	规费(元)			3.89	15.93
名称		单位	单价(元)	数量	
综合工日		工日		(0.13)	(0.56)
水		m^3	5.13	0.050	—
尼龙编织袋		只	1.83	0.500	1.500
洒水车 罐容量(L) 4000		台班	447.27	0.028	—
叉式装载机 5t		台班	229.09	—	0.028
载重汽车 装载质量(t) 4		台班	398.64	—	0.028

4. 其他保洁

工作内容：清扫、垃圾装袋装车、倾倒入箱。

计量单位：$1000m^2$

定额编号				5-166	5-167
项目				风道保洁	电缆通道保洁
基价(元)				814.26	1212.69
其中	人工费(元)			174.20	261.30
	材料费(元)			7.32	3.66
	机械使用费(元)			398.64	597.96
	其他措施费(元)			9.25	13.87
	安文费(元)			31.06	46.26
	管理费(元)			53.25	79.31
	利润(元)			44.38	66.09
	规费(元)			96.16	144.24
名称		单位	单价(元)	数量	
综合工日		工日		(3.00)	(4.50)
尼龙编织袋		只	1.83	4.000	2.000
载重汽车　装载质量(t)　4		台班	398.64	1.000	1.500

工作内容:保洁清扫、无积尘、无杂物、垃圾装袋装车、倾倒入箱。

计量单位:座

定　额　编　号				5-168	5-169
项　目				泵房保洁	设备房清扫保洁 (100m²)
基　价(元)				559.74	98.16
其中	人　工　费(元)			174.20	43.55
	材　料　费(元)			15.26	1.98
	机械使用费(元)			199.32	19.93
	其他措施费(元)			7.24	1.51
	安　文　费(元)			21.35	3.74
	管　理　费(元)			36.61	6.42
	利　润(元)			30.51	5.35
	规　费(元)			75.25	15.68
名　称		单位	单价(元)	数　量	
综合工日		工日		(2.50)	(0.55)
尼龙编织袋		只	1.83	8.000	1.000
水		m^3	5.13	0.120	0.030
载重汽车　装载质量(t)　4		台班	398.64	0.500	0.050

工作内容：人工擦洗干净。

计量单位：座

定额编号				5-170	5-171	5-172
项目				限高架保洁	交通标志保洁（$100m^2$）	伸缩缝保洁（100m）
基价（元）				681.62	52.97	540.43
其中	人工费（元）			145.20	10.89	195.10
	材料费（元）			61.41	6.14	24.30
	机械使用费（元）			302.37	22.70	151.48
	其他措施费（元）			5.69	0.43	7.38
	安文费（元）			26.00	2.02	20.62
	管理费（元）			44.58	3.46	35.34
	利润（元）			37.15	2.89	29.45
	规费（元）			59.22	4.44	76.76
名称		单位	单价（元）	数量		
综合工日		工日		（2.00）	（0.15）	（2.62）
竹扫把		把	6.00	—	—	1.000
水		m^3	5.13	0.100	0.010	—
尼龙编织袋		只	1.83	—	—	10.000
清洁剂		kg	9.00	0.100	0.010	—
清洁布 250×250		块	3.00	20.000	2.000	—
平台作业升降车 提升高度(m) 20		台班	509.38	0.333	0.025	—
载重汽车 装载质量(t) 4		台班	398.64	0.333	0.025	0.380

工作内容:人工清扫保洁、垃圾装袋装车、倾倒垃圾。

计量单位:100m²

定额编号				5-173	5-174
项目				光过渡顶部槽形板清扫	灯罩擦洗(100 盏)
基价(元)				152.74	1973.09
其中	人工费(元)			62.71	435.50
	材料费(元)			—	348.90
	机械使用费(元)			39.86	727.90
	其他措施费(元)			2.28	13.07
	安文费(元)			5.83	75.27
	管理费(元)			9.99	129.04
	利润(元)			8.32	107.53
	规费(元)			23.75	135.88
名称		单位	单价(元)	数量	
综合工日		工日		(0.82)	(5.00)
水		m³	5.13	—	30.000
清洁剂		kg	9.00	—	5.000
清洁布 250×250		块	3.00	—	50.000
载重汽车 装载质量(t) 4		台班	398.64	0.100	—
平台作业升降车 提升高度(m) 20		台班	509.38	—	1.429

六、防水堵漏

1. 止水工程

工作内容：拆除坏损止水带、排水、凿除清缝、封缝、安装止水带、垃圾清运。

计量单位：m

定额编号				5-175	5-176	5-177
项目				膨胀止水带	橡胶止水带	金属止水带
基价(元)				1367.79	1402.71	1640.18
其中	人工费(元)			544.38	566.15	587.93
	材料费(元)			143.04	143.22	313.93
	机械使用费(元)			269.31	269.31	269.31
	其他措施费(元)			17.10	17.75	18.40
	安文费(元)			52.18	53.51	62.57
	管理费(元)			89.45	91.74	107.27
	利润(元)			74.54	76.45	89.39
	规费(元)			177.79	184.58	191.38
名称		单位	单价(元)	数量		
综合工日		工日		(6.44)	(6.69)	(6.94)
柴油		kg	6.94	2.655	2.655	2.650
砂子　粗砂		m^3	70.00	0.150	0.150	0.300
防水剂		kg	16.20	3.000	3.000	3.000
扁钢		t	2865.00	—	—	0.008
水泥　42.5级		t	337.50	0.050	0.050	0.100
低碳钢焊条　综合		kg	5.20	—	—	0.700
聚氨酯固化剂		kg	42.00	—	—	1.000
切缝机刀片		个	327.00	0.010	0.010	0.010
环氧树脂		kg	27.50	—	—	2.000
电		kW·h	0.70	6.250	6.500	39.653
膨胀螺栓　M10×80		套	0.68	—	—	6.000
橡胶止水带		m	32.40	1.200	1.200	—
镀锌铁皮　δ0.5		m^2	36.10	—	—	0.800
其他材料费		%	1.00	1.500	1.500	1.500
平台作业升降车　提升高度(m)　20		台班	509.38	0.380	0.380	0.380
载重汽车　装载质量(t)　4		台班	398.64	0.190	0.190	0.190

2. 堵漏工程

工作内容：表面清理、查找漏水点、注浆堵漏、铺贴环氧玻璃布。

计量单位：m

定额编号				5-178	5-179	5-180
项目				隧道裂缝处理	结构缝堵漏	孔洞堵漏
基价(元)				1091.68	1584.22	847.52
其中	人工费(元)			339.69	566.15	352.76
	材料费(元)			185.25	296.04	155.72
	机械使用费(元)			269.31	269.31	75.74
	其他措施费(元)			10.95	17.75	11.35
	安文费(元)			41.65	60.44	32.33
	管理费(元)			71.40	103.61	55.43
	利润(元)			59.50	86.34	46.19
	规费(元)			113.93	184.58	118.00
名称		单位	单价(元)	数量		
综合工日		工日		(4.09)	(6.69)	(4.24)
防水剂		kg	16.20	3.000	3.000	2.000
砂子 粗砂		m^3	70.00	0.100	—	—
玻璃纤维布		m^2	5.13	—	1.200	—
环氧树脂		kg	27.50	2.000	6.000	1.000
注浆管		kg	7.00	1.000	1.000	1.000
水泥 42.5级		t	337.50	0.030	0.030	0.030
橡胶密封圈 DN100		个	17.96	—	—	1.000
聚氨酯固化剂		kg	42.00	0.500	0.500	0.500
电		kW·h	0.70	48.263	48.263	48.263
聚氨酯		kg	—	(2.00)	(4.00)	(1.00)
酒精		kg	7.30	—	—	0.500
其他材料费		%	1.00	1.500	1.500	1.500
平台作业升降车 提升高度(m) 20		台班	509.38	0.380	0.380	—
载重汽车 装载质量(t) 4		台班	398.64	0.190	0.190	0.190

3. 防水工程

工作内容：凿毛、清洗基面、漏点处理、材料配置、批刮、粉刷。

计量单位：m^2

定额编号				5-181	5-182	5-183
项目				防水砂浆	防水涂料	环氧砂浆
基价(元)				573.28	542.73	580.72
其中	人工费(元)			24.04	27.26	30.49
	材料费(元)			172.40	142.35	170.00
	机械使用费(元)			269.31	269.31	269.31
	其他措施费(元)			1.49	1.58	1.68
	安文费(元)			21.87	20.71	22.15
	管理费(元)			37.49	35.49	37.98
	利润(元)			31.24	29.58	31.65
	规费(元)			15.44	16.45	17.46
名称		单位	单价(元)	数量		
综合工日		工日		(0.47)	(0.50)	(0.54)
防水剂		kg	16.20	3.000	3.000	3.000
环氧密封胶		kg	18.00	1.200	1.000	1.200
水泥基渗透结晶防水涂料		kg	18.00	—	1.000	—
麻布		kg	10.43	5.000	5.000	5.000
环氧树脂		kg	27.50	—	—	0.575
预拌防水水泥砂浆 1:3		m^3	220.00	0.200	—	—
水泥 42.5级		kg	0.35	10.000	10.000	10.000
聚氨酯固化剂		kg	42.00	—	—	0.115
砂子 粗砂		m^3	70.00	—	—	0.300
其他材料费		%	1.00	1.500	1.500	1.500
载重汽车 装载质量(t) 4		台班	398.64	0.190	0.190	0.190
平台作业升降车 提升高度(m) 20		台班	509.38	0.380	0.380	0.380

4. 日常设施检查

工作内容:准备工作,配备巡检仪器和巡检车辆对相应设施进行巡检,记录汇总。

计量单位:1000m

定额编号				5-184	5-185
项目				日常设施检查	
				隧道内	保护区
基价(元)				486.76	436.02
其中	人工费(元)			174.20	174.20
	材料费(元)			—	—
	机械使用费(元)			162.31	119.59
	其他措施费(元)			6.43	6.43
	安文费(元)			18.57	16.63
	管理费(元)			31.83	28.52
	利润(元)			26.53	23.76
	规费(元)			66.89	66.89
名称		单位	单价(元)	数量	
综合工日		工日		(2.30)	(2.30)
电子巡检系统		台班	142.38	0.300	—
载重汽车 装载质量(t) 4		台班	398.64	0.300	0.300

5. 定期检查

工作内容：准备工作，使用相应的测量仪器、装备和巡检车辆进行检测，记录汇总。

计量单位：1000m

定额编号				5-186	5-187	5-188
项目				定期检查		
				隧道路面	主体结构	附属设施
基价(元)				1882.76	1504.14	1526.11
其中	人工费(元)			261.30	435.50	435.50
	材料费(元)			—	—	—
	机械使用费(元)			1211.61	645.31	654.64
	其他措施费(元)			9.85	16.28	17.09
	安文费(元)			71.83	57.38	58.22
	管理费(元)			123.13	98.37	99.81
	利润(元)			102.61	81.98	83.17
	规费(元)			102.43	169.32	177.68
名称		单位	单价(元)	数量		
综合工日		工日		(3.50)	(5.80)	(6.00)
路面平整度测量仪车		台班	1899.00	0.500	—	—
钢结构探伤仪		台班	152.00	—	0.800	—
载重汽车 装载质量(t) 8		台班	524.22	0.500	—	—
载重汽车 装载质量(t) 4		台班	398.64	—	0.800	1.000
裂缝测宽仪		台班	66.00	—	0.800	1.000
钢筋锈蚀测量仪		台班	114.00	—	0.800	1.000
混凝土回弹仪		台班	76.00	—	0.800	1.000

6. 渗漏检测

工作内容:准备工作,用检测仪器对隧道各集水井进行渗水检测,对设施进行渗水点普查,记录汇总。

计量单位:点

定额编号				5-189	5-190
项目				渗水量检测	渗漏点普查
基价(元)				223.60	1760.28
其中	人工费(元)			74.04	348.40
	材料费(元)			—	—
	机械使用费(元)			79.73	922.86
	其他措施费(元)			3.03	18.49
	安文费(元)			8.53	67.15
	管理费(元)			14.62	115.12
	利润(元)			12.19	95.94
	规费(元)			31.46	192.32
名称		单位	单价(元)	数量	
综合工日		工日		(1.05)	(6.00)
感应式水位仪		台班	—	(0.20)	—
载重汽车　装载质量(t)　8		台班	524.22	—	1.000
载重汽车　装载质量(t)　4		台班	398.64	0.200	1.000

7. CO 含量检测

工作内容:准备工作,配备检测仪器和工程车辆对隧道内按区段进行测试,记录汇总。

计量单位:点

定额编号				5-191
项目				CO 含量检测
基价(元)				135.00
其中	人工费(元)			17.42
	材料费(元)			—
	机械使用费(元)			81.11
	其他措施费(元)			1.33
	安文费(元)			5.15
	管理费(元)			8.83
	利润(元)			7.36
	规费(元)			13.80
名称		单位	单价(元)	数量
综合工日		工日		(0.40)
载重汽车 装载质量(t) 4		台班	398.64	0.200
CO 气体检测报警仪		台班	6.90	0.200

8. 墙面装饰面更换

工作内容：凿除损坏装饰面、安装装饰面、材料运输、清理现场。

计量单位：m^2

定额编号				5-192	5-193	5-194	5-195	5-196
项目				瓷砖饰面	大理石板饰面	无机料涂板	搪瓷钢板	钢板骨架
基价(元)				284.98	340.19	134.12	215.71	10075.94
其中	人工费(元)			57.49	62.71	13.07	22.30	2286.38
	材料费(元)			115.09	154.57	—	57.25	4359.03
	机械使用费(元)			45.40	45.40	90.80	89.89	964.42
	其他措施费(元)			1.93	2.08	0.79	1.07	76.63
	安文费(元)			10.87	12.98	5.12	8.23	384.40
	管理费(元)			18.64	22.25	8.77	14.11	658.97
	利润(元)			15.53	18.54	7.31	11.76	549.14
	规费(元)			20.03	21.66	8.26	11.10	796.97
名称		单位	单价(元)	数量				
综合工日		工日		(0.71)	(0.77)	(0.25)	(0.36)	(28.25)
砌筑水泥砂浆　M7.5		m^3	145.30	0.022	0.024	—	—	—
带母螺栓　M12×25		套	—	—	—	—	(4.00)	—
陶瓷釉面砖　200×50		m^2	100.00	1.100	—	—	—	—
白水泥		kg	0.57	0.153	0.150	—	—	—
无机涂料板		m^2	—	—	—	(1.05)	—	—
柴油		kg	6.94	—	—	—	—	45.000
搪瓷钢板		m^2	—	—	—	—	(1.06)	—
六角螺栓带螺母　综合		kg	6.35	—	—	—	—	9.800
低碳钢焊条　综合		kg	5.20	—	—	—	—	4.000
大理石板		m^2	135.00	—	1.050	—	—	—
铝合金角线　20×25×2		m	16.00	—	—	—	2.000	—
水		m^3	5.13	0.020	0.020	—	—	—
草酸		kg	4.50	—	0.013	—	—	—
尼龙压帽		只	0.06	—	—	—	—	126.000
橡胶条		m	6.10	—	—	—	4.000	—
氧气		m^3	3.82	—	—	—	—	1.200
型钢		t	3415.00	—	—	—	—	1.020
煤油		kg	8.44	—	0.010	—	—	—
铝抽芯铆钉		个	0.03	—	—	—	—	1050.000
预埋铁件		kg	4.10	—	0.340	—	—	—
镀锌铁丝　综合		kg	6.56	—	0.790	—	—	—
铝材		kg	13.76	—	—	—	—	20.000
橡胶盖帽　Φ28		只	—	—	—	—	—	(52.50)

续表

定额编号			5-192	5-193	5-194	5-195	5-196
项目			瓷砖饰面	大理石板饰面	无机料涂板	搪瓷钢板	钢板骨架
名称	单位	单价(元)	数量				
石腊	kg	5.80	—	0.025	—	—	—
预拌混凝土 C40 42.5级 坍落度35~50 mm	m^3	260.00	—	—	—	—	0.252
乙炔气	m^3	28.00	—	—	—	—	0.429
电	kW·h	0.70	—	—	—	—	28.000
其他材料费	%	1.00	1.500	1.500	1.500	1.500	1.500
平台作业升降车 提升高度(m) 20	台班	509.38	0.050	0.050	0.100	0.099	—
载重汽车 装载质量(t) 4	台班	398.64	0.050	0.050	0.100	0.099	2.000
交流弧焊机 容量(kV·A) 32	台班	83.57	—	—	—	—	2.000

9. 防火涂料

工作内容：隧道内通风、涂刷防火涂料。

计量单位：$10m^2$

定额编号				5-197	5-198
项目				防火涂料 8mm	防火涂料 12mm
基价(元)				3497.09	4872.62
其中	人工费(元)			370.00	440.03
	材料费(元)			1406.79	2210.67
	机械使用费(元)			1041.05	1301.31
	其他措施费(元)			11.10	13.20
	安文费(元)			133.41	185.89
	管理费(元)			228.71	318.67
	利润(元)			190.59	265.56
	规费(元)			115.44	137.29
名称		单位	单价(元)	数量	
综合工日		工日		(4.25)	(5.05)
防火涂料		kg	18.00	77.000	121.000
其他材料费		%	1.00	1.500	1.500
电动空气压缩机 排气量(m^3/min) 10		台班	358.16	1.200	1.500
平台作业升降车 提升高度(m) 20		台班	509.38	1.200	1.500

10. 防火板

工作内容：防火板拆除、安装、清理现场。

计量单位：m²

定额编号				5-199
项目				更换防火板
基价(元)				317.46
其中	人工费(元)			20.38
	材料费(元)			68.25
	机械使用费(元)			163.44
	其他措施费(元)			1.34
	安文费(元)			12.11
	管理费(元)			20.76
	利润(元)			17.30
	规费(元)			13.88
名称		单位	单价(元)	数量
综合工日		工日		(0.41)
防火板		m²	65.00	1.050
载重汽车　装载质量(t)　4		台班	398.64	0.180
平台作业升降车　提升高度(m)　20		台班	509.38	0.180

11.道口涂装层

工作内容:准备工作、粉刷饰面、清理现场。

计量单位:m^2

定额编号				5-200	5-201
项目				拉毛饰面	水泥砂浆饰面
基价(元)				83.35	83.35
其中	人工费(元)			33.53	29.79
	材料费(元)			2.96	7.99
	机械使用费(元)			19.93	19.93
	其他措施费(元)			1.21	1.09
	安文费(元)			3.18	3.18
	管理费(元)			5.45	5.45
	利润(元)			4.54	4.54
	规费(元)			12.55	11.38
名称		单位	单价(元)	数量	
综合工日		工日		(0.44)	(0.39)
砌筑水泥砂浆 M7.5		m^3	145.30	0.019	0.023
素水泥浆		m^3	417.35	—	0.010
水		m^3	5.13	0.030	0.070
其他材料费		%	1.00	1.500	1.500
载重汽车 装载质量(t) 4		台班	398.64	0.050	0.050

第六章　泵站机电设备养护维修工程

说　明

一、本章定额未包括的排水泵站机电设施维修项目,执行本定额中其他章节子目,若无相近子目则执行《河南省房屋建筑与装饰工程预算定额》(HA 01-31—2016);《河南省通用安装工程预算定额》(HA 02-31—2016);《河南省市政工程预算定额》(HA A1-31—2016)的相应项目,其人工费、机械费分别乘以系数1.2,其他不变。

二、主要包括排水泵站中电机、高压柜、低压柜、控制柜、启动柜、开关柜、变压器、水泵、除污机、风机、天车、阀门、闸阀等的维修保养和更换。

三、本章定额主要考虑常规设备的常规维修养护,在设备维修养护过程中发生零部件材料更换时,可以按市场价格计入定额基价。

四、潜水泵维修分别套用吊装解体项目,需要更换主要零部件时另套水泵换件相应子目。维修项目中已包含了易损件的更换费用,使用时不得调整。

五、其他电气设备维修项目,只含拆检及辅料、机械等费用,需要更换主要零部件时,按实际价格计入零部件主材费。维修项目已包含了易损件的更换费用,使用时不得调整。

六、第一断路器至低压控制柜之间的所有设备(包括低压控制柜)为变电室维护清扫范围。

七、天车检修,是指泵站在使用天车前的安全例行检查和日常维修保养。不包括两年一次技术监督局专项检定费用,若发生专项检定费用,应按其规定的标准另行计算。

八、潜水泵台班适用于工程临时抢修、配合工程临时调水时套用。正式泵站运行费用标准不按此执行。

九、排水泵站电器维护仅指日常维护,不包括部件损坏后的修理更换。

十、排水泵站监控部分

1. 本章中拆除是指保护性拆除,均应按照工序拆除,保持原物基本完整;非保护性拆除,按本章定额相应项目乘以系数0.50计算。

2. 本章所涉及双绞线缆的敷设及配线架、跳线架等的安装、搭接等定额量是按超五类非屏蔽布线系统工程编制的,屏蔽系统人工乘以系数1.2。

工程量计算规则

一、泵房集水池维修定额按维修面积,以“m^2”计算。

二、监控系统每年汛前、汛后各做一次维护,汛期如发生抢修,监控系统子目费用乘以系数1.2。需更换主件时,按实际发生费用计算。

一、泵机维修

1. 吊装潜水泵维修

工作内容：关闭进水总阀门、降水、拆装井筒密封盖、断电、拆装引出电缆密封、吊装潜水泵、冲洗除锈泵机外壳。

计量单位：台

定额编号				6-1	6-2	6-3
项目				吊装潜水泵维修		
				耦合式		
				DN300 以内	DN400～500	DN500 以外
基价(元)				972.23	1013.61	1154.62
其中	人工费(元)			235.17	261.30	348.40
	材料费(元)			23.70	23.70	26.30
	机械使用费(元)			404.37	404.37	404.37
	其他措施费(元)			14.09	14.87	17.49
	安文费(元)			31.79	33.15	37.76
	管理费(元)			63.58	66.29	75.51
	利润(元)			52.99	55.24	62.93
	规费(元)			146.54	154.69	181.86
名称		单位	单价(元)	数量		
综合工日		工日		(4.45)	(4.75)	(5.75)
钢丝刷子		把	2.59	1.000	1.000	1.000
水		m^3	5.13	1.000	1.000	1.500
塑料扎袋 8×400		条	0.45	20.000	20.000	20.000
棉纱		kg	12.00	0.500	0.500	0.500
塑料软管 Φ12		m	0.42	1.500	1.500	1.500
其他材料费		%	1.00	1.500	1.500	1.500
内燃清水泵 DN100		台班	231.56	1.000	1.000	1.000
汽车式起重机 提升质量(t) 8		台班	691.24	0.250	0.250	0.250

工作内容：关闭进水总阀门、降水、拆装井筒密封盖、断电、拆装引出电缆密封、吊装潜水泵、冲洗除锈泵机外壳。

计量单位：台

定额编号				6-4	6-5	6-6
项目				吊装潜水泵维修		
				井筒式		
				DN500~700	DN800~900	DN900 以外
基价(元)				2052.33	2309.57	2554.97
其中	人工费(元)			474.70	622.77	683.74
	材料费(元)			500.10	519.37	528.06
	机械使用费(元)			508.06	508.06	611.74
	其他措施费(元)			22.48	26.92	29.96
	安文费(元)			67.11	75.52	83.55
	管理费(元)			134.22	151.05	167.09
	利润(元)			111.85	125.87	139.25
	规费(元)			233.81	280.01	311.58
名称		单位	单价(元)	数量		
综合工日		工日		(7.50)	(9.20)	(10.20)
钢丝刷子		把	2.59	1.000	1.000	1.000
水		m^3	5.13	1.500	1.500	2.000
不锈钢螺栓　M16		套	5.50	10.000	10.000	10.000
密封胶		kg	12.90	2.000	2.000	2.000
垫圈　M30		个	0.36	20.000	40.000	40.000
棉纱		kg	12.00	1.000	1.500	2.000
松动剂　150mL		罐	18.00	1.500	1.500	1.500
塑料软管　Φ12		m	0.42	1.500	1.500	1.500
密封胶条　DN12		m	2.00	—	6.000	6.000
密封胶条　DN10		m	1.80	5.000	—	—
密封胶圈		组	100.00	3.000	3.000	3.000
弹簧垫圈　M16~30		10 个	2.79	1.000	2.000	2.000
胶粘剂(401)　10g		袋	43.00	1.000	1.000	1.000
其他材料费		%	1.00	1.500	1.500	1.500
汽车式起重机　提升质量(t)　8		台班	691.24	0.400	0.400	0.550
内燃清水泵　DN100		台班	231.56	1.000	1.000	1.000

2. 离心污水泵的拆装检查

工作内容:设备的解体、除锈、清洗、检查、刮研、调整、装配、打压测试机密性、换油、无负荷试运转。

计量单位:台

定额编号			6-7	6-8	6-9	6-10
项目			电动葫芦(单速)5t			
			出水口径(mm 以内)			
			100	200	400	600
基价(元)			1950.88	4241.03	6900.83	8973.72
其中	人工费(元)		1191.53	2592.10	4206.93	5414.14
	材料费(元)		49.46	97.70	157.20	280.83
	机械使用费(元)		4.68	17.55	44.86	57.73
	其他措施费(元)		35.75	77.76	126.21	162.42
	安文费(元)		63.79	138.68	225.66	293.44
	管理费(元)		127.59	277.36	451.31	586.88
	利润(元)		106.32	231.14	376.10	489.07
	规费(元)		371.76	808.74	1312.56	1689.21
名称	单位	单价(元)	数量			
综合工日	工日		(13.68)	(29.76)	(48.30)	(62.16)
研磨膏	盒	16.00	0.200	0.300	0.400	1.000
黄油(钙基脂)	kg	8.00	0.200	0.400	0.500	1.000
机油 5#~7#	kg	12.10	0.200	0.400	0.800	2.000
电	kW·h	0.70	10.000	25.000	65.000	90.000
铅油	kg	27.00	0.200	0.500	0.600	0.800
红丹粉	kg	13.80	0.200	0.400	0.500	1.000
水	m^3	5.13	0.200	0.400	0.600	0.800
紫铜板 综合	kg	52.59	0.020	0.050	0.100	0.250
铁砂布 0#~2#	张	1.19	1.000	2.000	3.000	5.000
石棉橡胶板 中压 δ0.8~6	kg	16.20	0.500	1.000	1.200	2.000
棉纱线	kg	5.90	0.200	0.400	0.600	1.000
破布	kg	6.19	0.300	0.600	1.200	2.000
汽油 综合	kg	7.00	0.500	0.700	1.000	2.000
煤油	kg	8.44	1.000	1.500	2.000	5.000
其他材料费	%	1.00	1.500	1.500	1.500	1.500
电动葫芦(单速) 5t	台班	39.01	0.120	0.450	1.150	1.480

工作内容：设备的解体、除锈、清洗、检查、刮研、调整、装配、打压测试机密性、换油、无负荷试运转。

计量单位：台

定额编号				6-11	6-12	6-13
项目				电动葫芦(单速)5t		
				出水口径(mm 以内)		
				800	1000	1200
基价(元)				12854.63	15351.23	19456.07
其中	人工费(元)			7692.67	9135.05	11539.01
	材料费(元)			444.62	593.35	794.19
	机械使用费(元)			124.83	156.04	207.53
	其他措施费(元)			230.78	274.05	346.17
	安文费(元)			420.35	501.99	636.21
	管理费(元)			840.69	1003.97	1272.43
	利润(元)			700.58	836.64	1060.36
	规费(元)			2400.11	2850.14	3600.17
名称		单位	单价(元)	数量		
综合工日		工日		(88.32)	(104.88)	(132.48)
水		m^3	5.13	1.000	1.200	1.400
红丹粉		kg	13.80	1.200	1.500	1.800
破布		kg	6.19	3.000	4.000	6.000
煤油		kg	8.44	10.000	15.000	20.000
石棉橡胶板　中压　δ0.8~6		kg	16.20	2.500	3.000	4.000
黄油(钙基脂)		kg	8.00	2.400	2.500	3.000
研磨膏		盒	16.00	1.500	2.000	3.000
紫铜板　综合		kg	52.59	0.500	0.750	1.000
汽油　综合		kg	7.00	5.000	6.000	8.000
铁砂布　0#~2#		张	1.19	6.000	8.000	10.000
铅油		kg	27.00	1.000	1.200	1.600
棉纱线		kg	5.90	1.500	2.000	3.000
电		kW·h	0.70	110.000	140.000	185.000
机油　5#~7#		kg	12.10	4.000	6.000	8.000
其他材料费		%	1.00	1.500	1.500	1.500
电动葫芦(单速)　5t		台班	39.01	3.200	4.000	5.320

3. 潜水泵的拆装检查

工作内容：设备的起吊、解体、清洗、检查、刮研、换油、调整、装配、无负荷试运转、复位。

计量单位：台

定额编号				6-14	6-15	6-16
项目				电动葫芦(单速)5t		
				设备质量(t 以内)		
				1	2	3.5
基价(元)				2460.15	2899.83	4327.92
其中	人工费(元)			1484.18	1714.13	2529.38
	材料费(元)			82.23	129.65	202.83
	机械使用费(元)			10.73	27.31	70.22
	其他措施费(元)			44.53	51.42	75.88
	安文费(元)			80.45	94.82	141.52
	管理费(元)			160.89	189.65	283.05
	利润(元)			134.08	158.04	235.87
	规费(元)			463.06	534.81	789.17
名称		单位	单价(元)	数量		
综合工日		工日		(17.04)	(19.68)	(29.04)
电		kW·h	0.70	30.000	45.000	80.000
汽油　综合		kg	7.00	1.000	1.500	2.500
棉纱线		kg	5.90	0.500	0.800	1.000
铁砂布　0#~2#		张	1.19	1.000	2.000	3.000
铅油		kg	27.00	0.200	0.300	0.400
破布		kg	6.19	1.000	1.500	2.000
黄油(钙基脂)		kg	8.00	0.200	0.800	1.000
水		m^3	5.13	0.200	0.400	0.600
煤油		kg	8.44	2.000	3.000	5.000
石棉橡胶板　中压　δ0.8~6		kg	16.20	0.500	0.800	1.000
机油　5#~7#		kg	12.10	0.800	1.200	2.000
其他材料费		%	1.00	1.500	1.500	1.500
电动葫芦(单速)　5t		台班	39.01	0.275	0.700	1.800

工作内容：设备的起吊、解体、清洗、检查、刮研、换油、调整、装配、无负荷试运转、复位。

计量单位：台

定额编号				6-17	6-18
项目				电动葫芦（双速）10t	
				设备质量（t 以内）	
				5.5	8
基价（元）				5579.53	7915.28
其中	人工费（元）			3166.96	4538.26
	材料费（元）			287.19	362.60
	机械使用费（元）			190.85	254.46
	其他措施费（元）			95.01	136.15
	安文费（元）			182.45	258.83
	管理费（元）			364.90	517.66
	利润（元）			304.08	431.38
	规费（元）			988.09	1415.94
名称		单位	单价（元）	数量	
综合工日		工日		(36.36)	(52.10)
水		m^3	5.13	0.800	1.000
破布		kg	6.19	2.500	2.500
黄油（钙基脂）		kg	8.00	1.200	1.200
电		kW·h	0.70	105.000	140.000
铅油		kg	27.00	0.500	0.800
机油 5#～7#		kg	12.10	3.000	4.000
石棉橡胶板 中压 δ0.8～6		kg	16.20	1.500	1.500
汽油 综合		kg	7.00	4.000	5.500
棉纱线		kg	5.90	1.200	1.200
煤油		kg	8.44	8.000	10.000
铁砂布 0#～2#		张	1.19	3.000	4.000
其他材料费		%	1.00	1.500	1.500
双速电动葫芦 提升质量（t） 10		台班	90.88	2.100	2.800

4. 轴流泵的拆装检查

工作内容:设备的解体、除锈、清洗、检查、刮研、调整、装配、打压测试机密性、换油、无负荷试运转。

计量单位:台

定额编号				6-19	6-20	6-21
项目				电动葫芦(单速)5t		
				出水口径(mm 以内)		
				300	600	800
基价(元)				1954.02	4397.45	6359.97
其中	人工费(元)			1170.62	2648.19	3813.33
	材料费(元)			68.49	138.58	219.68
	机械使用费(元)			16.38	33.94	52.27
	其他措施费(元)			35.12	79.45	114.40
	安文费(元)			63.90	143.80	207.97
	管理费(元)			127.79	287.59	415.94
	利润(元)			106.49	239.66	346.62
	规费(元)			365.23	826.24	1189.76
名称		单位	单价(元)	数量		
综合工日		工日		(13.44)	(30.40)	(43.78)
黄油(钙基脂)		kg	8.00	0.200	0.500	0.800
煤油		kg	8.44	1.500	3.000	5.000
石棉橡胶板 中压 δ0.8~6		kg	16.20	0.800	1.400	1.800
电		kW·h	0.70	10.000	25.000	50.000
机油 5#~7#		kg	12.10	0.600	1.000	1.400
铁砂布 0#~2#		张	1.19	3.000	5.000	8.000
破布		kg	6.19	0.300	0.500	0.800
水		m^3	5.13	0.300	0.500	0.800
棉纱线		kg	5.90	1.000	2.000	2.500
紫铜板 综合		kg	52.59	0.050	0.200	0.350
汽油 综合		kg	7.00	1.500	3.000	5.000
其他材料费		%	1.00	1.500	1.500	1.500
电动葫芦(单速) 5t		台班	39.01	0.420	0.870	1.340

续表

定额编号				6-22	6-23	6-24
项目				电动葫芦(单速)5t		
				出水口径(mm 以内)		
				1000	1200	1400
基价(元)				8805.77	11946.43	15755.21
其中	人工费(元)			5261.01	7137.67	9410.11
	材料费(元)			294.84	389.39	508.04
	机械使用费(元)			106.89	155.26	214.56
	其他措施费(元)			157.83	214.13	282.30
	安文费(元)			287.95	390.65	515.20
	管理费(元)			575.90	781.30	1030.39
	利润(元)			479.91	651.08	858.66
	规费(元)			1641.44	2226.95	2935.95
名称		单位	单价(元)	数量		
综合工日		工日		(60.40)	(81.95)	(108.04)
黄油(钙基脂)		kg	8.00	1.200	1.600	2.000
煤油		kg	8.44	6.500	9.000	12.000
石棉橡胶板　中压　δ0.8~6		kg	16.20	2.200	2.800	3.200
电		kW·h	0.70	80.000	100.000	140.000
机油　5#~7#		kg	12.10	1.800	2.400	3.000
铁砂布　0#~2#		张	1.19	8.000	10.000	12.000
破布		kg	6.19	1.200	1.600	2.000
水		m^3	5.13	1.200	1.600	2.000
棉纱线		kg	5.90	3.000	3.500	4.000
紫铜板　综合		kg	52.59	0.500	0.700	1.000
汽油　综合		kg	7.00	6.500	9.000	12.000
其他材料费		%	1.00	1.500	1.500	1.500
电动葫芦(单速)　5t		台班	39.01	2.740	3.980	5.500

5. 泵轴的维修更换

工作内容：设备的解体、清洗、更换轴、换油、组装、无负荷试运转等。

计量单位：个

定额编号				6-25	6-26	6-27
项目				电动双梁起重机提升质量 5t		
				卧式		
				出水口径(mm 以内)		
				200	500	800
基价(元)				2092.63	2892.26	3685.29
其中	人工费(元)			1243.79	1616.92	1990.06
	材料费(元)			40.23	112.01	199.49
	机械使用费(元)			63.90	168.98	252.76
	其他措施费(元)			37.31	48.51	59.70
	安文费(元)			68.43	94.58	120.51
	管理费(元)			136.86	189.15	241.02
	利润(元)			114.05	157.63	200.85
	规费(元)			388.06	504.48	620.90
名称		单位	单价(元)	数量		
综合工日		工日		(14.28)	(18.56)	(22.85)
汽油　综合		kg	7.00	1.000	3.000	5.000
石棉绳		kg	16.20	0.200	0.500	0.800
水		m^3	5.13	0.300	0.500	0.800
电		kW·h	0.70	10.000	40.000	75.000
黄油(钙基脂)		kg	8.00	0.200	0.500	0.800
砂纸		张	0.26	2.000	3.000	4.000
煤油		kg	8.44	1.000	3.000	5.000
棉纱线		kg	5.90	0.400	0.800	1.500
破布		kg	6.19	0.500	1.000	1.500
机油　5#~7#		kg	12.10	0.400	0.800	2.000
其他材料费		%	1.00	1.500	1.500	1.500
电动双梁起重机　提升质量　5t		台班	142.00	0.450	1.190	1.780

工作内容：设备的解体、清洗、更换轴、换油、组装、无负荷试运转等。

计量单位：个

定额编号				6-28	6-29	6-30	6-31
项目				电动双梁起重机提升质量 5t			
				立式			
				出水口径(mm 以内)			
				200	500	800	1000
基价(元)				1505.31	2111.99	2733.03	3165.18
其中	人工费(元)			857.06	1114.18	1371.30	1542.72
	材料费(元)			40.23	115.56	203.04	292.35
	机械使用费(元)			85.20	178.92	272.64	319.50
	其他措施费(元)			25.71	33.43	41.14	46.28
	安文费(元)			49.22	69.06	89.37	103.50
	管理费(元)			98.45	138.12	178.74	207.00
	利润(元)			82.04	115.10	148.95	172.50
	规费(元)			267.40	347.62	427.85	481.33
名称		单位	单价(元)	数量			
综合工日		工日		(9.84)	(12.79)	(15.74)	(17.71)
水		m^3	5.13	0.300	0.500	0.800	1.000
电		kW·h	0.70	10.000	45.000	80.000	120.000
破布		kg	6.19	0.500	1.000	1.500	2.000
煤油		kg	8.44	1.000	3.000	5.000	7.000
机油 5#~7#		kg	12.10	0.400	0.800	2.000	3.000
棉纱线		kg	5.90	0.400	0.800	1.500	2.000
砂纸		张	0.26	2.000	3.000	4.000	5.000
石棉绳		kg	16.20	0.200	0.500	0.800	1.200
黄油(钙基脂)		kg	8.00	0.200	0.500	0.800	1.200
汽油 综合		kg	7.00	1.000	3.000	5.000	7.000
其他材料费		%	1.00	1.500	1.500	1.500	1.500
电动双梁起重机 提升质量 5t		台班	142.00	0.600	1.260	1.920	2.250

6. 泵轴承的维修更换

工作内容:设备的解体、清洗、更换轴承、换油、组装、无负荷试运转等。

计量单位:个

定额编号				6-32	6-33	6-34
项目				电动葫芦(单速)5t		
				卧式		
				出水口径(mm 以内)		
				200	500	800
基价(元)				1706.56	2312.35	2929.76
其中	人工费(元)			1034.75	1345.17	1655.60
	材料费(元)			39.96	111.75	199.22
	机械使用费(元)			17.55	42.52	61.64
	其他措施费(元)			31.04	40.36	49.67
	安文费(元)			55.80	75.61	95.80
	管理费(元)			111.61	151.23	191.61
	利润(元)			93.01	126.02	159.67
	规费(元)			322.84	419.69	516.55
名称		单位	单价(元)	数量		
综合工日		工日		(11.88)	(15.44)	(19.01)
石棉绳		kg	16.20	0.200	0.500	0.800
汽油 综合		kg	7.00	1.000	3.000	5.000
棉纱线		kg	5.90	0.400	0.800	1.500
砂纸		张	0.26	1.000	2.000	3.000
水		m^3	5.13	0.300	0.500	0.800
黄油(钙基脂)		kg	8.00	0.200	0.500	0.800
破布		kg	6.19	0.500	1.000	1.500
煤油		kg	8.44	1.000	3.000	5.000
机油 5#~7#		kg	12.10	0.400	0.800	2.000
电		kW·h	0.70	10.000	40.000	75.000
其他材料费		%	1.00	1.500	1.500	1.500
电动葫芦(单速) 5t		台班	39.01	0.450	1.090	1.580

工作内容:设备的解体、清洗、更换轴承、换油、组装、无负荷试运转等。

计量单位:个

定额编号				6-35	6-36	6-37	6-38
项目				电动葫芦(单速)5t			
				立式			
				出水口径(mm 以内)			
				200	500	800	1000
基价(元)				1476.77	2013.74	2561.35	2958.43
其中	人工费(元)			885.28	1150.77	1416.25	1592.88
	材料费(元)			39.96	115.30	202.78	292.09
	机械使用费(元)			23.41	46.81	67.10	77.24
	其他措施费(元)			26.56	34.52	42.49	47.79
	安文费(元)			48.29	65.85	83.76	96.74
	管理费(元)			96.58	131.70	167.51	193.48
	利润(元)			80.48	109.75	139.59	161.23
	规费(元)			276.21	359.04	441.87	496.98
名称		单位	单价(元)	数量			
综合工日		工日		(10.16)	(13.21)	(16.26)	(18.29)
破布		kg	6.19	0.500	1.000	1.500	2.000
机油 5#~7#		kg	12.10	0.400	0.800	2.000	3.000
黄油(钙基脂)		kg	8.00	0.200	0.500	0.800	1.200
棉纱线		kg	5.90	0.400	0.800	1.500	2.000
石棉绳		kg	16.20	0.200	0.500	0.800	1.200
煤油		kg	8.44	1.000	3.000	5.000	7.000
电		kW·h	0.70	10.000	45.000	80.000	120.000
砂纸		张	0.26	1.000	2.000	3.000	4.000
汽油 综合		kg	7.00	1.000	3.000	5.000	7.000
水		m^3	5.13	0.300	0.500	0.800	1.000
其他材料费		%	1.00	1.500	1.500	1.500	1.500
电动葫芦(单速) 5t		台班	39.01	0.600	1.200	1.720	1.980

7. 泵叶轮的维修更换

工作内容：设备的解体、清洗、更换叶轮、换油、组装、无负荷试运转等。

计量单位：个

定额编号				6-39	6-40	6-41
项目				电动葫芦(单速)5t		
				卧式		
				出水口径(mm以内)		
				200	500	800
基价(元)				1872.09	2530.30	3202.87
其中	人工费(元)			1139.27	1481.05	1822.83
	材料费(元)			39.96	111.75	199.22
	机械使用费(元)			17.55	44.86	68.66
	其他措施费(元)			34.18	44.43	54.68
	安文费(元)			61.22	82.74	104.73
	管理费(元)			122.43	165.48	209.47
	利润(元)			102.03	137.90	174.56
	规费(元)			355.45	462.09	568.72
名称		单位	单价(元)	数量		
综合工日		工日		(13.08)	(17.00)	(20.93)
水		m^3	5.13	0.300	0.500	0.800
棉纱线		kg	5.90	0.400	0.800	1.500
石棉绳		kg	16.20	0.200	0.500	0.800
黄油(钙基脂)		kg	8.00	0.200	0.500	0.800
破布		kg	6.19	0.500	1.000	1.500
机油 5#~7#		kg	12.10	0.400	0.800	2.000
砂纸		张	0.26	1.000	2.000	3.000
汽油 综合		kg	7.00	1.000	3.000	5.000
电		kW·h	0.70	10.000	40.000	75.000
煤油		kg	8.44	1.000	3.000	5.000
其他材料费		%	1.00	1.500	1.500	1.500
电动葫芦(单速) 5t		台班	39.01	0.450	1.150	1.760

工作内容:设备的解体、清洗、更换叶轮、换油、组装、无负荷试运转等。

计量单位:个

定额编号				6-42	6-43	6-44	6-45
项目				电动葫芦(单速)5t			
				立式			
				出水口径(mm 以内)			
				200	500	800	1000
基价(元)				1622.44	2205.00	2928.74	3243.71
其中	人工费(元)			977.26	1270.96	1641.84	1764.30
	材料费(元)			39.96	115.30	202.78	292.09
	机械使用费(元)			23.41	47.59	75.68	88.94
	其他措施费(元)			29.32	38.13	49.26	52.93
	安文费(元)			53.05	72.10	95.77	106.07
	管理费(元)			106.11	144.21	191.54	212.14
	利润(元)			88.42	120.17	159.62	176.78
	规费(元)			304.91	396.54	512.25	550.46
名称		单位	单价(元)	数量			
综合工日		工日		(11.22)	(14.59)	(18.85)	(20.26)
电		kW·h	0.70	10.000	45.000	80.000	120.000
汽油 综合		kg	7.00	1.000	3.000	5.000	7.000
黄油(钙基脂)		kg	8.00	0.200	0.500	0.800	1.200
煤油		kg	8.44	1.000	3.000	5.000	7.000
棉纱线		kg	5.90	0.400	0.800	1.500	2.000
水		m^3	5.13	0.300	0.500	0.800	1.000
破布		kg	6.19	0.500	1.000	1.500	2.000
石棉绳		kg	16.20	0.200	0.500	0.800	1.200
砂纸		张	0.26	1.000	2.000	3.000	4.000
机油 5#~7#		kg	12.10	0.400	0.800	2.000	3.000
其他材料费		%	1.00	1.500	1.500	1.500	1.500
电动葫芦(单速) 5t		台班	39.01	0.600	1.220	1.940	2.280

8. 泵轴套的维修更换

工作内容:设备的解体、清洗、更换轴套、换油、组装、无负荷试运转等。

计量单位:只

定额编号				6-46	6-47	6-48
项目				电动葫芦(单速)5t		
				卧式		
				出水口径(mm 以内)		
				200	500	800
基价(元)				1546.00	2100.58	2675.03
其中	人工费(元)			933.36	1213.48	1493.59
	材料费(元)			39.96	111.75	199.22
	机械使用费(元)			17.55	39.79	63.20
	其他措施费(元)			28.00	36.40	44.81
	安文费(元)			50.55	68.69	87.47
	管理费(元)			101.11	137.38	174.95
	利润(元)			84.26	114.48	145.79
	规费(元)			291.21	378.61	466.00
名称		单位	单价(元)	数量		
综合工日		工日		(10.72)	(13.93)	(17.15)
石棉绳		kg	16.20	0.200	0.500	0.800
破布		kg	6.19	0.500	1.000	1.500
水		m^3	5.13	0.300	0.500	0.800
黄油(钙基脂)		kg	8.00	0.200	0.500	0.800
机油 5#~7#		kg	12.10	0.400	0.800	2.000
棉纱线		kg	5.90	0.400	0.800	1.500
砂纸		张	0.26	1.000	2.000	3.000
煤油		kg	8.44	1.000	3.000	5.000
汽油 综合		kg	7.00	1.000	3.000	5.000
电		kW·h	0.70	10.000	40.000	75.000
其他材料费		%	1.00	1.500	1.500	1.500
电动葫芦(单速) 5t		台班	39.01	0.450	1.020	1.620

工作内容：设备的解体、清洗、更换轴套、换油、组装、无负荷试运转等。

计量单位：只

定额编号				6-49	6-50	6-51	6-52
项目				电动葫芦(单速)5t			
				立式			
				出水口径(mm 以内)			
				200	500	800	1000
基价(元)				1337.74	1827.79	2340.01	2712.64
其中	人工费(元)			797.49	1036.84	1276.19	1435.06
	材料费(元)			39.96	115.30	202.78	292.09
	机械使用费(元)			23.41	42.13	67.49	80.75
	其他措施费(元)			23.92	31.11	38.29	43.05
	安文费(元)			43.74	59.77	76.52	88.70
	管理费(元)			87.49	119.54	153.04	177.41
	利润(元)			72.91	99.61	127.53	147.84
	规费(元)			248.82	323.49	398.17	447.74
名称		单位	单价(元)	数量			
综合工日		工日		(9.16)	(11.90)	(14.65)	(16.48)
棉纱线		kg	5.90	0.400	0.800	1.500	2.000
机油 5#~7#		kg	12.10	0.400	0.800	2.000	3.000
黄油(钙基脂)		kg	8.00	0.200	0.500	0.800	1.200
电		kW·h	0.70	10.000	45.000	80.000	120.000
水		m^3	5.13	0.300	0.500	0.800	1.000
汽油 综合		kg	7.00	1.000	3.000	5.000	7.000
煤油		kg	8.44	1.000	3.000	5.000	7.000
石棉绳		kg	16.20	0.200	0.500	0.800	1.200
砂纸		张	0.26	1.000	2.000	3.000	4.000
破布		kg	6.19	0.500	1.000	1.500	2.000
其他材料费		%	1.00	1.500	1.500	1.500	1.500
电动葫芦(单速) 5t		台班	39.01	0.600	1.080	1.730	2.070

9. 泵密封环的维修更换

工作内容:设备的解体、清洗、更换密封环、换油、组装、无负荷试运转等。

计量单位:只

定额编号				6-53	6-54	6-55
项目				电动葫芦(单速)5t		
				卧式		
				出水口径(mm 以内)		
				200	500	800
基价(元)				1370.86	1878.43	2400.40
其中	人工费(元)			822.57	1069.24	1315.91
	材料费(元)			40.23	112.01	199.49
	机械使用费(元)			17.55	44.86	68.66
	其他措施费(元)			24.68	32.08	39.48
	安文费(元)			44.83	61.42	78.49
	管理费(元)			89.65	122.85	156.99
	利润(元)			74.71	102.37	130.82
	规费(元)			256.64	333.60	410.56
名称		单位	单价(元)	数量		
综合工日		工日		(9.44)	(12.28)	(15.11)
电		kW·h	0.70	10.000	40.000	75.000
棉纱线		kg	5.90	0.400	0.800	1.500
黄油(钙基脂)		kg	8.00	0.200	0.500	0.800
机油 5#~7#		kg	12.10	0.400	0.800	2.000
砂纸		张	0.26	2.000	3.000	4.000
石棉绳		kg	16.20	0.200	0.500	0.800
水		m^3	5.13	0.300	0.500	0.800
汽油 综合		kg	7.00	1.000	3.000	5.000
煤油		kg	8.44	1.000	3.000	5.000
破布		kg	6.19	0.500	1.000	1.500
其他材料费		%	1.00	1.500	1.500	1.500
电动葫芦(单速) 5t		台班	39.01	0.450	1.150	1.760

工作内容:设备的解体、清洗、更换密封环、换油、组装、无负荷试运转等。

计量单位:只

定额编号				6-56	6-57	6-58	6-59
项目				电动葫芦(单速)5t			
				立式			
				出水口径(mm 以内)			
				200	500	800	1000
基价(元)				1096.39	1520.04	1962.64	2290.59
其中	人工费(元)			644.89	838.25	1031.61	1162.26
	材料费(元)			40.23	115.56	203.04	292.35
	机械使用费(元)			23.41	47.59	75.68	88.94
	其他措施费(元)			19.35	25.15	30.95	34.87
	安文费(元)			35.85	49.71	64.18	74.90
	管理费(元)			71.70	99.41	128.36	149.80
	利润(元)			59.75	82.84	106.96	124.84
	规费(元)			201.21	261.53	321.86	362.63
名称		单位	单价(元)	数量			
综合工日		工日		(7.40)	(9.62)	(11.84)	(13.34)
水		m^3	5.13	0.300	0.500	0.800	1.000
石棉绳		kg	16.20	0.200	0.500	0.800	1.200
电		kW·h	0.70	10.000	45.000	80.000	120.000
棉纱线		kg	5.90	0.400	0.800	1.500	2.000
汽油 综合		kg	7.00	1.000	3.000	5.000	7.000
机油 5#~7#		kg	12.10	0.400	0.800	2.000	3.000
砂纸		张	0.26	2.000	3.000	4.000	5.000
黄油(钙基脂)		kg	8.00	0.200	0.500	0.800	1.200
煤油		kg	8.44	1.000	3.000	5.000	7.000
破布		kg	6.19	0.500	1.000	1.500	2.000
其他材料费		%	1.00	1.500	1.500	1.500	1.500
电动葫芦(单速) 5t		台班	39.01	0.600	1.220	1.940	2.280

二、机械设备维修

1. 除污机及螺旋输送机维修

工作内容：更换固定件，栅条局部调直，养护等。

计量单位：台

定额编号				6-60	6-61	6-62	6-63
项目				除污机维修			泥水分离系统维护
				格栅除污机			
				固定式	移动式	破碎式	
基价(元)				5819.77	8091.12	6788.08	2747.91
其中	人工费(元)			1959.25	1959.25	3483.79	1393.60
	材料费(元)			886.63	2656.07	526.26	236.13
	机械使用费(元)			1819.08	1819.08	1819.08	199.32
	其他措施费(元)			51.15	60.57	44.42	43.82
	安文费(元)			122.51	207.05	96.98	89.86
	管理费(元)			245.02	414.10	193.96	179.71
	利润(元)			204.18	345.08	161.64	149.76
	规费(元)			531.95	629.92	461.95	455.71
名称		单位	单价(元)	数量			
综合工日		工日		(22.50)	(22.50)	(40.00)	(16.50)
汽油 综合		kg	7.00	10.000	15.000	2.000	1.000
钢丝刷子		把	2.59	2.000	3.000	2.000	1.000
铜导线 BVV-0.5kV1×10		m	6.65	5.000	15.000	10.000	1.000
钢材		kg	3.40	20.000	50.000	10.000	5.000
棉纱		kg	12.00	5.000	8.000	4.000	2.000
牛皮纸		m^2	2.00	2.000	5.000	2.000	1.000
酚醛磁漆		kg	17.30	6.000	10.000	2.000	1.000
黄油		kg	10.50	3.000	8.000	1.000	0.500
低碳钢焊条 综合		kg	5.20	1.000	5.000	0.200	0.100
绝缘胶布		盘	2.00	2.000	3.000	1.000	0.500
铜材		kg	85.00	5.000	20.000	3.000	1.500
钢锯条		根	0.50	10.000	30.000	4.000	2.000
砂纸		张	0.26	5.000	30.000	6.000	3.000
机油		kg	12.10	3.000	5.000	1.000	0.500
油刷 $25mm^2$		把	7.00	3.000	8.000	4.000	2.000
其他材料费		%	1.00	1.500	1.500	1.500	1.500
载重汽车 装载质量(t) 4		台班	398.64	1	1	1	0.500
汽车式起重机 装载质量(t) 8		台班	691.24	2	2	2	—

工作内容:更换固定件,栅条局部调直,养护等。

计量单位:台

定额编号				6-64	6-65	6-66	6-67
项目				除污机维修		除污机换件维修	
				检修减速机	检修控制箱	更换减速机	更换控制箱
基价(元)				1905.47	1275.04	2457.21	2458.45
其中	人工费(元)			522.60	348.40	871.00	522.60
	材料费(元)			468.89	390.69	468.89	937.49
	机械使用费(元)			398.64	199.32	398.64	398.64
	其他措施费(元)			19.70	12.46	30.15	19.70
	安文费(元)			62.31	41.69	80.35	80.39
	管理费(元)			124.62	83.39	160.70	160.78
	利润(元)			103.85	69.49	133.92	133.99
	规费(元)			204.86	129.60	313.56	204.86
名称		单位	单价(元)	数量			
综合工日		工日		(7.00)	(4.50)	(11.00)	(7.00)
绝缘自粘带		盘	8.20	5.000	3.000	5.000	3.000
铜接线端子 120		个	33.67	8.000	8.000	8.000	24.000
控制箱		个	—	—	—	—	(1.00)
色带		根	7.58	20.000	12.000	20.000	12.000
减速机		台	—	—	—	(1.00)	—
其他材料费		%	1.00	1.500	1.500	1.500	1.500
载重汽车 装载质量(t) 4		台班	398.64	1.000	0.500	1.000	1.000

工作内容：更换固定件，栅条局部调直，养护等。

计量单位：台

定额编号				6-68	6-69	6-70
项目				螺旋输送机维修		螺旋输送机换件维修
				检修输送机	检修控制箱	更换控制箱
基价(元)				4626.50	1275.04	2458.45
其中	人工费(元)			1654.90	348.40	522.60
	材料费(元)			472.26	390.69	937.49
	机械使用费(元)			1089.88	199.32	398.64
	其他措施费(元)			61.71	12.46	19.70
	安文费(元)			151.29	41.69	80.39
	管理费(元)			302.57	83.39	160.78
	利润(元)			252.14	69.49	133.99
	规费(元)			641.75	129.60	204.86
名称		单位	单价(元)	数量		
综合工日		工日		(22.00)	(4.50)	(7.00)
钢材		kg	3.40	10.000	—	—
绝缘自粘带		盘	8.20	—	3.000	3.000
机油		kg	12.10	1.000	—	—
铜接线端子 120		个	33.67	—	8.000	24.000
低碳钢焊条 综合		kg	5.20	0.200	—	—
酚醛磁漆		kg	17.30	2.000	—	—
色带		根	7.58	—	12.000	12.000
钢锯条		根	0.50	4.000	—	—
牛皮纸		m^2	2.00	2.000	—	—
铜材		kg	85.00	3.000	—	—
绝缘胶布		盘	2.00	1.000	—	—
砂纸		张	0.26	6.000	—	—
棉纱		kg	12.00	4.000	—	—
铜导线 BVV-0.5kV1×10		m	6.65	2.000	—	—
黄油		kg	10.50	1.000	—	—
油刷 $25mm^2$		把	7.00	4.000	—	—
汽油 综合		kg	7.00	2.000	—	—
钢丝刷子		把	2.59	2.000	—	—
其他材料费		%	1.00	1.500	1.500	1.500
载重汽车 装载质量(t) 4		台班	398.64	1.000	0.500	1.000
汽车式起重机 提升质量(t) 8		台班	691.24	1.000	—	—

2. 天车维修

工作内容：行车系统检查，电气系统检查，制动系统检查。

计量单位：台

定额编号				6-71
项目				天车检修
基价(元)				2450.01
其中	人工费(元)			1229.33
	材料费(元)			420.57
	机械使用费(元)			5.80
	其他措施费(元)			36.88
	安文费(元)			80.12
	管理费(元)			160.23
	利润(元)			133.53
	规费(元)			383.55
名称		单位	单价(元)	数量
综合工日		工日		(14.11)
棉纱		kg	12.00	1.000
油刷 25mm²		把	7.00	2.000
酚醛磁漆		kg	17.30	10.000
行程开关 LS30P1611		个	150.00	1.000
汽油 综合		kg	7.00	1.500
齿轮油 20#		kg	16.10	3.000
砂布		张	1.31	5.000
其他材料费		%	1.00	1.500
其他机械费		元	1.00	5.800

3. 闸阀检修

工作内容：阀的检查、除锈、拆阀、更换丝杆、更换石棉绳、清洗、组装阀。

计量单位：座

定额编号				6-72	6-73	6-74	6-75
项目				闸阀的规格(mm 以内)			
				100	150	200	300
基价(元)				43.43	60.00	86.38	135.28
其中	人工费(元)			23.78	32.31	47.56	77.00
	材料费(元)			4.89	7.49	9.37	11.31
	机械使用费(元)			—	—	—	—
	其他措施费(元)			0.71	0.97	1.43	2.31
	安文费(元)			1.42	1.96	2.82	4.42
	管理费(元)			2.84	3.92	5.65	8.85
	利润(元)			2.37	3.27	4.71	7.37
	规费(元)			7.42	10.08	14.84	24.02
名称		单位	单价(元)	数量			
综合工日		工日		(0.27)	(0.37)	(0.55)	(0.88)
石棉橡胶板　中压　δ0.8~6		kg	16.20	0.170	0.280	0.330	0.400
石棉绳		kg	16.20	0.100	0.150	0.200	0.250
砂纸		张	0.26	2.000	2.000	3.000	3.000
丝杆		只	—	(1.00)	(1.00)	(1.00)	(1.00)

工作内容：阀的检查、除锈、拆阀、更换丝杆、更换石棉绳、清洗、组装阀。

计量单位：座

定额编号				6-76	6-77	6-78
项目				闸阀的规格(mm以内)		
				400	500	600
基价(元)				187.04	253.76	314.38
其中	人工费(元)			104.78	144.41	181.17
	材料费(元)			17.89	21.23	23.27
	机械使用费(元)			—	—	—
	其他措施费(元)			3.14	4.33	5.44
	安文费(元)			6.12	8.30	10.28
	管理费(元)			12.23	16.60	20.56
	利润(元)			10.19	13.83	17.13
	规费(元)			32.69	45.06	56.53
名称		单位	单价(元)	数量		
综合工日		工日		(1.20)	(1.66)	(2.08)
石棉橡胶板　中压　δ0.8~6		kg	16.20	0.690	0.830	0.840
石棉绳		kg	16.20	0.350	0.400	0.500
砂纸		张	0.26	4.000	5.000	6.000
丝杆		只	—	(1.00)	(1.00)	(1.00)

4. 更换阀门

工作内容:拆旧阀门、安装、外观检查,清除污锈,切管,套丝、上阀门、上法兰,制加垫,调直,紧螺栓,水压试验等。

计量单位:个

定额编号			6-79	6-80	6-81	6-82	6-83	6-84
项目			更换螺纹阀门					
			公称直径(mm以内)					
			20	32	50	65	80	100
基价(元)			61.79	88.68	116.26	149.10	198.35	321.66
其中	人工费(元)		27.78	42.94	56.62	65.41	80.65	141.19
	材料费(元)		2.05	3.69	6.33	22.36	43.65	66.89
	机械使用费(元)		13.03	13.83	16.20	16.20	16.20	16.20
	其他措施费(元)		0.83	1.29	1.70	1.96	2.42	4.24
	安文费(元)		2.02	2.90	3.80	4.88	6.49	10.52
	管理费(元)		4.04	5.80	7.60	9.75	12.97	21.04
	利润(元)		3.37	4.83	6.34	8.13	10.81	17.53
	规费(元)		8.67	13.40	17.67	20.41	25.16	44.05
名称	单位	单价(元)	数量					
综合工日	工日		(0.32)	(0.49)	(0.65)	(0.75)	(0.93)	(1.62)
黑玛钢活接头 DN50	个	5.10	—	—	1.050	—	—	—
碳钢电焊条 J422 Φ3.2	kg	4.10	0.165	0.165	0.165	0.165	0.165	0.165
镀锌活接头 DN100	个	61.80	—	—	—	—	—	1.050
丝扣阀门	个	—	(1.03)	(1.03)	(1.03)	(1.03)	(1.03)	(1.03)
黑玛钢活接头 DN65	个	20.10	—	—	—	1.050	—	—
尼龙砂轮片 Φ400	片	8.00	0.010	0.016	0.026	0.031	0.036	0.042
黑玛钢活接头 DN20	个	1.20	1.050	—	—	—	—	—
黑玛钢活接头 DN32	个	2.70	—	1.050	—	—	—	—
镀锌活接头 DN80	个	40.04	—	—	—	—	1.050	—
其他材料费	%	1.00	1.500	1.500	1.500	1.500	1.500	1.500
砂轮切割机 Φ500	台班	53.61	0.010	0.025	0.035	0.035	0.035	0.035
直流弧焊机 20kW	台班	71.08	0.150	0.150	0.150	0.150	0.150	0.150
试压泵 压力(MPa) 80	台班	26.13	0.070	0.070	0.140	0.140	0.140	0.140

工作内容:拆旧阀门、安装、外观检查,清除污锈,切管,套丝,上阀门、上法兰,制加垫,调直,紧螺栓,水压试验等。

计量单位:个

定额编号				6-85	6-86	6-87	6-88	6-89	6-90
项目				更换法兰阀门					
				公称直径(mm 以内)					
				50	65	80	100	125	150
基价(元)				271.74	366.18	451.51	571.92	757.79	919.30
其中	人工费(元)			65.67	99.12	135.53	242.57	264.96	291.00
	材料费(元)			110.76	124.05	146.97	96.06	218.81	312.82
	机械使用费(元)			31.38	53.23	53.75	63.06	67.76	75.68
	其他措施费(元)			1.97	2.97	4.07	7.28	7.95	8.73
	安文费(元)			8.89	11.97	14.76	18.70	24.78	30.06
	管理费(元)			17.77	23.95	29.53	37.40	49.56	60.12
	利润(元)			14.81	19.96	24.61	31.17	41.30	50.10
	规费(元)			20.49	30.93	42.29	75.68	82.67	90.79
名称		单位	单价(元)	数量					
综合工日		工日		(0.75)	(1.14)	(1.56)	(2.79)	(3.04)	(3.34)
平焊法兰　DN150　PN1.0		片	114.33	—	—	—	—	—	2.100
精制六角带帽螺栓　M16×80		套	1.30	8.650	8.690	17.300	17.300	17.300	—
氧气		m^3	3.82	—	0.040	0.060	0.080	0.100	0.120
平焊法兰　DN50　PN1.6		片	44.66	2.100	—	—	—	—	—
精制六角带帽螺栓　M20×80		套	2.90	—	—	—	—	—	17.300
平焊法兰　DN80　PN1.0		片	54.00	—	—	2.100	—	—	—
碳钢电焊条　J422　Φ3.2		kg	4.10	0.230	0.450	0.530	0.640	0.780	0.950
平焊法兰　1.0MPa　DN100		片	28.86	—	—	—	2.100	—	—
乙炔气		m^3	28.00	—	0.020	0.030	0.030	0.040	0.050
石棉橡胶板　低中压　δ0.8~6		kg	21.00	0.150	0.190	0.270	0.370	0.480	0.580
法兰阀门		个	—	(1.02)	(1.02)	(1.02)	(1.02)	(1.02)	(1.02)
平焊法兰　DN65　PN1.0		片	49.70	—	2.100	—	—	—	—
平焊法兰　DN125		片	84.91	—	—	—	—	2.100	—
其他材料费		%	1.00	1.500	1.500	1.500	1.500	1.500	1.500
试压泵　压力(MPa)　80		台班	26.13	0.140	0.160	0.180	0.210	0.308	0.448
直流弧焊机　20kW		台班	71.08	0.390	0.690	0.690	0.810	0.840	0.900

工作内容：拆旧阀门、安装、外观检查，清除污锈，切管，套丝、上阀门、上法兰，制加垫，调直，紧螺栓，水压试验等。

计量单位：个

定额编号				6-91	6-92	6-93	6-94	6-95
项目				更换法兰阀门				
				公称直径(mm以内)				
				200	300	400	500	600
基价(元)				1298.93	1567.11	1827.95	2195.47	2728.04
其中	人工费(元)			314.78	365.82	418.08	444.21	487.76
	材料费(元)			399.75	558.51	696.87	955.77	1285.86
	机械使用费(元)			278.53	278.53	291.08	308.55	371.31
	其他措施费(元)			9.44	10.97	12.54	13.33	14.63
	安文费(元)			42.48	51.24	59.77	71.79	89.21
	管理费(元)			84.95	102.49	119.55	143.58	178.41
	利润(元)			70.79	85.41	99.62	119.65	148.68
	规费(元)			98.21	114.14	130.44	138.59	152.18
名称		单位	单价(元)	数量				
综合工日		工日		(3.61)	(4.20)	(4.80)	(5.10)	(5.60)
精制六角带帽螺栓 M27		套	3.10	—	—	—	44.000	44.000
氧气		m^3	3.82	0.160	0.200	0.240	0.280	0.320
平焊法兰 DN500		片	356.40	—	—	—	2.100	—
平焊法兰 DN200		片	138.48	2.100	—	—	—	—
乙炔气		m^3	28.00	0.080	0.110	0.140	0.170	0.200
平焊法兰 DN600		片	506.69	—	—	—	—	2.100
石棉橡胶板 低中压 δ0.8~6		kg	21.00	0.690	0.790	0.890	1.000	1.100
精制六角带帽螺栓 M22		套	2.80	—	28.000	36.000	—	—
碳钢电焊条 J422 Φ3.2		kg	4.10	2.540	4.130	5.720	7.310	8.900
平焊法兰 DN300		片	179.28	—	2.100	—	—	—
平焊法兰 DN400		片	256.57	—	—	2.100	—	—
精制六角带帽螺栓 M20×80		套	2.90	25.960	20.000	—	—	—
法兰阀门		个	—	(1.02)	(1.02)	(1.02)	(1.02)	(1.02)
其他材料费		%	1.00	1.500	1.500	1.500	1.500	1.500
试压泵 压力(MPa) 80		台班	26.13	0.448	0.448	0.500	0.550	0.600
吊装机械(综合)		台班	452.86	0.280	0.280	0.300	0.320	0.440
直流弧焊机 20kW		台班	71.08	1.970	1.970	2.000	2.100	2.200

5. 闸门维修

工作内容：闸门保养维修，拆装清洗、除锈上油、涂漆、清除杂物，更换螺帽、螺栓、销子、部分闸门配件。

计量单位：套

定额编号			6-96	6-97	6-98
项目			闸门维修		
			d600~1000	d1100~1500	d1500 以外
基价(元)			12121.08	14685.51	17567.72
其中	人工费(元)		1393.60	1480.70	1742.00
	材料费(元)		6985.15	8935.95	10922.25
	机械使用费(元)		1278.55	1374.80	1471.06
	其他措施费(元)		53.87	57.29	65.93
	安文费(元)		396.36	480.22	574.46
	管理费(元)		792.72	960.43	1148.93
	利润(元)		660.60	800.36	957.44
	规费(元)		560.23	595.76	685.65
名称	单位	单价(元)	数量		
综合工日	工日		(19.00)	(20.20)	(23.40)
低碳钢焊条　综合	kg	5.20	0.500	0.800	1.000
导轨　d1100~1500	套	4350.00	—	0.250	—
联接螺母　d600~1000	套	250.00	0.250	—	—
启闭机座　d600~1000	座	2200.00	0.250	—	—
不锈钢防雨罩　d1100~1500	根	820.00	—	0.250	—
锡青铜条　30×30	m	350.00	1.000	1.500	2.000
整机防腐　>d1500	台	4200.00	—	—	0.250
棉纱	kg	12.00	1.000	1.500	2.000
汽油　综合	kg	7.00	1.500	2.000	2.500
密封圈　d1100~1500	套	4850.00	—	0.250	—
密封圈　>d1500	套	7525.00	—	—	0.250
手砂轮片	片	8.00	2.000	3.000	5.000
2Cr13 传动螺杆　>d1500	m	750.00	—	—	0.250
导轨　d600~1000	套	3500.00	0.250	—	—
电动装置　>d1500	套	18000.00	—	—	0.250
密封圈　d600~1000	套	2800.00	0.250	—	—
整机防腐　d600~1000	台	1800.00	0.250	—	—
黄油	kg	10.50	1.000	1.500	2.000
启闭机座　>d1500	座	2450.00	—	—	0.250
2Cr13 传动螺杆　d1100~1500	m	480.00	—	0.250	—
钢丝刷子	把	2.59	2.000	3.000	4.000
2Cr13 传动螺杆　d600~1000	m	450.00	0.250	—	—
电动装置　d600~1000	套	14000.00	0.250	—	—

续表

定额编号			6-96	6-97	6-98
项目			闸门维修		
			d600～1000	d1100～1500	d1500 以外
名称	单位	单价(元)	数量		
钢锯条	根	0.50	5.000	10.000	20.000
联接螺母 d1100～1500	套	450.00	—	0.250	—
不锈钢防雨罩 d600～1000	根	650.00	0.250	—	—
不锈钢防雨罩 >d1500	根	850.00	—	—	0.250
酚醛磁漆	kg	17.30	1.000	1.500	2.000
导轨 >d1500	套	4600.00	—	—	0.250
启闭机座 d1100～1500	座	2200.00	—	0.250	—
油刷 $25mm^2$	把	7.00	2.000	3.000	4.000
整机防腐 d1100～1500	台	2750.00	—	0.250	—
电动装置 d1100～1500	套	16500.00	—	0.250	—
环氧涂料面漆	kg	28.84	1.000	1.500	2.000
联接螺母 >d1500	套	875.00	—	—	0.250
其他材料费	%	1.00	1.500	1.500	1.500
载重汽车 装载质量(t) 4	台班	398.64	2.000	2.000	2.000
汽车式起重机 提升质量(t) 20	台班	962.54	0.500	0.600	0.700

6. 启闭机维修

工作内容：拆装调试、检测、换件、放油、更换游标。

计量单位：台

定额编号				6-99	6-100
项目				手动启闭机维修	电动启闭机维修
基价(元)				2322.42	2464.64
其中	人工费(元)			538.37	628.17
	材料费(元)			1245.53	1245.53
	机械使用费(元)			—	—
	其他措施费(元)			16.15	18.85
	安文费(元)			75.94	80.59
	管理费(元)			151.89	161.19
	利润(元)			126.57	134.32
	规费(元)			167.97	195.99
名称		单位	单价(元)	数量	
综合工日		工日		(6.18)	(7.21)
螺栓 M16		套	0.66	6.000	6.000
酚醛磁漆		kg	17.30	0.500	0.500
丝杠铜螺母		个	400.00	1.000	1.000
黄油		kg	10.50	2.000	2.000
棉纱		kg	12.00	1.000	1.000
汽油 综合		kg	7.00	1.000	1.000
钢丝刷子		把	2.59	2.000	2.000
无缝钢管(综合)		kg	8.22	1.500	1.500
油刷 $25mm^2$		把	7.00	1.000	1.000
丝杠 d50		m	750.00	1.000	1.000
其他材料费		%	1.00	1.500	1.500

7. 排水管件维修

工作内容:准备工作、管道清理、修复(更换)管道,钢管防腐层修复、保温层修复。

计量单位:10 件

定额编号				6-101	6-102	6-103
项目				钢管	低碳钢法兰	塑料管(承插黏接)
基价(元)				2722.06	239.74	130.13
其中	人工费(元)			679.38	67.94	81.87
	材料费(元)			266.61	13.48	0.37
	机械使用费(元)			1068.76	91.62	0.03
	其他措施费(元)			25.61	2.64	2.46
	安文费(元)			89.01	7.84	4.26
	管理费(元)			178.02	15.68	8.51
	利润(元)			148.35	13.07	7.09
	规费(元)			266.32	27.47	25.54
名称		单位	单价(元)	数量		
综合工日		工日		(9.10)	(0.93)	(0.94)
PVC-U 硬聚氯乙烯管 DN100		m	—	—	—	(10.00)
氧气		m^3	3.82	9.911	0.418	—
尼龙砂轮片 Φ100×16×3		片	4.27	2.934	—	—
黏结剂 CX-404		kg	11.50	—	—	0.032
中压碳钢对焊管件		个	—	(10.00)	—	—
乙炔气		m^3	28.00	3.304	0.139	—
带母镀锌六角螺栓 M16×60		套	1.00	—	1.236	—
低碳钢焊条 综合		kg	5.20	23.032	1.260	—
平焊法兰		片	—	—	(2.00)	—
其他材料费		%	1.00	1.500	1.500	1.500
载重汽车 装载质量(t) 4		台班	398.64	—	0.150	—
木工圆锯机 直径(mm) 500		台班	25.04	—	—	0.001
风割机		台班	45.00	0.500	0.150	—
交流弧焊机 容量(kV·A) 32		台班	83.57	5.006	0.300	—
汽车式起重机 提升质量(t) 8		台班	691.24	0.150	—	—
载重汽车 装载质量(t) 8		台班	524.22	1.000	—	—

三、电器设备维修

1.10kV 及以下高压开关柜维修

工作内容:检查清扫高压开关柜,检查绝缘部分有无裂痕、氧化、烧痕、放电,接头是否牢靠,油位是否正常,更换整修坏损部件,材料运输等。

计量单位:个

定额编号				6-104	6-105	6-106
项目				瓷管保险更换	避雷器更换	换相开关更换
基价(元)				546.42	551.26	546.42
其中	人工费(元)			179.43	179.43	179.43
	材料费(元)			—	4.11	—
	机械使用费(元)			199.32	199.32	199.32
	其他措施费(元)			7.39	7.39	7.39
	安文费(元)			17.87	18.03	17.87
	管理费(元)			35.74	36.05	35.74
	利润(元)			29.78	30.04	29.78
	规费(元)			76.89	76.89	76.89
名称		单位	单价(元)	数量		
综合工日		工日		(2.56)	(2.56)	(2.56)
瓷管保险		个	—	(1.00)	—	—
换相开关 LW12-16D		个	—	—	—	(1.00)
机螺钉 12×(25~40)		kg	20.25	—	0.200	—
氧化锌避雷器		个	—	—	(1.00)	—
其他材料费		%	1.00	1.500	1.500	1.500
载重汽车 装载质量(t) 4		台班	398.64	0.500	0.500	0.500

工作内容:检查清扫高压开关柜,检查绝缘部分有无裂痕、氧化、烧痕、放电,接头是否牢靠,油位是否正常,更换整修坏损部件,材料运输等。

计量单位:块

定　额　编　号				6-107	6-108
项　目				指针式电磁仪表更换	多功能数显仪表更换
基　价(元)				538.13	1128.17
其中	人　工　费(元)			174.20	174.20
	材　料　费(元)			—	—
	机械使用费(元)			199.32	699.32
	其他措施费(元)			7.24	7.24
	安　文　费(元)			17.60	36.89
	管　理　费(元)			35.19	73.78
	利　润(元)			29.33	61.49
	规　费(元)			75.25	75.25
名　称		单位	单价(元)	数　量	
综合工日		工日		(2.50)	(2.50)
指针式电磁仪表		块	—	(1.00)	—
多功能数显仪表		块	—	—	(1.00)
其他材料费		%	1.00	1.500	1.500
检测仪表使用费		台班	500.00	—	1.000
载重汽车　装载质量(t)　4		台班	398.64	0.500	0.500

工作内容:检查清扫高压开关柜,检查绝缘部分有无裂痕、氧化、烧痕、放电,接头是否牢靠,油位是否正常,更换整修坏损部件,材料运输等。

计量单位:台

定额编号				6-109	6-110	6-111
项目				真空断路器更换		贫油开关整修
				手车式安装	固定式安装	
基价(元)				1933.44	2733.83	1352.13
其中	人工费(元)			696.80	871.00	522.60
	材料费(元)			258.83	258.83	—
	机械使用费(元)			398.64	797.28	398.64
	其他措施费(元)			24.92	34.17	19.70
	安文费(元)			63.22	89.40	44.21
	管理费(元)			126.45	178.79	88.43
	利润(元)			105.37	148.99	73.69
	规费(元)			259.21	355.37	204.86
名称		单位	单价(元)	数量		
综合工日		工日		(9.00)	(12.00)	(7.00)
铜排 60×6		kg	85.00	3.000	3.000	—
变压器油 SCB11-M-1600/10		kg	—	—	—	(3.00)
真空断路器 固定式:VS1-630-25kA		组	—	—	(1.00)	—
真空断路器 手车式:VS1-630-25kA		组	—	(1.00)	—	—
其他材料费		%	1.00	1.500	1.500	1.500
载重汽车 装载质量(t) 4		台班	398.64	1.000	2.000	1.000

工作内容：检查清扫高压开关柜，检查绝缘部分有无裂痕、氧化、烧痕、放电，接头是否牢靠，油位是否正常，更换整修坏损部件，材料运输等。

计量单位：项

定额编号				6-112	6-113
项目				二次线调整	操作机构整修(套)
基价(元)				1750.80	951.95
其中	人工费(元)			435.50	435.50
	材料费(元)			454.72	—
	机械使用费(元)			398.64	199.32
	其他措施费(元)			17.09	15.08
	安文费(元)			57.25	31.13
	管理费(元)			114.50	62.26
	利润(元)			95.42	51.88
	规费(元)			177.68	156.78
名称		单位	单价(元)	数量	
综合工日		工日		(6.00)	(5.50)
接线端子板		个	300.00	1.000	—
指示灯		只	—	1.000	—
绝缘导线 2.5~6		kg	37.00	4.000	—
其他材料费		%	1.00	1.500	—
载重汽车 装载质量(t) 4		台班	398.64	1.000	0.500

工作内容:检查清扫高压开关柜,检查绝缘部分有无裂痕、氧化、烧痕、放电,接头是否牢靠,油位是否正常,更换整修坏损部件,材料运输等。

计量单位:面

定额编号				6-114	6-115	6-116	6-117
项目				隔离开关调整	隔离开关更换	多油电磁开关调整	电流互感器更换
基价(元)				676.07	1352.13	951.95	938.32
其中	人工费(元)			261.30	522.60	435.50	261.30
	材料费(元)			—	—	—	—
	机械使用费(元)			199.32	398.64	199.32	398.64
	其他措施费(元)			9.85	19.70	15.08	11.86
	安文费(元)			22.11	44.21	31.13	30.68
	管理费(元)			44.21	88.43	62.26	61.37
	利润(元)			36.85	73.69	51.88	51.14
	规费(元)			102.43	204.86	156.78	123.33
名称		单位	单价(元)	数量			
综合工日		工日		(3.50)	(7.00)	(5.50)	(4.00)
隔离开关 GN16-10/200A		组	—	—	(1.00)	—	—
电流互感器 LZJC		个	—	—	—	—	(1.00)
载重汽车 装载质量(t) 4		台班	398.64	0.500	1.000	0.500	1.000

工作内容：检查清扫高压开关柜，检查绝缘部分有无裂痕、氧化、烧痕、放电，接头是否牢靠，油位是否正常，更换整修坏损部件，材料运输等。

计量单位：面

定额编号			6-118	6-119	6-120
项目			电压互感器更换	绝缘子更换	控制回路整修
基价(元)			938.32	469.16	1991.26
其中	人工费(元)		261.30	130.65	958.10
	材料费(元)		—	—	179.40
	机械使用费(元)		398.64	199.32	199.32
	其他措施费(元)		11.86	5.93	30.75
	安文费(元)		30.68	15.34	65.11
	管理费(元)		61.37	30.68	130.23
	利润(元)		51.14	25.57	108.52
	规费(元)		123.33	61.67	319.83
名称	单位	单价(元)	数量		
综合工日	工日		(4.00)	(2.00)	(11.50)
接线端子板	个	300.00	—	—	0.300
绝缘子	个	—	—	(1.00)	—
按钮	个	15.00	—	—	0.600
电压互感器 JDZ-10	个	—	(1.00)	—	—
电压表 42L6	块	40.00	—	—	0.300
指示灯	只	—	—	—	0.600
中间继电器 JZ7-44	个	50.00	—	—	0.300
电流表 59T1	块	58.00	—	—	0.300
换相开关 LW12-16D	个	120.00	—	—	0.300
载重汽车 装载质量(t) 4	台班	398.64	1.000	0.500	0.500

工作内容:增装零序互感器、电流瞬间中间继电器、盘柜二次线、跳闸线连接、零序保护定值调试,含元件费。

计量单位:套

定额编号				6-121	6-122
项目				增装零序保护装置	增装后备操作电源装置
基价(元)				2804.16	653.55
其中	人工费(元)			1232.03	404.14
	材料费(元)			712.52	—
	机械使用费(元)			10.34	11.47
	其他措施费(元)			36.96	12.12
	安文费(元)			91.70	21.37
	管理费(元)			183.39	42.74
	利润(元)			152.83	35.62
	规费(元)			384.39	126.09
名称		单位	单价(元)	数量	
综合工日		工日		(14.15)	(4.64)
镀锌精致带帽螺栓		套	0.88	62.700	—
零序保护装置		套	—	(1.00)	—
电源装置 10kV		套	—	—	(1.00)
塑料软管 Φ12		m	0.42	77.000	—
零序保护装置调试及其他费		元	1.00	625.000	—
零序电流互感器调试机械费		元	1.00	10.340	—
轻型铁构件机械费		元	1.00	—	11.470

工作内容:增装零序互感器、电流瞬间中间继电器、盘柜二次线、跳闸线连接、零序保护定值调试,含元件费。

计量单位:台

定额编号				6-123	6-124	6-125
项目				更换调试保护继电器	更换调试综合保护器	更换电力电容器(只)
基价(元)				2837.07	4340.24	525.50
其中	人工费(元)			1582.87	1820.39	299.45
	材料费(元)			279.92	—	—
	机械使用费(元)			—	1234.96	43.45
	其他措施费(元)			47.49	54.61	8.98
	安文费(元)			92.77	141.93	17.18
	管理费(元)			185.54	283.85	34.37
	利润(元)			154.62	236.54	28.64
	规费(元)			493.86	567.96	93.43
名称		单位	单价(元)	数量		
综合工日		工日		(18.17)	(20.90)	(3.44)
综合保护器		个	—	—	(1.00)	—
电力电容器		个	—	—	—	(1.00)
保护继电器		个	—	(1.00)	—	—
保护继电器校验材料费		元	1.00	279.920	—	—
高压试验车		台班	1669.92	—	0.500	—
综合保护器校验机械费		元	1.00	—	400.000	—
电力电容器调试机械费		元	1.00	—	—	43.450

2. 室外变电设备维修

工作内容：检查清扫室内外变电设备及其附属设施，检查绝缘部分有无裂痕、氧化、烧痕、放电、接头是否牢靠，油位是否正常，更换整修坏损部件，材料运输等。

计量单位：相

定额编号				6-126	6-127	6-128	6-129
项目				高压一次导线更换	变电拉线调整	变电杆位调整	接地极整修
基价(元)				2619.37	607.09	1567.92	652.91
其中	人工费(元)			217.75	217.75	609.70	217.75
	材料费(元)			1705.20	—	65.98	38.83
	机械使用费(元)			199.32	199.32	398.64	199.32
	其他措施费(元)			8.54	8.54	22.31	8.54
	安文费(元)			85.65	19.85	51.27	21.35
	管理费(元)			171.31	39.70	102.54	42.70
	利润(元)			142.76	33.09	85.45	35.58
	规费(元)			88.84	88.84	232.03	88.84
名称		单位	单价(元)	数量			
综合工日		工日		(3.00)	(3.00)	(8.00)	(3.00)
生石灰		t	130.00	—	—	0.500	—
绝缘铜线		kg	120.00	14.000	—	—	—
角钢 3~6(厚)×45~50(宽)		t	3825.75	—	—	—	0.010
其他材料费		%	1.00	1.500	—	1.500	1.500
载重汽车 装载质量(t) 4		台班	398.64	0.500	0.500	1.000	0.500

工作内容：检查清扫室内外变电设备及其附属设施，检查绝缘部分有无裂痕、氧化、烧痕、放电、接头是否牢靠，油位是否正常，更换整修坏损部件，材料运输等。

计量单位：相

定额编号				6-130	6-131	6-132	6-133
项目				变电维修零活	变电第二组跌落保险更换(台)	绝缘烘干处理(台)	变电设备瓷件更换(个)
基价(元)				469.16	617.58	2675.87	538.13
其中	人工费(元)			130.65	224.37	1219.40	174.20
	材料费(元)			—	—	631.10	—
	机械使用费(元)			199.32	199.32	—	199.32
	其他措施费(元)			5.93	8.74	36.58	7.24
	安文费(元)			15.34	20.19	87.50	17.60
	管理费(元)			30.68	40.39	175.00	35.19
	利润(元)			25.57	33.66	145.84	29.33
	规费(元)			61.67	90.91	380.45	75.25
名称		单位	单价(元)	数量			
综合工日		工日		(2.00)	(3.08)	(14.00)	(2.50)
电		kW·h	0.70	—	—	600.000	—
陶瓷拉棒 10~35kV		个	—	—	—	—	(1.00)
跌落保险 RW1-10kV		支	—	—	(1.00)	—	—
陶瓷横担 10~35kW		个	—	—	—	—	(1.00)
烘干辅助材料费		元	1.00	—	—	211.100	—
其他材料费		%	1.00	—	1.500	—	1.500
载重汽车 装载质量(t) 4		台班	398.64	0.500	0.500	—	0.500

工作内容:检查清扫室内外变电设备及其附属设施,检查绝缘部分有无裂痕、氧化、烧痕、放电、接头是否牢靠,油位是否正常,更换整修坏损部件,材料运输等。

计量单位:个

定额编号				6-134	6-135	6-136
项目				避雷器更换	变压器二次刀闸更换	变压器二次方保险更换
基价(元)				611.94	676.07	538.13
其中	人工费(元)			217.75	261.30	174.20
	材料费(元)			4.11	—	—
	机械使用费(元)			199.32	199.32	199.32
	其他措施费(元)			8.54	9.85	7.24
	安文费(元)			20.01	22.11	17.60
	管理费(元)			40.02	44.21	35.19
	利润(元)			33.35	36.85	29.33
	规费(元)			88.84	102.43	75.25
名称		单位	单价(元)	数量		
综合工日		工日		(3.00)	(3.50)	(2.50)
机螺钉 12×(25~40)		kg	20.25	0.200	—	—
氧化锌避雷器		个	—	(1.00)	—	—
低压刀闸		个	—	—	(1.00)	—
方保险 综合		个	—	—	—	(1.00)
其他材料费		%	1.00	1.500	1.500	1.500
载重汽车 装载质量(t) 4		台班	398.64	0.500	0.500	0.500

3. 室内变电设备维修

工作内容：检查清扫室内变电室设备，检查绝缘部分有无裂痕、氧化、烧痕、放电，接头是否牢靠，整修更换坏损部件，材料运输等。

计量单位：相

定额编号				6-137	6-138	6-139	6-140	6-141
项目				进户马蹄管更换	鱼雷套管更换	进户负荷开关更换（组）	进户三联刀闸调整（组）	绝缘子更换（个）
基价（元）				6428.58	607.09	2179.77	676.07	469.16
其中	人工费（元）			3396.90	217.75	1045.20	261.30	130.65
	材料费（元）			—	—	—	—	—
	机械使用费（元）			797.28	199.32	398.64	199.32	199.32
	其他措施费（元）			109.95	8.54	35.38	9.85	5.93
	安文费（元）			210.21	19.85	71.28	22.11	15.34
	管理费（元）			420.43	39.70	142.56	44.21	30.68
	利润（元）			350.36	33.09	118.80	36.85	25.57
	规费（元）			1143.45	88.84	367.91	102.43	61.67
名称		单位	单价（元）	数量				
综合工日		工日		(41.00)	(3.00)	(13.00)	(3.50)	(2.00)
进户马蹄管 10~35kV		组	—	(1.00)	—	—	—	—
鱼雷套管 10~35kV		组	—	—	(1.00)	—	—	—
进户负荷开关		组	—	—	—	(1.00)	—	—
高压绝缘子 10~35kV		个	—	—	—	—	—	(1.00)
其他材料费		%	1.00	1.500	1.500	1.500	—	1.500
载重汽车 装载质量(t) 4		台班	398.64	2.000	0.500	1.000	0.500	0.500

4. 油浸式变压器维修

工作内容:放油,吊变压器芯,拆除旧导电杆,银焊新导电杆,充入试验合格的绝缘油,更换大盖密封胶件,变压器试验。

计量单位:项

定额编号				6-142	6-143	6-144
项目				更换油标	10kV,1250kV·A 以内	
					更换导电杆(根)	更换套管(个)
基价(元)				768.57	2139.28	2139.28
其中	人工费(元)			269.23	448.65	448.65
	材料费(元)			—	913.50	913.50
	机械使用费(元)			289.98	297.24	297.24
	其他措施费(元)			8.08	13.46	13.46
	安文费(元)			25.13	69.95	69.95
	管理费(元)			50.26	139.91	139.91
	利润(元)			41.89	116.59	116.59
	规费(元)			84.00	139.98	139.98
名称		单位	单价(元)	数量		
综合工日		工日		(3.09)	(5.15)	(5.15)
油过滤器		个	160.00	—	1.500	1.500
变压器油		kg	16.50	—	40.000	40.000
油标		个	—	(1.00)	—	—
导电杆		只	—	—	(1.00)	—
套管		个	—	—	—	(1.00)
其他材料费		%	1.00	1.500	1.500	1.500
其他机械费		元	1.00	6.980	14.240	14.240
油浸式调试机械费		元	1.00	283.000	283.000	283.000

工作内容:放油,吊变压器芯,拆除旧导电杆,银焊新导电杆,充入试验合格的绝缘油,更换大盖密封胶件,变压器试验。

计量单位:只

定额编号				6-145	6-146	6-147	6-148
项目				10kV,1250kV·A 以内			更换密封橡胶垫10kV(套)
				更换分接开关	更换瓦斯继电器(台)	更换放油阀	
基价(元)				2423.59	2139.28	2731.90	3016.20
其中	人工费(元)			628.17	448.65	448.65	628.17
	材料费(元)			913.50	913.50	1410.85	1410.85
	机械使用费(元)			297.24	297.24	302.07	302.07
	其他措施费(元)			18.85	13.46	13.46	18.85
	安文费(元)			79.25	69.95	89.33	98.63
	管理费(元)			158.50	139.91	178.67	197.26
	利润(元)			132.09	116.59	148.89	164.38
	规费(元)			195.99	139.98	139.98	195.99
名称		单位	单价(元)	数量			
综合工日		工日		(7.21)	(5.15)	(5.15)	(7.21)
分接开关 315kV·A		个	—	(1.00)	—	—	—
油过滤器		个	160.00	1.500	1.500	2.500	2.500
放油阀		个	—	—	—	(1.00)	—
密封橡胶件		个	—	—	—	—	(1.00)
变压器油		kg	16.50	40.000	40.000	60.000	60.000
瓦斯继电器		个	—	—	(1.00)	—	—
其他材料费		%	1.00	1.500	1.500	1.500	1.500
其他机械费		元	1.00	14.240	14.240	19.070	19.070
油浸式调试机械费		元	1.00	283.000	283.000	283.000	283.000

5. 干式变压器维修

工作内容：更换冷却风机，更换温度控制器。

计量单位：台

定额编号				6-149	6-150
项目				更换冷却风机	更换温度控制器(套)
基价(元)				937.97	743.20
其中	人工费(元)			592.28	469.29
	材料费(元)			—	—
	机械使用费(元)			—	—
	其他措施费(元)			17.77	14.08
	安文费(元)			30.67	24.30
	管理费(元)			61.34	48.61
	利润(元)			51.12	40.50
	规费(元)			184.79	146.42
名称		单位	单价(元)	数量	
综合工日		工日		(6.80)	(5.39)
温度控制器		套	—	—	(1.00)
冷却风机		套	—	(1.00)	—
其他材料费		%	1.00	1.500	1.500

6. 微型电机、变频机组检查接线

工作内容:检查定子、转子和轴承,吹扫、测量空气间隙,手动盘车检查电机运转情况、接地、空载试运转。

计量单位:台

定额编号				6-151	6-152	6-153	6-154	6-155
项目				微型电机	变频机组(kW 以下)			
					4	8	15	20
基价(元)				139.16	664.28	708.14	827.97	1044.93
其中	人工费(元)			65.33	376.27	391.08	456.40	585.31
	材料费(元)			30.26	42.15	59.44	73.33	84.17
	机械使用费(元)			—	15.81	15.81	15.81	15.81
	其他措施费(元)			1.96	11.29	11.73	13.69	17.56
	安文费(元)			4.55	21.72	23.16	27.07	34.17
	管理费(元)			9.10	43.44	46.31	54.15	68.34
	利润(元)			7.58	36.20	38.59	45.12	56.95
	规费(元)			20.38	117.40	122.02	142.40	182.62
名称		单位	单价(元)	数量				
综合工日		工日		(0.75)	(4.32)	(4.49)	(5.24)	(6.72)
金属软管活接头 Φ25		套	—	—	—	(2.04)	(2.04)	(2.04)
电		kW·h	0.70	1.000	2.500	5.000	7.000	10.000
黄腊带 20mm×10m		卷	11.70	0.300	1.500	2.000	2.320	3.000
焊锡膏		kg	36.00	0.010	0.020	0.040	0.060	0.060
自粘橡胶带 20×5		m^2	3.00	0.200	0.500	1.000	1.200	1.200
镀锡铜绞线 6~10mm^2		m	67.00	0.300	—	—	—	—
镀锌扁钢 —25×4		kg	4.08	—	2.400	2.400	2.400	2.400
金属软管活接头 Φ20		套	—	(2.04)	(2.04)	—	—	—
电力复合脂		kg	20.00	0.010	0.020	0.040	0.060	0.060
低碳钢焊条 综合		kg	5.20	—	0.100	0.100	0.100	0.100
金属软管 Φ20		m	—	(1.25)	(1.25)	—	—	—
金属软管 Φ25		m	—	—	—	(1.25)	(1.25)	(1.25)
破布		kg	6.19	0.200	0.500	0.600	0.700	0.800
焊锡丝		kg	62.00	0.050	0.100	0.200	0.300	0.300
其他材料费		%	1.00	1.500	1.500	1.500	1.500	1.500
电焊机 综合		台班	122.18	—	0.100	0.100	0.100	0.100
电动空气压缩机 排气量(m^3/min) 0.6		台班	35.87	—	0.100	0.100	0.100	0.100

7. 小型交流异步电机检查接线

工作内容:检查定子、转子和轴承,吹扫、测量空气间隙,手动盘车检查电机运转情况、接地、空载试运转。

计量单位:台

定额编号				6-156	6-157	6-158	6-159
项目				交流异步电机检查接线(功率 kW 以下)			
				3	13	30	100
基价(元)				224.65	419.87	645.34	994.89
其中	人工费(元)			116.71	222.98	349.27	557.44
	材料费(元)			25.28	44.42	61.26	78.11
	机械使用费(元)			8.47	12.14	16.88	16.88
	其他措施费(元)			3.50	6.69	10.48	16.72
	安文费(元)			7.35	13.73	21.10	32.53
	管理费(元)			14.69	27.46	42.21	65.07
	利润(元)			12.24	22.88	35.17	54.22
	规费(元)			36.41	69.57	108.97	173.92
名称		单位	单价(元)	数量			
综合工日		工日		(1.34)	(2.56)	(4.01)	(6.40)
金属软管 Φ50		m	—	—	—	—	(1.25)
黄腊带 20mm×10m		卷	11.70	0.800	1.400	2.000	2.000
低碳钢焊条 综合		kg	5.20	0.040	0.070	0.100	0.100
自粘橡胶带 20×5		m^2	3.00	0.300	0.400	0.500	1.000
金属软管活接头 Φ25		套	—	(2.04)	(2.04)	—	—
镀锌扁钢 25×4		kg	4.08	1.500	2.400	2.400	2.400
金属软管活接头 Φ40		套	—	—	—	(2.04)	—
电力复合脂		kg	20.00	0.020	0.030	0.040	0.060
金属软管 Φ40		m	—	—	—	(1.25)	—
电		kW·h	0.70	2.000	6.000	12.000	30.000
金属软管 Φ25		m	—	(1.25)	(1.25)	—	—
焊锡膏		kg	36.00	0.020	0.030	0.040	0.040
焊锡丝		kg	62.00	0.080	0.140	0.200	0.200
金属软管活接头 Φ50		套	—	—	—	—	(2.04)
汽油 综合		kg	7.00	0.120	0.210	0.300	0.600
其他材料费		%	1.00	1.500	1.500	1.500	1.500
电动空气压缩机 排气量(m^3/min)	0.6	台班	35.87	0.100	0.100	0.130	0.130
电焊机 综合		台班	122.18	0.040	0.070	0.100	0.100

工作内容:检查定子、转子和轴承,吹扫、测量空气间隙,手动盘车检查电机运转情况、接地、空载试运转。

计量单位:台

定额编号				6-160
项目				交流异步电机检查接线(功率 kW 以下)
				220
基价(元)				1318.65
其中	人工费(元)			734.25
	材料费(元)			115.17
	机械使用费(元)			16.88
	其他措施费(元)			22.03
	安文费(元)			43.12
	管理费(元)			86.24
	利润(元)			71.87
	规费(元)			229.09
名称		单位	单价(元)	数量
综合工日		工日		(8.43)
焊锡膏		kg	36.00	0.060
焊锡丝		kg	62.00	0.300
电		kW·h	0.70	66.000
自粘橡胶带 20×5		m^2	3.00	1.400
低碳钢焊条 综合		kg	5.20	0.100
金属软管活接头 Φ50		套	—	(2.04)
汽油 综合		kg	7.00	1.000
黄腊带 20mm×10m		卷	11.70	2.000
镀锌扁钢 25×4		kg	4.08	2.400
电力复合脂		kg	20.00	0.080
金属软管 Φ50		m	—	(1.25)
其他材料费		%	1.00	1.500
电动空气压缩机 排气量(m^3/min) 0.6		台班	35.87	0.130
电焊机 综合		台班	122.18	0.100

8. 小型立式电机检查接线

工作内容:检查定子、转子和轴承,吹扫、测量空气间隙,手动盘车检查电机运转情况、接地、空载试运转。

计量单位:台

定额编号				6-161	6-162	6-163	6-164
项目				立式电机检查接线(功率 kW 以下)			
				10	30	60	100
基价(元)				635.56	814.94	1103.56	1276.81
其中	人工费(元)			350.14	453.79	623.64	714.22
	材料费(元)			52.88	64.72	81.35	106.60
	机械使用费(元)			15.81	16.88	16.88	16.88
	其他措施费(元)			10.50	13.61	18.71	21.43
	安文费(元)			20.78	26.65	36.09	41.75
	管理费(元)			41.57	53.30	72.17	83.50
	利润(元)			34.64	44.41	60.14	69.59
	规费(元)			109.24	141.58	194.58	222.84
名称		单位	单价(元)	数量			
综合工日		工日		(4.02)	(5.21)	(7.16)	(8.20)
自粘橡胶带 20×5		m^2	3.00	0.400	0.600	0.800	1.500
汽油 综合		kg	7.00	0.120	0.210	0.300	0.600
金属软管活接头 Φ40		套	—	—	—	(2.04)	—
焊锡膏		kg	36.00	0.030	0.040	0.040	0.060
电		kW·h	0.70	6.000	12.000	26.000	30.000
金属软管 Φ40		m	—	—	—	(1.25)	—
黄腊带 20mm×10m		卷	11.70	2.100	2.320	2.760	3.680
低碳钢焊条 综合		kg	5.20	0.100	0.100	0.100	0.100
焊锡丝		kg	62.00	0.150	0.200	0.200	0.300
镀锌扁钢 25×4		kg	4.08	2.400	2.400	2.400	2.400
金属软管 Φ50		m	—	—	—	—	(1.25)
电力复合脂		kg	20.00	0.030	0.040	0.050	0.060
金属软管活接头 Φ25		套	—	(2.04)	(2.04)	—	—
金属软管活接头 Φ50		套	—	—	—	—	(2.04)
金属软管 Φ25		m	—	(1.25)	(1.25)	—	—
其他材料费		%	1.00	1.500	1.500	1.500	1.500
电动空气压缩机 排气量(m^3/min) 0.6		台班	35.87	0.100	0.130	0.130	0.130
电焊机 综合		台班	122.18	0.100	0.100	0.100	0.100

工作内容：检查定子、转子和轴承，吹扫、测量空气间隙，手动盘车检查电机运转情况、接地、空载试运转。

计量单位：台

定额编号				6-165
项目				立式电机检查接线(功率 kW 以下)
				200
基价(元)				1646.04
其中	人工费(元)			914.55
	材料费(元)			150.64
	机械使用费(元)			16.88
	其他措施费(元)			27.44
	安文费(元)			53.83
	管理费(元)			107.65
	利润(元)			89.71
	规费(元)			285.34
名称		单位	单价(元)	数量
综合工日		工日		(10.50)
黄腊带 20mm×10m		卷	11.70	4.600
镀锌扁钢 25×4		kg	4.08	2.400
金属软管 Φ50		m	—	(1.25)
电		kW·h	0.70	60.000
金属软管活接头 Φ50		套	—	(2.04)
焊锡膏		kg	36.00	0.080
电力复合脂		kg	20.00	0.080
低碳钢焊条 综合		kg	5.20	0.100
焊锡丝		kg	62.00	0.400
自粘橡胶带 20×5		m^2	3.00	2.000
汽油 综合		kg	7.00	1.000
其他材料费		%	1.00	1.500
电焊机 综合		台班	122.18	0.100
电动空气压缩机 排气量(m^3/min) 0.6		台班	35.87	0.130

9. 大中型电机检查接线

工作内容：检查定子、转子和轴承，吹扫、测量空气间隙，手动盘车检查电机运转情况、接地、空载试运转。

计量单位：台

定额编号				6-166	6-167	6-168	6-169	6-170
项目				大中型电机检查接线(质量 t/台)				
				≤5	≤10	≤20	≤30	>30,每增加 1t
基价(元)				2476.55	3888.70	5889.96	7840.13	235.37
其中	人工费(元)			1089.62	1539.93	2234.12	2917.85	83.62
	材料费(元)			180.06	328.33	648.52	939.44	32.72
	机械使用费(元)			410.47	808.72	1206.97	1605.22	49.01
	其他措施费(元)			36.71	54.24	79.08	103.62	2.99
	安文费(元)			80.98	127.16	192.60	256.37	7.70
	管理费(元)			161.97	254.32	385.20	512.74	15.39
	利润(元)			134.97	211.93	321.00	427.29	12.83
	规费(元)			381.77	564.07	822.47	1077.60	31.11
名称		单位	单价(元)	数量				
综合工日		工日		(13.51)	(19.68)	(28.65)	(37.50)	(1.08)
金属软管 Φ75		m	—	(1.25)	—	—	—	—
焊锡膏		kg	36.00	0.080	0.100	0.120	0.140	0.010
自粘橡胶带 20×5		m^2	3.00	1.000	1.500	2.000	2.500	0.080
低碳钢焊条 综合		kg	5.20	0.100	0.100	0.100	0.100	0.010
电力复合脂		kg	20.00	0.100	0.200	0.250	0.300	0.010
金属软管 Φ100		m	—	—	(1.25)	(2.50)	(3.75)	(0.13)
电		kW·h	0.70	105.000	270.000	640.000	1000.000	35.000
聚四氟乙烯带 1×30		kg	168.00	0.300	0.420	0.700	0.850	0.030
焊锡丝		kg	62.00	0.400	0.500	0.600	0.700	0.020
镀锌扁钢 40×4		kg	4.06	5.000	5.000	5.000	5.000	0.150
金属软管活接头 Φ100		套	—	—	(2.04)	(4.08)	(6.12)	(0.20)
金属软管活接头 Φ75		套	—	(2.04)	—	—	—	—
其他材料费		%	1.00	1.500	1.500	1.500	1.500	1.500
电焊机 综合		台班	122.18	0.100	0.100	0.100	0.100	0.010
电动空气压缩机 排气量(m^3/min) 0.6		台班	35.87	0.500	1.000	1.500	2.000	0.060
汽车式起重机 提升质量 10t		台班	760.63	0.500	1.000	1.500	2.000	0.060

10. 电机维护

工作内容：电机内部除尘，接线端子检查，维护调整传动部分，紧固更换螺钉、螺母，检查电刷和滑环接触是否良好，除锈上漆，材料运输等。

计量单位：台

定额编号				6-171	6-172
项目				滑环式电机	
				55~100kW 以内	100kW 以外
基价(元)				350.41	404.92
其中	人工费(元)			134.57	157.04
	材料费(元)			94.11	110.16
	机械使用费(元)			19.93	19.93
	其他措施费(元)			4.24	4.91
	安文费(元)			11.46	13.24
	管理费(元)			22.92	26.48
	利润(元)			19.10	22.07
	规费(元)			44.08	51.09
名称		单位	单价(元)	数量	
综合工日		工日		(1.60)	(1.85)
砂布		张	1.31	3.000	4.000
棉纱		kg	12.00	0.250	0.300
胶布		盘	5.00	1.000	1.000
酚醛磁漆		kg	17.30	1.000	1.500
油刷 25mm^2		把	7.00	2.000	2.000
黄油		kg	10.50	1.500	2.000
白布		m^2	9.14	1.000	1.000
破布		kg	6.19	0.250	0.250
腊布带 20mm×10m		盘	10.00	1.000	1.000
汽油 综合		kg	7.00	1.000	1.000
机油		kg	12.10	0.500	0.500
其他材料费		%	1.00	1.500	1.500
载重汽车 装载质量(t) 4		台班	398.64	0.050	0.050

工作内容:电机内部除尘,接线端子检查,维护调整传动部分,紧固更换螺钉、螺母,检查电刷和滑环接触是否良好,除锈上漆,材料运输等。

计量单位:台

定额编号				6-173	6-174	6-175
项目				鼠笼式电机		
				30~55kW以内	55~100kW以内	100kW以外
基价(元)				245.15	333.15	386.18
其中	人工费(元)			103.21	130.13	157.04
	材料费(元)			51.45	85.46	94.27
	机械使用费(元)			15.95	19.93	19.93
	其他措施费(元)			3.26	4.10	4.91
	安文费(元)			8.02	10.89	12.63
	管理费(元)			16.03	21.79	25.26
	利润(元)			13.36	18.16	21.05
	规费(元)			33.87	42.69	51.09
名称		单位	单价(元)	数量		
综合工日		工日		(1.23)	(1.54)	(1.85)
砂布		张	1.31	2.000	3.000	4.000
机油		kg	12.10	0.250	0.400	0.500
汽油　综合		kg	7.00	0.500	1.000	1.000
酚醛磁漆		kg	17.30	0.500	1.000	1.000
胶布		盘	5.00	0.500	1.000	1.000
腊布带　20mm×10m		盘	10.00	0.500	1.000	1.000
油刷　$25mm^2$		把	7.00	1.000	1.000	1.000
黄油		kg	10.50	1.000	1.500	2.000
白布		m^2	9.14	0.500	1.000	1.000
棉纱		kg	12.00	0.200	0.250	0.300
破布		kg	6.19	0.150	0.200	0.250
其他材料费		%	1.00	1.500	1.500	1.500
载重汽车　装载质量(t)　4		台班	398.64	0.040	0.050	0.050

11. 小型电机干燥

工作内容:接电源及干燥前的准备、安装加热及保温设施、加温干燥及值班、检查绝缘情况、拆除清理。

计量单位:台

定额编号				6-176	6-177	6-178	6-179	6-180
项目				小型电机干燥(功率 kW 以下)				
				3	13	30	100	220
基价(元)				554.37	933.61	1355.27	2074.99	2669.91
其中	人工费(元)			304.85	494.73	648.90	1010.36	1219.40
	材料费(元)			60.66	127.21	277.63	402.45	626.05
	机械使用费(元)			—	—	—	—	—
	其他措施费(元)			9.15	14.84	19.47	30.31	36.58
	安文费(元)			18.13	30.53	44.32	67.85	87.31
	管理费(元)			36.26	61.06	88.63	135.70	174.61
	利润(元)			30.21	50.88	73.86	113.09	145.51
	规费(元)			95.11	154.36	202.46	315.23	380.45
名称		单位	单价(元)	数量				
综合工日		工日		(3.50)	(5.68)	(7.45)	(11.60)	(14.00)
石棉布 δ2.5		m^2	4.10	0.160	0.280	0.400	0.500	0.600
电		kW·h	0.70	48.000	94.000	185.000	324.000	600.000
绝缘胶带黑 20mm×20m		卷	2.00	0.160	0.280	0.400	0.500	0.600
BX 铜芯橡皮线 500V-16mm^2		m	4.84	—	—	20.000	22.000	24.000
红外线灯泡 220V 1000W		个	68.00	0.240	0.420	0.600	0.800	1.000
BX 铜芯橡皮线 500V-6mm^2		m	1.96	—	14.000	—	—	—
BX 铜芯橡皮线 500V-2.5mm^2		m	1.00	8.000	—	—	—	—
其他材料费		%	1.00	3.000	3.000	3.000	3.000	3.000

12. 大中型电机干燥

工作内容：接电源及干燥前的准备、安装加热及保温设施、加温干燥及值班、检查绝缘情况、拆除清理。

计量单位：台

定额编号				6-181	6-182	6-183	6-184	6-185
项目				大中型电机干燥(质量 t/台)				
				≤5	≤10	≤20	≤30	>30,每增加 1t
基价(元)				3186.45	5448.60	8662.62	12978.77	411.87
其中	人工费(元)			1341.34	1959.75	2795.91	4198.22	123.68
	材料费(元)			900.12	1987.16	3588.59	5364.20	183.03
	机械使用费(元)			—	—	—	—	—
	其他措施费(元)			40.24	58.79	83.88	125.95	3.71
	安文费(元)			104.20	178.17	283.27	424.41	13.47
	管理费(元)			208.39	356.34	566.54	848.81	26.94
	利润(元)			173.66	296.95	472.11	707.34	22.45
	规费(元)			418.50	611.44	872.32	1309.84	38.59
名称		单位	单价(元)	数量				
综合工日		工日		(15.40)	(22.50)	(32.10)	(48.20)	(1.42)
破布		kg	6.19	0.400	0.500	0.700	1.000	0.030
石棉布 δ2.5		m^2	4.10	0.400	0.500	0.600	0.700	0.020
BX 铜芯橡皮线 500V-25mm^2		m	7.50	24.000	—	—	—	—
BX 铜芯橡皮线 500V-70mm^2		m	19.40	—	—	—	—	1.200
电		kW·h	0.70	982.000	2340.000	4500.000	6900.000	220.000
白纱布带 19mm×20m		卷	3.63	0.300	0.500	0.600	0.800	0.020
BX 铜芯橡皮线 500V-35mm^2		m	10.10	—	28.000	32.000	36.000	—
绝缘胶带黑 20mm×20m		卷	2.00	0.650	0.760	0.950	1.200	0.040
其他材料费		%	1.00	3.000	3.000	3.000	3.000	3.000

13. 现场检验电器仪器

工作内容:试验接线及准备工作、拆装表针、清扫、紧固引线端子、可动部位检查、通电预热等。

计量单位:台

定额编号				6-186	6-187	6-188	6-189	6-190
项目				电流、电压表		电度表		功率表
				单向校验	双向校验	有功表	无功表	固数表
基价(元)				44.84	60.00	133.55	133.55	197.56
其中	人工费(元)			26.13	34.14	81.70	81.70	121.68
	材料费(元)			2.94	5.04	3.53	3.53	4.12
	机械使用费(元)			—	—	—	—	—
	其他措施费(元)			0.78	1.02	2.45	2.45	3.65
	安文费(元)			1.47	1.96	4.37	4.37	6.46
	管理费(元)			2.93	3.92	8.73	8.73	12.92
	利润(元)			2.44	3.27	7.28	7.28	10.77
	规费(元)			8.15	10.65	25.49	25.49	37.96
名称		单位	单价(元)	数量				
综合工日		工日		(0.30)	(0.39)	(0.94)	(0.94)	(1.40)
钢锯条		根	0.50	0.500	0.500	0.500	0.500	0.500
棉纱线		kg	5.90	0.100	0.100	0.200	0.200	0.300
电		kW·h	0.70	3.000	6.000	3.000	3.000	3.000

14. 0.4kV 开关柜维修

工作内容：拆装母线，拆装二次控制线，拆装断路器。

计量单位：台

定额编号				6-191	6-192	6-193
项目				更换低压断路器	更换 0.4kV 断路器	
				600A 以内	1250A 以内	2500A 以内
基价(元)				4062.75	7869.49	16374.18
其中	人工费(元)			587.75	646.11	763.61
	材料费(元)			2601.45	5748.96	12798.14
	机械使用费(元)			52.57	52.57	52.57
	其他措施费(元)			17.63	19.38	22.91
	安文费(元)			132.85	257.33	535.44
	管理费(元)			265.70	514.66	1070.87
	利润(元)			221.42	428.89	892.39
	规费(元)			183.38	201.59	238.25
名称		单位	单价(元)	数量		
综合工日		工日		(6.75)	(7.42)	(8.77)
低压断路器 2500A		个	12609.00	—	—	1.000
低压断路器 1250A		个	5664.00	—	1.000	—
低压断路器 600A		个	2563.00	1.000	—	—
其他材料费		%	1.00	1.500	1.500	1.500
低压断路器调试机械费		元	1.00	51.300	51.300	51.300
其他机械费		元	1.00	1.270	1.270	1.270

工作内容：拆装母线，拆装二次控制线，拆装断路器。

计量单位：台

定额编号				6-194	6-195	6-196
项目				更换 0.4kV 空气开关		更换调试电容补偿控制器(套)
				200A 以内	600A 以内	
基价(元)				1190.50	1669.61	671.90
其中	人工费(元)			457.62	457.62	197.37
	材料费(元)			355.25	761.25	304.50
	机械使用费(元)			39.45	39.45	—
	其他措施费(元)			13.73	13.73	5.92
	安文费(元)			38.93	54.60	21.97
	管理费(元)			77.86	109.19	43.94
	利润(元)			64.88	90.99	36.62
	规费(元)			142.78	142.78	61.58
名称		单位	单价(元)	数量		
综合工日		工日		(5.25)	(5.25)	(2.27)
电容补偿控制器		个	300.00	—	—	1.000
空气开关 600A		个	750.00	—	1.000	—
空气开关 200A		个	350.00	1.000	—	—
其他材料费		%	1.00	1.500	1.500	1.500
其他机械费		元	1.00	0.950	0.950	—
空气开关调试机械费		元	1.00	38.500	38.500	—

15. 电机启动柜维修

工作内容：拆装母线、拆装自耦变压器。

计量单位：台

定额编号				6-197	6-198	6-199
项目				更换自耦变压器		
				75kW 以内	180kW 以内	180kW 以外
基价(元)				551.74	720.73	1081.43
其中	人工费(元)			348.40	455.10	682.86
	材料费(元)			—	—	—
	机械使用费(元)			—	—	—
	其他措施费(元)			10.45	13.65	20.49
	安文费(元)			18.04	23.57	35.36
	管理费(元)			36.08	47.14	70.73
	利润(元)			30.07	39.28	58.94
	规费(元)			108.70	141.99	213.05
名称		单位	单价(元)	数量		
综合工日		工日		(4.00)	(5.23)	(7.84)
自耦变压器 180kW		台	—	—	—	(1.00)
自耦变压器 155kW		台	—	—	(1.00)	—
自耦变压器 55kW		台	—	(1.00)	—	—

工作内容:拆装母线、拆装频敏变阻器。

计量单位:台

定额编号				6-200	6-201
项目				更换频敏变阻器	
				200kW 以内	200kW 以外
基价(元)				303.47	303.47
其中	人工费(元)			191.62	191.62
	材料费(元)			—	—
	机械使用费(元)			—	—
	其他措施费(元)			5.75	5.75
	安文费(元)			9.92	9.92
	管理费(元)			19.85	19.85
	利润(元)			16.54	16.54
	规费(元)			59.79	59.79
名称		单位	单价(元)	数量	
综合工日		工日		(2.20)	(2.20)
频敏变阻器 >200kW		台	—	—	(1.00)
频敏变阻器 <200kW		台	—	(1.00)	—

工作内容:拆装母线、拆装软启动器、调整设定软启动器、拆装主板及晶闸管。

计量单位:台

定额编号				6-202	6-203	6-204	6-205
项目				更换调试软启动器			
				75kW 以内	155kW 以内	260kW 以内	400kW 以内
基价(元)				3258.50	3258.50	3438.92	3438.92
其中	人工费(元)			1841.47	1841.47	1955.40	1955.40
	材料费(元)			—	—	—	—
	机械使用费(元)			290.00	290.00	290.00	290.00
	其他措施费(元)			55.24	55.24	58.66	58.66
	安文费(元)			106.55	106.55	112.45	112.45
	管理费(元)			213.11	213.11	224.91	224.91
	利润(元)			177.59	177.59	187.42	187.42
	规费(元)			574.54	574.54	610.08	610.08
名称		单位	单价(元)	数量			
综合工日		工日		(21.14)	(21.14)	(22.45)	(22.45)
软启动器 55kW		台	—	(1.00)	—	—	—
软启动器 132kW		台	—	—	(1.00)	—	—
软启动器 220kW		台	—	—	—	(1.00)	—
软启动器 400kW		台	—	—	—	—	(1.00)
软启动器调试机械费		元	1.00	290.000	290.000	290.000	290.000

工作内容:拆装母线、拆装变频启动器、调整设定变频启动器、拆装主板及晶闸管。

计量单位:台

定额编号				6-206	6-207	6-208	6-209
项目				更换调试变频启动器			
				75kW 以内	155kW 以内	260kW 以内	400kW 以内
基价(元)				3912.82	3912.82	5096.31	5096.31
其中	人工费(元)			1841.47	1841.47	1955.40	1955.40
	材料费(元)			—	—	—	—
	机械使用费(元)			798.64	798.64	1648.64	1648.64
	其他措施费(元)			59.26	59.26	62.68	62.68
	安文费(元)			127.95	127.95	166.65	166.65
	管理费(元)			255.90	255.90	333.30	333.30
	利润(元)			213.25	213.25	277.75	277.75
	规费(元)			616.35	616.35	651.89	651.89
名称		单位	单价(元)	数量			
综合工日		工日		(22.14)	(22.14)	(23.45)	(23.45)
变频启动器 75kW		台	—	(1.00)	—	—	—
变频启动器 155kW		台	—	—	(1.00)	—	—
变频启动器 260kW		台	—	—	—	(1.00)	—
变频启动器 400kW		台	—	—	—	—	(1.00)
载重汽车 装载质量(t) 4		台班	398.64	1.000	1.000	1.000	1.000
变频启动器调试机械费		元	1.00	400.000	400.000	1250.000	1250.000

16. 控制柜维修

工作内容：检查各接线点、触点，动作是否灵敏、有效，各种仪表指示是否清晰、准确，检修更换坏损元件，材料运输等。

计量单位：面

定额编号				6-210	6-211	6-212	6-213	6-214
项目				260kW 以下频敏柜	电力局计量柜	同步机励磁柜	同步机调压柜	可控硅及整流柜
基价(元)				703.77	1247.79	758.71	1120.66	980.43
其中	人工费(元)			261.30	609.70	304.85	522.60	435.50
	材料费(元)			23.47	16.93	11.58	26.07	24.14
	机械使用费(元)			199.32	199.32	199.32	199.32	199.32
	其他措施费(元)			9.85	20.30	11.16	17.69	15.08
	安文费(元)			23.01	40.80	24.81	36.65	32.06
	管理费(元)			46.03	81.61	49.62	73.29	64.12
	利润(元)			38.36	68.00	41.35	61.08	53.43
	规费(元)			102.43	211.13	116.02	183.96	156.78
名称		单位	单价(元)	数量				
综合工日		工日		(3.50)	(7.50)	(4.00)	(6.50)	(5.50)
黄蜡带 20mm×10m		盘	10.00	0.500	—	—	0.500	0.500
白布		m^2	9.14	0.500	—	—	0.500	0.500
油刷 $25mm^2$		把	7.00	1.000	1.000	1.000	1.000	1.000
砂布		张	1.31	1.000	2.000	1.000	1.000	1.000
钢锯条		根	0.50	1.000	2.000	1.000	1.000	1.000
红丹防锈漆		kg	14.80	0.050	0.200	—	—	—
汽油 综合		kg	7.00	0.100	0.100	0.200	0.400	0.300
棉纱		kg	12.00	0.100	0.200	0.100	0.200	0.100
色布		盘	4.20	0.500	—	—	0.500	0.500
其他材料费		%	1.00	1.500	1.500	1.500	1.500	1.500
载重汽车 装载质量(t) 4		台班	398.64	0.500	0.500	0.500	0.500	0.500

工作内容:检查各接线点、触点,动作是否灵敏、有效,各种仪表指示是否清晰、准确,检修更换坏损元件,材料运输等。

计量单位:面

定额编号				6-215	6-216	6-217	6-218
项目				直流屏			
				10AH 以下	24~48AH	48AH 以上	更换电池、充电机
基价(元)				1819.66	2103.25	2248.91	4848.86
其中	人工费(元)			435.50	609.70	696.80	1219.40
	材料费(元)			13.07	19.61	26.15	1528.02
	机械使用费(元)			898.64	898.64	898.64	898.64
	其他措施费(元)			17.09	22.31	24.92	40.60
	安文费(元)			59.50	68.78	73.54	158.56
	管理费(元)			119.01	137.55	147.08	317.12
	利润(元)			99.17	114.63	122.57	264.26
	规费(元)			177.68	232.03	259.21	422.26
名称		单位	单价(元)	数量			
综合工日		工日		(6.00)	(8.00)	(9.00)	(15.00)
铜接线端子 120		个	33.67	—	—	—	40.000
油刷 $25mm^2$		把	7.00	1.000	1.500	2.000	3.000
白布		m^2	9.14	0.500	0.750	1.000	1.500
砂布		张	1.31	1.000	1.500	2.000	3.000
塑铜线 $10mm^2$		m	12.00	—	—	—	10.000
其他材料费		%	1.00	1.500	1.500	1.500	1.500
检测仪表使用费		台班	500.00	1.000	1.000	1.000	1.000
载重汽车 装载质量(t) 4		台班	398.64	1.000	1.000	1.000	1.000

工作内容：检查各接线点、触点，动作是否灵敏、有效，各种仪表指示是否清晰、准确，检修更换坏损元件，材料运输等。

计量单位：面

定额编号				6-219	6-220
项目				信号屏信号系统	
				带通信	不带通信
基价(元)				1969.77	1693.78
其中	人工费(元)			609.70	522.60
	材料费(元)			17.62	11.74
	机械使用费(元)			798.98	699.32
	其他措施费(元)			21.31	17.69
	安文费(元)			64.41	55.39
	管理费(元)			128.82	110.77
	利润(元)			107.35	92.31
	规费(元)			221.58	183.96
名称		单位	单价(元)	数量	
综合工日		工日		(7.75)	(6.50)
油刷 25mm^2		把	7.00	1.500	1.000
白布		m^2	9.14	0.750	0.500
其他材料费		%	1.00	1.500	1.500
检测仪表使用费		台班	500.00	1.000	1.000
载重汽车 装载质量(t) 4		台班	398.64	0.750	0.500

17. 更换动力配电箱

工作内容：拆除旧配电箱、划线、打眼、安装膨胀螺栓、安装配电箱、紧固、导线端头与压接、缠包绝缘带、接线、排线、卡线、调整。

计量单位：台

定额编号				6-221	6-222
项目				规格(4 回路)	规格(9 回路)
				落地式	
基价(元)				430.01	481.66
其中	人工费(元)			267.05	296.75
	材料费(元)			6.01	9.92
	机械使用费(元)			—	—
	其他措施费(元)			8.01	8.90
	安文费(元)			14.06	15.75
	管理费(元)			28.12	31.50
	利润(元)			23.44	26.25
	规费(元)			83.32	92.59
名称		单位	单价(元)	数量	
综合工日		工日		(3.07)	(3.41)
动力配电箱		只	—	(1.00)	(1.00)
绝缘胶带黑 20mm×20m		卷	2.00	0.200	0.400
绝缘塑料带 20mm×40m		kg	20.00	0.010	0.020
破布		kg	6.19	0.100	0.200
膨胀螺栓 M8×60		套	0.70	6.000	9.000
棉纱线		kg	5.90	0.100	0.200

注：以三相线路为一个回路，供电总闸做回路计算。

工作内容:拆除旧配电箱、划线、打眼、安装膨胀螺栓、安装配电箱、紧固、导线端头与压接、缠包绝缘带、接线、排线、卡线、调整。

计量单位:台

定额编号				6-223	6-224	6-225
项目				规格(4回路)	规格(8回路)	规格(12回路)
				悬挂式		
基价(元)				242.70	476.70	740.12
其中	人工费(元)			148.77	294.14	458.23
	材料费(元)			6.01	9.22	12.23
	机械使用费(元)			—	—	—
	其他措施费(元)			4.46	8.82	13.75
	安文费(元)			7.94	15.59	24.20
	管理费(元)			15.87	31.18	48.40
	利润(元)			13.23	25.98	40.34
	规费(元)			46.42	91.77	142.97
名称		单位	单价(元)	数量		
综合工日		工日		(1.71)	(3.38)	(5.26)
膨胀螺栓 M8×60		套	0.70	6.000	8.000	10.000
绝缘塑料带 20mm×40m		kg	20.00	0.010	0.020	0.030
绝缘胶带黑 20mm×20m		卷	2.00	0.200	0.400	0.500
动力配电箱		只	—	(1.00)	(1.00)	(1.00)
棉纱线		kg	5.90	0.100	0.200	0.300
破布		kg	6.19	0.100	0.200	0.300

工作内容：拆除旧配电箱、划线、打眼、安装膨胀螺栓、安装配电箱、紧固、导线端头与压接、缠包绝缘带、接线、排线、卡线、调整。

计量单位：台

定额编号				6-226	6-227	6-228
项目				规格(4 回路)	规格(8 回路)	规格(12 回路)
				嵌墙式		
基价(元)				388.37	473.96	708.68
其中	人工费(元)			243.88	296.58	443.60
	材料费(元)			1.81	3.62	5.23
	机械使用费(元)			—	—	—
	其他措施费(元)			7.32	8.90	13.31
	安文费(元)			12.70	15.50	23.17
	管理费(元)			25.40	31.00	46.35
	利润(元)			21.17	25.83	38.62
	规费(元)			76.09	92.53	138.40
名称		单位	单价(元)	数量		
综合工日		工日		(2.80)	(3.41)	(5.09)
破布		kg	6.19	0.100	0.200	0.300
绝缘塑料带 20mm×40m		kg	20.00	0.010	0.020	0.030
绝缘胶带黑 20mm×20m		卷	2.00	0.200	0.400	0.500
棉纱线		kg	5.90	0.100	0.200	0.300
动力配电箱		只	—	(1.00)	(1.00)	(1.00)

18. 更换控制器

工作内容:工、器具准备及电气、油化试验,设备运至现场、拆旧换新、安装固定、接线。

计量单位:台

定额编号				6-229	6-230
项目				更换控制器 Y-△自耦减压启动器	更换自动空气开关 (DZ 装置式)
基价(元)				542.45	240.71
其中	人工费(元)			320.44	135.88
	材料费(元)			18.24	21.63
	机械使用费(元)			11.40	—
	其他措施费(元)			9.61	4.08
	安文费(元)			17.74	7.87
	管理费(元)			35.48	15.74
	利润(元)			29.56	13.12
	规费(元)			99.98	42.39
名称		单位	单价(元)	数量	
综合工日		工日		(3.68)	(1.56)
碳钢电焊条 J422 Φ3.2		kg	4.10	0.100	—
破布		kg	6.19	0.050	0.050
橡皮护套圈 Φ17		个	1.51	—	6.000
镀锌精制带帽螺栓 M10×100 以内		10 套	27.00	0.100	0.410
塑料软管 综合		kg	7.99	0.050	—
铁砂布 0#~2#		张	1.19	—	0.500
电力复合脂		kg	20.00	0.020	0.030
镀锌扁钢 25×4		kg	4.08	0.790	—
铜接线端子 DT-10		个	2.00	2.030	—
裸铜线 $10mm^2$		kg	28.22	0.050	—
镀锌精制带帽螺栓 M12×100 以内		10 套	13.00	0.410	—
交流弧焊机 容量(kV·A) 21		台班	57.02	0.200	—

19. 更换控制开关

工作内容:拆除旧控制开关,新控制开关的检查、安装、接线、接地。

计量单位:个

定额编号				6-231	6-232	6-233	6-234	6-235
项目				自动控制开关		刀型开关		
				DZ 装置式	DW 万能式	手柄式	操作机构式	带熔断器式
基价(元)				230.09	634.72	335.58	426.61	322.12
其中	人工费(元)			130.65	385.42	195.98	261.30	186.83
	材料费(元)			19.65	20.63	21.36	10.84	22.24
	机械使用费(元)			—	—	—	—	—
	其他措施费(元)			3.92	11.56	5.88	7.84	5.60
	安文费(元)			7.52	20.76	10.97	13.95	10.53
	管理费(元)			15.05	41.51	21.95	27.90	21.07
	利润(元)			12.54	34.59	18.29	23.25	17.56
	规费(元)			40.76	120.25	61.15	81.53	58.29
名称		单位	单价(元)	数量				
综合工日		工日		(1.50)	(4.43)	(2.25)	(3.00)	(2.15)
铁砂布 0#~2#		张	1.19	0.500	0.500	0.800	1.000	0.500
破布		kg	6.19	0.050	0.050	0.300	0.500	0.500
低碳钢焊条 综合		kg	5.20	—	0.100	—	—	—
精制带母镀锌螺栓 M10×100 内 2 平 1 弹垫		套	1.50	4.100	5.000	4.100	4.100	4.100
电力复合脂		kg	20.00	0.030	0.050	0.020	0.020	0.020
铜接线端子 DT-10		个	2.00	—	2.030	—	—	—
橡皮护套圈 Φ6~32		只	2.00	6.000	—	6.000	—	6.000
镀锌扁钢 25×4		kg	4.08	—	0.940	—	—	—
裸铜线 $10mm^2$		kg	28.22	—	0.050	—	—	—
汽油 综合		kg	7.00	—	0.200	—	—	—

工作内容：拆除旧控制开关，新控制开关的检查、安装、接线、接地。

计量单位：个

定额编号				6-236	6-237	6-238	6-239
项目				组合控制开关	漏电保护开关		
				普通型	单式		
					单极	三极	四极
基价(元)				63.14	101.04	134.34	180.98
其中	人工费(元)			39.20	50.95	71.86	100.60
	材料费(元)			0.90	17.24	17.40	18.35
	机械使用费(元)			—	—	—	—
	其他措施费(元)			1.18	1.53	2.16	3.02
	安文费(元)			2.06	3.30	4.39	5.92
	管理费(元)			4.13	6.61	8.79	11.84
	利润(元)			3.44	5.51	7.32	9.86
	规费(元)			12.23	15.90	22.42	31.39
名称		单位	单价(元)	数量			
综合工日		工日		(0.45)	(0.59)	(0.83)	(1.16)
铁砂布 0#~2#		张	1.19	0.500	0.500	0.500	0.800
塑料软管 综合		kg	7.99	—	0.020	0.030	0.040
破布		kg	6.19	0.050	0.050	0.060	0.070
钢锯条		根	0.50	—	0.050	0.080	1.000
精制带母镀锌螺栓 M10×100 内 2 平 1 弹垫		套	1.50	—	4.100	4.100	4.100
导轨 20~30cm		根	10.00	—	1.000	1.000	1.000

工作内容:拆除旧控制开关,新控制开关的检查、安装、接线、接地。

计量单位:个

定额编号				6-240	6-241	6-242
项目				漏电保护开关		万能转换开关
				组合式(单相回路"个"以下)		
				10	20	
基价(元)				369.31	489.72	177.13
其中	人工费(元)			215.57	287.43	104.52
	材料费(元)			23.65	29.26	9.84
	机械使用费(元)			—	—	—
	其他措施费(元)			6.47	8.62	3.14
	安文费(元)			12.08	16.01	5.79
	管理费(元)			24.15	32.03	11.58
	利润(元)			20.13	26.69	9.65
	规费(元)			67.26	89.68	32.61
名称		单位	单价(元)	数量		
综合工日		工日		(2.48)	(3.30)	(1.20)
导轨 20~30cm		根	10.00	1.500	2.000	—
精制带母镀锌螺栓 M10×100 内 2 平 1 弹垫		套	1.50	4.100	4.100	4.100
钢锯条		根	0.50	1.000	1.000	—
铁砂布 0#~2#		张	1.19	1.000	1.000	0.500
破布		kg	6.19	0.080	0.100	0.500
塑料软管 综合		kg	7.99	0.040	0.100	—

20. 更换电器仪表

工作内容：拆旧换新、接线、试表。

计量单位：块

定额编号				6-243	6-244	6-245	6-246
项目				电器仪表类型			
				功率表	电流、电压表	单相电度表	三相电度表
基价(元)				79.34	68.05	44.74	68.46
其中	人工费(元)			48.08	40.94	26.22	41.20
	材料费(元)			2.72	2.72	2.72	2.72
	机械使用费(元)			—	—	—	—
	其他措施费(元)			1.44	1.23	0.79	1.24
	安文费(元)			2.59	2.23	1.46	2.24
	管理费(元)			5.19	4.45	2.93	4.48
	利润(元)			4.32	3.71	2.44	3.73
	规费(元)			15.00	12.77	8.18	12.85
名称		单位	单价(元)	数量			
综合工日		工日		(0.55)	(0.47)	(0.30)	(0.47)
电力复合脂		kg	20.00	0.010	0.010	0.010	0.010
焊锡膏		kg	36.00	0.010	0.010	0.010	0.010
单相电度表		块	—	—	—	(1.00)	—
三相电度表		块	—	—	—	—	(1.00)
焊锡丝		kg	62.00	0.030	0.030	0.030	0.030
电流、电压表		块	—	—	(1.00)	—	—
棉纱线		kg	5.90	0.050	0.050	0.050	0.050
功率表		块	—	(1.00)	—	—	—

21. 更换交流接触器

工作内容:拆旧换新、安装固定。

计量单位:台

定额编号				6-247	6-248	6-249
项目				更换交流接触器		
				额定电流(A 以内)		
				150	300	600
基价(元)				227.81	293.41	427.58
其中	人工费(元)			95.20	135.01	217.31
	材料费(元)			65.28	67.46	70.71
	机械使用费(元)			—	—	—
	其他措施费(元)			2.86	4.05	6.52
	安文费(元)			7.45	9.59	13.98
	管理费(元)			14.90	19.19	27.96
	利润(元)			12.42	15.99	23.30
	规费(元)			29.70	42.12	67.80
名称		单位	单价(元)	数量		
综合工日		工日		(1.09)	(1.55)	(2.50)
塑料软管 综合		kg	7.99	0.050	0.050	0.050
焊锡膏 瓶装 50g		kg	60.00	0.020	0.024	0.030
铜接线端子 DT-10		个	2.00	2.030	2.030	2.030
铁砂布 0#~2#		张	1.19	0.500	0.600	0.750
破布		kg	6.19	0.170	0.204	0.255
交流接触器 CJ20-10		只	50.00	1.000	1.000	1.000
电力复合脂		kg	20.00	0.020	0.024	0.030
裸铜线 $10mm^2$		kg	28.22	0.053	0.064	0.080
焊锡丝		kg	62.00	0.090	0.108	0.135
塑料带 20mm×40m		kg	12.53	0.040	0.048	0.060

22. 更换互感器、继电器

工作内容：工、器具准备及电气、油化试验，设备运至现场。

计量单位：组

定额编号				6-250
项目				更换互感器
				10kW
基价(元)				1254.09
其中	人工费(元)			779.02
	材料费(元)			8.72
	机械使用费(元)			8.55
	其他措施费(元)			23.37
	安文费(元)			41.01
	管理费(元)			82.02
	利润(元)			68.35
	规费(元)			243.05
名称		单位	单价(元)	数量
综合工日		工日		(8.94)
棉纱头		kg	12.00	0.050
互感器		组	—	(1.01)
碳钢电焊条 J422 Φ3.2		kg	4.10	0.060
镀锌扁钢 <-59		kg	5.40	0.840
精制六角戴帽螺栓 M10×14-70		10套	7.00	0.440
铁砂布 0#~2#		张	1.19	0.220
交流弧焊机 容量(kV·A) 21		台班	57.02	0.150

工作内容:检查单个继电器、测试等。

计量单位:只

定额编号				6-251	6-252	6-253	6-254
项目				检验、更换			
				方向继电器	电压继电器	中间继电器	信号继电器
基价(元)				277.63	145.34	108.11	39.82
其中	人工费(元)			132.48	66.11	52.78	13.24
	材料费(元)			—	—	—	—
	机械使用费(元)			57.48	34.44	20.78	15.98
	其他措施费(元)			3.97	1.98	1.58	0.40
	安文费(元)			9.08	4.75	3.54	1.30
	管理费(元)			18.16	9.51	7.07	2.60
	利润(元)			15.13	7.92	5.89	2.17
	规费(元)			41.33	20.63	16.47	4.13
名称		单位	单价(元)	数量			
综合工日		工日		(1.52)	(0.76)	(0.61)	(0.15)
继电器		个	—	(1.01)	(1.01)	(1.01)	(1.01)
其他材料费		%	1.00	1.500	1.500	1.500	1.500
兆欧表 3311		台班	7.55	1.000	1.000	1.000	1.000
数字万用表 F-87		台班	4.01	1.000	1.000	1.000	1.000
其他机械费		元	1.00	45.920	22.880	9.220	4.420

23. 更换磁力启动器

工作内容：拆旧换新、安装固定、接线。

计量单位：台

定额编号				6-255	6-256	6-257	6-258
项目				更换磁力启动器			
				木板上			
				20A	60A	100A	150A
基价(元)				52.09	76.38	96.28	109.51
其中	人工费(元)			25.08	38.41	49.39	55.31
	材料费(元)			10.49	13.18	15.30	18.57
	机械使用费(元)			—	—	—	—
	其他措施费(元)			0.75	1.15	1.48	1.66
	安文费(元)			1.70	2.50	3.15	3.58
	管理费(元)			3.41	5.00	6.30	7.16
	利润(元)			2.84	4.16	5.25	5.97
	规费(元)			7.82	11.98	15.41	17.26
名称		单位	单价(元)	数量			
综合工日		工日		(0.29)	(0.44)	(0.57)	(0.64)
焊锡膏		kg	36.00	0.010	0.020	0.020	0.030
焊锡		kg	57.50	0.070	0.090	0.120	0.150
电力复合脂		kg	20.00	0.010	0.020	0.020	0.030
破布		kg	6.19	0.150	0.200	0.250	0.300
铁砂布 0#~2#		张	1.19	0.500	1.000	1.000	1.500
塑料软管 综合		kg	7.99	0.040	0.050	0.060	0.070
铜接线端子 DT-10		个	2.00	2.030	2.030	2.030	2.030

工作内容:拆旧换新、安装固定、接线。

计量单位:台

定额编号				6-259	6-260	6-261	6-262
项目				更换磁力启动器			
				钢板上			
				20A	60A	100A	150A
基价(元)				69.07	91.27	114.19	129.93
其中	人工费(元)			35.80	47.82	60.71	68.20
	材料费(元)			10.49	13.18	15.30	18.57
	机械使用费(元)			—	—	—	—
	其他措施费(元)			1.07	1.43	1.82	2.05
	安文费(元)			2.26	2.98	3.73	4.25
	管理费(元)			4.52	5.97	7.47	8.50
	利润(元)			3.76	4.97	6.22	7.08
	规费(元)			11.17	14.92	18.94	21.28
名称		单位	单价(元)	数量			
综合工日		工日		(0.41)	(0.55)	(0.70)	(0.78)
铁砂布 0#~2#		张	1.19	0.500	1.000	1.000	1.500
破布		kg	6.19	0.150	0.200	0.250	0.300
塑料软管 综合		kg	7.99	0.040	0.050	0.060	0.070
焊锡膏		kg	36.00	0.010	0.020	0.020	0.030
铜接线端子 DT-10		个	2.00	2.030	2.030	2.030	2.030
焊锡		kg	57.50	0.070	0.090	0.120	0.150
电力复合脂		kg	20.00	0.010	0.020	0.020	0.030

24. 更换信号灯及水位信号装置

工作内容：拆旧换新、安装固定、接线等。

计量单位：套

定额编号				6-263	6-264	6-265
项目				更换普通电笛	更换普通信号灯	更换管式水位计
基价(元)				57.67	26.32	815.56
其中	人工费(元)			30.57	12.46	510.14
	材料费(元)			7.84	5.59	6.50
	机械使用费(元)			—	—	—
	其他措施费(元)			0.92	0.37	15.30
	安文费(元)			1.89	0.86	26.67
	管理费(元)			3.77	1.72	53.34
	利润(元)			3.14	1.43	44.45
	规费(元)			9.54	3.89	159.16
名称		单位	单价(元)	数量		
综合工日		工日		(0.35)	(0.14)	(5.86)
焊锡丝		kg	62.00	0.030	—	—
水位计 Φ20		套	—	—	—	(1.02)
普通信号灯		套	—	—	(1.01)	—
酒精 工业用 99.5%		kg	8.20	—	—	0.100
镀锌精制带帽螺栓 M10×100 以内		10 套	27.00	0.204	0.204	—
位号牌		个	0.80	—	—	1.000
普通电笛		套	—	(1.01)	—	—
细白布 宽 900		m	5.80	—	—	0.100
焊锡膏		kg	36.00	0.010	—	—
石棉橡胶板 δ3		kg	7.00	—	—	0.600
其他材料费		%	1.00	1.500	1.500	1.500

工作内容：拆旧换新、安装固定、接线等。

计量单位：套

定额编号				6-266	6-267
项目				更换水位信号装置	
				机械式	电子式
基价(元)				515.71	286.81
其中	人工费(元)			115.49	90.58
	材料费(元)			139.26	114.46
	机械使用费(元)			115.26	7.02
	其他措施费(元)			5.88	2.72
	安文费(元)			16.86	9.38
	管理费(元)			33.73	18.76
	利润(元)			28.11	15.63
	规费(元)			61.12	28.26
名称		单位	单价(元)	数量	
综合工日		工日		(1.93)	(1.04)
半圆头螺钉　M10×100		10 套	12.90	2.040	—
地脚螺栓　M10×100		套	0.59	4.080	2.040
碳钢电焊条　J422 Φ3.2		kg	4.10	0.050	0.050
镀锌扁钢　25×4		kg	4.08	1.314	0.435
酚醛层压板　δ10～12		m^2	1017.20	0.012	0.006
塑料硬管　Φ15		根	—	—	(3.00)
铜六角螺栓带螺母　M6×30		套	2.02	—	6.120
普通钢板　0#～3# δ1.0～1.5		kg	4.90	3.140	0.668
镀锌铁丝　13#～17#		kg	5.00	0.010	—
镀锌圆钢　Φ10～14		kg	4.80	1.738	—
铜皮		kg	48.84	—	0.500
铝板　δ=8		kg	28.18	0.210	—
木板标尺　170×85×20		块	7.10	1.000	—
木螺丝　M4～6×65～100		10 个	1.00	0.844	—
防锈漆		kg	16.30	0.100	0.100
钢丝绳　Φ4.5		m	1.59	15.000	—
镀锌扁钢　—60×6		kg	5.40	—	5.046
调和漆		kg	15.00	0.100	0.100
镀锌精制带帽螺栓　M10×100 以内		10 套	27.00	0.612	1.224
浮球		个	—	(1.01)	—
铸铁坨　5kg		个	9.56	1.000	—
其他材料费		%	1.00	1.500	1.500
立式钻床　钻孔直径(mm)　25		台班	6.58	0.400	0.200
交流弧焊机　容量(kV·A)　21		台班	57.02	0.200	0.100
普通车床　工件直径×工件长度(mm) 400×1000		台班	168.70	0.600	—

25. 焊铜接线端子

工作内容:削线头、套绝缘管、焊接头、包缠绝缘带。

计量单位:10 个

定额编号				6-268	6-269	6-270	6-271	6-272	6-273
项目				导线截面(mm^2 以内)					
				16	35	70	120	185	240
基价(元)				122.04	169.55	258.99	422.25	646.08	794.37
其中	人工费(元)			26.13	34.84	43.55	65.33	87.10	95.81
	材料费(元)			68.36	96.92	161.02	270.14	430.60	544.58
	机械使用费(元)			—	—	—	—	—	—
	其他措施费(元)			0.78	1.05	1.31	1.96	2.61	2.87
	安文费(元)			3.99	5.54	8.47	13.81	21.13	25.98
	管理费(元)			7.98	11.09	16.94	27.62	42.25	51.95
	利润(元)			6.65	9.24	14.11	23.01	35.21	43.29
	规费(元)			8.15	10.87	13.59	20.38	27.18	29.89
名称		单位	单价(元)	数量					
综合工日		工日		(0.30)	(0.40)	(0.50)	(0.75)	(1.00)	(1.10)
铁砂布 0#~2#		张	1.19	1.000	1.000	1.500	1.500	2.000	2.000
塑料软管 Φ16		m	4.75	—	—	10.000	—	—	—
塑料软管 Φ25		m	6.95	—	—	—	10.000	10.000	—
焊锡膏 瓶装 50g		kg	60.00	0.010	0.020	0.040	0.080	0.100	0.120
塑料软管 Φ30		m	3.80	—	—	—	—	—	10.000
电力复合脂		kg	20.00	0.010	0.020	0.030	0.040	0.040	0.050
焊锡丝		kg	62.00	0.100	0.230	0.440	0.790	1.000	1.200
塑料软管 Φ9		m	2.75	10.000	—	—	—	—	—
黄腊带 20mm×10m		卷	11.70	0.060	0.100	0.140	0.160	0.250	0.250
破布		kg	6.19	0.300	0.300	0.400	0.400	0.500	0.500
塑料软管 Φ12		m	3.15	—	10.000	—	—	—	—
钢锯条		根	0.50	—	0.200	0.250	0.300	0.350	0.350
绝缘胶带黑 20mm×20m		卷	2.00	0.110	0.200	0.250	0.350	0.500	0.500
汽油 综合		kg	7.00	0.500	0.600	0.800	1.000	1.200	1.200
铜接线端子 DT-16		个	2.60	10.150	—	—	—	—	—
铜接线端子 DT-25		个	3.60	—	5.080	—	—	—	—
铜接线端子 DT-35		个	4.40	—	5.080	—	—	—	—
铜接线端子 DT-50		个	6.00	—	—	5.080	—	—	—
铜接线端子 DT-70		个	8.00	—	—	5.080	—	—	—
铜接线端子 DT-95		个	12.00	—	—	—	5.080	—	—
铜接线端子 DT-120		个	14.00	—	—	—	5.080	—	—
铜接线端子 DT-150		个	24.00	—	—	—	—	5.080	—
铜接线端子 DT-185		个	30.00	—	—	—	—	5.080	—
铜接线端子 DT-240		个	40.00	—	—	—	—	—	10.150

26. 压铜接线端子

工作内容：削线头、套绝缘管、压接头、包缠绝缘带。

计量单位：10个

定额编号				6-274	6-275	6-276	6-277
项目				导线截面(mm² 以内)			
				16	35	70	120
基价(元)				97.55	147.03	276.68	532.47
其中	人工费(元)			38.32	57.49	114.97	229.94
	材料费(元)			31.23	47.44	80.17	142.64
	机械使用费(元)			—	—	—	—
	其他措施费(元)			1.15	1.72	3.45	6.90
	安文费(元)			3.19	4.81	9.05	17.41
	管理费(元)			6.38	9.62	18.09	34.82
	利润(元)			5.32	8.01	15.08	29.02
	规费(元)			11.96	17.94	35.87	71.74
名称		单位	单价(元)	数量			
综合工日		工日		(0.44)	(0.66)	(1.32)	(2.64)
铁砂布 0#~2#		张	1.19	1.000	1.000	1.500	1.500
黄腊带 20mm×10m		卷	11.70	0.060	0.100	0.140	0.160
绝缘胶带黑 20mm×20m		卷	2.00	0.110	0.200	0.250	0.350
汽油 综合		kg	7.00	0.200	0.300	0.350	0.400
钢锯条		根	0.50	—	0.200	0.250	0.300
电力复合脂		kg	20.00	0.020	0.030	0.050	0.070
破布		kg	6.19	0.150	0.200	0.250	0.300
铜接线端子 DT-16		个	2.60	10.150	—	—	—
铜接线端子 DT-25		个	3.60	—	5.080	—	—
铜接线端子 DT-35		个	4.40	—	5.080	—	—
铜接线端子 DT-50		个	6.00	—	—	5.080	—
铜接线端子 DT-70		个	8.00	—	—	5.080	—
铜接线端子 DT-120		个	14.00	—	—	—	5.080
铜接线端子 DT-95		个	12.00	—	—	—	5.080

注：本定额亦适用于铜铝过渡端子。

工作内容:削线头、套绝缘管、压接头、包缠绝缘带。

计量单位:10 个

定额编号				6-278	6-279
项目				导线截面(mm² 以内)	
				185	240
基价(元)				765.93	984.81
其中	人工费(元)			268.27	306.59
	材料费(元)			289.03	423.08
	机械使用费(元)			—	—
	其他措施费(元)			8.05	9.20
	安文费(元)			25.05	32.20
	管理费(元)			50.09	64.41
	利润(元)			41.74	53.67
	规费(元)			83.70	95.66
名称		单位	单价(元)	数量	
综合工日		工日		(3.08)	(3.52)
汽油 综合		kg	7.00	0.450	0.500
铁砂布 0#~2#		张	1.19	2.000	2.000
破布		kg	6.19	0.400	0.500
电力复合脂		kg	20.00	0.130	0.200
钢锯条		根	0.50	0.350	0.350
黄腊带 20mm×10m		卷	11.70	0.250	0.250
绝缘胶带黑 20mm×20m		卷	2.00	0.500	0.500
铜接线端子 DT-150		个	24.00	5.080	—
铜接线端子 DT-185		个	30.00	5.080	—
铜接线端子 DT-240		个	40.00	—	10.150

27. 压铝接线端子

工作内容:削线头、套绝缘管、压接头、包缠绝缘带。

计量单位:10 个

定额编号				6-280	6-281	6-282	6-283
项目				导线截面(mm² 以内)			
				16	35	70	120
基价(元)				87.33	106.96	205.25	333.03
其中	人工费(元)			17.42	26.13	52.26	104.52
	材料费(元)			50.62	55.57	103.79	141.94
	机械使用费(元)			—	—	—	—
	其他措施费(元)			0.52	0.78	1.57	3.14
	安文费(元)			2.86	3.50	6.71	10.89
	管理费(元)			5.71	7.00	13.42	21.78
	利润(元)			4.76	5.83	11.19	18.15
	规费(元)			5.44	8.15	16.31	32.61
名称		单位	单价(元)	数量			
综合工日		工日		(0.20)	(0.30)	(0.60)	(1.20)
破布		kg	6.19	0.050	0.050	0.080	0.080
塑料软管 Φ9		m	2.75	10.000	—	—	—
塑料软管 Φ12		m	3.15	—	10.000	—	—
塑料软管 Φ16		m	4.75	—	—	10.000	—
塑料软管 Φ25		m	6.95	—	—	—	10.000
电力复合脂		kg	20.00	0.020	0.030	0.050	0.070
钢锯条		根	0.50	—	0.200	0.250	0.300
绝缘胶带黑 20mm×20m		卷	2.00	0.110	0.200	0.250	0.350
铁砂布 0#~2#		张	1.19	1.000	1.000	1.500	1.500
黄腊带 20mm×10m		卷	11.70	0.060	0.100	0.140	0.160
铝接线端子 25mm²		个	2.00	10.150	10.150	—	—
铝接线端子 95mm²		个	5.00	—	—	10.150	5.080
铝接线端子 150mm²		个	8.00	—	—	—	5.080

工作内容：削线头、套绝缘管、压接头、包缠绝缘带。

计量单位：10个

定额编号			6-284	6-285
项目			导线截面(mm^2 以内)	
			240	300
基价(元)			372.81	480.18
其中	人工费(元)		139.36	174.20
	材料费(元)		128.90	173.13
	机械使用费(元)		—	—
	其他措施费(元)		4.18	5.23
	安文费(元)		12.19	15.70
	管理费(元)		24.38	31.40
	利润(元)		20.32	26.17
	规费(元)		43.48	54.35
名称	单位	单价(元)	数量	
综合工日	工日		(1.60)	(2.00)
破布	kg	6.19	0.100	0.100
电力复合脂	kg	20.00	0.130	0.200
钢锯条	根	0.50	0.350	0.420
绝缘胶带黑 20mm×20m	卷	2.00	0.500	0.600
铁砂布 0#～2#	张	1.19	2.000	2.500
黄腊带 20mm×10m	卷	11.70	0.250	0.250
铝接线端子 185mm^2	个	8.00	10.150	10.150
塑料软管 Φ30	m	3.80	10.000	—
塑料软管 Φ35	m	8.00	—	10.000

28. 线端连接

工作内容:研磨、涂中性凡士林油、缠包绝缘带、端头与设备连接、紧固等。

计量单位:10 个

定额编号				6-286	6-287	6-288	6-289
项目				导线截面(mm² 以内)			
				2.5	4	10	25
基价(元)				19.83	23.84	28.87	35.79
其中	人工费(元)			11.58	13.41	15.68	18.90
	材料费(元)			1.26	2.21	3.43	4.96
	机械使用费(元)			—	—	—	—
	其他措施费(元)			0.35	0.40	0.47	0.57
	安文费(元)			0.65	0.78	0.94	1.17
	管理费(元)			1.30	1.56	1.89	2.34
	利润(元)			1.08	1.30	1.57	1.95
	规费(元)			3.61	4.18	4.89	5.90
名称		单位	单价(元)	数量			
综合工日		工日		(0.13)	(0.15)	(0.18)	(0.22)
凡士林		kg	16.30	0.010	0.020	0.030	0.040
铁砂布 0#~2#		张	1.19	0.300	0.500	0.800	1.000
绝缘塑料带 20mm×40m		kg	20.00	0.020	0.030	0.040	0.060
接线端子		个	—	(10.15)	(10.15)	(10.15)	(10.15)
电力复合脂		kg	20.00	0.010	0.020	0.035	0.060
破布		kg	6.19	0.020	0.040	0.070	0.100
绝缘胶带黑 20mm×20m		卷	2.00	0.010	0.020	0.030	0.050

注:接线端子根据实际需要计入定额基价。

工作内容：研磨、涂中性凡士林油、缠包绝缘带、端头与设备连接、紧固等。

计量单位：10 个

定额编号				6-290	6-291	6-292	6-293
项目				导线截面（mm^2 以内）			
				50	95	150	240
基价（元）				43.84	69.85	107.55	149.44
其中	人工费（元）			21.69	31.70	49.04	63.67
	材料费（元）			8.04	16.65	25.33	41.19
	机械使用费（元）			—	—	—	—
	其他措施费（元）			0.65	0.95	1.47	1.91
	安文费（元）			1.43	2.28	3.52	4.89
	管理费（元）			2.87	4.57	7.03	9.77
	利润（元）			2.39	3.81	5.86	8.14
	规费（元）			6.77	9.89	15.30	19.87
名称		单位	单价（元）	数量			
综合工日		工日		(0.25)	(0.36)	(0.56)	(0.73)
绝缘胶带黑 20mm×20m		卷	2.00	0.100	0.140	0.180	0.250
接线端子		个	—	(10.15)	(10.15)	(10.15)	(10.15)
破布		kg	6.19	0.250	0.450	0.700	1.000
凡士林		kg	16.30	0.070	0.150	0.200	0.400
铁砂布 0#～2#		张	1.19	1.300	1.800	2.000	2.500
绝缘塑料带 20mm×40m		kg	20.00	0.080	0.200	0.300	0.450
电力复合脂		kg	20.00	0.100	0.250	0.450	0.800

29. 更换零线端子板

工作内容：划线、打眼、埋螺栓、钻孔、安装固定、缠包绝缘带、排线、卡线、投线、校线、接地等。

计量单位：个

定额编号				6-294	6-295	6-296	6-297
项目				木配电盘规格（回路以内）		铁配电盘规格（回路以内）	
				6	12	6	12
基价（元）				52.91	78.28	67.78	117.11
其中	人工费（元）			28.57	43.90	37.28	67.76
	材料费（元）			6.50	7.41	7.41	8.31
	机械使用费（元）			—	—	—	—
	其他措施费（元）			0.86	1.32	1.12	2.03
	安文费（元）			1.73	2.56	2.22	3.83
	管理费（元）			3.46	5.12	4.43	7.66
	利润（元）			2.88	4.27	3.69	6.38
	规费（元）			8.91	13.70	11.63	21.14
名称		单位	单价（元）	数量			
综合工日		工日		(0.33)	(0.50)	(0.43)	(0.78)
端子板 J×2-2510		张	—	(1.00)	(1.00)	(1.00)	(1.00)
破布		kg	6.19	0.100	0.150	0.150	0.200
半圆头螺钉 M10×100		10套	12.90	0.410	0.410	0.410	0.410
铁砂布 0#~2#		张	1.19	0.500	1.000	1.000	1.500

30. 更换导线

工作内容：撤旧线，换新线恢复，旧线回收，分支接头等。

计量单位：100m

定额编号				6-298	6-299	6-300	6-301
项目				导线截面(mm 以内)			
				50	95	150	185
基价(元)				352.19	475.71	581.55	804.72
其中	人工费(元)			218.80	264.52	323.32	464.24
	材料费(元)			4.82	4.95	4.95	4.95
	机械使用费(元)			—	34.01	42.51	42.51
	其他措施费(元)			6.56	8.74	10.70	14.93
	安文费(元)			11.52	15.56	19.02	26.31
	管理费(元)			23.03	31.11	38.03	52.63
	利润(元)			19.19	25.93	31.69	43.86
	规费(元)			68.27	90.89	111.33	155.29
名称		单位	单价(元)	数量			
综合工日		工日		(2.51)	(3.24)	(3.96)	(5.58)
滑石粉		kg	0.82	0.100	0.100	0.100	0.100
导线		m	—	(104.55)	(104.55)	(104.55)	(104.55)
钢丝 Φ1.6		kg	4.73	0.210	0.210	0.210	0.210
塑料带 0.8×23×Φ85		卷	6.50	0.310	0.330	0.330	0.330
黑胶布 20mm×20m		卷	2.72	0.610	0.610	0.610	0.610
其他材料费		%	1.00	1.500	1.500	1.500	1.500
电动单筒慢速卷扬机 牵引力 10kN		台班	170.04	—	0.200	0.250	0.250

31. 更换插座

工作内容：拆旧换新、安装固定、接线、排线、卡线、导线连接、缠包绝缘带、调试等。

计量单位：10 个

定额编号				6-302	6-303	6-304	6-305
项目				单相(A 以内)		三相(A 以内)	
				15	30	15	30
基价(元)				215.43	247.54	216.19	247.00
其中	人工费(元)			63.41	81.53	63.41	81.53
	材料费(元)			97.47	100.35	98.11	99.89
	机械使用费(元)			—	—	—	—
	其他措施费(元)			1.90	2.45	1.90	2.45
	安文费(元)			7.04	8.09	7.07	8.08
	管理费(元)			14.09	16.19	14.14	16.15
	利润(元)			11.74	13.49	11.78	13.46
	规费(元)			19.78	25.44	19.78	25.44
名称		单位	单价(元)	数量			
综合工日		工日		(0.73)	(0.94)	(0.73)	(0.94)
圆木台 375~425		块	8.16	11.030	11.030	11.030	11.030
木螺丝 M4~6×65~100		10 个	1.00	2.250	2.250	2.250	2.250
木螺钉 M2~4×4~65		10 个	1.00	2.250	2.250	2.250	2.250
成套插座		套	—	(10.35)	(10.35)	(10.35)	(10.35)
镀锌铁丝 18#~22#		kg	6.00	0.110	0.110	0.110	0.110
塑料绝缘线 BLV-2.5		m	0.48	4.810	—	6.140	—
塑料绝缘线 BLV-6		m	0.77	—	4.810	—	6.140
其他材料费		%	1.00	—	1.500	—	—

32. 更换开关

工作内容：拆旧换新、安装固定、接线。

计量单位：台

定额编号				6-306	6-307
项目				更换胶盒闸刀开关	
				单相	三相
基价(元)				59.69	73.32
其中	人工费(元)			21.51	29.44
	材料费(元)			21.72	22.62
	机械使用费(元)			—	—
	其他措施费(元)			0.65	0.88
	安文费(元)			1.95	2.40
	管理费(元)			3.90	4.79
	利润(元)			3.25	4.00
	规费(元)			6.71	9.19
名称		单位	单价(元)	数量	
综合工日		工日		(0.25)	(0.34)
开关		台	—	(1.00)	(1.00)
橡皮护套圈 Φ17		个	1.51	6.000	6.000
破布		kg	6.19	0.100	0.150
镀锌精制带帽螺栓 M10×100以内		10套	27.00	0.410	0.410
电力复合脂		kg	20.00	0.010	0.020
保险丝 10A		轴	9.68	0.080	0.120

33. 化学除臭装置计量泵现场检修维护

工作内容：现场拆卸检查，更换填料或机械密封，更换润滑油、更换易损件。

计量单位：每次

定额编号				6-308	6-309
项目				化学除臭装置计量泵现场检修维护	化学除臭装置喷淋泵（离心式耐腐蚀泵）现场检修维护
				设备质量 2t 以内	设备质量 0.5t 以内
基价（元）				544.21	468.98
其中	人工费（元）			304.85	261.30
	材料费（元）			52.05	46.74
	机械使用费（元）			—	—
	其他措施费（元）			9.15	7.84
	安文费（元）			17.80	15.34
	管理费（元）			35.59	30.67
	利润（元）			29.66	25.56
	规费（元）			95.11	81.53
名称		单位	单价（元）	数量	
综合工日		工日		(3.50)	(3.00)
机油 $5^{\#} \sim 7^{\#}$		kg	12.10	0.300	0.200
破布		kg	6.19	0.300	0.200
氧气		m^3	3.82	0.600	0.600
备件包		套	—	(1.00)	(1.00)
耐酸橡胶板 $\delta 3$		kg	16.00	0.600	0.500
木板		m^3	1930.00	0.010	0.010
铁砂布 $0^{\#} \sim 2^{\#}$		张	1.00	2.000	1.000
煤油		kg	8.44	1.000	1.000
乙炔气		kg	8.82	0.200	0.200
黄油（钙基脂）		kg	8.00	0.300	0.200
其他材料费		%	1.00	1.500	1.500

工作内容：现场拆卸检查，更换填料或机械密封，更换润滑油、更换易损件。

计量单位：每次

定额编号				6-310	6-311
项目				化学除臭装置酸碱罐现场检修维护	
				容积($8m^3$)	容积($16m^3$)
基价(元)				2490.03	4035.96
其中	人工费(元)			783.90	1393.60
	材料费(元)			996.96	1488.77
	机械使用费(元)			61.09	61.09
	其他措施费(元)			23.52	41.81
	安文费(元)			81.42	131.98
	管理费(元)			162.85	263.95
	利润(元)			135.71	219.96
	规费(元)			244.58	434.80
名称		单位	单价(元)	数量	
综合工日		工日		(9.00)	(16.00)
破布		kg	6.19	0.500	1.000
乙炔气		kg	8.82	0.600	0.600
调和漆		kg	15.00	0.300	0.400
黄油(钙基脂)		kg	8.00	0.200	0.200
耐酸橡胶板 δ3		kg	16.00	2.000	3.000
氧气		m^3	3.82	2.000	2.000
镀锌铁丝 13#~17#		kg	5.00	3.000	5.000
木板		m^3	1930.00	0.020	0.030
中厚钢板 δ4.0		m^2	86.93	10.000	15.000
低碳钢焊条 综合		kg	5.20	1.000	1.000
其他材料费		%	1.00	1.500	1.500
电焊机 综合		台班	122.18	0.500	0.500

34. 化学除臭装置气柜(反应器内有填料)检修维护

工作内容:现场拆卸检查,更换填料,检查填料床,气密性检测,柜体修补。

计量单位:每次

定额编号				6-312	6-313	6-314	6-315
项目				化学除臭装置气柜(反应器内有填料)检修维护			
				设备质量(t 以内)			
				2	5	10	20
基价(元)				2730.44	4306.29	7907.77	13075.91
其中	人工费(元)			1219.40	1742.00	2961.40	4790.50
	材料费(元)			373.38	740.14	1699.29	3278.53
	机械使用费(元)			276.46	516.26	926.74	1235.66
	其他措施费(元)			38.99	57.08	97.69	155.78
	安文费(元)			89.29	140.82	258.58	427.58
	管理费(元)			178.57	281.63	517.17	855.16
	利润(元)			148.81	234.69	430.97	712.64
	规费(元)			405.54	593.67	1015.93	1620.06
名称		单位	单价(元)	数量			
综合工日		工日		(14.60)	(21.20)	(36.20)	(58.00)
乙炔气		kg	8.82	0.400	0.450	0.600	0.800
耐酸橡胶板 δ3		kg	16.00	5.000	10.000	25.000	50.000
平垫铁 Q2351#		kg	—	(3.20)	(3.50)	(4.00)	(4.00)
塑料焊条		kg	30.00	0.500	1.000	2.000	3.000
煤油		kg	8.44	4.000	8.000	12.000	20.000
破布		kg	6.19	1.000	2.000	3.000	4.000
填充料		t	—	(1.00)	(1.00)	(1.00)	(1.00)
木板		m^3	1930.00	0.100	0.200	0.500	1.000
黄油(钙基脂)		kg	8.00	3.000	6.000	10.000	15.000
低碳钢焊条 综合		kg	5.20	1.500	3.000	7.000	15.000
氧气		m^3	3.82	1.200	1.500	2.000	3.000
其他材料费		%	1.00	1.500	1.500	1.500	1.500
载重汽车 装载质量(t) 5		台班	446.68	0.200	0.400	0.800	1.000
电焊机 综合		台班	122.18	0.400	0.500	0.700	0.800
汽车式起重机 提升质量(t) 8		台班	691.24	0.200	0.400	0.700	1.000

四、泵站日常维护项目

1. 泵站日常运行维护

工作内容：做泵站室内外卫生，机组设备除尘，零部件紧固，清捞倒运进水池杂物，看守泵站设施，填写各种报表，负责机组运行、杂物外运等。

计量单位：站日

定额编号				6-316	6-317	6-318
项目				常运行泵站		
				100kW 以内	500kW 以内	500kW 以外
基价(元)				1616.94	2230.39	2729.67
其中	人工费(元)			717.88	897.30	1076.82
	材料费(元)			163.78	324.99	427.66
	机械使用费(元)			238.44	353.99	432.12
	其他措施费(元)			21.94	27.52	33.03
	安文费(元)			52.87	72.93	89.26
	管理费(元)			105.75	145.87	178.52
	利润(元)			88.12	121.56	148.77
	规费(元)			228.16	286.23	343.49
名称		单位	单价(元)	数量		
综合工日		工日		(8.34)	(10.45)	(12.54)
机油		kg	12.10	0.500	1.000	1.500
镇流器 250W		套	114.00	0.500	1.000	1.000
钢锯条		根	0.50	5.000	10.000	15.000
黄油		kg	10.50	1.000	2.000	3.000
灯管		根	5.00	0.100	0.200	0.300
汽油 综合		kg	7.00	0.500	1.000	1.500
石棉盘根		kg	30.15	2.000	4.000	6.000
绝缘胶布		盘	2.00	0.500	1.000	1.500
灯泡 250W		个	—	(3.00)	(5.00)	(7.00)
棉纱		kg	12.00	1.000	2.000	3.000
电池		节	1.30	2.000	3.000	3.000
砂纸		张	0.26	5.000	10.000	15.000
球克		个	0.80	0.500	1.000	1.500
破布		kg	6.19	0.600	1.000	1.500
其他材料费		%	1.00	1.500	1.500	1.500
载重汽车 装载质量(t) 4		台班	398.64	0.100	0.150	0.180
回转式刮蓖机 2.8m×8m		台班	239.31	0.810	1.200	1.470
其他机械费		元	1.00	4.730	7.020	8.580

工作内容:做地下泵站卫生,机组设备除尘,零部件紧固,进水池杂物装袋运,看守泵站设施,除湿、除臭、通风,有害气体监测,填写各种报表,负责机组运行等。

计量单位:站日

定额编号				6-319	6-320	6-321
项目				雨水泵站		
				100kW 以内	500kW 以内	500kW 以外
基价(元)				968.92	1330.70	1815.76
其中	人工费(元)			358.94	448.65	628.17
	材料费(元)			23.80	65.03	97.37
	机械使用费(元)			292.65	433.03	566.22
	其他措施费(元)			12.78	15.87	21.66
	安文费(元)			31.68	43.51	59.38
	管理费(元)			63.37	87.03	118.75
	利润(元)			52.81	72.52	98.96
	规费(元)			132.89	165.06	225.25
名称		单位	单价(元)	数量		
综合工日		工日		(4.62)	(5.75)	(7.91)
机油		kg	12.10	0.200	0.400	0.800
钢锯条		根	0.50	2.000	4.000	6.000
绝缘胶布		盘	2.00	0.200	0.400	0.800
石棉盘根		kg	30.15	0.500	1.500	2.000
汽油　综合		kg	7.00	0.200	0.400	0.800
黄油		kg	10.50	0.300	0.800	1.500
其他材料费		%	1.00	1.500	1.500	1.500
载重汽车　装载质量(t)　4		台班	398.64	0.500	0.600	0.700
回转式刮蓖机　2.8m×8m		台班	239.31	0.390	0.810	1.200

工作内容：做地下泵站卫生，机组设备除尘，零部件紧固，进水池杂物装袋运，看守泵站设施，除湿、除臭、通风，有害气体监测，填写各种报表，负责机组运行等。

计量单位：站日

定额编号				6-322	6-323	6-324
项目				大型泵站	临时泵站	
				2000kW 以外	100kW 以内	500kW 以内
基价(元)				3461.77	777.15	1165.92
其中	人工费(元)			1076.82	358.94	448.65
	材料费(元)			1048.04	59.02	142.89
	机械使用费(元)			432.12	115.55	238.44
	其他措施费(元)			33.03	10.97	13.86
	安文费(元)			113.20	25.41	38.13
	管理费(元)			226.40	50.83	76.25
	利润(元)			188.67	42.35	63.54
	规费(元)			343.49	114.08	144.16
名称		单位	单价(元)	数量		
综合工日		工日		(12.54)	(4.17)	(5.25)
灯泡 250W		个	—	(10.00)	(1.00)	(3.00)
碘钨灯 500W		个	5.00	0.200	—	—
机油		kg	12.10	10.000	0.200	0.400
石棉盘根		kg	30.15	10.000	0.500	1.500
电池		节	1.30	10.000	1.000	2.000
砂纸		张	0.26	10.000	2.000	4.000
镇流器 250W		套	114.00	2.000	0.200	0.400
绝缘胶布		盘	2.00	4.000	0.200	0.400
钢锯条		根	0.50	25.000	2.000	4.000
灯管		根	5.00	10.000	1.000	3.000
黄油		kg	10.50	10.000	0.300	0.800
破布		kg	6.19	5.000	0.200	0.400
汽油 综合		kg	7.00	5.000	0.200	0.400
球克		个	0.80	5.000	0.300	0.500
棉纱		kg	12.00	10.000	0.300	0.800
其他材料费		%	1.00	1.500	1.500	1.500
回转式刮蓖机 2.8m×8m		台班	239.31	1.470	0.390	0.810
载重汽车 装载质量(t) 4		台班	398.64	0.180	0.050	0.100
其他机械费		元	1.00	8.580	2.290	4.730

2. 变电室(低压室、高压室、控制室、泵房)维护清扫

工作内容:对变配电设备进行全面清扫去污,涂刷 RTV 绝缘涂料,操作机构有无卡涩,检查连接点有无锈蚀过热现象,螺栓是否松动锈蚀,含油设备有无渗油,油位是否正常,密封件是否老化,瓷品有无破损及裂纹,孔洞封闭是否严密,对转动部位涂抹加注润滑剂,投放灭鼠药。

计量单位:座

定额编号				6-325	6-326	6-327
项目				变电室维护清扫		变压器清扫
				35kV	10kV 户外变台	不分户内、外,不分型号(台)
基价(元)				5043.26	835.00	651.19
其中	人工费(元)			1045.20	348.40	217.75
	材料费(元)			2419.64	14.35	33.92
	机械使用费(元)			405.53	202.77	202.77
	其他措施费(元)			35.38	12.46	8.54
	安文费(元)			164.91	27.30	21.29
	管理费(元)			329.83	54.61	42.59
	利润(元)			274.86	45.51	35.49
	规费(元)			367.91	129.60	88.84
名称		单位	单价(元)	数量		
综合工日		工日		(13.00)	(4.50)	(3.00)
棉纱		kg	12.00	1.000	0.500	0.500
钢丝刷子		把	2.59	1.000	1.000	1.000
破布		kg	6.19	0.500	0.250	0.250
洗衣粉		袋	5.00	0.500	0.250	0.250
掸子		把	15.00	1.000	—	1.000
砂布		张	1.31	2.000	1.000	1.000
RTV 涂料		kg	390.00	6.000	—	—
墩布		把	5.00	1.000	—	1.000
垫圈 M30		个	0.36	3.000	4.000	2.000
其他材料费		%	1.00	1.500	1.500	1.500
载重汽车 装载质量(t) 4		台班	398.64	1.000	0.500	0.500
其他机械费		元	1.00	6.890	3.450	3.450

工作内容:对变配电设备进行全面清扫去污。

计量单位:面

定额编号				6-328	6-329
项目				变电室维护清扫	
				高压开关柜	低压开关柜
基价(元)				215.09	279.74
其中	人工费(元)			43.55	87.10
	材料费(元)			33.55	29.88
	机械使用费(元)			81.11	81.11
	其他措施费(元)			2.11	3.42
	安文费(元)			7.03	9.15
	管理费(元)			14.07	18.29
	利润(元)			11.72	15.25
	规费(元)			21.95	35.54
名称		单位	单价(元)	数量	
综合工日		工日		(0.70)	(1.20)
掸子		把	15.00	1.000	1.000
破布		kg	6.19	0.250	0.150
洗衣粉		袋	5.00	0.250	0.250
棉纱		kg	12.00	0.500	0.250
砂布		张	1.31	1.000	1.000
钢丝刷子		把	2.59	1.000	1.000
垫圈 M30		个	0.36	1.000	1.000
墩布		把	5.00	1.000	1.000
其他材料费		%	1.00	1.500	1.500
载重汽车 装载质量(t) 4		台班	398.64	0.200	0.200
其他机械费		元	1.00	1.380	1.380

3. 变压器维护

工作内容：清洁擦刷变压器尘土、铁芯检查、绕组检查、支持绝缘子检查、检查进出引线，检查各绝缘件、紧固件、连接件，工频耐压试验、变压器高温保护测试、变压器预防性试验、绕组在所有分接位置下的直流电阻测试、铁芯绝缘测试。

计量单位：台

定额编号				6-330	6-331
项目				变压器维护	
				干式变压器	油浸式变压器
基价(元)				1394.71	1818.10
其中	人工费(元)			348.40	522.60
	材料费(元)			468.72	593.72
	机械使用费(元)			245.61	245.61
	其他措施费(元)			10.45	15.68
	安文费(元)			45.61	59.45
	管理费(元)			91.21	118.90
	利润(元)			76.01	99.09
	规费(元)			108.70	163.05
名称		单位	单价(元)	数量	
综合工日		工日		(4.00)	(6.00)
塑料绝缘导线 BV-2.5mm^2		m	1.70	50.000	50.000
细白布 宽 900		m	5.80	10.000	10.000
电力复合脂		kg	20.00	2.000	2.000
高压接地线		套	1600.00	0.100	0.100
线手套		付	2.00	4.000	4.000
毛刷 2″		把	2.01	2.000	2.000
尼龙扎带 L=100~150		个	0.14	30.000	30.000
酒精 工业用 99.5%		kg	8.20	1.000	1.000
砂布		张	1.31	20.000	20.000
尼龙扎带 200		个	0.10	30.000	30.000
干燥剂		kg	50.00	—	2.500
防尘口罩		只	5.80	4.000	4.000
凡士林		kg	16.30	3.000	3.000
数字万用表 PS-56		台班	3.71	1.000	1.000
吸尘器		台班	7.00	1.000	1.000
汽油发电机组 功率(kW) 10		台班	164.26	1.000	1.000
手持式电动吹风机		台班	60.69	1.000	1.000
数字兆欧表 BM-2061000MΩ		台班	9.95	1.000	1.000

4. 监测、维护、试验

工作内容:变压器试验电源应由中频发电机提供,并与市电隔离,同时排除和降低外观对被试变压器的电磁干扰,提高测试准确度,有条件时应在试验室进行局部放电试验,按照保护定值对综保进行整定,对保护对象进行电气及机械检查,运行状态下模拟事故,校验综保工作运行情况。

计量单位:项

定额编号				6-332	6-333
项目				干式变压器局部放电试验	高压开关柜综合保护器调试联动试验
基价(元)				4120.37	5651.35
其中	人工费(元)			2109.91	3348.21
	材料费(元)			—	32.04
	机械使用费(元)			599.61	263.61
	其他措施费(元)			68.60	100.45
	安文费(元)			134.74	184.80
	管理费(元)			269.47	369.60
	利润(元)			224.56	308.00
	规费(元)			713.48	1044.64
名称		单位	单价(元)	数量	
综合工日		工日		(25.54)	(38.44)
校验材料费		元	1.00	—	22.880
调试材料费		元	1.00	—	8.690
其他材料费		%	1.00	—	1.500
载重汽车 装载质量(t) 5		台班	446.68	1.320	—
联动试验校验机械费		元	1.00	—	46.060
其他机械费		元	1.00	9.990	6.350
联动试验调试机械费		元	1.00	—	211.200

5. 高压设备检查试验

工作内容：使用兆欧表检测变配电设备绝缘、含油设备油标油位、大电流接触部位是否过热等。

计量单位：处

定额编号				6-334	6-335	6-336	6-337	6-338
项目				高压设备检查试验				
				巡回检查	全站预防性试验	继电保护试验		电缆试验（根）
						单台	双台	
基价（元）				1214.19	39525.98	18518.82	25716.56	3496.75
其中	人工费（元）			435.50	20427.56	10086.96	14121.78	875.41
	材料费（元）			—	135.13	66.72	93.40	—
	机械使用费（元）			398.64	5899.56	2043.59	2701.57	2233.60
	其他措施费（元）			17.09	616.85	306.63	427.67	17.48
	安文费（元）			39.70	1292.50	605.57	840.93	40.39
	管理费（元）			79.41	2585.00	1211.13	1681.86	80.77
	利润（元）			66.17	2154.17	1009.28	1401.55	67.31
	规费（元）			177.68	6415.21	3188.94	4447.80	181.79
名称		单位	单价（元）	数量				
综合工日		工日		(6.00)	(235.53)	(116.81)	(163.13)	(6.15)
继电保护试验调试材料费		元	1.00	—	—	65.730	92.020	—
预防性试验材料费		元	1.00	—	133.130	—	—	—
其他材料费		%	1.00	—	1.500	1.500	1.500	—
载重汽车 装载质量(t) 4		台班	398.64	1.000	1.000	1.000	1.000	1.000
高压试验车		台班	1669.92	—	1.000	—	—	0.5
预防性试验机械费		元	1.00	—	3831.000	—	—	—
继电保护试验调试机械费		元	1.00	—	—	1644.950	2302.930	—
联动试验调试机械费		元	1.00	—	—	—	—	1000

6. 接地电阻测试

工作内容:仪器准备,安全防护,接地电阻检测仪检测。

计量单位:10 处

定额编号				6-339
项目				接地电阻测试
基价(元)				512.36
其中	人工费(元)			220.01
	材料费(元)			—
	机械使用费(元)			138.93
	其他措施费(元)			6.60
	安文费(元)			16.75
	管理费(元)			33.51
	利润(元)			27.92
	规费(元)			68.64
名称		单位	单价(元)	数量
综合工日		工日		(2.53)
接地电阻测试仪 DET-3/2		台班	50.40	2.000
其他机械费		元	1.00	38.130

7. 泵的清堵

工作内容:拆机、捞脏、清洗、除锈、装机、下泵、试运转。

计量单位:台

定额编号				6-340	6-341	6-342	6-343
项目				泵的清堵			
				出水口径(mm 以内)			
				100	300	500	600
基价(元)				115.36	275.76	370.34	480.13
其中	人工费(元)			68.98	165.58	219.49	282.20
	材料费(元)			2.07	5.62	9.53	16.44
	机械使用费(元)			3.12	5.85	9.75	11.70
	其他措施费(元)			2.07	4.97	6.58	8.47
	安文费(元)			3.77	9.02	12.11	15.70
	管理费(元)			7.54	18.03	24.22	31.40
	利润(元)			6.29	15.03	20.18	26.17
	规费(元)			21.52	51.66	68.48	88.05
名称		单位	单价(元)	数量			
综合工日		工日		(0.79)	(1.90)	(2.52)	(3.24)
电		kW·h	0.70	0.500	1.500	3.000	12.000
水		m^3	5.13	0.100	0.300	0.500	0.600
棉纱线		kg	5.90	0.200	0.500	0.800	0.800
其他材料费		%	1.00	1.500	1.500	1.500	1.500
电动葫芦(单速) 5t		台班	39.01	0.080	0.150	0.250	0.300

工作内容：拆机、捞脏、清洗、除锈、装机、下泵、试运转。

计量单位：台

定额编号				6-344	6-345	6-346
项目				泵的清堵		
				出水口径(mm 以内)		
				800	1000	1200
基价(元)				738.32	1011.12	1344.90
其中	人工费(元)			432.71	589.49	777.63
	材料费(元)			27.40	40.37	60.97
	机械使用费(元)			17.55	25.36	35.11
	其他措施费(元)			12.98	17.68	23.33
	安文费(元)			24.14	33.06	43.98
	管理费(元)			48.29	66.13	87.96
	利润(元)			40.24	55.11	73.30
	规费(元)			135.01	183.92	242.62
名称		单位	单价(元)	数量		
综合工日		工日		(4.97)	(6.77)	(8.93)
水		m^3	5.13	0.700	0.800	1.000
电		kW·h	0.70	25.000	40.000	65.000
棉纱线		kg	5.90	1.000	1.300	1.600
其他材料费		%	1.00	1.500	1.500	1.500
电动葫芦(单速) 5t		台班	39.01	0.450	0.650	0.900

8. 水泵维护

工作内容:清洗。按设备技术要求进行局部的更换、维护、保养。检查故障和隐患。

计量单位:台

定额编号				6-347	6-348	6-349
项目				立式水泵		
				DN500 以内	DN700 以内	DN900 以内
基价(元)				260.11	462.71	607.67
其中	人工费(元)			28.74	33.19	44.86
	材料费(元)			163.78	324.99	427.66
	机械使用费(元)			16.23	20.27	24.33
	其他措施费(元)			1.02	1.20	1.59
	安文费(元)			8.51	15.13	19.87
	管理费(元)			17.01	30.26	39.74
	利润(元)			14.18	25.22	33.12
	规费(元)			10.64	12.45	16.50
名称		单位	单价(元)	数量		
综合工日		工日		(0.37)	(0.43)	(0.58)
机油		kg	12.10	0.500	1.000	1.500
黄油		kg	10.50	1.000	2.000	3.000
汽油 综合		kg	7.00	0.500	1.000	1.500
棉纱		kg	12.00	1.000	2.000	3.000
破布		kg	6.19	0.600	1.000	1.500
石棉盘根		kg	30.15	2.000	4.000	6.000
钢锯条		根	0.50	5.000	10.000	15.000
砂纸		张	0.26	5.000	10.000	15.000
球克		个	0.80	0.500	1.000	1.500
灯管		根	5.00	0.100	0.200	0.300
镇流器 250W		套	114.00	0.500	1.000	1.000
灯泡 250W		个	—	(3.00)	(5.00)	(7.00)
绝缘胶布		盘	2.00	0.500	1.000	1.500
电池		节	1.30	2.000	3.000	3.000
其他材料费		%	1.00	1.500	1.500	1.500
载重汽车 装载质量(t) 4		台班	398.64	0.040	0.050	0.060
其他机械费		元	1.00	0.280	0.340	0.410

工作内容:清洗。按设备技术要求进行局部的更换、维护、保养。检查故障和隐患。

计量单位:台

定额编号				6-350	6-351	6-352
项目				卧式轴流水泵		
				DN500 以内	DN600 以内	DN900 以内
基价(元)				129.32	310.61	1338.56
其中	人工费(元)			24.21	33.19	44.86
	材料费(元)			59.02	196.10	1047.02
	机械使用费(元)			16.23	20.27	24.33
	其他措施费(元)			0.89	1.20	1.59
	安文费(元)			4.23	10.16	43.77
	管理费(元)			8.46	20.31	87.54
	利润(元)			7.05	16.93	72.95
	规费(元)			9.23	12.45	16.50
名称		单位	单价(元)	数量		
综合工日		工日		(0.32)	(0.43)	(0.58)
黄油		kg	10.50	0.300	1.500	10.000
汽油 综合		kg	7.00	0.200	0.800	5.000
石棉盘根		kg	30.15	0.500	2.000	10.000
机油		kg	12.10	0.200	0.800	10.000
钢锯条		根	0.50	2.000	6.000	25.000
棉纱		kg	12.00	0.300	1.500	10.000
砂纸		张	0.26	2.000	6.000	10.000
球克		个	0.80	0.300	1.000	5.000
灯管		根	5.00	1.000	5.000	10.000
镇流器 250W		套	114.00	0.200	0.400	2.000
破布		kg	6.19	0.200	0.600	5.000
灯泡 250W		个	—	(1.00)	(5.00)	(10.00)
绝缘胶布		盘	2.00	0.200	0.800	4.000
电池		节	1.30	1.000	2.000	10.000
其他材料费		%	1.00	1.500	1.500	1.500
载重汽车 装载质量(t) 4		台班	398.64	0.040	0.050	0.060
其他机械费		元	1.00	0.280	0.340	0.410

工作内容:清洗。按设备技术要求进行局部的更换、维护、保养。检查故障和隐患。

计量单位:台

定额编号				6-353	6-354	6-355	6-356
项目				耦合式潜水泵			真空泵及管路系统
				DN200 以内	DN400 以内	DN500 以内	
基价(元)				543.31	685.52	760.89	106.10
其中	人工费(元)			179.43	269.23	314.08	17.94
	材料费(元)			20.58	20.58	24.26	52.29
	机械使用费(元)			176.11	176.11	176.11	12.17
	其他措施费(元)			7.39	10.09	11.43	0.66
	安文费(元)			17.77	22.42	24.88	3.47
	管理费(元)			35.53	44.83	49.76	6.94
	利润(元)			29.61	37.36	41.47	5.78
	规费(元)			76.89	104.90	118.90	6.85
名称		单位	单价(元)	数量			
综合工日		工日		(2.56)	(3.59)	(4.11)	(0.24)
机油		kg	12.10	0.500	0.500	0.800	—
棉纱		kg	12.00	0.500	0.500	0.500	1.000
石棉盘根		kg	30.15	—	—	—	0.200
截止阀 J11T-16 DN15		个	18.26	—	—	—	1.000
黄油		kg	10.50	—	—	—	0.500
破布		kg	6.19	0.500	0.500	0.500	—
镀锌弯头 DN25		个	2.30	—	—	—	2.000
水		m^3	5.13	1.000	1.000	1.000	—
砂纸		张	0.26	—	—	—	1.000
镀锌活接头 DN25		个	5.12	—	—	—	1.000
其他材料费		%	1.00	1.500	1.500	1.500	1.500
汽车式起重机 提升质量(t) 8		台班	691.24	0.250	0.250	0.250	—
载重汽车 装载质量(t) 4		台班	398.64	—	—	—	0.030
其他机械费		元	1.00	3.300	3.300	3.300	0.210

9. 潜污泵维护

工作内容:清洁擦刷变压器尘土、铁芯检查、绕组检查、支持绝缘子检查、检查进出引线,检查各绝缘件、紧固件、连接件,工频耐压试验、变压器高温保护测试、变压器预防性试验、绕组在所有分接位置下的直流电阻测试、铁芯绝缘测试。

计量单位:台

定额编号				6-357	6-358	6-359	6-360	6-361
项目				潜污泵维护				
				1.5~4kW	5.5~22kW	30~63kW	75~90kW	110~230kW
基价(元)				474.83	4200.73	8439.14	8844.09	12075.35
其中	人工费(元)			174.20	740.35	1154.08	1262.95	1916.20
	材料费(元)			168.59	608.91	1166.93	1363.99	1562.12
	机械使用费(元)			—	1728.10	4069.00	4069.00	5594.88
	其他措施费(元)			5.23	42.31	66.78	70.05	101.71
	安文费(元)			15.53	137.36	275.96	289.20	394.86
	管理费(元)			31.05	274.73	551.92	578.40	789.73
	利润(元)			25.88	228.94	459.93	482.00	658.11
	规费(元)			54.35	440.03	694.54	728.50	1057.74
名称		单位	单价(元)	数量				
综合工日		工日		(2.00)	(13.50)	(21.25)	(22.50)	(33.00)
骨架油封 25		套	—	(1.00)	—	—	—	—
骨架油封 50		套	—	—	(1.00)	—	—	—
骨架油封 75		套	—	—	—	(1.00)	—	—
骨架油封 80		套	—	—	—	—	(1.00)	—
骨架油封 100		套	—	—	—	—	—	(1.00)
轴承 25(双密封)		套	—	(2.00)	—	—	—	—
白纱带 20mm×20m		卷	3.63	3.500	10.500	15.600	18.800	20.900
焊锡丝		kg	62.00	0.100	0.250	0.500	0.850	0.980
焊锡膏		kg	36.00	0.020	0.050	0.070	0.090	0.100
轴承 80(双密封)		套	—	—	—	—	(2.00)	—
耐油橡胶板		kg	30.50	0.188	0.750	1.688	1.920	3.000
轴承 100(双密封)		套	—	—	—	—	—	(2.00)
密封胶 机械密封专用		kg	45.00	0.500	1.500	2.000	2.500	3.000
汽油 综合		kg	7.00	1.494	3.735	7.470	8.964	10.458
机械密封 25(双端面)		套	—	(1.00)	—	—	—	—
机械密封 50(双端面)		套	—	—	(1.00)	—	—	—

续表

定额编号			6-357	6-358	6-359	6-360	6-361
项目			潜污泵维护				
			1.5~4kW	5.5~22kW	30~63kW	75~90kW	110~230kW
名称	单位	单价(元)	数量				
机械密封 75(双端面)	套	—	—	—	(1.00)	—	—
机械密封 80(单端面)	套	—	—	—	—	(2.00)	—
机械密封 100(单端面)	套	—	—	—	—	—	(2.00)
变压器油	kg	16.50	5.000	20.000	45.000	50.000	55.000
黄油	kg	10.50	1.000	6.000	8.000	10.000	12.000
电	kW·h	0.70	4.000	12.000	18.000	20.000	24.000
轴承 75(双密封)	套	—	—	—	(2.00)	—	—
自粘性橡胶带 20mm×5m	卷	3.50	0.250	0.450	0.500	1.200	1.500
轴承 50(双密封)	套	—	—	(2.00)	—	—	—
红外线灯泡 220V 1000W	个	68.00	0.200	0.500	0.620	0.850	0.980
汽车式起重机 提升质量(t) 8	台班	691.24	—	2.500	—	—	—
汽车式起重机 提升质量(t) 25	台班	1017.25	—	—	4.000	4.000	5.500

10. 潜水轴流泵维护

工作内容：配合潜污泵解体检查、电机密封检查、油室密封检查、叶轮清掏、电机电泵绝缘遥测、信号电缆绝缘遥测、绕组耐压，更换机械密封、橡胶垫、骨架油封及换变压器油，清洗检查轴承、电机腔烘干、空载试验、耦合调试安装。

计量单位：台

定额编号				6-362	6-363	6-364	6-365
项目				潜水轴流泵维护			
				5.5~4kW	30~63kW	75~90kW	110~230kW
基价(元)				4620.80	9283.06	9728.56	13282.89
其中	人工费(元)			814.39	1269.48	1389.25	2107.82
	材料费(元)			669.80	1283.63	1500.42	1718.34
	机械使用费(元)			1900.91	4475.90	4475.90	6154.36
	其他措施费(元)			46.54	73.46	77.05	111.88
	安文费(元)			151.10	303.56	318.12	434.35
	管理费(元)			302.20	607.11	636.25	868.70
	利润(元)			251.83	505.93	530.21	723.92
	规费(元)			484.03	763.99	801.36	1163.52
名称		单位	单价(元)	数量			
综合工日		工日		(14.85)	(23.38)	(24.75)	(36.30)
黄油		kg	10.50	6.600	8.800	11.000	13.200
轴承 80(双密封)		套	—	—	—	(2.00)	—
电		kW·h	0.70	13.200	19.800	22.000	26.400
白纱带 20mm×20m		卷	3.63	11.550	17.160	20.680	22.990
轴承 100(双密封)		套	—	—	—	—	(2.00)
机械密封 50(双端面)		套	—	(1.00)	—	—	—
机械密封 75(双端面)		套	—	—	(1.00)	—	—
机械密封 80(单端面)		套	—	—	—	(2.00)	—
机械密封 100(单端面)		套	—	—	—	—	(2.00)
骨架油封 50		套	—	(1.00)	—	—	—
骨架油封 75		套	—	—	(1.00)	—	—
骨架油封 80		套	—	—	—	(1.00)	—
骨架油封 100		套	—	—	—	—	(1.00)
焊锡膏		kg	36.00	0.055	0.077	0.099	0.110
自粘性橡胶带 20mm×5m		卷	3.50	0.495	0.550	1.320	1.650
耐油橡胶板		kg	30.50	0.825	1.857	2.112	3.300

续表

定　额　编　号			6-362	6-363	6-364	6-365
项　　　目			潜水轴流泵维护			
			5.5~4kW	30~63kW	75~90kW	110~230kW
名　　称	单位	单价(元)	数　　量			
变压器油	kg	16.50	22.000	49.500	55.000	60.500
汽油　综合	kg	7.00	4.109	8.217	9.864	11.504
轴承　75(双密封)	套	—	—	(2.00)	—	—
密封胶　机械密封专用	kg	45.00	1.650	2.200	2.750	3.300
轴承　50(双密封)	套	—	(2.00)	—	—	—
焊锡丝	kg	62.00	0.275	0.550	0.935	1.078
红外线灯泡　220V 1000W	个	68.00	0.550	0.682	0.935	1.078
汽车式起重机　提升质量(t)　25	台班	1017.25	—	4.400	4.400	6.050
汽车式起重机　提升质量(t)　8	台班	691.24	2.750	—	—	—

11. 变压器维护

工作内容：更换电接点温度计，确定漏油点、放油、补漏。

计量单位：套

定额编号				6-366	6-367
项目				油浸式变压器	
				更换电接点温度计	补漏修复(项)
基价(元)				388.06	554.58
其中	人工费(元)			44.86	44.86
	材料费(元)			268.63	409.75
	机械使用费(元)			—	—
	其他措施费(元)			1.35	1.35
	安文费(元)			12.69	18.13
	管理费(元)			25.38	36.27
	利润(元)			21.15	30.22
	规费(元)			14.00	14.00
名称		单位	单价(元)	数量	
综合工日		工日		(0.52)	(0.52)
砂纸		张	0.26	1.000	10.000
电接点温度计		个	260.00	1.000	—
活性土		kg	15.00	—	2.000
破布		kg	6.19	—	1.000
钢锯条		根	0.50	2.000	10.000
变压器油		kg	16.50	—	20.000
绝缘胶布		盘	2.00	0.500	1.000
棉纱		kg	12.00	0.200	2.000
电池		节	1.30	—	3.000
灯泡 250W		个	—	—	(5.00)
其他材料费		%	1.00	1.500	1.500

12. 启闭机保养

工作内容：调试、检测、除锈、上油，不含换件。

计量单位：台

定额编号				6-368	6-369
项目				手动启闭机保养	电动启闭机保养
基价（元）				392.25	577.57
其中	人工费（元）			174.20	217.75
	材料费（元）			98.61	197.21
	机械使用费（元）			—	—
	其他措施费（元）			5.23	6.53
	安文费（元）			12.83	18.89
	管理费（元）			25.65	37.77
	利润（元）			21.38	31.48
	规费（元）			54.35	67.94
名称		单位	单价（元）	数量	
综合工日		工日		(2.00)	(2.50)
棉纱		kg	12.00	1.000	2.000
砂纸		张	0.26	5.000	10.000
绝缘胶布		盘	2.00	0.500	1.000
黄油		kg	10.50	1.000	2.000
汽油　综合		kg	7.00	0.500	1.000
石棉盘根		kg	30.15	2.000	4.000
钢锯条		根	0.50	5.000	10.000
机油		kg	12.10	0.500	1.000
其他材料费		%	1.00	1.500	1.500

13.清挖泵站集水池

工作内容:下池情况,人工提泥,现场清理干净。

计量单位:10m³

定额编号				6-370	6-371	6-372	6-373
项目				人工清泥		人机配合清挖	
				软泥	硬泥	软泥	硬泥
基价(元)				4488.48	5983.73	2680.14	3342.32
其中	人工费(元)			2834.23	3778.40	1133.17	1417.12
	材料费(元)			—	—	—	—
	机械使用费(元)			—	—	704.60	884.68
	其他措施费(元)			85.03	113.35	38.02	46.53
	安文费(元)			146.77	195.67	87.64	109.29
	管理费(元)			293.55	391.34	175.28	218.59
	利润(元)			244.62	326.11	146.07	182.16
	规费(元)			884.28	1178.86	395.36	483.95
名称		单位	单价(元)	数量			
综合工日		工日		(32.54)	(43.38)	(14.01)	(17.27)
少先吊　提升质量(t)　1		台班	161.26	—	—	1.000	1.000
电动双梁起重机　5t		台班	155.24	—	—	3.500	4.660

注:集水池深度综合考虑7~11m。

14. 格栅除污

工作内容:通风检查,排空积水、清理格栅污物,提升,污物运往指定地点,清理现场等。

计量单位:m^3

定额编号				6-374
项目				人工清理格栅
基价(元)				892.64
其中	人工费(元)			371.05
	材料费(元)			15.98
	机械使用费(元)			213.67
	其他措施费(元)			13.66
	安文费(元)			29.19
	管理费(元)			58.38
	利润(元)			48.65
	规费(元)			142.06
名称		单位	单价(元)	数量
综合工日		工日		(4.89)
麻绳		kg	8.71	0.350
笤帚		把	7.00	1.000
下水衣摊销费		元	1.00	3.700
水罐摊销费		元	1.00	2.000
其他材料费		%	1.00	1.500
有毒气体测试仪		台班	178.21	0.286
泥浆罐车		台班	474.36	0.343

15. 地道桥下掏挖收水井

工作内容:安全监护、启闭井盖掏泥、污泥装车,清理现场等。

计量单位:10座

<table>
<tr><td colspan="4">定　额　编　号</td><td>6-375</td><td>6-376</td><td>6-377</td></tr>
<tr><td colspan="4" rowspan="2">项　　目</td><td colspan="3">地道桥下掏挖收水井(大型平箅 450×750)</td></tr>
<tr><td>井深 1m</td><td>井深 2m 以内</td><td>井深 3m 以内</td></tr>
<tr><td colspan="4">基　　价(元)</td><td>709.77</td><td>892.18</td><td>1068.77</td></tr>
<tr><td rowspan="9">其中</td><td colspan="3">人　工　费(元)</td><td>312.69</td><td>363.21</td><td>435.50</td></tr>
<tr><td colspan="3">材　料　费(元)</td><td>8.61</td><td>9.04</td><td>9.64</td></tr>
<tr><td colspan="3">机械使用费(元)</td><td>157.96</td><td>236.71</td><td>284.14</td></tr>
<tr><td colspan="3">其他措施费(元)</td><td>10.72</td><td>12.90</td><td>15.47</td></tr>
<tr><td colspan="3">安　文　费(元)</td><td>23.21</td><td>29.17</td><td>34.95</td></tr>
<tr><td colspan="3">管　理　费(元)</td><td>46.42</td><td>58.35</td><td>69.90</td></tr>
<tr><td colspan="3">利　　润(元)</td><td>38.68</td><td>48.62</td><td>58.25</td></tr>
<tr><td colspan="3">规　　费(元)</td><td>111.48</td><td>134.18</td><td>160.92</td></tr>
<tr><td colspan="2">名　　称</td><td>单位</td><td>单价(元)</td><td colspan="3">数　　量</td></tr>
<tr><td colspan="2">综合工日</td><td>工日</td><td></td><td>(3.92)</td><td>(4.67)</td><td>(5.60)</td></tr>
<tr><td colspan="2">电池</td><td>节</td><td>1.30</td><td>1.000</td><td>1.250</td><td>1.670</td></tr>
<tr><td colspan="2">笤帚</td><td>把</td><td>7.00</td><td>1.000</td><td>1.000</td><td>1.000</td></tr>
<tr><td colspan="2">麻绳</td><td>kg</td><td>8.71</td><td>0.021</td><td>0.032</td><td>0.038</td></tr>
<tr><td colspan="2">其他材料费</td><td>%</td><td>1.00</td><td>1.500</td><td>1.500</td><td>1.500</td></tr>
<tr><td colspan="2">泥浆罐车</td><td>台班</td><td>474.36</td><td>0.333</td><td>0.499</td><td>0.599</td></tr>
</table>

16. 地道桥下掏挖检查井

工作内容:安全监护、启闭井盖掏泥、污泥装车,清理现场等。

计量单位:10座

定额编号				6-378	6-379
项目				地道桥下人工掏挖检查井	
				井上掏挖	井下掏挖(m^3)
基价(元)				1413.95	895.51
其中	人工费(元)			657.61	298.75
	材料费(元)			8.76	13.89
	机械使用费(元)			279.87	321.68
	其他措施费(元)			22.10	10.92
	安文费(元)			46.24	29.28
	管理费(元)			92.47	58.57
	利润(元)			77.06	48.81
	规费(元)			229.84	113.61
名称		单位	单价(元)	数量	
综合工日		工日		(8.14)	(3.92)
电池		节	1.30	1.110	0.950
笤帚		把	7.00	1.000	0.164
下水衣		件	110.00	—	0.100
麻绳		kg	8.71	0.021	0.035
其他材料费		%	1.00	1.500	1.500
鼓风机 能力(m^3/min) 700		台班	492.67	—	0.250
有毒气体测试仪		台班	178.21	—	0.250
泥浆罐车		台班	474.36	0.590	0.238
汽油发电机组 功率(kW) 10		台班	164.26	—	0.250

17. 人工坡道运输淤泥

工作内容：疏导交通、运输污泥、清理道路。

计量单位：m^3

定额编号				6-380	6-381
项目				人工坡道运输淤泥	
				50m 以内	500m 以内每增 50m
基价(元)				78.63	10.75
其中	人工费(元)			49.65	6.79
	材料费(元)			—	—
	机械使用费(元)			—	—
	其他措施费(元)			1.49	0.20
	安文费(元)			2.57	0.35
	管理费(元)			5.14	0.70
	利润(元)			4.29	0.59
	规费(元)			15.49	2.12
名称		单位	单价(元)	数量	
综合工日		工日		(0.57)	(0.08)

18. 格栅捞污机的维护保养

工作内容:设备本体与本体联系的附件除锈、清洗、调查、就位、找正、紧固、刷防锈漆等。

计量单位:台

定额编号				6-382	6-383	6-384	6-385
项目				格栅捞污机			
				固定宽度			
				1.2m 以内	1.8m 以内	2.4m 以内	4m 以内
基价(元)				5185.87	5498.41	5926.39	6525.32
其中	人工费(元)			3105.38	3210.07	3400.30	3606.38
	材料费(元)			227.08	351.44	458.82	689.79
	机械使用费(元)			—	—	—	—
	其他措施费(元)			93.16	96.30	102.01	108.19
	安文费(元)			169.58	179.80	193.79	213.38
	管理费(元)			339.16	359.60	387.59	426.76
	利润(元)			282.63	299.66	322.99	355.63
	规费(元)			968.88	1001.54	1060.89	1125.19
名称		单位	单价(元)	数量			
综合工日		工日		(35.65)	(36.86)	(39.04)	(41.41)
机油 5#~7#		kg	12.10	3.000	7.000	9.000	15.000
砂纸		张	0.26	3.000	5.000	7.000	10.000
防锈漆		kg	16.30	4.200	6.200	8.300	13.500
汽油 综合		kg	7.00	4.000	5.000	6.500	8.500
黄油(钙基脂)		kg	8.00	0.500	0.700	0.900	1.200
电		kW·h	0.70	12.000	15.000	19.000	24.000
棉纱线		kg	5.90	2.600	3.880	4.800	6.400
煤油		kg	8.44	6.000	8.000	10.500	14.000
水		m^3	5.13	0.450	0.580	0.760	0.930
其他材料费		%	1.00	6.000	6.000	6.000	6.000

19. 集水池维修

工作内容：凿除破损结构、清理界面、补强结构、内外防水、清理场地。

计量单位：$10m^2$

定额编号		6-386
项目		集水池维修
		水泥混凝土
基价(元)		1831.61
其中	人工费(元)	348.40
	材料费(元)	132.62
	机械使用费(元)	860.28
	其他措施费(元)	18.49
	安文费(元)	59.89
	管理费(元)	119.79
	利润(元)	99.82
	规费(元)	192.32

名称	单位	单价(元)	数量
综合工日	工日		(6.00)
冲击钻头 Φ10~20	个	4.00	2.000
预拌防水水泥砂浆 1:2	m^3	220.00	0.010
聚合物水泥防水涂料	t	7000.00	0.002
木材(成材)	m^3	2500.00	0.020
防水剂	kg	16.20	3.000
其他材料费	%	1.00	8.000
载重汽车 装载质量(t) 4	台班	398.64	2.000
冲击钻	台班	30.00	2.000
其他机械费	%	1.00	3.000

20. 柴油发电机组维护

工作内容：清洗、擦拭、除锈上油、刷漆，清洗井壁、清除杂物，更换螺栓、螺帽、销子，检查修改控制箱参数，更换油过滤器、空气过滤器，更换机油、更换防冻液、更换电瓶、电瓶充电、空载试验、电压调解整定等。

计量单位：台

定额编号				6-387
项目				柴油发电机组维护(50~500kW)
基价(元)				5459.05
其中	人工费(元)			348.40
	材料费(元)			4153.09
	机械使用费(元)			5.36
	其他措施费(元)			10.45
	安文费(元)			178.51
	管理费(元)			357.02
	利润(元)			297.52
	规费(元)			108.70
名称		单位	单价(元)	数量
综合工日		工日		(4.00)
充电器		个	190.00	0.500
塑料手套 ST型		个	7.50	8.000
防冻液		kg	3.50	60.000
柴油滤芯器		个	520.00	1.000
砂纸		张	0.26	10.050
毛刷 2″		把	2.01	2.000
棉纱线		kg	5.90	5.400
固定密闭式铅酸蓄电池		块	1800.00	1.000
塑料油桶 50L		个	120.00	1.000
机油		kg	12.10	32.000
清洗剂 500mL		瓶	8.20	2.000
空气滤芯器		个	380.00	1.000
蒸馏水		kg	1.20	5.000
机油滤芯器(粗+细)		套	520.00	1.000
数字万用表 PS-56		台班	3.71	0.500
吸尘器		台班	7.00	0.500

21. 进出水启闭闸门维护

工作内容:清洗、擦拭、检查修改控制箱参数,更换油过滤器、空气过滤器,更换机油、更换防冻液、更换电瓶、电瓶充电、空载试验、电压调解整定等。

计量单位:座

定 额 编 号				6-388
项 目				进出水启闭闸门维护
基 价(元)				1647.07
其中	人 工 费(元)			237.78
	材 料 费(元)			293.73
	机械使用费(元)			691.24
	其他措施费(元)			15.17
	安 文 费(元)			53.86
	管 理 费(元)			107.72
	利 润(元)			89.77
	规 费(元)			157.80
名 称		单位	单价(元)	数 量
综合工日		工日		(4.73)
薄砂轮片		片	6.57	2.800
防锈漆		kg	16.30	9.010
精制六角带帽螺栓 M27×120		套	6.00	10.200
漆刷(1″~1.5″)		把	2.79	2.160
黄油		kg	10.50	5.300
钢丝刷子		把	2.59	2.160
汽车式起重机 提升质量(t) 8		台班	691.24	1.000

五、泵站监控中心设备维修

1. 拆除工程

(1) 双绞线缆拆除

工作内容:线缆拆除,搬运至指定地点、清理现场。

计量单位:100m

定额编号				6-389	6-390
项目				双绞线缆拆除(4 对以内)	
				管、暗槽内	线槽、桥架、支架、活动地板内
基价(元)				44.39	41.78
其中	人工费(元)			27.96	26.30
	材料费(元)			0.10	0.10
	机械使用费(元)			—	—
	其他措施费(元)			0.84	0.79
	安文费(元)			1.45	1.37
	管理费(元)			2.90	2.73
	利润(元)			2.42	2.28
	规费(元)			8.72	8.21
名称		单位	单价(元)	数量	
综合工日		工日		(0.32)	(0.30)
其他材料费		元	1.00	0.100	0.100

(2)光缆拆除

工作内容:光缆拆除,搬运至指定地点、清理现场。

计量单位:100m

定额编号				6-391	6-392
项目				光缆拆除	
				管、暗槽内光缆(芯以内)	
				12	36
基价(元)				104.65	126.60
其中	人工费(元)			65.59	79.44
	材料费(元)			0.67	0.67
	机械使用费(元)			—	—
	其他措施费(元)			1.97	2.38
	安文费(元)			3.42	4.14
	管理费(元)			6.84	8.28
	利润(元)			5.70	6.90
	规费(元)			20.46	24.79
名称		单位	单价(元)	数量	
综合工日		工日		(0.75)	(0.91)
其他材料费		元	1.00	0.670	0.670

工作内容:光缆拆除,搬运至指定地点、清理现场。

计量单位:100m

定额编号				6-393	6-394
项目				光缆拆除	
				线槽、桥架、支架、活动地板内光缆(芯以内)	
				12	36
基价(元)				144.67	188.51
其中	人工费(元)			90.85	118.54
	材料费(元)			0.67	0.67
	机械使用费(元)			—	—
	其他措施费(元)			2.73	3.56
	安文费(元)			4.73	6.16
	管理费(元)			9.46	12.33
	利润(元)			7.88	10.27
	规费(元)			28.35	36.98
名称		单位	单价(元)	数量	
综合工日		工日		(1.04)	(1.36)
其他材料费		元	1.00	0.670	0.670

(3)电话线、广播线拆除

工作内容:电话线拆除,搬运至指定地点、清理现场。

计量单位:100m

定额编号				6-395	6-396
项目				电话线拆除(2对以内)	电话线拆除(2对以内)
				管、暗槽内电话线	线槽、桥架、支架、活动地板内电话线
基价(元)				22.17	18.57
其中	人工费(元)			13.94	11.67
	材料费(元)			0.08	0.08
	机械使用费(元)			—	—
	其他措施费(元)			0.42	0.35
	安文费(元)			0.72	0.61
	管理费(元)			1.45	1.21
	利润(元)			1.21	1.01
	规费(元)			4.35	3.64
名称		单位	单价(元)	数量	
综合工日		工日		(0.16)	(0.13)
其他材料费		元	1.00	0.080	0.080

工作内容:广播线拆除,搬运至指定地点、清理现场。

计量单位:100m

定额编号				6-397	6-398
项目				广播线拆除	
				管、暗槽内广播线	线槽、桥架、支架、活动地板内广播线
基价(元)				30.36	26.78
其中	人工费(元)			19.07	16.81
	材料费(元)			0.14	0.14
	机械使用费(元)			—	—
	其他措施费(元)			0.57	0.50
	安文费(元)			0.99	0.88
	管理费(元)			1.99	1.75
	利润(元)			1.65	1.46
	规费(元)			5.95	5.24
名称		单位	单价(元)	数量	
综合工日		工日		(0.22)	(0.19)
其他材料费		元	1.00	0.140	0.140

(4)综合布线装置拆除

工作内容:箱、柜拆除,搬运至指定地点、清理现场。

计量单位:个

定额编号				6-399
项目				电话组线箱拆除
				成套电话组线箱
基价(元)				37.97
其中	人工费(元)			19.68
	材料费(元)			5.77
	机械使用费(元)			—
	其他措施费(元)			0.59
	安文费(元)			1.24
	管理费(元)			2.48
	利润(元)			2.07
	规费(元)			6.14
名称		单位	单价(元)	数量
综合工日		工日		(0.23)
其他材料费		元	1.00	5.770

工作内容:箱、柜拆除,搬运至指定地点、清理现场。

计量单位:台

定额编号				6-400	6-401
项目				箱、柜拆除	
				机柜	
				落地式	墙挂式
基价(元)				101.35	37.25
其中	人工费(元)			59.23	19.25
	材料费(元)			6.40	5.72
	机械使用费(元)			—	—
	其他措施费(元)			1.78	0.58
	安文费(元)			3.31	1.22
	管理费(元)			6.63	2.44
	利润(元)			5.52	2.03
	规费(元)			18.48	6.01
名称		单位	单价(元)	数量	
综合工日		工日		(0.68)	(0.22)
其他材料费		元	1.00	6.400	5.720

工作内容:配线架、跳线架拆除,搬运至指定地点、清理现场。

计量单位:架

定额编号				6-402	6-403	6-404	6-405
项目				配线架、跳线架拆除			
				配线架(口)		电子配线架(口)	跳线架(对)
				24	48	24	50
基价(元)				82.24	99.67	91.48	41.39
其中	人工费(元)			46.86	56.18	52.70	23.87
	材料费(元)			6.80	9.06	6.80	3.03
	机械使用费(元)			—	—	—	—
	其他措施费(元)			1.41	1.69	1.58	0.72
	安文费(元)			2.69	3.26	2.99	1.35
	管理费(元)			5.38	6.52	5.98	2.71
	利润(元)			4.48	5.43	4.99	2.26
	规费(元)			14.62	17.53	16.44	7.45
名称		单位	单价(元)	数量			
综合工日		工日		(0.54)	(0.65)	(0.61)	(0.27)
其他材料费		元	1.00	6.800	9.060	6.800	3.030

工作内容:光缆终端盒拆除,搬运至指定地点、清理现场。

计量单位:个

定额编号				6-406	6-407	6-408
项目				光缆终端盒拆除		
				光缆终端盒(芯以内)		
				12	24	48
基价(元)				24.47	27.36	46.27
其中	人工费(元)			14.89	16.72	28.66
	材料费(元)			0.75	0.75	0.75
	机械使用费(元)			—	—	—
	其他措施费(元)			0.45	0.50	0.86
	安文费(元)			0.80	0.89	1.51
	管理费(元)			1.60	1.79	3.03
	利润(元)			1.33	1.49	2.52
	规费(元)			4.65	5.22	8.94
名称		单位	单价(元)	数量		
综合工日		工日		(0.17)	(0.19)	(0.33)
其他材料费		元	1.00	0.750	0.750	0.750

工作内容:线管理器拆除,搬运至指定地点、清理现场。

计量单位:个

定额编号				6-409
项目				线管理器拆除
				线管理器
基价(元)				7.64
其中	人工费(元)			3.92
	材料费(元)			1.21
	机械使用费(元)			—
	其他措施费(元)			0.12
	安文费(元)			0.25
	管理费(元)			0.50
	利润(元)			0.42
	规费(元)			1.22
名称		单位	单价(元)	数量
综合工日		工日		(0.05)
其他材料费		元	1.00	1.210

(5)变送器、流量计拆除

工作内容:变送器、流量计拆除,搬运至指定地点、清理现场。

计量单位:支

定额编号				6-410	6-411	6-412
项目				变送器、流量计拆除		
				电量变送器	其他变送器(套)	流量计(套)
基价(元)				30.99	24.79	87.00
其中	人工费(元)			19.42	15.59	54.87
	材料费(元)			0.20	0.09	0.09
	机械使用费(元)			—		—
	其他措施费(元)			0.58	0.47	1.65
	安文费(元)			1.01	0.81	2.84
	管理费(元)			2.03	1.62	5.69
	利润(元)			1.69	1.35	4.74
	规费(元)			6.06	4.86	17.12
名称		单位	单价(元)	数量		
综合工日		工日		(0.22)	(0.18)	(0.63)
其他材料费		元	1.00	0.200	0.090	0.090

(6)集中控制设备拆除

工作内容:触摸屏、按键面板拆除,搬运至指定地点、清理现场。

计量单位:台

定额编号				6-413	6-414
项目				触摸屏、按键面板拆除	
				触摸屏	按键面板
基价(元)				68.21	33.84
其中	人工费(元)			43.03	21.34
	材料费(元)			0.05	0.04
	机械使用费(元)			—	—
	其他措施费(元)			1.29	0.64
	安文费(元)			2.23	1.11
	管理费(元)			4.46	2.21
	利润(元)			3.72	1.84
	规费(元)			13.43	6.66
名称		单位	单价(元)	数量	
综合工日		工日		(0.49)	(0.25)
其他材料费		元	1.00	0.050	0.040

(7)停车管理、显示设备拆除

工作内容:停车管理、显示设备拆除,搬运至指定地点、清理现场。

计量单位:台

定额编号				6-415	6-416	6-417	6-418
项目				停车管理、显示设备拆除			
				出入口控制机	栏杆	紧急报警器	通行诱导信息牌
基价(元)				136.40	85.46	50.57	55.02
其中	人工费(元)			86.05	53.91	31.88	34.40
	材料费(元)			0.11	0.07	0.06	0.46
	机械使用费(元)			—	—	—	—
	其他措施费(元)			2.58	1.62	0.96	1.03
	安文费(元)			4.46	2.79	1.65	1.80
	管理费(元)			8.92	5.59	3.31	3.60
	利润(元)			7.43	4.66	2.76	3.00
	规费(元)			26.85	16.82	9.95	10.73
名称		单位	单价(元)	数量			
综合工日		工日		(0.99)	(0.62)	(0.37)	(0.40)
其他材料费		元	1.00	0.110	0.070	0.060	0.460

(8)入侵报警设备拆除

工作内容:入侵报警设备拆除,搬运至指定地点、清理现场。

计量单位:套

定额编号				6-419	6-420
项目				入侵报警设备拆除(室内外、周界)	
				入侵开关	入侵探测器
基价(元)				6.54	64.95
其中	人工费(元)			4.09	40.94
	材料费(元)			0.05	0.10
	机械使用费(元)			—	—
	其他措施费(元)			0.12	1.23
	安文费(元)			0.21	2.12
	管理费(元)			0.43	4.25
	利润(元)			0.36	3.54
	规费(元)			1.28	12.77
名称		单位	单价(元)	数量	
综合工日		工日		(0.05)	(0.47)
其他材料费		元	1.00	0.050	0.100

(9)出入口控制设备拆除

工作内容:出入口控制设备拆除,搬运至指定地点、清理现场。

计量单位:台

定额编号				6-421	6-422
项目				出入口控制设备拆除	
				门禁控制器	
				双门	四门
基价(元)				73.08	85.30
其中	人工费(元)			46.08	53.74
	材料费(元)			0.09	0.16
	机械使用费(元)			—	—
	其他措施费(元)			1.38	1.61
	安文费(元)			2.39	2.79
	管理费(元)			4.78	5.58
	利润(元)			3.98	4.65
	规费(元)			14.38	16.77
名称		单位	单价(元)	数量	
综合工日		工日		(0.53)	(0.62)
其他材料费		元	1.00	0.090	0.160

(10)电视监控设备拆除

工作内容:电视监控设备拆除,搬运至指定地点、清理现场。

计量单位:台

定额编号				6-423	6-424	6-425	6-426	6-427	6-428
项目				电视监控设备拆除					
				摄像设备	云台	防护罩	支架	控制台支架	监视器柜
基价(元)				67.24	34.97	22.79	28.39	40.64	70.98
其中	人工费(元)			42.42	22.04	14.37	17.86	25.61	44.77
	材料费(元)			0.05	0.05	0.03	0.08	0.07	0.07
	机械使用费(元)			—	—	—	—	—	—
	其他措施费(元)			1.27	0.66	0.43	0.54	0.77	1.34
	安文费(元)			2.20	1.14	0.75	0.93	1.33	2.32
	管理费(元)			4.40	2.29	1.49	1.86	2.66	4.64
	利润(元)			3.66	1.91	1.24	1.55	2.21	3.87
	规费(元)			13.24	6.88	4.48	5.57	7.99	13.97
名称		单位	单价(元)	数量					
综合工日		工日		(0.49)	(0.25)	(0.17)	(0.21)	(0.29)	(0.51)
其他材料费		元	1.00	0.050	0.050	0.030	0.080	0.070	0.070

(11)智能化系统设备拆除

工作内容:设备拆除,搬运至指定地点、清理现场。

计量单位:台

定额编号				6-429
项目				智能化系统设备拆除
				可视对讲机
基价(元)				12.92
其中	人工费(元)			8.01
	材料费(元)			0.20
	机械使用费(元)			—
	其他措施费(元)			0.24
	安文费(元)			0.42
	管理费(元)			0.85
	利润(元)			0.70
	规费(元)			2.50
名称		单位	单价(元)	数量
综合工日		工日		(0.09)
其他材料费		元	1.00	0.200

2. 综合布线系统

(1)机柜、机架

工作内容:开箱检验、划线、定位、设备组装、接地、本体安装、清理现场。

计量单位:台

定额编号				6-430	6-431	6-432
项目				机柜、机架		
				机柜、机架安装		安装抗震底座
				落地式	壁挂式	
基价(元)				353.32	163.41	180.32
其中	人工费(元)			182.91	59.49	91.46
	材料费(元)			53.81	58.52	30.06
	机械使用费(元)			0.12	0.12	—
	其他措施费(元)			5.49	1.78	2.74
	安文费(元)			11.55	5.34	5.90
	管理费(元)			23.11	10.69	11.79
	利润(元)			19.26	8.91	9.83
	规费(元)			57.07	18.56	28.54
名称		单位	单价(元)	数量		
综合工日		工日		(2.10)	(0.68)	(1.05)
抗震底座		个	—	—	—	(1.00)
机柜(机架)		个	—	(1.00)	(1.00)	—
铜端子 16mm^2		个	1.40	2.020	2.020	—
铜芯塑料绝缘电线 BV-16mm^2		m	8.46	2.020	3.030	—
其他材料费		元	1.00	33.890	30.060	30.060
钳形接地电阻测试仪		台班	10.48	0.011	0.011	—

(2)分线接线箱(盒)

工作内容:定位划线、开孔、安装盒体、连接处密封、做标记、清理现场。

计量单位:个

定额编号				6-433	6-434	6-435	6-436
项目				分线接线箱(盒)			
				安装接线盒(半周长 mm)		安装过线(路)盒(半周长 mm)	
				700 以内	700 以上	200 以内	200 以上
基价(元)				89.58	113.04	8.96	21.94
其中	人工费(元)			32.92	47.56	3.66	11.85
	材料费(元)			31.73	31.96	2.68	2.68
	机械使用费(元)			—	—	—	—
	其他措施费(元)			0.99	1.43	0.11	0.36
	安文费(元)			2.93	3.70	0.29	0.72
	管理费(元)			5.86	7.39	0.59	1.43
	利润(元)			4.88	6.16	0.49	1.20
	规费(元)			10.27	14.84	1.14	3.70
名称		单位	单价(元)	数量			
综合工日		工日		(0.38)	(0.55)	(0.04)	(0.14)
铜芯塑料绝缘电线 BV-16mm^2		m	8.46	3.060	3.060	—	—
接线盒		个	2.68	—	—	1.000	1.000
接线箱		个	—	(1.00)	(1.00)	—	—
铜端子 16mm^2		个	1.40	2.020	2.020	—	—
其他材料费		元	1.00	3.010	3.240	—	—

(3)大对数线缆

工作内容:检查、抽测电缆、清理管道、线槽、桥架、制作穿线端头(钩)、穿放引线、穿放电缆、封堵出口、清理现场等。

计量单位:100m

定额编号				6-437	6-438
项目				大对数线缆	
				管、暗槽内穿放双绞线(对以内)	
				25	50
基价(元)				243.78	337.13
其中	人工费(元)			146.33	201.20
	材料费(元)			6.00	9.00
	机械使用费(元)			4.21	6.68
	其他措施费(元)			4.39	6.04
	安文费(元)			7.97	11.02
	管理费(元)			15.94	22.05
	利润(元)			13.29	18.37
	规费(元)			45.65	62.77
名称		单位	单价(元)	数量	
综合工日		工日		(1.68)	(2.31)
大对数线缆		m	—	(102.00)	(102.00)
其他材料费		元	1.00	6.000	9.000
工业用真有效值万用表		台班	5.54	0.210	0.420
对讲机(一对) 最大通话距离:5km		台班	4.14	0.735	1.051

工作内容:检查、抽测电缆、清理管道、线槽、桥架、制作穿线端头(钩)、穿放引线、穿放电缆、封堵出口、清理现场等。

计量单位:100m

定 额 编 号				6-439	6-440
项 目				大对数线缆	
				线槽、桥架、支架、活动地板内布放(对以内)	
				25	50
基 价(元)				229.31	322.66
其中	人 工 费(元)			137.18	192.06
	材 料 费(元)			6.00	9.00
	机械使用费(元)			4.21	6.68
	其他措施费(元)			4.12	5.76
	安 文 费(元)			7.50	10.55
	管 理 费(元)			15.00	21.10
	利 润(元)			12.50	17.59
	规 费(元)			42.80	59.92
名 称		单位	单价(元)	数 量	
综合工日		工日		(1.58)	(2.21)
大对数线缆		m	—	(102.50)	(102.50)
其他材料费		元	1.00	6.000	9.000
工业用真有效值万用表		台班	5.54	0.210	0.420
对讲机(一对) 最大通话距离:5km		台班	4.14	0.735	1.051

(4)双绞线缆

工作内容:检查、抽测电缆、清理管道、线槽、桥架、布放、绑扎电缆、封堵出口、清理现场等。

计量单位:100m

定额编号				6-441	6-442
项目				4对以内	
				管、暗槽内	线槽、桥架、支架、活动地板内
基价(元)				196.39	181.78
其中	人工费(元)			118.98	109.75
	材料费(元)			4.00	4.00
	机械使用费(元)			2.76	2.76
	其他措施费(元)			3.57	3.29
	安文费(元)			6.42	5.94
	管理费(元)			12.84	11.89
	利润(元)			10.70	9.91
	规费(元)			37.12	34.24
名称		单位	单价(元)	数量	
综合工日		工日		(1.37)	(1.26)
双绞线缆		m	—	(105.00)	(105.00)
其他材料费		元	1.00	4.000	4.000
工业用真有效值万用表		台班	5.54	0.105	0.105
对讲机(一对) 最大通话距离:5km		台班	4.14	0.525	0.525

(5)光缆

工作内容:检查电缆、清理管道、线槽、桥架、制作穿线端头(钩)、穿放引线、穿放电缆、出口衬垫封堵出口、清理现场等。

计量单位:100m

定额编号				6-443	6-444	6-445
项目				光缆		
				管、暗槽内穿放(芯以内)		
				12	36	72
基价(元)				178.72	296.14	398.69
其中	人工费(元)			109.75	182.91	247.02
	材料费(元)			2.00	2.00	2.00
	机械使用费(元)			2.17	3.48	4.35
	其他措施费(元)			3.29	5.49	7.41
	安文费(元)			5.84	9.68	13.04
	管理费(元)			11.69	19.37	26.07
	利润(元)			9.74	16.14	21.73
	规费(元)			34.24	57.07	77.07
名称		单位	单价(元)	数量		
综合工日		工日		(1.26)	(2.10)	(2.84)
光缆		m	—	(102.00)	(102.00)	(102.00)
其他材料费		元	1.00	2.000	2.000	2.000
对讲机(一对)　最大通话距离:5km		台班	4.14	0.525	0.840	1.051

工作内容：检查电缆、清理管道、线槽、桥架、制作穿线端头（钩）、穿放引线、穿放电缆、出口衬垫封堵出口、清理现场等。

计量单位：100m

定额编号			6-446	6-447	6-448
项目			光缆		
			线槽、桥架、支架、活动地板内布放（芯以内）		
			12	36	72
基价（元）			177.27	294.18	395.70
其中	人工费（元）		109.48	182.65	246.75
	材料费（元）		2.00	2.00	2.00
	机械使用费（元）		1.30	2.17	2.17
	其他措施费（元）		3.28	5.48	7.40
	安文费（元）		5.80	9.62	12.94
	管理费（元）		11.59	19.24	25.88
	利润（元）		9.66	16.03	21.57
	规费（元）		34.16	56.99	76.99
名称	单位	单价（元）	数量		
综合工日	工日		(1.26)	(2.10)	(2.83)
光缆	m	—	(102.00)	(102.00)	(102.00)
其他材料费	元	1.00	2.000	2.000	2.000
对讲机（一对） 最大通话距离：5km	台班	4.14	0.315	0.525	0.525

(6)跳　线

工作内容:量裁线缆、线缆与跳线连接器的安装卡接、检查测试、清理现场等。

计量单位:条

定　额　编　号				6-449
项　目				跳线
				制作卡接跳线
基　价(元)				16.87
其中	人　工　费(元)			7.40
	材　料　费(元)			—
	机械使用费(元)			4.37
	其他措施费(元)			0.22
	安　文　费(元)			0.55
	管　理　费(元)			1.10
	利　润(元)			0.92
	规　费(元)			2.31
名　称		单位	单价(元)	数　量
综合工日		工日		(0.09)
双绞线缆		m	—	(1.00)
跳线连接器		个	—	(2.02)
网络测试仪　超五类线缆测试仪		台班	104.07	0.042

工作内容：绑扎固定线缆、卡线、核对线序、安装固定接线模块(跳线盘)、清理现场等。

计量单位：条

定额编号				6-450	6-451	6-452
项目				跳线		
				安装双绞线跳线	跳线卡接(对)	安装光纤跳线
基价(元)				7.78	2.89	15.09
其中	人工费(元)			4.62	1.83	9.23
	材料费(元)			0.40	—	0.40
	机械使用费(元)			—	—	—
	其他措施费(元)			0.14	0.05	0.28
	安文费(元)			0.25	0.09	0.49
	管理费(元)			0.51	0.19	0.99
	利润(元)			0.42	0.16	0.82
	规费(元)			1.44	0.57	2.88
名称		单位	单价(元)	数量		
综合工日		工日		(0.05)	(0.02)	(0.11)
跳线		条	—	(1.00)	—	(1.00)
其他材料费		元	1.00	0.400	—	0.400

(7)配线架

工作内容:安装配线架、卡接双绞线、绑扎固定双绞线、核对线序、清理现场等。

计量单位:架

定额编号				6-453	6-454	6-455
项目				配线架		
				配线架(口)		电子配线架(口)
				24	48	24
基价(元)				284.30	552.87	313.27
其中	人工费(元)			164.62	329.24	182.91
	材料费(元)			20.00	26.66	20.00
	机械使用费(元)			—	—	—
	其他措施费(元)			4.94	9.88	5.49
	安文费(元)			9.30	18.08	10.24
	管理费(元)			18.59	36.16	20.49
	利润(元)			15.49	30.13	17.07
	规费(元)			51.36	102.72	57.07
名称		单位	单价(元)	数量		
综合工日		工日		(1.89)	(3.78)	(2.10)
其他材料费		元	1.00	20.000	26.660	20.000

(8)跳线架

工作内容:安装跳线架、绑扎固定双绞线、卡线、核对线序、清理现场等。

计量单位:架

定额编号				6-456	6-457
项目				跳线架	
				安装跳线架打接(对)	
				50	100
基价(元)				126.37	232.98
其中	人工费(元)			73.16	137.18
	材料费(元)			8.91	13.32
	机械使用费(元)			—	—
	其他措施费(元)			2.19	4.12
	安文费(元)			4.13	7.62
	管理费(元)			8.26	15.24
	利润(元)			6.89	12.70
	规费(元)			22.83	42.80
名称		单位	单价(元)	数量	
综合工日		工日		(0.84)	(1.58)
其他材料费		元	1.00	8.910	13.320

(9)光缆终端盒

工作内容：安装光纤盒、安装连接耦合器、光纤的盘留固定、尾纤端头连接、清理现场等。

计量单位：个

定额编号				6-458	6-459
项目				光缆终端盒	
				安装光缆终端盒(芯以内)	
				12	24
基价(元)				76.45	85.31
其中	人工费(元)			45.81	51.30
	材料费(元)			2.22	2.22
	机械使用费(元)			1.09	1.22
	其他措施费(元)			1.37	1.54
	安文费(元)			2.50	2.79
	管理费(元)			5.00	5.58
	利润(元)			4.17	4.65
	规费(元)			14.29	16.01
名称		单位	单价(元)	数量	
综合工日		工日		(0.53)	(0.59)
光缆终端盒		个	—	(1.00)	(1.00)
其他材料费		元	1.00	2.220	2.220
手持光损耗测试仪 波长:0.85/1.3/1.55nm		台班	5.20	0.210	0.235

(10)布放尾纤

工作内容:测试衰耗、固定光纤连接器、盘留固定、清理现场。

计量单位:条

定额编号				6-460	6-461
项目				布放尾纤	
				终端盒至光纤配线架	光纤配线架至设备
基价(元)				29.40	15.38
其中	人工费(元)			18.29	9.23
	材料费(元)			0.09	0.09
	机械使用费(元)			0.28	0.55
	其他措施费(元)			0.55	0.28
	安文费(元)			0.96	0.50
	管理费(元)			1.92	1.01
	利润(元)			1.60	0.84
	规费(元)			5.71	2.88
名称		单位	单价(元)	数量	
综合工日		工日		(0.21)	(0.11)
尾纤 10m 双头		根	—	(1.00)	(1.00)
其他材料费		元	1.00	0.090	0.090
手持光损耗测试仪 波长:0.85/1.3/1.55nm		台班	5.20	0.053	0.105

(11)线管理器

工作内容：本体安装、绑扎固定线缆、清理现场等。

计量单位：个

定额编号				6-462	6-463
项目				线管理器	
				安装线管理器	
				1U	2U
基价(元)				18.71	55.87
其中	人工费(元)			9.23	27.52
	材料费(元)			3.47	10.41
	机械使用费(元)			—	—
	其他措施费(元)			0.28	0.83
	安文费(元)			0.61	1.83
	管理费(元)			1.22	3.65
	利润(元)			1.02	3.04
	规费(元)			2.88	8.59
名称		单位	单价(元)	数量	
综合工日		工日		(0.11)	(0.32)
线管理器		个	—	(1.00)	(1.00)
其他材料费		元	1.00	3.470	10.410

(12)信息插座

工作内容:安装盒体、面板、接线、连接处密封、做标记、清理现场。

计量单位:个

定额编号				6-464	6-465	6-466
项目				信息插座		
				安装8位模块式信息插座		安装光纤连接盘(块)
				单口	双口	
基价(元)				8.92	13.34	94.20
其中	人工费(元)			5.49	8.27	59.49
	材料费(元)			0.20	0.20	—
	机械使用费(元)			—	—	—
	其他措施费(元)			0.16	0.25	1.78
	安文费(元)			0.29	0.44	3.08
	管理费(元)			0.58	0.87	6.16
	利润(元)			0.49	0.73	5.13
	规费(元)			1.71	2.58	18.56
名称		单位	单价(元)	数量		
综合工日		工日		(0.06)	(0.10)	(0.68)
光纤连接盘		块	—	—	—	(1.01)
插座		个	—	(1.01)	(1.01)	—
其他材料费		元	1.00	0.200	0.200	—

(13)光纤连接

工作内容:端面处理、纤芯连接、测试、包封护套、盘绕、固定光纤、清理现场等。

计量单位:芯

定额编号				6-467	6-468	6-469	6-470
项目				光纤连接			
				机械法		熔接法	
				单模	多模	单模	多模
基价(元)				67.15	54.04	36.56	36.56
其中	人工费(元)			39.37	31.09	13.76	13.76
	材料费(元)			1.28	1.28	1.28	1.28
	机械使用费(元)			2.79	2.79	11.24	11.24
	其他措施费(元)			1.18	0.93	0.41	0.41
	安文费(元)			2.20	1.77	1.20	1.20
	管理费(元)			4.39	3.53	2.39	2.39
	利润(元)			3.66	2.95	1.99	1.99
	规费(元)			12.28	9.70	4.29	4.29
名称		单位	单价(元)	数量			
综合工日		工日		(0.45)	(0.36)	(0.16)	(0.16)
光纤连接器材		套	—	(1.01)	(1.01)	(1.01)	(1.01)
其他材料费		元	1.00	1.280	1.280	1.280	1.280
光纤测试仪		台班	253.93	0.011	0.011	—	—
光纤熔接机		台班	107.06	—	—	0.105	0.105

(14)线缆测试

工作内容:测试、记录、完成测试报告、清理现场。

计量单位:链路

定额编号				6-471	6-472	6-473
项目				线缆测试		
				4对双绞线缆	同轴线缆	光缆
基价(元)				8.80	8.39	17.19
其中	人工费(元)			2.79	2.61	4.53
	材料费(元)			0.09	0.09	0.09
	机械使用费(元)			3.62	3.52	8.40
	其他措施费(元)			0.08	0.08	0.14
	安文费(元)			0.29	0.27	0.56
	管理费(元)			0.58	0.55	1.12
	利润(元)			0.48	0.46	0.94
	规费(元)			0.87	0.81	1.41
名称		单位	单价(元)	数量		
综合工日		工日		(0.03)	(0.03)	(0.05)
其他材料费		元	1.00	0.090	0.090	0.090
网络测试仪 超五类线缆测试仪		台班	104.07	0.032	0.032	—
对讲机(一对) 最大通话距离:5km		台班	4.14	0.032	0.032	0.053
光纤测试仪		台班	253.93	—	—	0.032
宽行打印机		台班	5.25	0.011	0.011	0.011
笔记本电脑		台班	9.12	0.011	—	—

(15)系统调试

工作内容:系统调试、完成调试报告、清理现场。

计量单位:系统

定额编号				6-474	6-475
项目				系统调试(点)	
				400以内	400以外,每增加100
基价(元)				2422.72	228.18
其中	人工费(元)			1371.83	137.18
	材料费(元)			—	—
	机械使用费(元)			212.02	9.26
	其他措施费(元)			41.15	4.12
	安文费(元)			79.22	7.46
	管理费(元)			158.45	14.92
	利润(元)			132.04	12.44
	规费(元)			428.01	42.80
名称		单位	单价(元)	数量	
综合工日		工日		(15.75)	(1.58)
网络测试仪　超五类线缆测试仪		台班	104.07	1.681	0.053
对讲机(一对)　最大通话距离:5km		台班	4.14	5.253	0.788
笔记本电脑		台班	9.12	1.681	0.053

3. 建筑设备自动化系统

(1) 中央管理系统

工作内容:软件功能编制、调整、清理现场。

计量单位:系统

定额编号				6-476	6-477
项目				中央管理系统	
				界面编制(点)	
				500 以内	500 以处,每增加 100
基价(元)				4699.49	1484.65
其中	人工费(元)			2743.65	731.64
	材料费(元)			81.18	59.37
	机械使用费(元)			219.19	216.86
	其他措施费(元)			82.31	21.95
	安文费(元)			153.67	48.55
	管理费(元)			307.35	97.10
	利润(元)			256.12	80.91
	规费(元)			856.02	228.27
名称		单位	单价(元)	数量	
综合工日		工日		(31.50)	(8.40)
打印纸 132-1		箱	187.80	0.400	0.300
其他材料费		元	1.00	6.060	3.030
宽行打印机		台班	5.25	5.253	15.758
笔记本电脑		台班	9.12	21.010	14.707

(2)通信网络控制设备

工作内容:设备开箱检查、就位安装、连接、软件功能检查、单体调试、清理现场。

计量单位:个

定额编号				6-478	6-479
项目				通信网络控制设备	
				终端电阻	通信接口卡
基价(元)				15.96	91.36
其中	人工费(元)			9.23	54.87
	材料费(元)			0.91	0.91
	机械使用费(元)			0.23	2.87
	其他措施费(元)			0.28	1.65
	安文费(元)			0.52	2.99
	管理费(元)			1.04	5.97
	利润(元)			0.87	4.98
	规费(元)			2.88	17.12
名称		单位	单价(元)	数量	
综合工日		工日		(0.11)	(0.63)
其他材料费		元	1.00	0.910	0.910
笔记本电脑		台班	9.12	—	0.315
工业用真有效值万用表		台班	5.54	0.042	—

(3)控制器

工作内容:开箱检查、固定安装、连接接线、清理现场。

计量单位:台

定额编号				6-480	6-481	6-482	6-483
项目				控制器(DDC)安装及接线(点)			
				24 以内	40 以内	60 以内	60 以上,每增加 20
基价(元)				211.43	269.36	355.87	161.64
其中	人工费(元)			109.75	137.27	182.91	91.46
	材料费(元)			25.66	35.54	44.84	11.40
	机械使用费(元)			6.23	8.49	11.26	2.83
	其他措施费(元)			3.29	4.12	5.49	2.74
	安文费(元)			6.91	8.81	11.64	5.29
	管理费(元)			13.83	17.62	23.27	10.57
	利润(元)			11.52	14.68	19.39	8.81
	规费(元)			34.24	42.83	57.07	28.54
名称		单位	单价(元)	数量			
综合工日		工日		(1.26)	(1.58)	(2.10)	(1.05)
其他材料费		元	1.00	25.660	35.540	44.840	11.400
手动液压叉车		台班	12.40	0.210	0.263	0.263	—
对讲机(一对) 最大通话距离:5km		台班	4.14	0.315	0.420	0.525	0.263
工业用真有效值万用表		台班	5.54	0.420	0.630	1.051	0.315

工作内容：软件功能检测、单体调试、清理现场。

计量单位：台

定额编号				6-484	6-485	6-486	6-487
项目				控制器(DDC)编程及调试(点)			
				24以内	40以内	60以内	60以上，每增加20
基价(元)				940.03	1257.45	1581.72	782.30
其中	人工费(元)			548.73	731.64	914.55	457.28
	材料费(元)			3.00	3.00	3.00	1.20
	机械使用费(元)			57.19	80.70	110.03	48.05
	其他措施费(元)			16.46	21.95	27.44	13.72
	安文费(元)			30.74	41.12	51.72	25.58
	管理费(元)			61.48	82.24	103.44	51.16
	利润(元)			51.23	68.53	86.20	42.64
	规费(元)			171.20	228.27	285.34	142.67
名称		单位	单价(元)	数量			
综合工日		工日		(6.30)	(8.40)	(10.50)	(5.25)
其他材料费		元	1.00	3.000	3.000	3.000	1.200
工业用真有效值万用表		台班	5.54	1.051	1.051	2.101	1.051
笔记本电脑		台班	9.12	4.202	6.303	8.404	3.677
对讲机(一对)　最大通话距离:5km		台班	4.14	3.152	4.202	5.253	2.101

工作内容:设备开箱检验、固定安装、连接、软件功能检查、单体调试、清理现场。

计量单位:台

定额编号				6-488	6-489
项目				控制器	
				远端模块(点)	
				12 以内	24 以内
基价(元)				630.09	946.38
其中	人工费(元)			365.82	548.73
	材料费(元)			9.33	15.04
	机械使用费(元)			33.68	50.53
	其他措施费(元)			10.97	16.46
	安文费(元)			20.60	30.95
	管理费(元)			41.21	61.89
	利润(元)			34.34	51.58
	规费(元)			114.14	171.20
名称		单位	单价(元)	数量	
综合工日		工日		(4.20)	(6.30)
其他材料费		元	1.00	9.330	15.040
笔记本电脑		台班	9.12	2.101	3.152
对讲机(一对) 最大通话距离:5km		台班	4.14	2.101	3.152
工业用真有效值万用表		台班	5.54	1.051	1.576

(4)第三方通信设备接口

工作内容:设备开箱检验、固定安装、连接、通电测试、清理现场。

计量单位:个

定额编号			6-490
项目			第三方通信设备接口
			集成系统接口
基价(元)			636.95
其中	人工费(元)		365.82
	材料费(元)		4.83
	机械使用费(元)		43.99
	其他措施费(元)		10.97
	安文费(元)		20.83
	管理费(元)		41.66
	利润(元)		34.71
	规费(元)		114.14
名称	单位	单价(元)	数量
综合工日	工日		(4.20)
其他材料费	元	1.00	4.830
工业用真有效值万用表	台班	5.54	1.051
宽行打印机	台班	5.25	1.051
对讲机(一对) 最大通话距离:5km	台班	4.14	2.101
笔记本电脑	台班	9.12	2.626

(5)采集系统

工作内容:开箱检查、固定安装、连接、单体测试、清理现场。

计量单位:个

定额编号				6-491	6-492
项目				采集系统	
				多表采集智能终端(含控制)	多表采集智能终端调试
基价(元)				115.01	221.65
其中	人工费(元)			41.20	137.27
	材料费(元)			41.59	3.02
	机械使用费(元)			0.58	0.58
	其他措施费(元)			1.24	4.12
	安文费(元)			3.76	7.25
	管理费(元)			7.52	14.50
	利润(元)			6.27	12.08
	规费(元)			12.85	42.83
名称		单位	单价(元)	数量	
综合工日		工日		(0.47)	(1.58)
其他材料费		元	1.00	41.590	3.020
工业用真有效值万用表		台班	5.54	0.105	0.105

(6)传感器、变送器

工作内容:开箱检查、固定安装、连接、单体测试、清理现场。

计量单位:支

定额编号				6-493	6-494	6-495
项目				液体流量开关	静压压差变送器	电量变送器
基价(元)				211.09	82.85	151.13
其中	人工费(元)			82.40	45.81	91.46
	材料费(元)			41.68	7.61	5.04
	机械使用费(元)			26.62	1.12	0.29
	其他措施费(元)			2.47	1.37	2.74
	安文费(元)			6.90	2.71	4.94
	管理费(元)			13.81	5.42	9.88
	利润(元)			11.50	4.52	8.24
	规费(元)			25.71	14.29	28.54
名称		单位	单价(元)	数量		
综合工日		工日		(0.95)	(0.53)	(1.05)
其他材料费		元	1.00	41.680	7.610	5.040
数字精密压力表		台班	15.63	—	0.053	—
交流弧焊机 容量(kV·A) 32		台班	83.57	0.315	—	—
工业用真有效值万用表		台班	5.54	0.053	0.053	0.053

工作内容:开箱检查、开孔、划线、固定安装、连接、密封、单体测试、清理现场。

计量单位:套

定额编号				6-496	6-497	6-498
项目				静压液位变送器		
				普通型	本安型	隔爆型
基价(元)				141.73	148.09	148.92
其中	人工费(元)			68.63	72.64	73.16
	材料费(元)			27.72	27.72	27.72
	机械使用费(元)			0.29	0.29	0.29
	其他措施费(元)			2.06	2.18	2.19
	安文费(元)			4.63	4.84	4.87
	管理费(元)			9.27	9.69	9.74
	利润(元)			7.72	8.07	8.12
	规费(元)			21.41	22.66	22.83
名称		单位	单价(元)	数量		
综合工日		工日		(0.79)	(0.83)	(0.84)
其他材料费		元	1.00	27.720	27.720	27.720
工业用真有效值万用表		台班	5.54	0.053	0.053	0.053

工作内容:开箱检查、开孔、划线、固定安装、连接、密封、单体测试、清理现场。

计量单位:套

定额编号				6-499	6-500	6-501
项目				液位计		
				普通型	本安型	隔爆型
基价(元)				140.92	147.53	148.50
其中	人工费(元)			68.11	72.29	72.90
	材料费(元)			27.72	27.72	27.72
	机械使用费(元)			0.29	0.29	0.29
	其他措施费(元)			2.04	2.17	2.19
	安文费(元)			4.61	4.82	4.86
	管理费(元)			9.22	9.65	9.71
	利润(元)			7.68	8.04	8.09
	规费(元)			21.25	22.55	22.74
名称		单位	单价(元)	数量		
综合工日		工日		(0.78)	(0.83)	(0.84)
其他材料费		元	1.00	27.720	27.720	27.720
工业用真有效值万用表		台班	5.54	0.053	0.053	0.053

工作内容:开箱检查、开孔、划线、固定安装、连接、密封、单体测试、清理现场。

计量单位:套

定额编号				6-502	6-503	6-504
项目				电磁流量计	涡街流量计	超声波流量计
基价(元)				271.85	279.16	300.81
其中	人工费(元)			164.62	169.24	182.91
	材料费(元)			4.98	4.98	4.98
	机械使用费(元)			4.46	4.46	4.46
	其他措施费(元)			4.94	5.08	5.49
	安文费(元)			8.89	9.13	9.84
	管理费(元)			17.78	18.26	19.67
	利润(元)			14.82	15.21	16.39
	规费(元)			51.36	52.80	57.07
名称		单位	单价(元)	数量		
综合工日		工日		(1.89)	(1.94)	(2.10)
其他材料费		元	1.00	4.980	4.980	4.980
工业用真有效值万用表		台班	5.54	0.105	0.105	0.105
超声波流量计　量程:0.01~30m/s,精度:±1%		台班	7.38	0.525	0.525	0.525

(7)电动调节阀执行机构

工作内容:开箱检查、法兰焊接、制垫、固定安装、连接、水压试验、单体测试、清理现场。

计量单位:个

定额编号				6-505	6-506	6-507
项目				电动二通调节阀及执行机构	电动蝶阀及执行机构	
				DN200 以内	DN250 以内	DN400 以内
基价(元)				1784.20	2047.64	2598.21
其中	人工费(元)			443.60	576.17	731.64
	材料费(元)			89.28	124.88	170.21
	机械使用费(元)			827.34	837.06	1049.66
	其他措施费(元)			13.31	17.29	21.95
	安文费(元)			58.34	66.96	84.96
	管理费(元)			116.69	133.91	169.92
	利润(元)			97.24	111.60	141.60
	规费(元)			138.40	179.77	228.27
名称		单位	单价(元)	数量		
综合工日		工日		(5.09)	(6.62)	(8.40)
电焊条 L-60 Φ3.2		kg	39.00	1.500	1.500	2.500
碳钢法兰		片	—	(2.02)	(2.02)	(2.02)
其他材料费		元	1.00	30.780	66.380	72.710
平台作业升降车 提升高度(m) 9		台班	303.93	2.626	2.626	3.152
手动液压叉车		台班	12.40	0.210	0.263	0.263
交流弧焊机 容量(kV·A) 32		台班	83.57	0.315	0.420	1.051
工业用真有效值万用表		台班	5.54	0.053	0.105	0.105

工作内容：检查、连线、绝缘测试、清理现场。

计量单位：个

定额编号				6-508	6-509	6-510
项目				启动柜接点接线(点以内)		
				5	10	20
基价(元)				82.22	159.21	312.44
其中	人工费(元)			45.81	91.46	182.91
	材料费(元)			6.17	8.10	11.16
	机械使用费(元)			2.03	4.07	8.13
	其他措施费(元)			1.37	2.74	5.49
	安文费(元)			2.69	5.21	10.22
	管理费(元)			5.38	10.41	20.43
	利润(元)			4.48	8.68	17.03
	规费(元)			14.29	28.54	57.07
名称		单位	单价(元)	数量		
综合工日		工日		(0.53)	(1.05)	(2.10)
其他材料费		元	1.00	6.170	8.100	11.160
工业用真有效值万用表		台班	5.54	0.210	0.420	0.840
对讲机(一对)　最大通话距离：5km		台班	4.14	0.210	0.420	0.840

(8)基　表

工作内容：开箱检验、切管、套丝、制垫、加垫、安装、接线、单体测试、压力试验、清理现场。

计量单位：个

定额编号				6-511
项目				基表
				远传脉冲电表
基价(元)				60.76
其中	人工费(元)			32.05
	材料费(元)			6.01
	机械使用费(元)			2.47
	其他措施费(元)			0.96
	安文费(元)			1.99
	管理费(元)			3.97
	利润(元)			3.31
	规费(元)			10.00
名称		单位	单价(元)	数量
综合工日		工日		(0.37)
其他材料费		元	1.00	6.010
管子切断套丝机　159mm		台班	20.71	0.105
工业用真有效值万用表		台班	5.54	0.053

(9)楼控系统调试

工作内容:系统调试、现场测量、记录、对比、调整、清理现场。

计量单位:系统

定额编号				6-512	6-513
项目				楼控系统调试	
				变配电监测分系统调试(点)	
				50 以内	50 以上,每增加 20
基价(元)				954.27	473.63
其中	人工费(元)			548.73	274.37
	材料费(元)			22.89	9.63
	机械使用费(元)			49.37	23.52
	其他措施费(元)			16.46	8.23
	安文费(元)			31.20	15.49
	管理费(元)			62.41	30.98
	利润(元)			52.01	25.81
	规费(元)			171.20	85.60
名称		单位	单价(元)	数量	
综合工日		工日		(6.30)	(3.15)
打印纸 132-1		箱	187.80	0.050	0.030
棉丝		kg	12.00	1.000	0.300
其他材料费		元	1.00	1.500	0.400
笔记本电脑		台班	9.12	2.101	1.051
工业用真有效值万用表		台班	5.54	2.101	1.051
宽行打印机		台班	5.25	1.051	0.315
对讲机(一对) 最大通话距离:5km		台班	4.14	3.152	1.560

4. 计算机及网络系统

(1)计算机终端和附属设备

工作内容:开箱检查、接线、接地、本体安装调试、清理现场等。

计量单位:台

定额编号				6-514	6-515	6-516	6-517	6-518
项目				计算机及网络系统				
				台式电脑	打印机	KVM切换器	数字硬盘录像机(路)	
							16以内	16以上
基价(元)				52.89	36.85	314.05	465.76	922.88
其中	人工费(元)			27.52	22.91	182.91	274.37	548.73
	材料费(元)			7.88	—	16.00	11.82	11.82
	机械使用费(元)			—	0.48	4.65	14.67	33.83
	其他措施费(元)			0.83	0.69	5.49	8.23	16.46
	安文费(元)			1.73	1.20	10.27	15.23	30.18
	管理费(元)			3.46	2.41	20.54	30.46	60.36
	利润(元)			2.88	2.01	17.12	25.38	50.30
	规费(元)			8.59	7.15	57.07	85.60	171.20
名称		单位	单价(元)	数量				
综合工日		工日		(0.32)	(0.26)	(2.10)	(3.15)	(6.30)
铜端子 6mm^2		个	0.40	—	—	2.040	2.040	2.040
铜芯塑料绝缘电线 BV-6mm^2		m	3.58	—	—	2.040	2.040	2.040
其他材料费		元	1.00	7.880	—	7.880	3.700	3.700
笔记本电脑		台班	9.12	—	0.053	—	1.576	3.677
工业用真有效值万用表		台班	5.54	—	—	0.840	0.053	0.053

工作内容：开箱检查、设备组装、接线、接地、本体安装调试、清理现场等。

计量单位：台

定额编号				6-519	6-520
项目				计算机及网络系统	
				磁盘阵列机	
				4 通道	每增加 1 个标准硬盘
基价(元)				620.22	31.32
其中	人工费(元)			365.82	18.29
	材料费(元)			16.64	1.22
	机械使用费(元)			18.01	0.77
	其他措施费(元)			10.97	0.55
	安文费(元)			20.28	1.02
	管理费(元)			40.56	2.05
	利润(元)			33.80	1.71
	规费(元)			114.14	5.71
名称		单位	单价(元)	数量	
综合工日		工日		(4.20)	(0.21)
白绸		m^2	4.00	1.000	0.300
铜端子 $6mm^2$		个	0.40	2.040	—
铜芯塑料绝缘电线 BV-$6mm^2$		m	3.58	2.040	—
其他材料费		元	1.00	4.520	0.021
笔记本电脑		台班	9.12	1.261	0.084
手动液压叉车		台班	12.40	0.525	—

工作内容：1. 开箱检查、接线、接地、本体安装调试、清理现场等。

2. 开箱检查、划线、定位、设备组装、接线、接地、本体安装调试、清理现场等。

计量单位：台

定额编号				6-521	6-522
项目				计算机及网络系统	
				液晶监视器	
				台上	壁挂、吊装
基价(元)				49.75	197.47
其中	人工费(元)			22.91	68.63
	材料费(元)			7.13	7.13
	机械使用费(元)			4.28	68.11
	其他措施费(元)			0.69	2.06
	安文费(元)			1.63	6.46
	管理费(元)			3.25	12.91
	利润(元)			2.71	10.76
	规费(元)			7.15	21.41
名称		单位	单价(元)	数量	
综合工日		工日		(0.26)	(0.79)
其他材料费		元	1.00	7.130	7.130
手动液压叉车		台班	12.40	0.105	0.105
笔记本电脑		台班	9.12	0.263	0.263
平台作业升降车　提升高度(m)　9		台班	303.93	—	0.210
工业用真有效值万用表		台班	5.54	0.105	0.105

(2)路由器、适配器、中继器设备

工作内容:开箱检查、接线、接地、本体安装调试、清理现场等。

计量单位:台

定额编号				6-523	6-524	6-525	6-526
项目				路由器、适配器、中继器设备			
				路由器		适配器	中继器
				固定配置	插槽式		
基价(元)				168.24	466.96	386.75	314.20
其中	人工费(元)			91.46	274.37	228.72	182.91
	材料费(元)			16.00	16.00	16.00	16.00
	机械使用费(元)			3.83	11.50	4.79	4.79
	其他措施费(元)			2.74	8.23	6.86	5.49
	安文费(元)			5.50	15.27	12.65	10.27
	管理费(元)			11.00	30.54	25.29	20.55
	利润(元)			9.17	25.45	21.08	17.12
	规费(元)			28.54	85.60	71.36	57.07
名称		单位	单价(元)	数量			
综合工日		工日		(1.05)	(3.15)	(2.63)	(2.10)
铜芯塑料绝缘电线 BV-6mm^2		m	3.58	2.040	2.040	2.040	2.040
铜端子 6mm^2		个	0.40	2.040	2.040	2.040	2.040
其他材料费		元	1.00	7.880	7.880	7.880	7.880
笔记本电脑		台班	9.12	0.420	1.261	0.525	0.525

(3)防火墙设备

工作内容:1. 开箱检查、接线、接地、本体安装调试、清理现场等。

2. 检查、软件安装、调试、清理现场等。

计量单位:台

定额编号				6-527	6-528	6-529
项目				防火墙设备		
				硬件	网闸	个人防火墙软件(套)
基价(元)				319.87	476.00	238.01
其中	人工费(元)			182.91	274.37	137.27
	材料费(元)			16.00	16.00	7.88
	机械使用费(元)			9.59	19.16	9.59
	其他措施费(元)			5.49	8.23	4.12
	安文费(元)			10.46	15.57	7.78
	管理费(元)			20.92	31.13	15.57
	利润(元)			17.43	25.94	12.97
	规费(元)			57.07	85.60	42.83
名称		单位	单价(元)	数量		
综合工日		工日		(2.10)	(3.15)	(1.58)
铜芯塑料绝缘电线 BV-6mm^2		m	3.58	2.040	2.040	—
铜端子 6mm^2		个	0.40	2.040	2.040	—
其他材料费		元	1.00	7.880	7.880	7.880
笔记本电脑		台班	9.12	1.051	2.101	1.051

(4)交换机设备

工作内容:开箱检查、接线、接地、本体安装调试、清理现场等。

计量单位:台

定额编号				6-530	6-531
项目				交换机设备	
				交换机	
				固定配置	插槽式
基价(元)				464.71	872.69
其中	人工费(元)			274.37	521.29
	材料费(元)			16.00	16.00
	机械使用费(元)			9.59	23.95
	其他措施费(元)			8.23	15.64
	安文费(元)			15.20	28.54
	管理费(元)			30.39	57.07
	利润(元)			25.33	47.56
	规费(元)			85.60	162.64
名称		单位	单价(元)	数量	
综合工日		工日		(3.15)	(5.99)
铜芯塑料绝缘电线 BV-6mm^2		m	3.58	2.040	2.040
铜端子 6mm^2		个	0.40	2.040	2.040
其他材料费		元	1.00	7.880	7.880
笔记本电脑		台班	9.12	1.051	2.626

(5)网桥、服务器、调制解调器设备

工作内容:开箱检查、设备组装、接线、接地、本体安装调试、清理现场等。

计量单位:台

定额编号				6-532	6-533	6-534	6-535
项目				网桥	台式服务器	调制解调器	工作站
						有线	
基价(元)				525.12	236.94	163.72	232.35
其中	人工费(元)			320.18	137.27	91.46	137.27
	材料费(元)			15.30	16.00	16.00	7.88
	机械使用费(元)			—	0.56	—	4.79
	其他措施费(元)			9.61	4.12	2.74	4.12
	安文费(元)			17.17	7.75	5.35	7.60
	管理费(元)			34.34	15.50	10.71	15.20
	利润(元)			28.62	12.91	8.92	12.66
	规费(元)			99.90	42.83	28.54	42.83
名称		单位	单价(元)	数量			
综合工日		工日		(3.68)	(1.58)	(1.05)	(1.58)
铜芯塑料绝缘电线 BV-6mm^2		m	3.58	2.040	2.040	2.040	—
铜端子 6mm^2		个	0.40	2.040	2.040	2.040	—
其他材料费		元	1.00	7.180	7.880	7.880	7.880
笔记本电脑		台班	9.12	—	—	—	0.525
钳形接地电阻测试仪		台班	10.48	—	0.053	—	—

(6)无线设备

工作内容:开箱检查、接线、接地、本体安装调试、清理现场等。

计量单位:套

定额编号				6-536	6-537	6-538
项目				无线设备		无线控制器
				室内定向	室内全向	
基价(元)				28.97	43.60	311.22
其中	人工费(元)			18.29	27.52	182.91
	材料费(元)			—	—	8.12
	机械使用费(元)			—	—	10.14
	其他措施费(元)			0.55	0.83	5.49
	安文费(元)			0.95	1.43	10.18
	管理费(元)			1.89	2.85	20.35
	利润(元)			1.58	2.38	16.96
	规费(元)			5.71	8.59	57.07
名称		单位	单价(元)	数量		
综合工日		工日		(0.21)	(0.32)	(2.10)
铜芯塑料绝缘电线 BV-6mm^2		m	3.58	—	—	2.040
铜端子 6mm^2		个	0.40	—	—	2.040
钳形接地电阻测试仪		台班	10.48	—	—	0.053
笔记本电脑		台班	9.12	—	—	1.051

(7)网络系统软件

工作内容:检查、软件安装、调试、完成测试记录报告、清理现场等。

计量单位:套

定额编号				6-539	6-540
项目				操作系统软件	
				服务器	工作站
基价(元)				1481.76	291.94
其中	人工费(元)			914.55	182.91
	材料费(元)			13.39	—
	机械使用费(元)			14.92	1.92
	其他措施费(元)			27.44	5.49
	安文费(元)			48.45	9.55
	管理费(元)			96.91	19.09
	利润(元)			80.76	15.91
	规费(元)			285.34	57.07
名称		单位	单价(元)	数量	
综合工日		工日		(10.50)	(2.10)
其他材料费		元	1.00	13.390	—
宽行打印机		台班	5.25	0.105	—
笔记本电脑		台班	9.12	1.576	0.210

工作内容：装调技术准备、接口正确性检查确认、系统联调、清理现场。

计量单位：套

定额编号				6-541	6-542	6-543	6-544
项目				网络系统软件			
				服务器操作软件	应用软件	工具软件	专业工作站软件
基价（元）				1178.51	145.98	219.66	437.22
其中	人工费（元）			731.64	91.46	137.27	274.37
	材料费（元）			13.39	—	—	—
	机械使用费（元）			3.42	0.96	1.92	2.30
	其他措施费（元）			21.95	2.74	4.12	8.23
	安文费（元）			38.54	4.77	7.18	14.30
	管理费（元）			77.07	9.55	14.37	28.59
	利润（元）			64.23	7.96	11.97	23.83
	规费（元）			228.27	28.54	42.83	85.60
名称		单位	单价（元）	数量			
综合工日		工日		(8.40)	(1.05)	(1.58)	(3.15)
其他材料费		元	1.00	13.390	—	—	—
宽行打印机		台班	5.25	0.105	—	—	—
笔记本电脑		台班	9.12	0.315	0.105	0.210	0.252

(8)计算机及网络系统联调

工作内容:系统互联、调试、软件功能、技术参数的设置、完成自检测试报告、清理现场等。

计量单位:系统

定　额　编　号				6-545	6-546
项　目				计算机应用、网络系统联调(点)	
				100 以内	100 以上,每增加 50
基　价(元)				6589.11	2795.75
其中	人　工　费(元)			3658.20	1554.74
	材　料　费(元)			8.66	2.45
	机械使用费(元)			665.64	280.21
	其他措施费(元)			109.75	46.64
	安　文　费(元)			215.46	91.42
	管　理　费(元)			430.93	182.84
	利　　润(元)			359.11	152.37
	规　　费(元)			1141.36	485.08
名　　称		单位	单价(元)	数　　量	
综合工日		工日		(42.00)	(17.85)
防静电手环		个	—	(1.00)	—
其他材料费		元	1.00	8.660	2.450
工业用真有效值万用表		台班	5.54	3.152	4.202
笔记本电脑		台班	9.12	18.909	7.354
对讲机(一对)　最大通话距离:5km		台班	4.14	9.455	3.677
网络分析仪　量程:10Hz~500MHz		台班	41.56	10.505	4.202

5. 安全防范系统

(1)入侵探测器

工作内容:开箱检查、设备组装、检查基础、划线、定位、接线、本体安装调试、清理现场等。

计量单位:套

定额编号				6-547	6-548	6-549
项目				入侵探测器		
				门磁、窗磁开关	紧急手动开关	主动红外探测器(对)
				有线		
基价(元)				27.28	27.28	222.90
其中	人工费(元)			13.76	13.76	137.27
	材料费(元)			4.37	4.37	4.37
	机械使用费(元)			0.29	0.29	0.29
	其他措施费(元)			0.41	0.41	4.12
	安文费(元)			0.89	0.89	7.29
	管理费(元)			1.78	1.78	14.58
	利润(元)			1.49	1.49	12.15
	规费(元)			4.29	4.29	42.83
名称		单位	单价(元)	数量		
综合工日		工日		(0.16)	(0.16)	(1.58)
其他材料费		元	1.00	4.370	4.370	4.370
工业用真有效值万用表		台班	5.54	0.053	0.053	0.053

工作内容：开箱检查、设备组装、检查基础、划线、定位、接线、本体安装调试、清理现场等。

计量单位：套

定额编号				6-550	6-551	6-552
项目				入侵探测器		
				无线传输报警按钮	探测器支架安装	电子围栏（延长米）
基价（元）				41.79	34.13	30.11
其中	人工费（元）			22.91	18.29	18.29
	材料费（元）			4.37	4.37	0.97
	机械使用费（元）			0.29	—	—
	其他措施费（元）			0.69	0.55	0.55
	安文费（元）			1.37	1.12	0.98
	管理费（元）			2.73	2.23	1.97
	利润（元）			2.28	1.86	1.64
	规费（元）			7.15	5.71	5.71
名称		单位	单价（元）	数量		
综合工日		工日		（0.26）	（0.21）	（0.21）
其他材料费		元	1.00	4.370	4.370	0.970
工业用真有效值万用表		台班	5.54	0.053	—	—

(2)入侵报警控制器

工作内容:开箱检查、接线、本体安装调试、清理现场等。

计量单位:套

定额编号				6-553	6-554	6-555
项目				入侵报警控制器		
				电子围栏控制器	有线对讲设备(16路)	地址码板
基价(元)				367.59	1113.55	65.00
其中	人工费(元)			228.64	686.00	36.58
	材料费(元)			4.37	14.28	5.41
	机械使用费(元)			0.29	8.73	0.58
	其他措施费(元)			6.86	20.58	1.10
	安文费(元)			12.02	36.41	2.13
	管理费(元)			24.04	72.83	4.25
	利润(元)			20.03	60.69	3.54
	规费(元)			71.34	214.03	11.41
名称		单位	单价(元)	数量		
综合工日		工日		(2.63)	(7.88)	(0.42)
其他材料费		元	1.00	4.370	14.280	5.410
工业用真有效值万用表		台班	5.54	0.053	1.576	0.105

工作内容:开箱检查、接线、本体安装调试、清理现场等。

计量单位:套

定额编号				6-556	6-557
项目				入侵报警控制器	
				联动通信接口	警灯、警铃、警号
基价(元)				223.75	19.92
其中	人工费(元)			137.27	9.23
	材料费(元)			4.81	4.20
	机械使用费(元)			0.58	0.29
	其他措施费(元)			4.12	0.28
	安文费(元)			7.32	0.65
	管理费(元)			14.63	1.30
	利润(元)			12.19	1.09
	规费(元)			42.83	2.88
名称		单位	单价(元)	数量	
综合工日		工日		(1.58)	(0.11)
其他材料费		元	1.00	4.810	4.200
工业用真有效值万用表		台班	5.54	0.105	0.053

工作内容:开箱检查、接线、本体安装调试、清理现场等。

计量单位:套

定额编号				6-558	6-559	6-560	6-561
项目				入侵报警控制器			
				总线报警控制器(路)			
				32	64	128	256
基价(元)				1615.54	2063.30	2535.19	3296.69
其中	人工费(元)			1006.01	1280.37	1554.74	2012.01
	材料费(元)			14.28	24.36	44.40	64.40
	机械使用费(元)			4.65	5.82	17.46	29.10
	其他措施费(元)			30.18	38.41	46.64	60.36
	安文费(元)			52.83	67.47	82.90	107.80
	管理费(元)			105.66	134.94	165.80	215.60
	利润(元)			88.05	112.45	138.17	179.67
	规费(元)			313.88	399.48	485.08	627.75
名称		单位	单价(元)	数量			
综合工日		工日		(11.55)	(14.70)	(17.85)	(23.10)
其他材料费		元	1.00	14.280	24.360	44.400	64.400
工业用真有效值万用表		台班	5.54	0.840	1.051	3.152	5.253

工作内容:开箱检查、接线、本体安装调试、清理现场等。

计量单位:套

定额编号				6-562	6-563	6-564	6-565
项目				入侵报警控制器			
				多线制防盗报警控制器(路)			
				8	16	32	64
基价(元)				1170.04	1463.36	1832.90	2352.96
其中	人工费(元)			731.64	914.55	1143.27	1463.28
	材料费(元)			6.72	9.24	14.28	24.36
	机械使用费(元)			2.91	3.49	4.65	5.82
	其他措施费(元)			21.95	27.44	34.30	43.90
	安文费(元)			38.26	47.85	59.94	76.94
	管理费(元)			76.52	95.70	119.87	153.88
	利润(元)			63.77	79.75	99.89	128.24
	规费(元)			228.27	285.34	356.70	456.54
名称		单位	单价(元)	数量			
综合工日		工日		(8.40)	(10.50)	(13.13)	(16.80)
其他材料费		元	1.00	6.720	9.240	14.280	24.360
工业用真有效值万用表		台班	5.54	0.525	0.630	0.840	1.051

(3)入侵报警信号传输设备

工作内容:开箱检查、设备组装、接线、本体安装调试、清理现场等。

计量单位:套

定额编号				6-566
项目				报警信号前端传输设备
				支线传输发送器
基价(元)				440.87
其中	人工费(元)			274.37
	材料费(元)			4.81
	机械使用费(元)			0.58
	其他措施费(元)			8.23
	安文费(元)			14.42
	管理费(元)			28.83
	利润(元)			24.03
	规费(元)			85.60
名称		单位	单价(元)	数量
综合工日		工日		(3.15)
其他材料费		元	1.00	4.810
工业用真有效值万用表		台班	5.54	0.105

(4)出入口目标识别设备

工作内容:开箱检查、设备组装、接线、本体安装调试、清理现场等。

计量单位:台

定额编号				6-567	6-568	6-569	6-570	6-571
项目				出入口目标识别设备				
				对讲分机	密码键盘	读卡机		可视门镜
						不带键盘	带键盘	
基价(元)				49.60	78.03	78.03	107.02	148.57
其中	人工费(元)			27.52	45.81	45.81	64.11	82.40
	材料费(元)			4.81	4.37	4.37	4.37	14.43
	机械使用费(元)			0.29	0.29	0.29	0.29	0.88
	其他措施费(元)			0.83	1.37	1.37	1.92	2.47
	安文费(元)			1.62	2.55	2.55	3.50	4.86
	管理费(元)			3.24	5.10	5.10	7.00	9.72
	利润(元)			2.70	4.25	4.25	5.83	8.10
	规费(元)			8.59	14.29	14.29	20.00	25.71
名称		单位	单价(元)	数量				
综合工日		工日		(0.32)	(0.53)	(0.53)	(0.74)	(0.95)
其他材料费		元	1.00	4.810	4.370	4.370	4.370	14.430
工业用真有效值万用表		台班	5.54	0.053	0.053	0.053	0.053	0.158

工作内容:开箱检查、设备组装、接线、本体安装调试、清理现场等。

计量单位:台

定额编号				6-572	6-573	6-574	6-575	6-576
项目				出入口目标识别设备				
				可视对讲主机	门禁控制器 单门	电控锁	电磁吸力锁	电子密码锁
基价(元)				597.11	153.89	65.87	58.70	80.48
其中	人工费(元)			365.82	91.46	36.58	32.05	45.81
	材料费(元)			9.24	6.51	4.98	4.98	4.98
	机械使用费(元)			5.82	1.16	1.75	1.75	1.75
	其他措施费(元)			10.97	2.74	1.10	0.96	1.37
	安文费(元)			19.53	5.03	2.15	1.92	2.63
	管理费(元)			39.05	10.06	4.31	3.84	5.26
	利润(元)			32.54	8.39	3.59	3.20	4.39
	规费(元)			114.14	28.54	11.41	10.00	14.29
名称		单位	单价(元)	数量				
综合工日		工日		(4.20)	(1.05)	(0.42)	(0.37)	(0.53)
其他材料费		元	1.00	9.240	6.510	4.980	4.980	4.980
工业用真有效值万用表		台班	5.54	1.051	0.210	0.315	0.315	0.315

(5)电视监控摄像设备

工作内容:开箱检查、设备组装、检查基础、接线、本体安装调试、清理现场等。

计量单位:台

定额编号				6-577	6-578	6-579
项目				门镜	摄录一体机	彩色 CCD(含半球)
基价(元)				79.95	127.68	127.48
其中	人工费(元)			46.60	76.74	76.74
	材料费(元)			4.46	4.46	4.29
	机械使用费(元)			0.75	0.75	0.75
	其他措施费(元)			1.40	2.30	2.30
	安文费(元)			2.61	4.18	4.17
	管理费(元)			5.23	8.35	8.34
	利润(元)			4.36	6.96	6.95
	规费(元)			14.54	23.94	23.94
名称		单位	单价(元)	数量		
综合工日		工日		(0.54)	(0.88)	(0.88)
其他材料费		元	1.00	4.460	4.460	4.290
彩色监视器		台班	4.39	0.105	0.105	0.105
工业用真有效值万用表		台班	5.54	0.053	0.053	0.053

工作内容:开箱检查、本体安装调试、清理现场等。

计量单位:台

定额编号				6-580	6-581	6-582	6-583
项目				电视监控摄像设备			
				定焦距		变焦变倍	
				手动光圈镜头	自动光圈镜头	电动光圈	自动光圈镜头
基价(元)				29.51	44.13	51.30	61.36
其中	人工费(元)			18.29	27.52	32.05	38.41
	材料费(元)			—	—	—	—
	机械使用费(元)			0.46	0.46	0.46	0.46
	其他措施费(元)			0.55	0.83	0.96	1.15
	安文费(元)			0.96	1.44	1.68	2.01
	管理费(元)			1.93	2.89	3.35	4.01
	利润(元)			1.61	2.40	2.80	3.34
	规费(元)			5.71	8.59	10.00	11.98
名称		单位	单价(元)	数量			
综合工日		工日		(0.21)	(0.32)	(0.37)	(0.44)
彩色监视器		台班	4.39	0.105	0.105	0.105	0.105

(6)辅助机械设备

工作内容:开箱检查、本体安装调试、清理现场等。

计量单位:套

定额编号				6-584	6-585	6-586	6-587
项目				辅助机械设备			
				防护罩			
				普通	密封	全天候	防爆
基价(元)				25.26	39.76	112.16	90.36
其中	人工费(元)			13.76	22.91	68.63	54.87
	材料费(元)			2.94	2.94	2.94	2.94
	机械使用费(元)			—	—	—	—
	其他措施费(元)			0.41	0.69	2.06	1.65
	安文费(元)			0.83	1.30	3.67	2.95
	管理费(元)			1.65	2.60	7.34	5.91
	利润(元)			1.38	2.17	6.11	4.92
	规费(元)			4.29	7.15	21.41	17.12
名称		单位	单价(元)	数量			
综合工日		工日		(0.16)	(0.26)	(0.79)	(0.63)
其他材料费		元	1.00	2.940	2.940	2.940	2.940

工作内容:开箱检查、本体安装调试、清理现场等。

计量单位:套

定额编号				6-588	6-589
项目				辅助机械设备	
				摄像机支架	
				壁式摄像机	悬挂式
基价(元)				89.01	117.99
其中	人工费(元)			36.58	54.87
	材料费(元)			26.34	26.34
	机械使用费(元)			—	—
	其他措施费(元)			1.10	1.65
	安文费(元)			2.91	3.86
	管理费(元)			5.82	7.72
	利润(元)			4.85	6.43
	规费(元)			11.41	17.12
名称		单位	单价(元)	数量	
综合工日		工日		(0.42)	(0.63)
其他材料费		元	1.00	26.340	26.340

工作内容:开箱检查、本体安装调试、清理现场等。

计量单位:台

定额编号				6-590	6-591	6-592
项目				辅助机械设备		
				云台		
				电动云台(kg 以内)		快速云台(含球)
				8	25	
基价(元)				117.99	480.82	480.82
其中	人工费(元)			73.16	182.91	182.91
	材料费(元)			1.22	1.84	1.84
	机械使用费(元)			0.58	160.14	160.14
	其他措施费(元)			2.19	5.49	5.49
	安文费(元)			3.86	15.72	15.72
	管理费(元)			7.72	31.45	31.45
	利润(元)			6.43	26.20	26.20
	规费(元)			22.83	57.07	57.07
名称		单位	单价(元)	数量		
综合工日		工日		(0.84)	(2.10)	(2.10)
其他材料费		元	1.00	1.220	1.840	1.840
工业用真有效值万用表		台班	5.54	0.105	0.105	0.105
平台作业升降车　提升高度(m)　9		台班	303.93	—	0.525	0.525

(7)电　源

工作内容:开箱检查、本体安装调试、清理现场。

计量单位:台

定额编号				6-593	6-594	6-595	6-596
项目				电源			
				交流变压器	摄像机直流电源		UPS不间断电源
					明装	暗装	5kV·A以内
基价(元)				36.26	66.05	80.67	221.32
其中	人工费(元)			18.29	36.58	45.81	131.61
	材料费(元)			4.13	4.84	4.84	8.02
	机械使用费(元)			2.04	2.04	2.04	2.91
	其他措施费(元)			0.55	1.10	1.37	3.95
	安文费(元)			1.19	2.16	2.64	7.24
	管理费(元)			2.37	4.32	5.28	14.47
	利润(元)			1.98	3.60	4.40	12.06
	规费(元)			5.71	11.41	14.29	41.06
名称		单位	单价(元)	数量			
综合工日		工日		(0.21)	(0.42)	(0.53)	(1.51)
其他材料费		元	1.00	4.130	4.840	4.840	8.020
工业用真有效值万用表		台班	5.54	0.368	0.368	0.368	0.525

(8)插头、插座焊接

工作内容:校对线缆、焊接、检查、整理、清理现场。

计量单位:套

定额编号				6-597	6-598	6-599	6-600	6-601
项目				插头、插座焊接				
				5芯以内	12芯以内	19芯以内	32芯以内	55芯以内
基价(元)				27.65	43.37	85.44	163.82	228.71
其中	人工费(元)			15.77	25.69	51.39	98.86	138.23
	材料费(元)			1.11	1.11	1.11	2.66	4.23
	机械使用费(元)			1.16	1.16	2.33	3.49	4.07
	其他措施费(元)			0.47	0.77	1.54	2.97	4.15
	安文费(元)			0.90	1.42	2.79	5.36	7.48
	管理费(元)			1.81	2.84	5.59	10.71	14.96
	利润(元)			1.51	2.36	4.66	8.93	12.46
	规费(元)			4.92	8.02	16.03	30.84	43.13
名称		单位	单价(元)	数量				
综合工日		工日		(0.18)	(0.30)	(0.59)	(1.14)	(1.59)
其他材料费		元	1.00	1.110	1.110	1.110	2.660	4.230
工业用真有效值万用表		台班	5.54	0.210	0.210	0.420	0.630	0.735

工作内容:校对线缆、焊接、检查、整理、清理现场。

计量单位:套

定额编号				6-602	6-603
项目				插头、插座焊接	
				双绞明线用	光纤接续用
基价(元)				39.72	228.40
其中	人工费(元)			23.69	59.32
	材料费(元)			1.11	23.15
	机械使用费(元)			0.76	90.78
	其他措施费(元)			0.71	1.78
	安文费(元)			1.30	7.47
	管理费(元)			2.60	14.94
	利润(元)			2.16	12.45
	规费(元)			7.39	18.51
名称		单位	单价(元)	数量	
综合工日		工日		(0.27)	(0.68)
其他材料费		元	1.00	1.110	23.150
手持光损耗测试仪 波长:0.85/1.3/1.55nm		台班	5.20	—	0.315
工业用真有效值万用表		台班	5.54	0.137	0.315
光功率计		台班	55.50	—	0.315
电视测试信号发生器 CC5361		台班	44.82	—	0.315
示波器		台班	70.07	—	0.315
光纤熔接机		台班	107.06	—	0.315

(9)视频控制设备

工作内容:开箱检查、固定、接线、本体安装调试、清理现场等。

计量单位:台

定额编号				6-604	6-605	6-606	6-607
项目				云台控制器	键盘控制器	视频切换器	微机矩阵切换设备(路) 32~64
基价(元)				186.42	186.42	230.01	1187.11
其中	人工费(元)			109.75	109.75	137.27	731.64
	材料费(元)			5.55	5.55	5.55	12.49
	机械使用费(元)			5.14	5.14	5.14	11.60
	其他措施费(元)			3.29	3.29	4.12	21.95
	安文费(元)			6.10	6.10	7.52	38.82
	管理费(元)			12.19	12.19	15.04	77.64
	利润(元)			10.16	10.16	12.54	64.70
	规费(元)			34.24	34.24	42.83	228.27
名称		单位	单价(元)	数量			
综合工日		工日		(1.26)	(1.26)	(1.58)	(8.40)
铜芯塑料绝缘电线 BV-6mm^2		m	3.58	—	—	—	2.040
铜端子 6mm^2		个	0.40	—	—	—	2.040
其他材料费		元	1.00	5.550	5.550	5.550	4.370
对讲机(一对) 最大通话距离:5km		台班	4.14	0.263	0.263	0.263	—
彩色监视器		台班	4.39	0.525	0.525	0.525	1.051
工业用真有效值万用表		台班	5.54	0.315	0.315	0.315	1.261

(10)监控台和监视器柜

工作内容:开箱检查、划线、定位、固定、接地、清理现场等。

计量单位:台

定额编号				6-608	6-609
项目				监控台和监视器柜	
				监视器柜	立柜
基价(元)				371.12	112.26
其中	人工费(元)			225.94	64.11
	材料费(元)			8.11	8.54
	机械使用费(元)			3.16	0.56
	其他措施费(元)			6.78	1.92
	安文费(元)			12.14	3.67
	管理费(元)			24.27	7.34
	利润(元)			20.23	6.12
	规费(元)			70.49	20.00
名称		单位	单价(元)	数量	
综合工日		工日		(2.59)	(0.74)
铜芯塑料绝缘电线 BV-6mm^2		m	3.58	2.040	2.040
铜端子 6mm^2		个	0.40	2.020	2.020
其他材料费		元	1.00	—	0.430
钳形接地电阻测试仪		台班	10.48	0.053	0.053
手动液压叉车		台班	12.40	0.210	—

(11)音频、视频及脉冲分配器

工作内容:开箱检查、固定、接线、本体安装调试、清理现场等。

计量单位:台

定额编号				6-610	6-611	6-612
项目				音频、视频及脉冲分配器		
				音频、视频及脉冲分配器(路以内)		
				6	12	24
基价(元)				238.72	311.00	455.83
其中	人工费(元)			137.27	182.91	274.37
	材料费(元)			12.49	12.49	12.49
	机械使用费(元)			5.58	5.58	5.58
	其他措施费(元)			4.12	5.49	8.23
	安文费(元)			7.81	10.17	14.91
	管理费(元)			15.61	20.34	29.81
	利润(元)			13.01	16.95	24.84
	规费(元)			42.83	57.07	85.60
名称		单位	单价(元)	数量		
综合工日		工日		(1.58)	(2.10)	(3.15)
铜芯塑料绝缘电线 BV-6mm^2		m	3.58	2.040	2.040	2.040
铜端子 6mm^2		个	0.40	2.040	2.040	2.040
其他材料费		元	1.00	4.370	4.370	4.370
工业用真有效值万用表		台班	5.54	0.315	0.315	0.315
笔记本电脑		台班	9.12	0.420	0.420	0.420

(12)视频传输设备

工作内容:开箱检查、固定、接线、本体安装调试、清理现场等。

计量单位:台

定额编号				6-613	6-614	6-615	6-616
项目				视频传输设备			
				多路遥控发射设备	接收设备	编码器、解码器(路)	
						4以内	4以上
基价(元)				592.77	445.31	66.04	132.06
其中	人工费(元)			365.82	274.37	36.58	73.16
	材料费(元)			4.37	4.37	4.37	8.73
	机械使用费(元)			7.01	4.79	2.50	4.99
	其他措施费(元)			10.97	8.23	1.10	2.19
	安文费(元)			19.38	14.56	2.16	4.32
	管理费(元)			38.77	29.12	4.32	8.64
	利润(元)			32.31	24.27	3.60	7.20
	规费(元)			114.14	85.60	11.41	22.83
名称		单位	单价(元)	数量			
综合工日		工日		(4.20)	(3.15)	(0.42)	(0.84)
其他材料费		元	1.00	4.370	4.370	4.370	8.730
笔记本电脑		台班	9.12	—	0.525	0.210	0.420
工业用真有效值万用表		台班	5.54	0.525	—	0.105	0.210
小功率计		台班	7.82	0.525	—	—	—

(13)录像设备

工作内容:开箱检查、接线、本体安装调试、清理现场等。

计量单位:台

定额编号				6-617	6-618
项目				录像设备	
				录像机	
				不带编辑机	带编辑机
基价(元)				106.68	222.55
其中	人工费(元)			64.11	137.27
	材料费(元)			4.37	4.37
	机械使用费(元)			—	—
	其他措施费(元)			1.92	4.12
	安文费(元)			3.49	7.28
	管理费(元)			6.98	14.55
	利润(元)			5.81	12.13
	规费(元)			20.00	42.83
名称		单位	单价(元)	数量	
综合工日		工日		(0.74)	(1.58)
其他材料费		元	1.00	4.370	4.370

(14)停车管理系统

工作内容:开箱检查、定位、安装、接线、电器调试、指标测试、清理现场。

计量单位:台

定额编号				6-619	6-620
项目				停车管理系统	
				栏杆装置	
				电动栏杆	手动栏杆
基价(元)				441.01	147.91
其中	人工费(元)			274.37	91.46
	材料费(元)			—	—
	机械使用费(元)			5.51	2.60
	其他措施费(元)			8.23	2.74
	安文费(元)			14.42	4.84
	管理费(元)			28.84	9.67
	利润(元)			24.04	8.06
	规费(元)			85.60	28.54
名称		单位	单价(元)	数量	
综合工日		工日		(3.15)	(1.05)
其他材料费		元	1.00	1.500	1.500
手动液压叉车		台班	12.40	0.210	0.210
工业用真有效值万用表		台班	5.54	0.525	—

工作内容:开箱检查、定位、安装、接线、电器调试、指标测试、清理现场。

计量单位:台

定额编号				6-621	6-622	6-623
项目				停车管理系统		挡车器
				通行诱导信息牌	车辆牌照识别装置	
基价(元)				432.49	538.10	301.61
其中	人工费(元)			137.27	329.24	182.91
	材料费(元)			19.78	4.37	10.57
	机械使用费(元)			165.51	10.44	1.16
	其他措施费(元)			4.12	9.88	5.49
	安文费(元)			13.50	17.45	9.52
	管理费(元)			26.99	34.91	19.03
	利润(元)			22.49	29.09	15.86
	规费(元)			42.83	102.72	57.07
名称		单位	单价(元)	数量		
综合工日		工日		(1.58)	(3.78)	(2.10)
其他材料费		元	1.00	19.78	4.37	10.57
平台作业升降车　提升高度(m)　9		台班	303.93	0.525	—	—
彩色监视器		台班	4.39	—	1.051	—
笔记本电脑		台班	9.12	0.525	—	—
工业用真有效值万用表		台班	5.54	0.210	1.051	0.210

(15)安全防范系统调试、联合调试

工作内容:系统调试,参数(指标)设置,完成自检测试报告,清理现场。

计量单位:系统

定额编号				6-624	6-625	6-626	6-627	6-628	6-629
项目				入侵报警(点)		电视监视(台)		出入口控制(门)	
				30以内	30以上,每增加5	50以内	50以上,每增加10	50以内	50以上,每增加5
基价(元)				2925.82	365.13	3653.43	366.49	3257.24	265.58
其中	人工费(元)			1829.10	228.72	2286.38	228.72	2012.01	164.62
	材料费(元)			—	—	—	—	—	—
	机械使用费(元)			24.69	2.47	27.60	3.63	60.07	4.14
	其他措施费(元)			54.87	6.86	68.59	6.86	60.36	4.94
	安文费(元)			95.67	11.94	119.47	11.98	106.51	8.68
	管理费(元)			191.35	23.88	238.93	23.97	213.02	17.37
	利润(元)			159.46	19.90	199.11	19.97	177.52	14.47
	规费(元)			570.68	71.36	713.35	71.36	627.75	51.36
名称		单位	单价(元)	数量					
综合工日		工日		(21.00)	(2.63)	(26.25)	(2.63)	(23.10)	(1.89)
对讲机(一对) 最大通话距离:5km		台班	4.14	3.152	0.315	3.152	0.525	5.253	0.420
笔记本电脑		台班	9.12	—	—	—	—	4.202	0.263
工业用真有效值万用表		台班	5.54	2.101	0.210	2.626	0.263	—	—

工作内容:联动现场测量,记录,对比,调整,清理现场。

计量单位:系统

定额编号				6-630	6-631	6-632
项目				安防系统联合调试(点)		
				200 以内	400 以内	600 以内
基价(元)				3950.51	7047.76	11062.96
其中	人工费(元)			2286.38	4115.48	6401.85
	材料费(元)			19.06	38.12	57.19
	机械使用费(元)			260.29	411.19	726.27
	其他措施费(元)			68.59	123.46	192.06
	安文费(元)			129.18	230.46	361.76
	管理费(元)			258.36	460.92	723.52
	利润(元)			215.30	384.10	602.93
	规费(元)			713.35	1284.03	1997.38
名称		单位	单价(元)	数量		
综合工日		工日		(26.25)	(47.25)	(73.50)
打印纸　132-1		箱	187.80	0.100	0.200	0.300
其他材料费		%	1.00	1.500	1.500	1.500
宽行打印机		台班	5.25	8.408	15.758	23.111
对讲机(一对)　最大通话距离:5km		台班	4.14	21.010	36.768	52.525
笔记本电脑		台班	9.12	5.253	1.505	15.758
工业用真有效值万用表		台班	5.54	10.505	21.010	31.515
彩色监视器		台班	4.39	5.253	10.505	15.758

6. 音频、视频系统

(1)广播系统设备

工作内容:开箱检查、接线、本体安装调试、清理现场等。

计量单位:只

定额编号				6-633	6-634
项目				无线传声器	CD、DVD、数字播放器(台)
基价(元)				56.06	19.92
其中	人工费(元)			32.05	9.23
	材料费(元)			4.20	4.20
	机械使用费(元)			0.29	0.29
	其他措施费(元)			0.96	0.28
	安文费(元)			1.83	0.65
	管理费(元)			3.67	1.30
	利润(元)			3.06	1.09
	规费(元)			10.00	2.88
名称		单位	单价(元)	数量	
综合工日		工日		(0.37)	(0.11)
其他材料费		元	1.00	4.200	4.200
工业用真有效值万用表		台班	5.54	0.053	0.053

工作内容：开箱检查、接线、本体安装调试、清理现场等。

计量单位：台

定额编号				6-635	6-636	6-637
项目				广播控制柜	广播分线箱	广播分配器
基价(元)				163.41	92.91	77.84
其中	人工费(元)			59.49	45.81	45.81
	材料费(元)			58.52	17.14	4.20
	机械使用费(元)			0.12	0.12	0.29
	其他措施费(元)			1.78	1.37	1.37
	安文费(元)			5.34	3.04	2.55
	管理费(元)			10.69	6.08	5.09
	利润(元)			8.91	5.06	4.24
	规费(元)			18.56	14.29	14.29
名称		单位	单价(元)	数量		
综合工日		工日		(0.68)	(0.53)	(0.53)
铜端子 6mm^2		个	0.40	—	2.020	—
铜端子 16mm^2		个	1.40	2.020	—	—
铜芯塑料绝缘电线 BV-6mm^2		m	3.58	—	2.020	—
铜芯塑料绝缘电线 BV-16mm^2		m	8.46	3.030	—	—
其他材料费		元	1.00	30.060	9.100	4.200
工业用真有效值万用表		台班	5.54	—	—	0.053
钳形接地电阻测试仪		台班	10.48	0.011	0.011	—

工作内容：开箱检查、接线、本体安装调试、清理现场等。

计量单位：台

定额编号				6-638	6-639	6-640	6-641
项目				功率放大器(W)		扬声器	
				125	250	壁挂(只)	吸顶(只)
基价(元)				92.19	109.59	108.02	59.87
其中	人工费(元)			54.87	65.85	10.89	17.77
	材料费(元)			4.20	4.20	10.20	26.60
	机械使用费(元)			0.29	0.29	66.72	0.29
	其他措施费(元)			1.65	1.98	0.33	0.53
	安文费(元)			3.01	3.58	3.53	1.96
	管理费(元)			6.03	7.17	7.06	3.92
	利润(元)			5.02	5.97	5.89	3.26
	规费(元)			17.12	20.55	3.40	5.54
名称		单位	单价(元)	数量			
综合工日		工日		(0.63)	(0.76)	(0.13)	(0.20)
保险链		条	3.00	—	—	2.000	—
其他材料费		元	1.00	4.200	4.200	4.200	26.600
工业用真有效值万用表		台班	5.54	0.053	0.053	0.053	0.053
手动液压叉车		台班	12.40	—	—	0.210	—
平台作业升降车　提升高度(m)　9		台班	303.93	—	—	0.210	—

(2)广播系统调试

工作内容:系统调试、功能技术参数设置、完成自检测试报告、清理现场等。

计量单位:10只

定额编号				6-642
项目				广播系统调试 广播喇叭及音响
基价(元)				314.39
其中	人工费(元)			182.91
	材料费(元)			4.20
	机械使用费(元)			16.75
	其他措施费(元)			5.49
	安文费(元)			10.28
	管理费(元)			20.56
	利润(元)			17.13
	规费(元)			57.07
名称		单位	单价(元)	数量
综合工日		工日		(2.10)
其他材料费		元	1.00	4.200
对讲机(一对) 最大通话距离:5km		台班	4.14	1.051
标准信号发生器		台班	10.69	1.051
工业用真有效值万用表		台班	5.54	0.210

(3)视频系统设备

工作内容：开箱检查、划线、定位、接线、本体安装调试、清理现场等。

计量单位：台

定额编号				6-643	6-644	6-645	6-646
项目				视频系统设备			
				投影仪			
				台上		吊装式	
				50001m 以内	50001m 以上	50001m 以内	50001m 以上
基价(元)				48.55	77.49	151.78	180.76
其中	人工费(元)			27.52	45.81	73.16	91.46
	材料费(元)			4.20	4.20	30.44	30.44
	机械使用费(元)			—	—	—	—
	其他措施费(元)			0.83	1.37	2.19	2.74
	安文费(元)			1.59	2.53	4.96	5.91
	管理费(元)			3.17	5.07	9.93	11.82
	利润(元)			2.65	4.22	8.27	9.85
	规费(元)			8.59	14.29	22.83	28.54
名称		单位	单价(元)	数量			
综合工日		工日		(0.32)	(0.53)	(0.84)	(1.05)
监视器吊架		台	—	—	—	(1.00)	(1.00)
其他材料费		元	1.00	4.200	4.200	30.440	30.440

工作内容:开箱检查、划线、定位、接线、本体安装调试、清理现场等。

计量单位:m^2

定额编号				6-647
项目				视频系统设备
				LED 显示屏(壁挂、吊装)室内
基价(元)				275.75
其中	人工费(元)			137.27
	材料费(元)			30.18
	机械使用费(元)			19.27
	其他措施费(元)			4.12
	安文费(元)			9.02
	管理费(元)			18.03
	利润(元)			15.03
	规费(元)			42.83
名称		单位	单价(元)	数量
综合工日		工日		(1.58)
其他材料费		元	1.00	30.180
笔记本电脑		台班	9.12	0.315
平台作业升降车　提升高度(m)　9		台班	303.93	0.053
工业用真有效值万用表		台班	5.54	0.053

7. 泵站自动化、监控系统维护

(1)自动化泵站自控系统维护

工作内容:环境监测,环境清洁,UPS维护,接地仪表养护,自控系统功能检测等。

计量单位:座

定额编号				6-648	6-649	6-650	6-651
项目				自动化泵站自控系统维护检修	自动化泵站安防系统维护检测(处)	自动化泵站除臭在线监测系统维护检测(处)	自动化泵站通信系统维护检测
基价(元)				5660.14	2766.04	3232.52	11168.01
其中	人工费(元)			958.10	871.00	435.50	871.00
	材料费(元)			2621.70	335.46	1963.10	7850.42
	机械使用费(元)			797.28	821.26	173.37	398.64
	其他措施费(元)			36.78	27.74	14.67	30.15
	安文费(元)			185.09	90.45	105.70	365.19
	管理费(元)			370.17	180.90	211.41	730.39
	利润(元)			308.48	150.75	176.17	608.66
	规费(元)			382.54	288.48	152.60	313.56
名称		单位	单价(元)	数量			
综合工日		工日		(13.00)	(10.40)	(5.40)	(11.00)
蓄电池		节	4000.00	0.006	0.006	—	—
吸水毛巾		个	20.00	—	—	—	1.000
温度湿度测试仪		支	1548.00	0.002	0.039	—	—
便携式测地仪		台	44000.00	0.002	0.002	0.002	—
摇表		个	1200.00	0.004	—	—	0.030
清洁剂		瓶	3.35	2.000	0.200	0.200	—
直流可调电源器		台	1400.00	0.004	0.004	0.004	1.000
直流12V逆变　交流220V逆变电源		台	3500.00	—	—	—	0.010
密封胶条　DN10		m	1.80	6.000	—	—	—
编解码器检测		次	800.00	—	—	—	0.050
蓄电池检测仪		台	5500.00	0.006	0.006	—	0.010
存储器　WLX-650BT		台	300.00	0.006	0.016	—	—
便携式有害气体检测仪		台	24000.00	0.006	—	0.056	—
蓄电池密封胶条		盘	30.00	—	—	—	3.000
电工工具		套	300.00	0.006	—	—	0.300
通信缆		m	120.00	8.000	—	—	10.000

续表

定额编号			6-648	6-649	6-650	6-651
项目			自动化泵站自控系统维护检修	自动化泵站安防系统维护检测(处)	自动化泵站除臭在线监测系统维护检测(处)	自动化泵站通信系统维护检测
名称	单位	单价(元)	数量			
电路清洗剂	瓶	200.00	0.500	—	—	0.100
天线检测仪	台	2000.00	—	—	—	0.040
吸尘器	台	2800.00	0.002	0.006	0.006	—
万用表	个	548.00	0.004	0.004	—	0.050
避雷器测试仪	台	3500.00	—	—	—	0.030
蓄电池放电仪	台	3700.00	0.006	0.006	—	0.010
3G 数据通信测试卡	张	100.00	—	—	—	1.000
水	m^3	5.13	0.500	0.200	0.200	—
3G 视频服务器检测	次	5000.00	—	—	—	0.020
电源避雷器	台	300.00	3.000	—	—	—
3G 数据通信测试卡座	套	800.00	—	—	—	0.300
接地电阻测试仪	台	3500.00	0.002	0.002	0.002	1.000
电缆	m	—	10.000	10.000	—	5.000
笔记本电脑	台	8000.00	—	—	—	0.010
PLC 编程器	台	30000.00	0.004	—	0.016	—
网络测试仪	台	34900.00	0.002	0.002	—	0.010
电话线测试器	个	500.00	—	—	—	0.100
示波器	台	15000.00	0.002	—	—	—
接头	个	—	2.000	2.000	—	0.400
大容量蓄电池	块	3000.00	—	—	—	0.010
不锈钢支架	套	200.00	0.200	—	—	—
2G 通信测试卡	张	50.00	—	—	—	1.000
液位遥测辅助工具	元	1.00	—	—	20.000	—
其他材料费	%	1.00	1.500	—	—	1.500
通风机 7.5kW	台班	34.78	—	—	0.400	—
监控系统设备	台班	220.60	—	3.000	—	—
载重汽车 装载质量(t) 4	台班	398.64	2.000	0.400	0.400	1.000

(2)监控系统日常运行维护

工作内容:液位计、CPU 模块、模拟量模块、开关量模块、DTU、中间继电器、空气开关、数显表、电源模块、摄像头、云台、红外射灯、解码器、视频服务器、路由器、UPS 电源、远程遥控电源、防雷器、车载对讲装置、GPS 定位模块、太阳能控制器供电板、雨量采集单元、雨量传感器、蓄电池防雷模块、RTU 主板、通信模块、锂电池组、会议终端机、多点控制器 MCU、电视墙等设备的检测调试。

计量单位:座

定额编号				6-652	6-653	6-654	6-655
项目				泵站监测系统	积水视频监测系统	车载远程视频监控系统(处)	雨量自动采集系统
基价(元)				9563.62	14785.37	2965.78	2189.80
其中	人工费(元)			1742.00	1132.30	435.50	871.00
	材料费(元)			4877.51	9679.45	1063.47	464.52
	机械使用费(元)			797.28	1238.48	849.08	199.32
	其他措施费(元)			60.30	42.01	14.67	28.14
	安文费(元)			312.73	483.48	96.53	71.61
	管理费(元)			625.46	966.96	193.05	143.21
	利润(元)			521.22	805.80	160.88	119.34
	规费(元)			627.12	436.89	152.60	292.66
名称		单位	单价(元)	数量			
综合工日		工日		(22.00)	(15.00)	(5.40)	(10.50)
万用表		个	548.00	0.004	0.050	—	0.004
吸尘器		台	2800.00	0.006	—	0.006	—
太阳能板清洗剂		瓶	200.00	—	0.100	—	—
便携式有害气体检测仪		台	24000.00	0.016	—	0.016	—
蓄电池放电仪		台	3700.00	0.006	0.030	—	0.006
电缆		m	—	10.000	10.000	—	2.000
天线检测仪		台	2000.00	—	0.040	—	—
不锈钢支架		套	200.00	0.200	—	—	—
太阳能控制器测试		台	2000.00	—	0.100	—	—
蓄电池		节	4000.00	0.006	—	—	—
直流 12V 逆变 交流 220V 逆变电源		台	3500.00	—	0.030	—	—
电源避雷器		台	300.00	3.000	—	—	—
蓄电池检测仪		台	5500.00	0.006	0.030	—	0.006
镜头纸		盒	130.00	—	0.100	—	—
密封胶条 DN10		m	1.80	6.000	—	—	1.000

续表

定　额　编　号			6-652	6-653	6-654	6-655
项　　目			泵站监测系统	积水视频监测系统	车载远程视频监控系统(处)	雨量自动采集系统
名　称	单位	单价(元)	数　量			
3G 视频服务器检测	次	5000.00	—	0.050	—	—
接头	个	—	2.000	0.400	—	2.000
太阳能板测试仪	台	3000.00	—	0.100	—	—
摇表	个	1200.00	0.004	0.030	—	0.004
远程电源遥控测试	台	500.00	—	0.100	—	—
温度湿度测试仪	支	1548.00	0.039	—	0.039	0.002
一体化摄像机	台	4000.00	—	0.030	—	—
摄像机检测	次	5000.00	—	0.010	—	—
电工工具	套	300.00	0.026	—	—	0.006
大容量蓄电池	块	3000.00	—	0.030	—	—
存储器　WLX-650BT	台	300.00	0.016	—	—	—
笔记本电脑	台	8000.00	—	0.020	—	—
电路清洗剂	瓶	200.00	0.500	0.100	—	0.500
通信缆	m	120.00	8.000	10.000	—	1.200
4m 伸缩人字高梯	个	2000.00	—	0.060	—	—
PLC 编程器	台	30000.00	0.056	—	0.016	—
2G 通信测试卡	张	50.00	—	1.000	—	—
示波器	台	15000.00	0.025	—	—	—
编解码器检测	次	800.00	—	0.050	—	—
水	m^3	5.13	0.500	—	0.200	0.500
便携式测地仪	台	44000.00	0.002	—	0.002	0.002
便携式液晶显示器	台	1000.00	—	0.100	—	—
接地电阻测试仪	台	3500.00	0.002	1.000	0.002	0.002
3G 数据通信测试卡	张	100.00	—	1.000	—	—
直流可调电源器	台	1400.00	0.004	1.000	0.004	0.004
网络测试仪	台	34900.00	0.002	0.010	—	0.001
智能摇杆键盘	台	2000.00	—	0.100	—	—
清洁剂	瓶	3.35	2.000	—	0.200	2.000
太阳能支架、控制箱、杆体锈蚀检查	次	80.00	—	1.000	—	—
3G 数据通信测试卡座	套	800.00	—	0.300	—	—

续表

定额编号			6-652	6-653	6-654	6-655
项目			泵站监测系统	积水视频监测系统	车载远程视频监控系统(处)	雨量自动采集系统
名称	单位	单价(元)	数量			
避雷器测试仪	台	3500.00	—	0.030	—	—
电话线测试器	个	500.00	—	0.100	—	—
云台检测	次	1500.00	—	0.030	—	—
太阳能板清洗	次	50.00	—	1.000	—	—
吸水毛巾	个	20.00	—	1.000	—	—
蓄电池密封胶条	盘	30.00	—	3.000	—	—
液位遥测辅助工具	元	1.00	—	—	20.000	—
其他材料费	%	1.00	1.500	1.500	—	1.500
通风机　7.5kW	台班	34.78	—	—	0.400	—
载重汽车　装载质量(t)　4	台班	398.64	2.000	2.000	0.400	0.500
监控系统设备	台班	220.60	—	2.000	3.000	—
通风机　7.5kW	台班	34.78	—	—	0.4	—

工作内容:液位计、CPU 模块、模拟量模块、开关量模块、DTU、中间继电器、空气开关、数显表、电源模块、摄像头、云台、红外射灯、解码器、视频服务器、路由器、UPS 电源、远程遥控电源、防雷器、车载对讲装置、GPS 定位模块、太阳能控制器供电板、雨量采集单元、雨量传感器、蓄电池防雷模块、RTU 主板、通信模块、锂电池组、会议终端机、多点控制器 MCU、电视墙等设备的检测调试。

计量单位:处

定额编号				6-656	6-657
项目				河道液位监测系统	视频会议系统(座)
基价(元)				5054.45	1737.39
其中	人工费(元)			871.00	609.70
	材料费(元)			2007.99	209.58
	机械使用费(元)			1060.44	398.64
	其他措施费(元)			30.15	22.31
	安文费(元)			165.28	56.81
	管理费(元)			330.56	113.63
	利润(元)			275.47	94.69
	规费(元)			313.56	232.03
名称		单位	单价(元)	数量	
综合工日		工日		(11.00)	(8.00)
电源避雷器		台	300.00	3.000	—
万用表		个	548.00	0.004	—
适配器		个	2300.00	—	0.008
接头		个	—	2.000	0.600
笔记本电脑		台	8000.00	—	0.010
电源线		m	10.00	—	0.050
吸尘器		台	2800.00	0.002	—
路由器		台	270.00	—	0.010
电路清洗剂		瓶	200.00	0.500	—
视频线		m	22.00	—	0.050
密封胶条 DN10		m	1.80	—	4.000
温度湿度测试仪		支	1548.00	0.002	—
通信缆		m	120.00	5.000	—
便携式有害气体检测仪		台	24000.00	0.006	—
麦克风连接线		m	93.30	—	0.050
程序编译器		台	30000.00	0.004	—

续表

定额编号			6-656	6-657
项目			河道液位监测系统	视频会议系统(座)
名称	单位	单价(元)	数量	
摄像头连接线	m	93.30	—	0.050
电缆	m	—	10.000	—
线卡	个	0.50	—	5.000
示波器	台	15000.00	0.002	—
交换机	台	420.00	—	0.010
电工工具	套	300.00	0.006	—
视频转接头	个	100.00	—	0.100
摇表	个	1200.00	0.004	—
音频线	m	15.00	—	0.050
网络测试仪	台	34900.00	0.002	0.002
清洁剂	瓶	3.35	2.000	—
液位遥测辅助工具	元	1.00	20.000	—
其他材料费	%	1.00	—	1.500
载重汽车　装载质量(t)　4	台班	398.64	1.000	1.000
监控系统设备	台班	220.60	3.000	—

第七章　城市桥梁设施维修工程

说　明

一、本章适用于城市桥梁、过街地下通道、人行天桥、涵洞及其他水工构筑物工程的养护维修，章内所列各基本定额项目也适用于排水、道路设施维修工程有关构筑物的同类项目换算。

二、本章定额中的混凝土和砂浆砌体的养护，一律按自然条件下的人工保养方法考虑，如有特殊原因，需要掺拌外加剂，费用可另行计算。

三、桥梁建设、支座保养、油漆、混凝土、钢筋混凝土结构定额中均不包括钢筋、模板、支架和脚手架在内；预制构件安装定额中，均不包括吊装设备的组装，所发生的费用另行计算。

四、栏杆维修、局部更换、改造未包括脚手架。

五、桥面及结构修补采用环氧混凝土、钢钎维混凝土或聚合物混凝土时，应套用本定额，材料做调整，单价按设计配合比确定。

六、饰面维修项目中，贴面材料和干挂材料与定额不同时，可按实际品种、价格替换，人工与机械台班消耗量不调整。

工程量计算规则

一、结构混凝土裂缝补强按裂缝长度计算。

二、油漆面积:钢梁、钢柱等钢结构按展开面积计算,钢栏杆按立(平)面投影面积(包括空隙面积)计算。

三、伸缩缝维修:以长度计算。

四、支座:以“只”计算。

五、裂缝以外延每边各加 0.5m 计算。

六、碳纤维布:以面积计算。

七、粘钢:以面积计算。

八、静力切割:以长度计算。

一、桥面工程

1.粒料基础及垫层

工作内容:铺料、嵌缝找平、洒水夯实。

计量单位:m³

定额编号				7-1	7-2	7-3
项目				粒料基础及垫层		
				碎石 15mm	碎石 50~80mm	碎石 30~50mm
基价(元)				223.10	301.79	297.19
其中	人工费(元)			52.26	73.16	73.16
	材料费(元)			116.24	154.45	150.57
	机械使用费(元)			1.46	1.46	1.46
	其他措施费(元)			1.57	2.19	2.19
	安文费(元)			8.51	11.51	11.34
	管理费(元)			14.59	19.74	19.44
	利润(元)			12.16	16.45	16.20
	规费(元)			16.31	22.83	22.83
名称		单位	单价(元)	数量		
综合工日		工日		(0.60)	(0.84)	(0.84)
碎石 30~50		m³	76.59	—	—	1.600
碎石 50~80		m³	76.59	—	1.650	—
水		m³	5.13	0.102	0.102	0.102
碎石 综合		t	57.00	2.000	—	—
碎石 25~40		m³	76.59	—	0.330	0.330
其他材料费		%	1.00	1.500	1.500	1.500
内燃夯实机 夯击能量(N·m) 700		台班	29.10	0.050	0.050	0.050

工作内容：铺料、嵌缝找平、洒水夯实。

计量单位：m³

定额编号				7-4	7-5	7-6
项目				粒料基础及垫层		
				砂石米砂	砾石	碎砖
基价(元)				256.97	305.92	196.45
其中	人工费(元)			52.26	66.20	73.16
	材料费(元)			144.76	167.27	65.76
	机械使用费(元)			1.46	1.46	1.46
	其他措施费(元)			1.57	1.99	2.19
	安文费(元)			9.80	11.67	7.49
	管理费(元)			16.81	20.01	12.85
	利润(元)			14.00	16.67	10.71
	规费(元)			16.31	20.65	22.83
名称		单位	单价(元)	数量		
综合工日		工日		(0.60)	(0.76)	(0.84)
砂砾 5~80		m³	80.00	—	2.060	—
石屑		m³	72.50	1.960	—	—
碎砖		m³	32.00	—	—	2.000
水		m³	5.13	0.102	—	0.153
其他材料费		%	1.00	1.500	1.500	1.500
内燃夯实机 夯击能量(N·m) 700		台班	29.10	0.050	0.050	0.050

2. 维修砖石砌体

工作内容：拆除坏损部位、锤改对缝、拌运、铺砂浆、砌筑、养护等。

计量单位：m^3

定额编号				7-7
项目				砖结构
基价(元)				801.95
其中	人工费(元)			250.85
	材料费(元)			328.19
	机械使用费(元)			7.99
	其他措施费(元)			7.73
	安文费(元)			30.59
	管理费(元)			52.45
	利润(元)			43.71
	规费(元)			80.44
名称		单位	单价(元)	数量
综合工日		工日		(2.93)
标准砖 240×115×53		千块	477.50	0.556
预拌水泥砂浆		m^3	220.00	0.250
水		m^3	5.13	0.556
其他材料费		%	1.00	1.500
灰浆搅拌机 拌筒容量(L) 200		台班	153.74	0.052

注：适用于八字墙、一字墙、闸墙、翼墙、护坡、护底、明沟等维修工程。

3. 小型抛石

工作内容：抛石、整理、装筐篓。

计量单位：m^3

定额编号				7-8	7-9	7-10
项目				散抛石	铁丝篓抛石	竹篓抛石
基价(元)				240.97	265.16	259.93
其中	人工费(元)			52.26	62.71	60.97
	材料费(元)			132.75	139.09	137.02
	机械使用费(元)			—	—	—
	其他措施费(元)			1.57	1.88	1.83
	安文费(元)			9.19	10.12	9.92
	管理费(元)			15.76	17.34	17.00
	利润(元)			13.13	14.45	14.17
	规费(元)			16.31	19.57	19.02
名称		单位	单价(元)	数量		
综合工日		工日		(0.60)	(0.72)	(0.70)
铁丝		kg	3.50	—	2.525	—
块石		m^3	80.75	1.644	1.613	1.613
竹篾		百根	6.70	—	—	1.010

注：按自然体积计算。

4. 水泥砂浆粉面

工作内容：清理缝面、拌和砂浆、勾缝、养护。

计量单位：$10m^2$

定额编号				7-11	7-12
项目				混凝土地面	
				原浆做面	加浆做面(1cm)
基价(元)				39.48	108.78
其中	人工费(元)			20.90	48.78
	材料费(元)			5.19	26.13
	机械使用费(元)			—	—
	其他措施费(元)			0.63	1.46
	安文费(元)			1.51	4.15
	管理费(元)			2.58	7.11
	利润(元)			2.15	5.93
	规费(元)			6.52	15.22
名称		单位	单价(元)	数量	
综合工日		工日		(0.24)	(0.56)
水		m^3	5.13	0.300	0.300
水泥 42.5级		kg	0.35	10.200	—
水泥砂浆 1:2		m^3	232.70	—	0.104
其他材料费		%	1.00	1.500	1.500

注：如粉刷块石墙体，底层砂浆增加0.10 m^3/10 m^2。

工作内容：清理缝面、拌和砂浆、勾缝、养护。

计量单位：10m²

定额编号				7-13
项目				墙面粉刷
				砂浆做面
基价(元)				290.79
其中	人工费(元)			132.04
	材料费(元)			53.67
	机械使用费(元)			10.76
	其他措施费(元)			4.24
	安文费(元)			11.09
	管理费(元)			19.02
	利润(元)			15.85
	规费(元)			44.12
名称		单位	单价(元)	数量
综合工日		工日		(1.59)
水		m^3	5.13	0.102
水泥砂浆 1:2		m^3	232.70	0.225
其他材料费		%	1.00	1.500
灰浆搅拌机 拌筒容量(L) 200		台班	153.74	0.070

工作内容:清理缝面、拌和砂浆、勾缝、养护。

计量单位:10m²

定额编号				7-14	7-15	7-16
项目				墙面粉刷	小型构件粉刷	
				斩假石	水泥砂浆 1:2	水泥砂浆 1:2.5
基价(元)				2408.13	486.34	482.20
其中	人工费(元)			1454.40	250.85	250.85
	材料费(元)			61.76	58.86	55.37
	机械使用费(元)			10.76	10.76	10.76
	其他措施费(元)			43.91	7.81	7.81
	安文费(元)			91.87	18.55	18.40
	管理费(元)			157.49	31.81	31.54
	利润(元)			131.24	26.51	26.28
	规费(元)			456.70	81.19	81.19
名称		单位	单价(元)	数量		
综合工日		工日		(16.77)	(2.95)	(2.95)
水泥石屑浆 1:2.5		m³	255.61	0.105	—	—
水		m³	5.13	0.104	0.100	0.100
水泥砂浆 1:2		m³	232.70	—	0.247	—
水泥砂浆 1:2.5		m³	218.77	0.153	—	0.247
其他材料费		%	1.00	1.500	1.500	1.500
灰浆搅拌机 拌筒容量(L) 200		台班	153.74	0.070	0.070	0.070

5. 镶贴面层

工作内容：①清理及修补基层表面；②刮底；③砂浆、拌、抹平；④砍、打及磨光块料边缘；⑤镶贴；⑥修嵌缝隙；⑦除污；⑧打蜡擦亮；⑨材料运输及清场等。

计量单位：$10m^2$

定额编号			7-17	7-18	7-19	7-20
项目			镶贴面层			
			预制水磨石板	瓷砖	大理石	锦砖
基价(元)			1284.97	1457.59	2502.18	1460.03
其中	人工费(元)		355.98	547.51	412.51	629.38
	材料费(元)		587.79	475.29	1534.96	367.88
	机械使用费(元)		12.61	13.22	13.99	12.91
	其他措施费(元)		11.01	16.77	12.74	19.22
	安文费(元)		49.02	55.61	95.46	55.70
	管理费(元)		84.04	95.33	163.64	95.49
	利润(元)		70.03	79.44	136.37	79.57
	规费(元)		114.49	174.42	132.51	199.88
名称	单位	单价(元)	数量			
综合工日	工日		(4.17)	(6.37)	(4.83)	(7.31)
煤油	kg	8.44	0.102	—	0.102	—
瓷砖 152×152	千块	857.00	—	0.465	—	—
石蜡	kg	5.80	0.255	—	0.255	—
马赛克	m^2	30.00	—	—	—	10.302
水泥砂浆 1:2.5	m^3	218.77	0.216	0.136	0.241	0.143
水泥砂浆 1:2	m^3	232.70	—	—	—	0.073
镀锌铁丝 18#~22#	kg	6.00	8.058	—	8.058	—
草酸	kg	4.50	0.122	—	0.122	—
水泥砂浆 1:1	m^3	277.13	—	0.091	—	—
素水泥浆	m^3	417.35	—	—	—	0.011
铁件 综合	kg	4.50	3.468	—	3.468	—
108胶	kg	1.20	—	10.710	—	—
大理石板	m^2	135.00	—	—	10.302	—
水磨石板	m^2	45.00	10.302	—	—	—
白水泥	kg	0.57	1.561	1.561	1.561	—
水	m^3	5.13	0.102	0.204	0.204	0.102
其他材料费	%	1.00	1.500	1.500	1.500	1.500
灰浆搅拌机 拌筒容量(L) 200	台班	153.74	0.082	0.086	0.091	0.084

6. 油　漆

工作内容:去污、除锈、磨光、分层刷漆。

计量单位:10m²

定额编号				7-21	7-22
项目				油漆	
				钢栏杆	钢构件
基价(元)				594.44	388.87
其中	人工费(元)			335.42	209.04
	材料费(元)			50.35	46.88
	机械使用费(元)			—	—
	其他措施费(元)			10.06	6.27
	安文费(元)			22.68	14.84
	管理费(元)			38.88	25.43
	利润(元)			32.40	21.19
	规费(元)			104.65	65.22
名称		单位	单价(元)	数量	
综合工日		工日		(3.85)	(2.40)
调和漆		kg	15.00	1.840	1.710
防锈漆		kg	16.30	1.350	1.260
其他材料费		%	1.00	1.500	1.500

注:如需搭设脚手架和升降设备,另行计算;钢构件按展开面积计算,钢栏杆按立面面积(包括空隙面积)计算。

工作内容：去污、除锈、磨光、分层刷漆。

计量单位：10m²

定额编号				7-23
项目				混凝土栏杆
				二遍乳胶漆
基价(元)				223.15
其中	人工费(元)			94.07
	材料费(元)			61.65
	机械使用费(元)			—
	其他措施费(元)			2.82
	安文费(元)			8.51
	管理费(元)			14.59
	利润(元)			12.16
	规费(元)			29.35
名称		单位	单价(元)	数量
综合工日		工日		(1.08)
乳胶漆		kg	8.00	7.592
其他材料费		%	1.00	1.500

7. 刷　浆

工作内容：清理基底、批腻子、配制水泥浆、涂刷浆料、清理。

计量单位：10m²

定额编号				7-24	7-25	7-26	7-27
项目				石灰浆	水泥浆	白水泥浆	108 涂料
基价(元)				61.49	83.32	200.05	167.41
其中	人工费(元)			38.24	48.95	121.24	52.78
	材料费(元)			0.45	4.46	5.73	70.12
	机械使用费(元)			—	—	—	—
	其他措施费(元)			1.15	1.47	3.64	1.58
	安文费(元)			2.35	3.18	7.63	6.39
	管理费(元)			4.02	5.45	13.08	10.95
	利润(元)			3.35	4.54	10.90	9.12
	规费(元)			11.93	15.27	37.83	16.47
名称		单位	单价(元)	数量			
综合工日		工日		(0.44)	(0.56)	(1.39)	(0.61)
白水泥		kg	0.57	—	—	4.784	—
水泥 42.5 级		kg	0.35	—	4.106	—	—
生石灰		kg	0.22	1.821	—	—	—
108 内墙涂料		kg	12.00	—	—	—	3.898
盐(工业)		kg	0.86	0.056	—	—	—
108 胶		kg	1.20	—	—	1.046	0.014
血料		kg	3.50	—	0.863	—	—
色粉		kg	10.00	—	—	0.175	2.214
羧甲基纤维素		kg	8.43	—	—	—	0.141

8.剔除原砌体缝

工作内容:剔缝、钻凿旧面缝、清洗、清理。

计量单位:10m²

定额编号				7-28	7-29
项目				剔凿平缝	剔凿凸缝
基价(元)				49.98	66.63
其中	人工费(元)			31.36	41.81
	材料费(元)			—	—
	机械使用费(元)			—	—
	其他措施费(元)			0.94	1.25
	安文费(元)			1.91	2.54
	管理费(元)			3.27	4.36
	利润(元)			2.72	3.63
	规费(元)			9.78	13.04
名称		单位	单价(元)	数量	
综合工日		工日		(0.36)	(0.48)

9. 台阶维修

工作内容：凿除损坏部位、修整、浇捣混凝土、调制砂浆、抹面压光、斜坡划格、养护、清理。

计量单位：m^3

定额编号				7-30	7-31	7-32	7-33
项目				台阶维修			
				水泥混凝土	砖砌	块石	混凝土斜坡
基价(元)				1357.53	1253.89	1019.17	1037.67
其中	人工费(元)			600.99	548.73	505.18	444.21
	材料费(元)			336.44	319.32	180.14	277.54
	机械使用费(元)			—	—	—	—
	其他措施费(元)			18.03	16.46	15.16	13.33
	安文费(元)			51.79	47.84	38.88	39.59
	管理费(元)			88.78	82.00	66.65	67.86
	利润(元)			73.99	68.34	55.54	56.55
	规费(元)			187.51	171.20	157.62	138.59
名称		单位	单价(元)	数量			
综合工日		工日		(6.90)	(6.30)	(5.80)	(5.10)
块石		m^3	80.75	—	—	1.580	—
水		m^3	5.13	1.070	0.200	0.200	1.100
标准砖　240×115×53		千块	477.50	—	0.530	—	—
水泥砂浆　1：2		m^3	232.70	0.250	0.260	0.210	—
预拌混凝土　C20		m^3	260.00	1.030	—	—	1.030
其他材料费		%	1.00	1.500	1.500	1.500	1.500

10. 支座维修

工作内容：清除垃圾和杂物，清洗，除锈，油漆，更换黄油，搭拆脚手架、清理。

计量单位：只

定额编号				7-34	7-35	7-36	7-37
项目				滚轴支座	弧形钢板支座	摆柱式支座	橡胶支座
基价(元)				344.80	296.46	257.39	33.32
其中	人工费(元)			155.13	155.13	155.13	20.90
	材料费(元)			82.13	41.42	8.53	—
	机械使用费(元)			—	—	—	—
	其他措施费(元)			4.65	4.65	4.65	0.63
	安文费(元)			13.15	11.31	9.82	1.27
	管理费(元)			22.55	19.39	16.83	2.18
	利润(元)			18.79	16.16	14.03	1.82
	规费(元)			48.40	48.40	48.40	6.52
名称		单位	单价(元)	数量			
综合工日		工日		(1.78)	(1.78)	(1.78)	(0.24)
防锈漆		kg	16.30	1.200	1.000	—	—
调和漆		kg	15.00	1.200	1.000	—	—
煤油		kg	8.44	1.000	0.200	0.200	—
油漆溶剂油		kg	4.40	0.300	0.250	—	—
黄油钙基脂		kg	11.20	3.000	0.600	0.600	—
其他材料费		%	1.00	1.500	1.500	1.500	—

注：如使用船只、搭设脚手架或用升降设备，费用另计。

11. 沉降缝、伸缩缝维修

工作内容：清理缝内垃圾污物、整理修补缝口，沥青麻丝制作嵌缝、清理等。

计量单位：10m

定额编号				7-38	7-39
项目				沉降缝维修	伸缩缝维修
基价(元)				429.87	423.65
其中	人工费(元)			156.78	165.49
	材料费(元)			24.79	7.86
	机械使用费(元)			103.83	103.83
	其他措施费(元)			6.71	6.97
	安文费(元)			16.40	16.16
	管理费(元)			28.11	27.71
	利润(元)			23.43	23.09
	规费(元)			69.82	72.54
名称		单位	单价(元)	数量	
综合工日		工日		(2.30)	(2.40)
水泥 32.5级		kg	0.30	5.000	5.000
砂子 中砂		t	46.85	0.015	0.015
麻丝		kg	3.20	1.300	0.230
石棉		kg	3.10	—	0.400
石油沥青 60#~100#		t	3685.50	0.005	0.001
机动翻斗车 装载质量(t) 1		台班	207.66	0.500	0.500

12. 伸缩缝更换

工作内容：拆除旧缝、清洗缝边、配料、断料、连接、安装、铺筑混凝土、养护。

计量单位：m

定额编号				7-40	7-41	7-42
项目				更换平钢板伸缩缝	更换梳型钢板伸缩缝	更换橡胶条伸缩缝
基价(元)				858.80	1106.46	350.31
其中	人工费(元)			135.88	68.63	50.26
	材料费(元)			524.85	828.71	196.72
	机械使用费(元)			15.41	10.55	28.49
	其他措施费(元)			4.12	2.08	1.71
	安文费(元)			32.76	42.21	13.36
	管理费(元)			56.17	72.36	22.91
	利润(元)			46.80	60.30	19.09
	规费(元)			42.81	21.62	17.77
名称		单位	单价(元)	数量		
综合工日		工日		(1.57)	(0.79)	(0.63)
甘蔗板		m^2	35.85	1.140	—	—
钢筋 Φ10以外		kg	3.40	16.940	14.000	20.490
型钢 综合		kg	3.40	37.860	—	8.268
橡胶板 δ3		m^2	30.20	0.110	—	—
梳型钢板伸缩缝		m	745.00	—	1.000	—
电焊条 (综合)		kg	4.20	0.800	0.800	1.000
镀锌钢板 综合		kg	—	—	(14.20)	—
预拌混凝土 C30		m^3	260.00	0.144	0.092	0.103
草袋		个	1.93	2.000	2.000	—
水		m^3	5.13	0.150	0.150	0.150
橡胶条伸缩缝		m	60.00	—	—	1.050
乙炔气		m^3	28.00	0.053	0.040	0.040
氧气		m^3	3.82	0.148	0.113	0.111
镀锌铁丝 18#~22#		kg	6.00	0.800	—	—
防锈漆		kg	16.30	0.150	0.150	0.150
PVC胶水		kg	30.00	0.500	—	—
沥青砂		t	431.00	0.520	—	—
风镐凿子		根	5.00	0.100	0.040	0.040
钢筋切断机 直径(mm) 40		台班	40.37	0.010	0.030	0.030
内燃空气压缩机 排气量(m^3/min) 6		台班	345.32	0.020	0.010	0.010
载重汽车 装载质量(t) 4		台班	398.64	0.010	0.005	0.050
手持式风动凿岩机		台班	11.26	0.040	0.020	0.020
电焊机 综合		台班	122.18	0.030	0.030	0.030

工作内容:拆除旧缝、清洗缝边、配料、断料、连接、安装、铺筑混凝土、养护。

计量单位:m

定额编号				7-43	7-44	7-45
项目				更换橡胶板伸缩缝	更换型钢伸缩缝	更换鸟型橡胶止水带
基价(元)				507.29	295.15	60.59
其中	人工费(元)			47.64	37.45	11.32
	材料费(元)			333.21	185.33	32.72
	机械使用费(元)			27.68	12.00	2.79
	其他措施费(元)			1.63	1.20	0.37
	安文费(元)			19.35	11.26	2.31
	管理费(元)			33.18	19.30	3.96
	利润(元)			27.65	16.09	3.30
	规费(元)			16.95	12.52	3.82
名称		单位	单价(元)	数量		
综合工日		工日		(0.60)	(0.45)	(0.14)
乙炔气		m^3	28.00	0.013	0.013	—
橡胶止水带		m	32.40	—	—	1.010
氧气		m^3	3.82	0.037	0.330	—
风镐凿子		根	5.00	0.040	—	—
钢筋 Φ10 以外		kg	3.40	20.200	0.066	—
钢板伸缩缝		m	180.50	—	1.008	—
草袋		个	1.93	2.000	—	—
水		m^3	5.13	0.150	—	—
防锈漆		kg	16.30	0.150	—	—
电焊条(综合)		kg	4.20	1.000	0.367	—
橡胶板伸缩缝		m	217.50	1.050	—	—
预拌混凝土 C40 42.5 级 坍落度 35~50mm		m^3	260.00	0.093	—	—
载重汽车 装载质量(t) 4		台班	398.64	0.050	0.020	0.007
手持式风动凿岩机		台班	11.26	0.020	—	—
内燃空气压缩机 排气量(m^3/min) 6		台班	345.32	0.010	—	—
钢筋切断机 直径(mm) 40		台班	40.37	0.010	—	—
电焊机 综合		台班	122.18	0.030	0.033	—

13. 桥梁日常养护

工作内容:杂物清理,设施清洗。

计量单位:100m²

定额编号				7-46	7-47	7-48	7-49
项目				人行道栏杆养护	防撞栏杆养护(100m)	设施牌养护(个)	隔音板养护
基价(元)				364.23	312.87	31.53	301.65
其中	人工费(元)			74.21	43.55	12.37	126.47
	材料费(元)			23.60	21.51	2.60	23.60
	机械使用费(元)			165.14	165.14	6.61	55.01
	其他措施费(元)			3.83	2.91	0.44	4.29
	安文费(元)			13.90	11.94	1.20	11.51
	管理费(元)			23.82	20.46	2.06	19.73
	利润(元)			19.85	17.05	1.72	16.44
	规费(元)			39.88	30.31	4.53	44.60
名称		单位	单价(元)	数量			
综合工日		工日		(1.25)	(0.90)	(0.16)	(1.58)
水		m^3	5.13	1.900	1.500	0.266	1.900
清洁剂		kg	9.00	1.500	1.500	0.133	1.500
其他材料费		%	1.00	1.500	1.500	1.500	1.500
洒水车 罐容量(L) 4000		台班	447.27	0.200	0.200	0.008	0.123
载重汽车 装载质量(t) 3		台班	378.41	0.200	0.200	0.008	—

工作内容:杂物清理。

计量单位:100m

定额编号				7-50
项目				伸缩缝清理养护
基价(元)				635.24
其中	人工费(元)			240.48
	材料费(元)			—
	机械使用费(元)			189.21
	其他措施费(元)			9.22
	安文费(元)			24.23
	管理费(元)			41.55
	利润(元)			34.62
	规费(元)			95.93
名称		单位	单价(元)	数量
综合工日		工日		(3.26)
载重汽车 装载质量(t) 3		台班	378.41	0.500

工作内容:杂物清理。

计量单位:100m²

定额编号				7-51
项目				防撞墙养护
基价(元)				666.88
其中	人工费(元)			78.39
	材料费(元)			12.50
	机械使用费(元)			402.54
	其他措施费(元)			5.97
	安文费(元)			25.44
	管理费(元)			43.61
	利润(元)			36.35
	规费(元)			62.08
名称		单位	单价(元)	数量
综合工日		工日		(1.80)
水		m^3	5.13	2.400
其他材料费		%	1.00	1.500
洒水车 罐容量(L) 4000		台班	447.27	0.900

14. 中央隔离设施

工作内容：拆除或搬动原有隔离块、就位、安装等。

计量单位：10m

定额编号				7-52	7-53
项目				中央隔离块扶正、纠偏	中央隔离块调换
基价(元)				241.45	1665.46
其中	人工费(元)			109.75	653.25
	材料费(元)			—	—
	机械使用费(元)			50.23	495.78
	其他措施费(元)			3.80	22.21
	安文费(元)			9.21	63.54
	管理费(元)			15.79	108.92
	利润(元)			13.16	90.77
	规费(元)			39.51	230.99
名称		单位	单价(元)	数量	
综合工日		工日		(1.39)	(8.15)
混凝土预制块		m	—	(10.00)	(10.00)
载重汽车 装载质量(t) 4		台班	398.64	0.126	0.650
汽车式起重机 5t		台班	364.10	—	0.650

15. 桥梁检查

工作内容：对桥梁结构物及附属设施进行巡检。

计量单位：桥次

定额编号				7-54
项目				经常性检查
基价(元)				93.69
其中	人工费(元)			0.61
	材料费(元)			—
	机械使用费(元)			69.63
	其他措施费(元)			0.76
	安文费(元)			3.57
	管理费(元)			6.13
	利润(元)			5.11
	规费(元)			7.88
名称		单位	单价(元)	数量
综合工日		工日		(0.19)
载重汽车 装载质量(t) 3		台班	378.41	0.184

二、结构工程

1. 小型钢筋制作、安装

工作内容：钢筋调直、配断、绑扎、点焊、安装成型。

计量单位：t

定额编号				7-55	7-56	7-57	7-58
项目				小型钢筋制作、安装			
				预制混凝土 Φ10mm 以内	预制混凝土 Φ10mm 以外	现浇混凝土 Φ10mm 以内	现浇混凝土 Φ10mm 以外
基价(元)				7777.21	5672.47	7090.14	5792.61
其中	人工费(元)			2154.16	821.53	1741.30	847.66
	材料费(元)			3525.24	3588.72	3521.16	3591.00
	机械使用费(元)			113.75	75.37	93.96	138.07
	其他措施费(元)			66.22	25.47	53.78	26.35
	安文费(元)			296.70	216.40	270.49	220.99
	管理费(元)			508.63	370.98	463.70	378.84
	利润(元)			423.86	309.15	386.41	315.70
	规费(元)			688.65	264.85	559.34	274.00
名称		单位	单价(元)	数量			
综合工日		工日		(25.13)	(9.64)	(20.38)	(9.96)
钢筋　综合		t	3400.00	1.020	1.040	1.020	1.040
镀锌铁丝　18#~22#		kg	6.00	9.540	2.990	8.860	2.950
电焊条(综合)		kg	4.20	—	8.280	—	8.880
电动单筒快速卷扬机　牵引力(kN)　5		台班	155.12	0.396	0.204	0.384	0.228
电焊机　综合		台班	122.18	—	0.120	—	0.612
钢筋切断机　直径(mm)　40		台班	40.37	1.296	0.720	0.852	0.372
对焊机　容量(kV·A)　75		台班	107.57	—	—	—	0.120

2. 小型模板制作、安装

工作内容：模板制作、安装及周转使用过程中的维修等。

计量单位：$10m^2$

定额编号				7-59	7-60	7-61
项目				小型模板制作、安装		
				复杂构件	小型基础	压顶
基价(元)				1394.29	414.91	664.11
其中	人工费(元)			694.01	188.14	271.75
	材料费(元)			226.78	84.33	180.19
	机械使用费(元)			15.78	12.52	14.27
	其他措施费(元)			20.82	5.64	8.15
	安文费(元)			53.19	15.83	25.34
	管理费(元)			91.19	27.14	43.43
	利润(元)			75.99	22.61	36.19
	规费(元)			216.53	58.70	84.79
名称		单位	单价(元)	数量		
综合工日		工日		(7.97)	(2.16)	(3.12)
圆钉		kg	7.00	2.142	1.300	1.377
圆木桩		m^3	1316.04	—	0.009	0.041
脱模剂		kg	1.79	1.000	1.000	1.000
锯材		m^3	1400.00	0.150	0.044	0.082
木工圆锯机 直径(mm) 500		台班	25.04	0.630	0.500	0.570

3. 预制构件安装

工作内容：搭拆脚手架、铺设导木、起吊移动就位校正钢筋接头、焊接固定填缝养护等。

计量单位：m^3

定额编号				7-62	7-63	7-64
项目				预制构件安装		
				1.0t 以内	单件重 1.0~3.0t	小型构件
基价(元)				378.09	798.46	368.21
其中	人工费(元)			214.27	250.85	222.98
	材料费(元)			23.86	27.58	10.77
	机械使用费(元)			6.92	308.03	—
	其他措施费(元)			6.43	7.53	6.69
	安文费(元)			14.42	30.46	14.05
	管理费(元)			24.73	52.22	24.08
	利润(元)			20.61	43.52	20.07
	规费(元)			66.85	78.27	69.57
名称		单位	单价(元)	数量		
综合工日		工日		(2.46)	(2.88)	(2.56)
锯材		m^3	1400.00	0.004	0.003	—
水		m^3	5.13	0.200	0.200	0.012
水泥砂浆 1:2		m^3	232.70	0.071	0.061	0.046
圆钉		kg	7.00	0.102	0.102	—
电焊条(综合)		kg	4.20	—	1.664	—
铁件 综合		kg	4.50	—	0.102	—
电焊机 综合		台班	122.18	—	2.390	—
汽车式起重机 5t		台班	364.10	0.019	0.044	—

4. 石砌拱圈头维修

工作内容：清除破损面料、配料锤改、砌筑、养护。

计量单位：m^3

定额编号				7-65
项目				石砌拱圈头 M5 水泥砂浆
基价(元)				692.54
其中	人工费(元)			348.40
	材料费(元)			115.54
	机械使用费(元)			—
	其他措施费(元)			10.45
	安文费(元)			26.42
	管理费(元)			45.29
	利润(元)			37.74
	规费(元)			108.70
名称		单位	单价(元)	数量
综合工日		工日		(4.00)
片石		t	44.44	1.740
水		m^3	5.13	0.306
砌筑水泥砂浆 M5		m^3	137.01	0.255
其他材料费		%	1.00	1.500

5. 砖砌拱圈头维修

工作内容：清除破损面料、配料锤改、砌筑、养护。

计量单位：m^3

定额编号				7-66
项目				砖砌拱圈头
				M5 水泥砂浆
基价(元)				737.10
其中	人工费(元)			242.14
	材料费(元)			295.65
	机械使用费(元)			—
	其他措施费(元)			7.26
	安文费(元)			28.12
	管理费(元)			48.21
	利润(元)			40.17
	规费(元)			75.55
名称		单位	单价(元)	数量
综合工日		工日		(2.78)
水		m^3	5.13	0.102
标准砖 240×115×53		千块	477.50	0.530
砌筑水泥砂浆 M5		m^3	137.01	0.275
其他材料费		%	1.00	1.500

6. 混凝土结构修补

工作内容:放线校边、凿毛、水泥砂浆修补、养护、清理。

计量单位:$10m^2$

定额编号				7-67	7-68
项目				人工修补	机械修补
基价(元)				2525.13	1314.10
其中	人工费(元)			1524.25	742.09
	材料费(元)			80.49	80.57
	机械使用费(元)			—	29.96
	其他措施费(元)			45.73	22.26
	安文费(元)			96.33	50.13
	管理费(元)			165.14	85.94
	利润(元)			137.62	71.62
	规费(元)			475.57	231.53
名称		单位	单价(元)	数量	
综合工日		工日		(17.50)	(8.52)
草袋		个	1.93	20.000	20.000
水泥砂浆 1:2		m^3	232.70	0.180	0.180
高压风管 Φ25-6P-20m		m	13.22	—	0.001
六角空心钢		kg	2.88	—	0.007
合金钢钻头 一字型		个	10.00	—	0.005
内燃空气压缩机 排气量(m^3/min) 3		台班	238.42	—	0.120
手持式风动凿岩机		台班	11.26	—	0.120

工作内容：放线校边、凿毛、水泥砂浆修补、养护、清理。

计量单位：10m²

定额编号				7-69	7-70	7-71
项目				环氧砂浆修补桥面混凝土		环氧浆液修补桥面缝(m)
				2cm	4cm	
基价(元)				4580.60	8824.20	93.20
其中	人工费(元)			200.33	409.37	40.07
	材料费(元)			3506.93	6750.50	14.94
	机械使用费(元)			75.37	118.89	8.70
	其他措施费(元)			6.49	13.23	1.29
	安文费(元)			174.75	336.64	3.56
	管理费(元)			299.57	577.10	6.10
	利润(元)			249.64	480.92	5.08
	规费(元)			67.52	137.55	13.46
名称		单位	单价(元)	数量		
综合工日		工日		(2.42)	(4.94)	(0.48)
木材(成材)		m^3	2500.00	0.100	0.100	0.005
环氧树脂		kg	27.50	98.850	197.700	0.082
塑料薄膜		m^2	0.26	15.000	15.000	—
聚氨酯密封膏		kg	—	—	—	(0.041)
乙二胺		kg	30.60	7.930	15.860	—
丙酮		kg	9.46	12.000	23.000	0.020
石英砂		kg	0.90	198.310	396.610	—
内燃空气压缩机 排气量(m^3/min) 3		台班	238.42	0.120	0.120	—
手持式风动凿岩机		台班	11.26	0.120	0.120	—
载重汽车 装载质量(t) 3		台班	378.41	0.120	0.235	0.023

工作内容:放线校边、凿毛、水泥砂浆修补、养护、清理。

计量单位:10m²

定额编号				7-72	7-73
项目				桥面修补(C30混凝土铺装)10cm	混凝土结构缺损用快凝混凝土修补(m^3)
基价(元)				4575.57	2072.27
其中	人工费(元)			1922.12	622.77
	材料费(元)			306.57	301.39
	机械使用费(元)			920.52	559.48
	其他措施费(元)			61.68	22.90
	安文费(元)			174.56	79.06
	管理费(元)			299.24	135.53
	利润(元)			249.37	112.94
	规费(元)			641.51	238.20
名称		单位	单价(元)	数量	
综合工日		工日		(23.07)	(8.20)
锯材		m^3	1400.00	—	0.010
预拌混凝土 C30		m^3	260.00	1.020	1.020
草袋		个	1.93	12.100	3.600
圆钉		kg	7.00	—	0.060
风镐凿子		根	5.00	3.500	0.500
水		m^3	5.13	0.100	0.280
铁件 综合		kg	4.50	—	1.430
其他材料费		%	1.00	—	1.500
内燃空气压缩机 排气量(m^3/min) 3		台班	238.42	2.000	0.540
手持式风动凿岩机		台班	11.26	4.000	1.080
载重汽车 装载质量(t) 4		台班	398.64	1.000	1.050

注:7-72适用于破损深度小于20cm的桥面修补,7-73适用于破损深度大于20cm的桥面修补。

7. 小型脚手架

工作内容：备料、搭设、挂安全网、拆除、堆放、内转。

计量单位：100m²

定额编号				7-74	7-75	7-76	7-77
项目				平面脚手架	立面脚手架		
					简便脚手	竹架脚手	钢管扣件脚手
基价(元)				545.36	769.49	2099.80	1760.92
其中	人工费(元)			225.59	365.82	768.22	836.16
	材料费(元)			156.42	156.94	736.97	360.49
	机械使用费(元)			—	—	—	—
	其他措施费(元)			6.77	10.97	23.05	25.08
	安文费(元)			20.81	29.36	80.11	67.18
	管理费(元)			35.67	50.32	137.33	115.16
	利润(元)			29.72	41.94	114.44	95.97
	规费(元)			70.38	114.14	239.68	260.88
名称		单位	单价(元)	数量			
综合工日		工日		(2.59)	(4.20)	(8.82)	(9.60)
锯材		m^3	1400.00	0.051	0.103	0.119	0.134
毛竹		根	40.00	—	—	13.120	—
铁件　综合		kg	4.50	1.326	—	—	—
镀锌铁丝　8#~12#		kg	4.60	—	—	—	0.275
圆钉		kg	7.00	0.765	1.820	—	—
竹篾		百根	6.70	—	—	1.400	—
圆木桩		m^3	1316.04	0.056	—	—	—
脚手钢管　Φ48		t	4550.00	—	—	—	0.027
安全网		m^2	9.44	—	—	2.680	2.680
扣件		个	5.67	—	—	—	3.200
其他材料费		%	1.00	—	—	1.500	1.500

8. 小型支撑

工作内容：制作、安装钢板桩撑、支架、支撑，堆放整齐。

计量单位：100m²

定额编号				7-78	7-79
项目				小型支撑	
				疏挡土板	密挡土板
基价(元)				3461.74	4394.82
其中	人工费(元)			1447.60	1863.07
	材料费(元)			971.93	1199.98
	机械使用费(元)			—	—
	其他措施费(元)			43.43	55.89
	安文费(元)			132.07	167.66
	管理费(元)			226.40	287.42
	利润(元)			188.66	239.52
	规费(元)			451.65	581.28
名称		单位	单价(元)	数量	
综合工日		工日		(16.62)	(21.39)
标准砖 240×115×53		千块	477.50	0.169	—
扒钉		kg	9.92	8.226	8.226
锯材		m^3	1400.00	0.046	0.059
镀锌铁丝 8#～12#		kg	4.60	6.480	6.480
木挡土板		m^3	2075.31	0.216	0.356
圆木桩		m^3	1316.04	0.203	0.203

工作内容：制作、安装钢板桩撑、支架、支撑，堆放整齐。

计量单位：100m²

定额编号				7-80
项目				小型支撑
				钢板桩撑
基价(元)				3298.98
其中	人工费(元)			1459.80
	材料费(元)			818.53
	机械使用费(元)			—
	其他措施费(元)			43.79
	安文费(元)			125.86
	管理费(元)			215.75
	利润(元)			179.79
	规费(元)			455.46
名称		单位	单价(元)	数量
综合工日		工日		(16.76)
标准砖 240×115×53		千块	477.50	0.144
镀锌铁丝 8#~12#		kg	4.60	6.480
锯材		m³	1400.00	0.058
钢挡土板		t	5000.00	0.058
扒钉		kg	9.92	8.226
圆木桩		m³	1316.04	0.203

9. 加固工程

工作内容：基层处理、断料、打孔、打磨、酸洗、粘贴等。

计量单位：m^2

定额编号				7-81	7-82
项目				柱加固	
				狭条粘钢单层板厚 4mm	箍板粘钢单层板厚 4mm
基价(元)				753.88	893.58
其中	人工费(元)			212.52	316.17
	材料费(元)			341.99	316.85
	机械使用费(元)			7.53	11.19
	其他措施费(元)			6.38	9.49
	安文费(元)			28.76	34.09
	管理费(元)			49.30	58.44
	利润(元)			41.09	48.70
	规费(元)			66.31	98.65
名称		单位	单价(元)	数量	
综合工日		工日		(2.44)	(3.63)
角钢　综合		t	3384.00	0.007	—
钢板　综合		t	3735.00	0.037	0.037
结构胶		L	15.56	11.250	11.181
其他材料费		%	1.00	1.500	1.500
其他机械费		元	1.00	7.530	11.190

工作内容：基层处理、断料、打孔、打磨、酸洗、粘贴等。

计量单位：m^2

定额编号				7-83	7-84
项目				梁加固	
				梁底狭条粘钢单层板厚 4mm	箍板粘钢 U 形板厚 4mm
基价(元)				767.17	992.16
其中	人工费(元)			222.98	347.53
	材料费(元)			338.77	356.65
	机械使用费(元)			7.91	12.31
	其他措施费(元)			6.69	10.43
	安文费(元)			29.27	37.85
	管理费(元)			50.17	64.89
	利润(元)			41.81	54.07
	规费(元)			69.57	108.43
名称		单位	单价(元)	数量	
综合工日		工日		(2.56)	(3.99)
结构胶		L	15.56	11.916	13.701
角钢 综合		t	3384.00	0.003	—
钢板 综合		t	3735.00	0.037	0.037
其他材料费		%	1.00	1.500	1.500
其他机械费		元	1.00	7.910	12.310

工作内容:基层处理、放样、打磨、清理、粘贴、滚压、刮平等。

计量单位:m²

定额编号				7-85	7-86
项目				柱加固	
				狭形箍布单层 200g	宽形箍布单层 200g
基价(元)				552.04	529.73
其中	人工费(元)			171.59	162.01
	材料费(元)			228.43	222.86
	机械使用费(元)			6.08	5.73
	其他措施费(元)			5.15	4.86
	安文费(元)			21.06	20.21
	管理费(元)			36.10	34.64
	利润(元)			30.09	28.87
	规费(元)			53.54	50.55
名称		单位	单价(元)	数量	
综合工日		工日		(1.97)	(1.86)
环氧树脂		kg	27.50	0.452	0.393
405 号树脂胶		kg	36.80	0.805	0.700
碳纤维增强复合材料 200g		m²	150.00	1.220	1.220
其他材料费		%	1.00	1.500	1.500
其他机械费		元	1.00	6.080	5.730

工作内容:基层处理、放样、打磨、清理、粘贴、滚压、刮平等。

计量单位:m^2

定额编号				7-87	7-88
项目				梁加固	
				狭形条布加固 梁底单层 200g	宽形条布加固 梁底单层 200g
基价(元)				560.45	355.28
其中	人工费(元)			187.27	175.94
	材料费(元)			213.92	56.78
	机械使用费(元)			6.64	6.24
	其他措施费(元)			5.62	5.28
	安文费(元)			21.38	13.55
	管理费(元)			36.65	23.24
	利润(元)			30.54	19.36
	规费(元)			58.43	54.89
名称		单位	单价(元)	数量	
综合工日		工日		(2.15)	(2.02)
环氧树脂		kg	27.50	0.305	0.265
405 号树脂胶		kg	36.80	0.771	0.670
碳纤维增强复合材料 200g		m^2	150.00	1.160	0.160
其他材料费		%	1.00	1.500	1.500
其他机械费		元	1.00	6.640	6.240

工作内容:基层处理、放样、打磨、清理、粘贴、滚压、刮平等。

计量单位:m^2

定额编号				7-89	7-90	7-91	7-92
项目				梁加固			
				每增一层 200g			每增一层 300g
				封闭缠绕狭形箍布	U 形狭形箍布	狭形条布侧向粘贴	双 L 狭形箍布
基价(元)				352.64	332.75	452.49	452.49
其中	人工费(元)			59.23	55.74	60.10	60.10
	材料费(元)			215.33	203.40	298.20	298.20
	机械使用费(元)			2.09	1.96	2.13	2.13
	其他措施费(元)			1.78	1.67	1.80	1.80
	安文费(元)			13.45	12.69	17.26	17.26
	管理费(元)			23.06	21.76	29.59	29.59
	利润(元)			19.22	18.14	24.66	24.66
	规费(元)			18.48	17.39	18.75	18.75
名称		单位	单价(元)	数量			
综合工日		工日		(0.68)	(0.64)	(0.69)	(0.69)
碳纤维增强复合材料 300g		m^2	220.00	—	—	1.220	1.220
405 号树脂胶		kg	36.80	0.629	0.595	0.690	0.690
碳纤维增强复合材料 200g		m^2	150.00	1.260	1.190	—	—
其他材料费		%	1.00	1.500	1.500	1.500	1.500
其他机械费		元	1.00	2.090	1.960	2.130	2.130

工作内容:基层处理、放样、打磨、清理、粘贴、滚压、刮平等。

计量单位:m²

定额编号				7-93	7-94	7-95
项目				板加固		
				每增一层 300g		
				狭形条布单向加固板底	狭形条布双向加固板底	宽形条布加固板面
基价(元)				439.34	439.34	412.74
其中	人工费(元)			62.71	62.71	48.78
	材料费(元)			283.53	283.53	280.32
	机械使用费(元)			2.22	2.22	1.73
	其他措施费(元)			1.88	1.88	1.46
	安文费(元)			16.76	16.76	15.75
	管理费(元)			28.73	28.73	26.99
	利润(元)			23.94	23.94	22.49
	规费(元)			19.57	19.57	15.22
名称		单位	单价(元)	数量		
综合工日		工日		(0.72)	(0.72)	(0.56)
碳纤维增强复合材料 300g		m²	220.00	1.160	1.160	1.160
405 号树脂胶		kg	36.80	0.656	0.656	0.570
其他材料费		%	1.00	1.500	1.500	1.500
其他机械费		元	1.00	2.220	2.220	1.730

三、桥梁附属结构

1. 水泥砂浆料石勾缝

工作内容：清理缝面、拌和砂浆、勾缝、养护。

计量单位：$10m^2$

定额编号				7-96	7-97
项目				料石勾缝	
				平缝	凸缝
基价(元)				155.15	296.15
其中	人工费(元)			94.07	167.23
	材料费(元)			4.38	24.91
	机械使用费(元)			—	—
	其他措施费(元)			2.82	5.02
	安文费(元)			5.92	11.30
	管理费(元)			10.15	19.37
	利润(元)			8.46	16.14
	规费(元)			29.35	52.18
名称		单位	单价(元)	数量	
综合工日		工日		(1.08)	(1.92)
水		m^3	5.13	0.031	0.031
水泥砂浆 1:1		m^3	277.13	0.015	0.088
其他材料费		%	1.00	1.500	1.500

2. 水泥砂浆块石勾缝

工作内容：清理缝面、拌和砂浆、勾缝、养护。

计量单位：$10m^2$

定额编号				7-98	7-99
项目				块石勾缝	
				平缝	凸缝
基价(元)				201.82	296.15
其中	人工费(元)			114.97	167.23
	材料费(元)			15.63	24.91
	机械使用费(元)			—	—
	其他措施费(元)			3.45	5.02
	安文费(元)			7.70	11.30
	管理费(元)			13.20	19.37
	利润(元)			11.00	16.14
	规费(元)			35.87	52.18
名称		单位	单价(元)	数量	
综合工日		工日		(1.32)	(1.92)
水泥砂浆 1:1		m^3	277.13	0.055	0.088
水		m^3	5.13	0.030	0.030
其他材料费		%	1.00	1.500	1.500

3. 水泥砂浆砖墙勾缝

工作内容:清理缝面、拌和砂浆、勾缝、养护。

计量单位:$10m^2$

定额编号				7-100
项目				砖墙勾缝平缝
基价(元)				207.17
其中	人工费(元)			125.42
	材料费(元)			6.12
	机械使用费(元)			—
	其他措施费(元)			3.76
	安文费(元)			7.90
	管理费(元)			13.55
	利润(元)			11.29
	规费(元)			39.13
名称		单位	单价(元)	数量
综合工日		工日		(1.44)
水		m^3	5.13	0.040
水泥砂浆 1:1		m^3	277.13	0.021
其他材料费		%	1.00	1.500

4. 小型水泥混凝土浇筑

工作内容:砂石料冲洗、浇混凝土前准备、混凝土拌和浇捣、养护、模板拆除整堆。

计量单位:m^3

定额编号				7-101
项目				小型构件
基价(元)				1176.74
其中	人工费(元)			527.91
	材料费(元)			282.30
	机械使用费(元)			—
	其他措施费(元)			15.84
	安文费(元)			44.89
	管理费(元)			76.96
	利润(元)			64.13
	规费(元)			164.71
名称		单位	单价(元)	数量
综合工日		工日		(6.06)
水		m^3	5.13	1.000
预拌混凝土 C20		m^3	260.00	1.050
其他材料费		%	1.00	1.500

工作内容：砂石料冲洗、浇混凝土前准备、混凝土拌和浇捣、养护、模板拆除整堆。

计量单位：m^3

定额编号				7-102	7-103
项目				小型基础	压顶
基价（元）				631.22	706.44
其中	人工费（元）			236.91	236.91
	材料费（元）			213.52	276.85
	机械使用费（元）			—	—
	其他措施费（元）			7.11	7.11
	安文费（元）			24.08	26.95
	管理费（元）			41.28	46.20
	利润（元）			34.40	38.50
	规费（元）			73.92	73.92
名称		单位	单价（元）	数量	
综合工日		工日		（2.72）	（2.72）
预拌混凝土 C15		m^3	200.00	1.040	—
预拌混凝土 C20		m^3	260.00	—	1.040
水		m^3	5.13	0.460	0.460
其他材料费		%	1.00	1.500	1.500

5. 栏杆维修

工作内容：拆除损坏部分、边口整理、材料配置、安装、校正、固定、焊接。

计量单位：t

定额编号				7-104	7-105	7-106	7-107	7-108
项目				焊修花式铁栏杆	钢、不锈钢管栏杆（10m）	防撞护栏钢管扶手	石材栏杆（m）	混凝土栏杆（10m）
基价（元）				16680.53	2431.86	9325.79	631.04	1167.57
其中	人工费（元）			7028.97	497.95	2207.46	379.76	379.76
	材料费（元）			4611.29	766.75	4722.53	21.67	473.40
	机械使用费（元）			—	612.50	166.90	—	—
	其他措施费（元）			210.87	14.94	66.22	11.39	11.39
	安文费（元）			636.36	92.78	355.78	24.07	44.54
	管理费（元）			1090.91	159.04	609.91	41.27	76.36
	利润（元）			909.09	132.54	508.26	34.39	63.63
	规费（元）			2193.04	155.36	688.73	118.49	118.49
名称		单位	单价（元）	数量				
综合工日		工日		(80.70)	(5.72)	(25.34)	(4.36)	(4.36)
型钢		t	3415.00	1.050	—	—	—	—
水泥 42.5级		kg	0.35	—	—	—	—	400.000
石栏板、栏杆		m^3	—	—	—	—	(0.561)	—
石材胶		kg	—	—	—	—	(1.00)	—
不锈钢管		t	—	—	(0.157)	—	—	—
电焊条（综合）		kg	4.20	225.700	2.960	11.322	—	—
氧气		m^3	3.82	11.133	0.972	—	—	1.780
钢管		t	4550.00	—	0.157	0.885	—	—
钢筋 综合		t	3400.00	—	0.004	—	—	0.094
尼龙砂轮片 Φ100×16×3		片	4.27	—	—	—	5.000	—
乙炔气		kg	8.82	3.976	0.324	—	—	—
钢板 δ10以外		kg	3.31	—	5.980	195.840	—	—
其他材料费		%	1.00	—	—	—	1.500	1.500
交流弧焊机 容量（kV·A） 32		台班	83.57	—	—	1.959	—	—
电焊条烘干箱 容量（cm^3） 45×35×45		台班	16.25	—	—	0.196	—	—
管子切断机 管径（mm） 150		台班	32.18	—	8.519	—	—	—
氩弧焊机 电流（A） 500		台班	90.86	—	3.724	—	—	—

6. 人行天桥维修

工作内容：拆除、底面清理、配料、裁料、刷胶、安装、清理场地。

计量单位：m^2

定额编号				7-109	7-110	7-111	7-112
项目				橡胶板面层	橡胶条(m)	角钢防滑条(m)	踏步、桥体、钢构件(t)
基价(元)				545.35	416.77	558.78	15251.16
其中	人工费(元)			104.52	217.75	261.30	7060.15
	材料费(元)			314.65	53.17	113.44	786.87
	机械使用费(元)			3.78	4.92	5.68	2519.54
	其他措施费(元)			3.18	6.58	7.90	217.03
	安文费(元)			20.80	15.90	21.32	581.83
	管理费(元)			35.67	27.26	36.54	997.43
	利润(元)			29.72	22.71	30.45	831.19
	规费(元)			33.03	68.48	82.15	2257.12
名称		单位	单价(元)	数量			
综合工日		工日		(1.21)	(2.51)	(3.02)	(82.36)
丙酮		kg	9.46	—	0.500	—	—
型钢　综合		kg	3.40	—	—	32.120	—
钢板　δ6~12		kg	3.34	—	—	—	1.071
耐酸橡胶板　δ3		kg	16.00	15.000	—	—	—
橡胶条		m	6.10	—	1.050	—	—
乙炔气		m^3	28.00	2.500	—	0.066	10.812
氧气		m^3	3.82	—	—	0.186	24.868
环氧树脂		kg	27.50	—	1.500	—	—
电焊条(综合)		kg	4.20	—	—	—	91.800
其他材料费		%	1.00	1.500	1.500	1.500	—
载重汽车　装载质量(t)　3		台班	378.41	0.010	0.013	0.015	—
载重汽车　装载质量(t)　4		台班	398.64	—	—	—	1.300
电焊机　综合		台班	122.18	—	—	—	16.380

注：桥面面层材料，可按实际调整单价和消耗量。

7. 水井井圈、井台维修、排水

工作内容：清除杂物、凿毛安砌、粉刷、养护、清理。

计量单位：m^3

定额编号				7-113	7-114	7-115	7-116
项目				砖石圈	预制井圈安装(个)	井台座(座)	水井清掏(座)
基价(元)				331.47	113.31	153.19	2105.11
其中	人工费(元)			156.78	69.68	87.10	1306.50
	材料费(元)			68.68	1.89	12.09	—
	机械使用费(元)			—	—	—	19.07
	其他措施费(元)			4.70	2.09	2.61	39.20
	安文费(元)			12.65	4.32	5.84	80.31
	管理费(元)			21.68	7.41	10.02	137.67
	利润(元)			18.06	6.18	8.35	114.73
	规费(元)			48.92	21.74	27.18	407.63
名称		单位	单价(元)	数量			
综合工日		工日		(1.80)	(0.80)	(1.00)	(15.00)
标准砖 240×115×53		千块	477.50	0.015	—	—	—
预拌混凝土 C20		m^3	260.00	—	—	0.010	—
混凝土井框		套	—	—	(1.00)	—	—
水泥砂浆 1:2		m^3	232.70	0.260	0.008	0.040	—
其他材料费		%	1.00	1.500	1.500	1.500	—
电动单级离心清水泵 出口直径(mm) 50		台班	26.49	—	—	—	0.720

注：水井清掏淤泥外运另计。

工作内容：清除杂物、凿毛安砌、粉刷、养护、清理。

计量单位：m

定额编号				7-117	7-118	7-119	7-120
项目				更换PVC管	PVC管集水斗更换（只）	PVC管集水斗清捞（只）	调换进水口盖板（只）
基价（元）				76.78	137.90	29.25	23.60
其中	人工费（元）			13.07	43.55	6.62	14.81
	材料费（元）			20.95	13.00	—	—
	机械使用费（元）			25.70	43.28	14.83	—
	其他措施费（元）			0.43	1.43	0.28	0.44
	安文费（元）			2.93	5.26	1.12	0.90
	管理费（元）			5.02	9.02	1.91	1.54
	利润（元）			4.18	7.52	1.59	1.29
	规费（元）			4.50	14.84	2.90	4.62
名称		单位	单价（元）	数量			
综合工日		工日		（0.16）	（0.53）	（0.10）	（0.17）
水泥盖板		块	—	—	—	—	（1.00）
塑料弯头落水口		个	12.00	0.220	—	—	—
塑料落水斗		个	13.00	—	1.000	—	—
镀锌异径管箍　DN25×15		个	—	（0.65）	—	—	—
塑料水落管　Φ110以内		m	18.00	1.000	—	—	—
其他材料费		%	1.00	1.500	—	—	—
载重汽车　装载质量（t）　4		台班	398.64	0.010	0.030	0.020	—
小型工程车		台班	343.00	0.005	0.033	0.020	—
其他机械费		元	1.00	20.000	20.000	—	—

工作内容:清理。

计量单位:座

定额编号				7-121	7-122
项目				冲水车冲洗进水口	人工清捞进水口
基价(元)				21.41	9.49
其中	人工费(元)			4.96	4.96
	材料费(元)			1.41	—
	机械使用费(元)			9.95	1.20
	其他措施费(元)			0.15	0.16
	安文费(元)			0.82	0.36
	管理费(元)			1.40	0.62
	利润(元)			1.17	0.52
	规费(元)			1.55	1.67
名称		单位	单价(元)	数量	
综合工日		工日		(0.06)	(0.06)
水		m^3	5.13	0.274	—
载重汽车　装载质量(t)　4		台班	398.64	—	0.003
小型工程车		台班	343.00	0.029	—

第八章　非开挖修复工程

说　明

一、本章定额不包含管道检测、清淤、管道修复预处理等工作项目,套用子目时可以使用通用工程项目和排水设施养护项目章节的相关定额子目。

二、本章定额中管道均按管内径尺寸考虑。

三、点位修复适用于管道小范围局部破损修复,单点长度在0.4m以内。

四、紫外光固化定额的玻璃纤维软管厚度与定额取定不一致的,材料可以进行换算。

工程量计算规则

一、管道多功能机器人切树根异物,按管道长度以延长米计算。

二、清除管道结垢,按管道长度以延长米计算。

三、管道堆积异物清除按体积计算。

四、管内金属穿入物清除按根计算。

五、点位(局部树脂固化)修复,按点(环)计算。

六、拉入法 CIPP 紫外光固化,按修复管道的长度,以延长米计算。

七、喷涂法修复,按照喷涂面积计算。

一、异物清除

1. 切树根异物

工作内容：现场围护，开启井盖通风，管道多功能机器人切割树根等异物，运至施工场内指定地点堆放，检查清除效果，清理场地等。

计量单位：m

定额编号				8-1	8-2	8-3	8-4	8-5
项目				管道多功能机器人切树根异物				
				公称直径 DN300	公称直径 DN400	公称直径 DN500	公称直径 DN600	公称直径 DN700
基价(元)				305.88	316.59	345.09	352.93	371.78
其中	人工费(元)			20.90	20.90	26.13	26.13	26.13
	材料费(元)			5.33	5.54	5.77	6.11	6.65
	机械使用费(元)			222.33	231.04	247.65	253.69	268.88
	其他措施费(元)			0.79	0.80	0.96	0.98	1.00
	安文费(元)			11.67	12.08	13.17	13.46	14.18
	管理费(元)			20.00	20.70	22.57	23.08	24.31
	利润(元)			16.67	17.25	18.81	19.24	20.26
	规费(元)			8.19	8.28	10.03	10.24	10.37
名称		单位	单价(元)	数量				
综合工日		工日		(0.28)	(0.28)	(0.35)	(0.35)	(0.35)
合金铣刀		个	2000.00	0.002	0.002	0.002	0.002	0.002
水		m^3	5.13	0.244	0.284	0.329	0.394	0.498
其他材料费		%	1.00	1.500	1.500	1.500	1.500	1.500
小型电视设备		台班	1836.28	0.005	0.005	0.010	0.012	0.015
管道多功能机器人		台班	3429.71	0.048	0.050	0.048	0.046	0.046
电动空气压缩机 排气量(m^3/min) 20		台班	507.68	0.040	0.042	0.045	0.050	0.053
载重汽车 装载质量(t) 3		台班	378.41	0.040	0.042	0.045	0.050	0.053
鼓风机 能力(m^3/min) 18		台班	39.06	0.040	0.042	0.045	0.050	0.053
射水车 120kW		台班	1796.80	0.005	0.005	0.010	0.012	0.015
吸污车 5t		台班	505.83	0.005	0.005	0.010	0.012	0.015

2. 清除管道结垢

工作内容：CCTV 检测、清除结垢，渣石外运，检查清除效果，场地清理等。

计量单位：m

定额编号				8-6	8-7	8-8	8-9
项目				清除管道结垢			
				公称直径			
				DN300	DN400	DN500	DN600
基价(元)				190.20	212.74	235.28	286.74
其中	人工费(元)			54.87	54.87	54.87	68.29
	材料费(元)			1.18	1.18	1.18	1.18
	机械使用费(元)			83.94	102.79	121.63	146.76
	其他措施费(元)			1.77	1.78	1.79	2.21
	安文费(元)			7.26	8.12	8.98	10.94
	管理费(元)			12.44	13.91	15.39	18.75
	利润(元)			10.37	11.59	12.82	15.63
	规费(元)			18.37	18.50	18.62	22.98
名称		单位	单价(元)	数量			
综合工日		工日		(0.66)	(0.66)	(0.67)	(0.82)
镐钎		个	1165.20	0.001	0.001	0.001	0.001
其他材料费		%	1.00	1.500	1.500	1.500	1.500
小型电视设备		台班	1836.28	0.010	0.013	0.016	0.020
管道多功能机器人		台班	3429.71	0.010	0.013	0.016	0.020
潜污泵 Φ100mm		台班	159.68	0.005	0.005	0.005	0.005
电动空气压缩机 排气量(m^3/min) 20		台班	507.68	0.030	0.033	0.036	0.040
鼓风机 能力(m^3/min) 18		台班	39.06	0.030	0.033	0.036	0.040
双速电动葫芦 提升质量(t) 10		台班	90.88	0.030	0.033	0.036	0.040
载重汽车 装载质量(t) 3		台班	378.41	0.030	0.033	0.036	0.040

3. 管道堆积异物清除

工作内容：现场围护，异物破除和外运，检查清除效果，清理场地等。

计量单位：m^3

定额编号				8-10	8-11	8-12	8-13
项目				管道堆积异物清除			
				障碍物		混凝土固结物	
				<DN800	≥DN800	<DN800	≥DN800
基价(元)				3592.04	1880.47	21055.52	5777.67
其中	人工费(元)			853.58	330.98	1550.38	1376.18
	材料费(元)			5.00	5.00	5.00	6.54
	机械使用费(元)			1797.27	1088.26	15642.08	2919.48
	其他措施费(元)			32.32	13.95	46.51	49.33
	安文费(元)			137.04	71.74	803.27	220.42
	管理费(元)			234.92	122.98	1377.03	377.86
	利润(元)			195.77	102.49	1147.53	314.88
	规费(元)			336.14	145.07	483.72	512.98
名称		单位	单价(元)	数量			
综合工日		工日		(11.47)	(4.80)	(17.80)	(17.80)
工具钢		kg	5.50	—	—	—	0.280
其他材料费		元	1.00	5.000	5.000	5.000	5.000
水平运输专用工具		台班	11.00	—	1.000	—	2.000
电动双筒快速卷扬机　牵引力(kN)　50		台班	259.21	1.670	1.000	—	2.000
QV 检测仪		台班	553.50	1.667	1.000	3.333	2.000
气腿式风动凿岩机		台班	13.32	—	—	—	2.000
管道多功能机器人		台班	3429.71	—	—	3.333	—
机动翻斗车　装载质量(t)　1.5		台班	234.44	1.670	1.000	2.000	2.000
射水车　120kW		台班	1796.80	—	—	1.000	—
单速电动葫芦　提升质量(t)　2		台班	30.11	1.667	1.000	3.333	2.000
电动空气压缩机　排气量(m^3/min)　10		台班	358.16	—	—	—	2.000

4. 管内金属穿入物清除

工作内容：现场围护，CCTV 检测、金属异物破除和外运，清理场地等。

计量单位：根

定额编号				8-14	8-15
项目				管内金属穿入物清除	
				管径	
				<DN800	≥DN800
基价(元)				6672.89	2320.13
其中	人工费(元)			696.80	348.40
	材料费(元)			118.27	28.38
	机械使用费(元)			4519.04	1434.59
	其他措施费(元)			24.92	12.46
	安文费(元)			254.57	88.51
	管理费(元)			436.41	151.74
	利润(元)			363.67	126.45
	规费(元)			259.21	129.60
名称		单位	单价(元)	数量	
综合工日		工日		(9.00)	(4.50)
花纹磨切片		个	6.99	—	4.000
铣刀刀具		个	5826.00	0.020	—
其他材料费		%	1.00	1.500	1.500
单速电动葫芦　提升质量(t)　2		台班	30.11	0.100	0.500
水平运输专用工具		台班	11.00	0.600	0.500
管道多功能机器人		台班	3429.71	1.000	—
手持式气动切割机　3 寸		台班	5.70	—	0.500
电动空气压缩机　排气量(m^3/min)　20		台班	507.68	1.000	0.500
小型电视设备		台班	1836.28	0.100	0.500
载重汽车　装载质量(t)　3		台班	378.41	1.000	0.500
长管式呼吸器		台班	100.00	0.100	0.500

二、管道修复

1. 点位(局部树脂固化)修复

工作内容:通风、摊铺彩布、气囊上缠薄膜、胶带固定两端、CCTV 定位、玻璃纤维毡布涂刷树脂、缠绕捆扎、气囊置于修复点、充气、固化、拆除气囊、CCTV 检测、清理现场。

计量单位:点(环)

定额编号				8-16	8-17	8-18	8-19
项目				局部树脂固化法修复			
				管径 300mm 以内	管径 400mm 以内	管径 500mm 以内	管径 600mm 以内
基价(元)				4736.44	5232.15	7409.85	8025.46
其中	人工费(元)			348.40	348.40	391.95	391.95
	材料费(元)			2470.89	2888.26	4453.43	4971.75
	机械使用费(元)			1031.07	1031.07	1237.29	1237.29
	其他措施费(元)			12.06	12.06	13.69	13.69
	安文费(元)			180.70	199.61	282.69	306.17
	管理费(元)			309.76	342.18	484.60	524.86
	利润(元)			258.14	285.15	403.84	437.39
	规费(元)			125.42	125.42	142.36	142.36
名称		单位	单价(元)	数量			
综合工日		工日		(4.40)	(4.40)	(4.98)	(4.98)
彩条布双膜 宽 2m		m	7.57	2.418	2.964	3.510	4.056
聚乙烯(PE)保护膜 宽 0.5m,2kg		卷	63.33	0.240	0.240	0.480	0.480
修复气囊 500~600mm		只	37286.40	—	—	0.040	0.040
树脂(A+B 料)		kg	186.43	4.152	5.644	10.098	11.893
刮板 20cm		把	5.83	4.800	4.800	6.000	6.000
玻璃纤维毡布 宽 1.3m		m	242.77	1.594	2.125	3.541	4.249
修复气囊 300~400mm		只	29130.00	0.040	0.040	—	—
橡胶手套		付	8.70	4.800	4.800	6.000	6.000
绝缘胶布 5m		卷	4.08	1.200	1.200	2.400	2.400
其他材料费		%	1.00	1.500	1.500	1.500	1.500
载重汽车 装载质量(t) 4		台班	398.64	0.400	0.400	0.480	0.480
轴流通风机 功率 7.5kW		台班	34.78	0.400	0.400	0.480	0.480
空气压缩机 1.5kW		台班	307.98	0.400	0.400	0.480	0.480
小型电视设备		台班	1836.28	0.400	0.400	0.480	0.480

工作内容：通风、摊铺彩布、气囊上缠薄膜、胶带固定两端、CCTV 定位、玻璃纤维毡布涂刷树脂、缠绕捆扎、气囊置于修复点、充气、固化、拆除气囊、CCTV 检测、清理现场。

计量单位：点(环)

定额编号				8-20	8-21
项目				局部树脂固化法修复	
				管径 800mm 以内	管径 1000mm 以内
基价(元)				12172.85	13665.25
其中	人工费(元)			522.60	522.60
	材料费(元)			7973.50	9230.01
	机械使用费(元)			1546.61	1546.61
	其他措施费(元)			18.09	18.09
	安文费(元)			464.39	521.33
	管理费(元)			796.10	893.71
	利润(元)			663.42	744.76
	规费(元)			188.14	188.14
名称		单位	单价(元)	数量	
综合工日		工日		(6.60)	(6.60)
彩条布双膜　宽 2m		m	7.57	5.148	6.240
橡胶手套		付	8.70	7.200	7.200
聚乙烯(PE)保护膜　宽 0.5m,2kg		卷	63.33	1.200	1.200
修复气囊　800~1000mm		只	75738.00	0.040	0.040
绝缘胶布　5m		卷	4.08	4.800	4.800
刮板　20cm		把	5.83	7.200	7.200
玻璃纤维毡布　宽 1.3m		m	242.77	5.666	7.082
树脂　(A+B 料)		kg	186.43	17.226	21.978
其他材料费		%	1.00	1.500	1.500
载重汽车　装载质量(t)　4		台班	398.64	0.600	0.600
轴流通风机　功率　7.5kW		台班	34.78	0.600	0.600
空气压缩机　1.5kW		台班	307.98	0.600	0.600
小型电视设备		台班	1836.28	0.600	0.600

2. 拉入法 CIPP 紫外光固化

工作内容:设备就位,拉入底膜,拉入玻璃纤维软管,安装扎头及扎头布,连接内管,拉入固化设备,内衬固化,拆卸扎头,内衬端口切割,检测,清理现场等。

计量单位:m

定额编号				8-22	8-23	8-24	8-25
项目				拉入法 CIPP 紫外光固化			
				管径			
				DN200	DN300	DN400	DN500
基价(元)				2482.12	2898.03	3306.20	5092.65
其中	人工费(元)			152.95	161.48	186.92	203.90
	材料费(元)			1106.93	1399.08	1556.83	2933.92
	机械使用费(元)			771.77	818.16	969.29	1073.14
	其他措施费(元)			5.10	5.38	6.19	6.74
	安文费(元)			94.69	110.56	126.13	194.28
	管理费(元)			162.33	189.53	216.23	333.06
	利润(元)			135.28	157.94	180.19	277.55
	规费(元)			53.07	55.90	64.42	70.06
名称		单位	单价(元)	数量			
综合工日		工日		(1.88)	(1.99)	(2.29)	(2.50)
扎头布 DN400		块	408.99	—	—	0.046	—
底膜 DN400×3mm		m	17.48	—	—	1.125	—
扎头布 DN500		块	485.89	—	—	—	0.046
防水涂料 JS		kg	12.30	—	—	—	0.500
扎头布 DN200		块	208.57	0.046	—	—	—
底膜 DN300×3mm		m	15.15	—	1.125	—	—
密封条 18×7		m	62.92	0.037	0.057	0.075	0.094
快干水泥		kg	11.65	0.250	0.300	0.375	—
橡胶止水带		m	32.40	0.031	0.047	0.063	0.079
扎头布 DN300		块	277.32	—	0.046	—	—
扎头绑带 B50 型		支	101.37	0.092	0.092	0.092	0.092
紫外光固化玻璃纤维软管 DN200×3mm		m	1005.73	1.045	—	—	—
紫外光固化玻璃纤维软管 DN300×3mm		m	1273.37	—	1.045	—	—
紫外光固化玻璃纤维软管 DN400×3mm		m	1411.38	—	—	1.045	—
紫外光固化玻璃纤维软管 DN500×4mm		m	2697.95	—	—	—	1.045
底膜 DN200×3mm		m	12.82	1.125	—	—	—
底膜 DN500×4mm		m	22.14	—	—	—	1.125

续表

定额编号			8-22	8-23	8-24	8-25
项目			拉入法 CIPP 紫外光固化			
			管径			
			DN200	DN300	DN400	DN500
名称	单位	单价(元)	数量			
其他材料费	%	1.00	1.500	1.500	1.500	1.500
载重汽车　装载质量(t)　8	台班	524.22	0.064	0.066	0.073	0.077
叉式装载机　5t	台班	229.09	0.064	0.066	0.073	0.077
紫外光固化修复设备	台班	10000.00	0.060	0.064	0.077	0.086
高压风机　$20m^3$	台班	900.00	0.060	0.064	0.077	0.086
电动单筒快速卷扬机　牵引力(kN)　15	台班	180.92	0.060	0.064	0.077	0.086
小型电视设备	台班	1836.28	0.030	0.030	0.030	0.030
鼓风机　能力(m^3/min)　18	台班	39.06	0.026	0.030	0.043	0.051
长管式呼吸器	台班	100.00	0.026	0.030	0.043	0.051

工作内容：设备就位，拉入底膜，拉入玻璃纤维软管，安装扎头及扎头布，连接内管，拉入固化设备，内衬固化，拆卸扎头，内衬端口切割，检测，清理现场等。

计量单位：m

定额编号				8-26	8-27	8-28	8-29
项目				拉入法 CIPP 紫外光固化			
				管径			
				DN600	DN700	DN800	DN900
基价(元)				6358.15	7630.46	8251.40	10140.79
其中	人工费(元)			328.54	351.36	374.01	407.98
	材料费(元)			3344.19	4272.26	4664.63	6047.78
	机械使用费(元)			1552.85	1664.32	1763.44	1924.01
	其他措施费(元)			11.20	11.98	12.74	13.88
	安文费(元)			242.56	291.10	314.79	386.87
	管理费(元)			415.82	499.03	539.64	663.21
	利润(元)			346.52	415.86	449.70	552.67
	规费(元)			116.47	124.55	132.45	144.39
名称		单位	单价(元)	数量			
综合工日		工日		(4.11)	(4.39)	(4.67)	(5.09)
紫外光固化玻璃纤维软管 DN600×5mm		m	3071.20	1.045	—	—	—
紫外光固化玻璃纤维软管 DN700×6mm		m	3931.71	—	1.045	—	—
紫外光固化玻璃纤维软管 DN800×6mm		m	4291.76	—	—	1.045	—
紫外光固化玻璃纤维软管 DN900×7mm		m	5584.33	—	—	—	1.045
底膜 DN900×7mm		m	40.78	—	—	—	1.125
扎头布 DN800		块	739.90	—	—	0.046	—
底膜 DN800×6mm		m	36.12	—	—	1.125	—
橡胶止水带		m	32.40	0.094	0.110	0.126	0.141
密封条 18×7		m	62.92	0.113	0.132	0.151	0.170
扎头布 DN900		块	829.62	—	—	—	0.046
扎头绑带 B50 型		支	101.37	0.092	0.092	0.092	0.092
防水涂料 JS		kg	12.30	0.800	1.000	1.075	1.150
底膜 DN700×6mm		m	32.63	—	1.125	—	—
扎头布 DN600		块	562.79	0.046	—	—	—
底膜 DN600×5mm		m	26.80	1.125	—	—	—

续表

定额编号			8-26	8-27	8-28	8-29
项目			拉入法 CIPP 紫外光固化			
			管径			
			DN600	DN700	DN800	DN900
名称	单位	单价(元)	数量			
扎头布　DN700	块	658.34	—	0.046	—	—
其他材料费	%	1.00	1.500	1.500	1.500	1.500
小型电视设备	台班	1836.28	0.030	0.030	0.030	0.030
电动单筒快速卷扬机　牵引力(kN)　15	台班	180.92	0.120	0.129	0.137	0.150
汽车式起重机　提升质量(t)　16	台班	890.11	0.120	0.129	0.137	0.150
紫外光固化修复设备	台班	10000.00	0.120	0.129	0.137	0.150
鼓风机　能力(m^3/min)　18	台班	39.06	0.086	0.094	0.103	0.116
载重汽车　装载质量(t)　8	台班	524.22	0.094	0.099	0.103	0.109
长管式呼吸器	台班	100.00	0.086	0.094	0.103	0.116
高压风机　$20m^3$	台班	900.00	0.120	0.129	0.137	0.150

工作内容:设备就位,拉入底膜,拉入玻璃纤维软管,安装扎头及扎头布,连接内管,拉入固化设备,内衬固化,拆卸扎头,内衬端口切割,检测,清理现场等。

计量单位:m

定额编号			8-30	8-31	8-32	8-33
项目			拉入法 CIPP 紫外光固化			
			管径			
			DN1000	DN1050	DN1100	DN1200
基价(元)			10802.00	11267.50	11824.25	12870.93
其中	人工费(元)		498.56	509.54	522.60	551.43
	材料费(元)		6320.31	6647.56	7048.83	7779.29
	机械使用费(元)		2085.11	2134.60	2184.09	2295.18
	其他措施费(元)		16.73	17.10	17.54	18.49
	安文费(元)		412.10	429.86	451.09	491.03
	管理费(元)		706.45	736.89	773.31	841.76
	利润(元)		588.71	614.08	644.42	701.47
	规费(元)		174.03	177.87	182.37	192.28
名称	单位	单价(元)	数量			
综合工日	工日		(6.17)	(6.30)	(6.46)	(6.82)
扎头布 DN1100	块	903.03	—	—	0.046	—
扎头布 DN1200	块	915.85	—	—	—	0.046
紫外光固化玻璃纤维软管 DN1000×7mm	m	5832.76	1.045	—	—	—
紫外光固化玻璃纤维软管 DN1050×8mm	m	6137.57	—	1.045	—	—
紫外光固化玻璃纤维软管 DN1100×8mm	m	6512.77	—	—	1.045	—
紫外光固化玻璃纤维软管 DN1200×8mm	m	7193.74	—	—	—	1.045
扎头绑带 B50 型	支	101.37	0.092	0.092	0.092	0.092
底膜 DN1000×7mm	m	44.86	1.125	—	—	—
防水涂料 JS	kg	12.30	1.200	1.206	1.213	1.225
底膜 DN1050×8mm	m	46.61	—	1.125	—	—
扎头布 DN1000	块	873.90	0.046	—	—	—
橡胶止水带	m	32.40	0.157	0.165	0.173	0.184
底膜 DN1100×8mm	m	48.36	—	—	1.125	—
密封条 18×7	m	62.92	0.188	0.198	0.207	0.226
扎头布 DN1050	块	894.87	—	0.046	—	—
底膜 DN1200×8mm	m	53.48	—	—	—	1.125
其他材料费	%	1.00	1.500	1.500	1.500	1.500
汽车式起重机 提升质量(t) 16	台班	890.11	0.163	0.167	0.171	0.180

续表

定额编号			8-30	8-31	8-32	8-33
项目			拉入法 CIPP 紫外光固化			
			管径			
			DN1000	DN1050	DN1100	DN1200
名称	单位	单价(元)	数量			
载重汽车　装载质量(t)　8	台班	524.22	0.116	0.118	0.120	0.124
紫外光固化修复设备	台班	10000.00	0.163	0.167	0.171	0.180
鼓风机　能力(m^3/min)　18	台班	39.06	0.129	0.133	0.137	0.146
高压风机　$20m^3$	台班	900.00	0.163	0.167	0.171	0.180
长管式呼吸器	台班	100.00	0.129	0.133	0.137	0.146
电动单筒快速卷扬机　牵引力(kN)　15	台班	180.92	0.163	0.167	0.171	0.180
小型电视设备	台班	1836.28	0.030	0.030	0.030	0.030

工作内容：设备就位，拉入底膜，拉入玻璃纤维软管，安装扎头及扎头布，连接内管，拉入固化设备，内衬固化，拆卸扎头，内衬端口切割，检测，清理现场等。

计量单位：m

定额编号				8-34	8-35	8-36
项目				拉入法 CIPP 紫外光固化		
				管径		
				DN1300	DN1400	DN1500
基价(元)				15581.04	16585.93	18478.37
其中	人工费(元)			604.30	736.52	796.97
	材料费(元)			9777.56	10234.22	11533.86
	机械使用费(元)			2505.77	2715.83	2926.42
	其他措施费(元)			20.25	24.38	26.37
	安文费(元)			594.42	632.75	704.95
	管理费(元)			1019.00	1084.72	1208.49
	利润(元)			849.17	903.93	1007.07
	规费(元)			210.57	253.58	274.24
名称		单位	单价(元)	数量		
综合工日		工日		(7.47)	(9.03)	(9.76)
橡胶止水带		m	32.40	0.204	0.220	0.236
防水涂料 JS		kg	12.30	1.325	1.425	1.500
紫外光固化玻璃纤维软管 DN1300×8mm		m	9070.78	1.045	—	—
紫外光固化玻璃纤维软管 DN1400×8mm		m	9465.63	—	1.045	—
紫外光固化玻璃纤维软管 DN1500×8mm		m	10706.59	—	—	1.045
密封条 18×7		m	62.92	0.245	0.640	0.283
底膜 DN1400×8mm		m	60.01	—	1.125	—
底膜 DN1300×8mm		m	56.51	1.125	—	—
底膜 DN1500×8mm		m	61.76	—	—	1.125
扎头布 DN1500		块	1137.24	—	—	0.046
扎头布 DN1400		块	1078.98	—	0.046	—
扎头布 DN1300		块	932.16	0.046	—	—
扎头绑带 B50 型		支	101.37	0.092	0.092	0.092
其他材料费		%	1.00	1.500	1.500	1.500
载重汽车 装载质量(t) 8		台班	524.22	0.133	0.141	0.150
鼓风机 能力(m^3/min) 18		台班	39.06	0.163	0.180	0.197
高压风机 $20m^3$		台班	900.00	0.197	0.214	0.231
长管式呼吸器		台班	100.00	0.163	0.180	0.197
电动单筒快速卷扬机 牵引力(kN) 15		台班	180.92	0.197	0.214	0.231
紫外光固化修复设备		台班	10000.00	0.197	0.214	0.231
小型电视设备		台班	1836.28	0.030	0.030	0.030
汽车式起重机 提升质量(t) 16		台班	890.11	0.197	0.214	0.231

3. 不锈钢内衬修复

工作内容：设备安装拆卸、不锈钢板卷板、管坯运输、布管、撑管、焊接、探伤等。

计量单位：m

定额编号				8-37	8-38	8-39
项目				管衬 2.0mm 厚		
				DN800	DN900	DN1000
基价(元)				3558.87	3679.76	3804.24
其中	人工费(元)			566.15	566.15	566.15
	材料费(元)			851.03	952.81	1057.62
	机械使用费(元)			1355.02	1355.02	1355.02
	其他措施费(元)			19.67	19.67	19.67
	安文费(元)			135.77	140.38	145.13
	管理费(元)			232.75	240.66	248.80
	利润(元)			193.96	200.55	207.33
	规费(元)			204.52	204.52	204.52
名称		单位	单价(元)	数量		
综合工日		工日		(7.17)	(7.17)	(7.17)
304 不锈钢板		kg	18.00	41.858	47.092	52.323
氩气		瓶	150.00	0.400	0.420	0.460
不锈钢焊条		kg	100.00	0.128	0.144	0.160
其他材料费		%	1.00	3.000	3.000	3.000
1200mm 撑管器		台班	300.00	0.333	0.333	0.333
正压式呼吸机		台班	50.00	5.000	5.000	5.000
7.5kW 轴流风机		台班	50.00	0.333	0.333	0.333
氧含量检测仪		台班	50.00	0.333	0.333	0.333
有毒气体测试仪		台班	66.15	0.333	0.333	0.333
可燃气体检测仪		台班	50.00	0.333	0.333	0.333
管内电动载人焊接车		台班	200.00	0.333	0.333	0.333
2t 坑内管坯提升机		台班	200.00	0.333	0.333	0.333
管内电动步管车		台班	300.00	0.333	0.333	0.333
卷板机		台班	200.00	0.167	0.167	0.167
氩弧焊机　电流(A)　500		台班	90.86	2.000	2.000	2.000
探伤机		台班	300.00	0.167	0.167	0.167
汽车式起重机　提升质量(t)　8		台班	691.24	0.167	0.167	0.167
载重汽车　装载质量(t)　2		台班	336.91	0.333	0.333	0.333
15kW 柴油发电机组		台班	150.00	0.167	0.167	0.167
柴油发电机组　功率(kW)　30		台班	387.29	0.333	0.333	0.333
潜污泵　Φ100mm		台班	159.68	0.333	0.333	0.333

工作内容:设备安装拆卸、不锈钢板卷板、管坯运输、布管、撑管、焊接、探伤等。

计量单位:m

定额编号				8-40	8-41	8-42	8-43
项目				管衬 2.5mm 厚			
				DN1200	DN1400	DN1500	DN1600
基价(元)				4451.70	5508.98	5723.52	5931.42
其中	人工费(元)			603.86	769.96	792.61	815.26
	材料费(元)			1552.14	1862.02	2002.26	2136.90
	机械使用费(元)			1355.02	1706.32	1716.32	1726.32
	其他措施费(元)			20.80	26.31	26.99	27.67
	安文费(元)			169.83	210.17	218.35	226.28
	管理费(元)			291.14	360.29	374.32	387.92
	利润(元)			242.62	300.24	311.93	323.26
	规费(元)			216.29	273.67	280.74	287.81
名称		单位	单价(元)	数量			
综合工日		工日		(7.60)	(9.64)	(9.90)	(10.16)
304 不锈钢板		kg	18.00	78.485	91.566	98.108	104.648
氩气		瓶	150.00	0.500	0.700	0.800	0.860
不锈钢焊条		kg	100.00	0.192	0.546	0.580	0.620
其他材料费		%	1.00	3.000	3.000	3.000	3.000
1200mm 撑管器		台班	300.00	0.333	—	—	—
1600mm 撑管器		台班	400.00	—	0.400	0.400	0.400
正压式呼吸机		台班	50.00	5.000	6.800	7.000	7.200
7.5kW 轴流风机		台班	50.00	0.333	0.400	0.400	0.400
氧含量检测仪		台班	50.00	0.333	0.400	0.400	0.400
有毒气体测试仪		台班	66.15	0.333	0.400	0.400	0.400
可燃气体检测仪		台班	50.00	0.333	0.400	0.400	0.400
管内电动载人焊接车		台班	200.00	0.333	0.400	0.400	0.400
2t 坑内管坯提升机		台班	200.00	0.333	0.400	0.400	0.400
管内电动步管车		台班	300.00	0.333	0.400	0.400	0.400
卷板机		台班	200.00	0.167	0.200	0.200	0.200
氩弧焊机 电流(A) 500		台班	90.86	2.000	2.400	2.400	2.400
探伤机		台班	300.00	0.167	0.200	0.200	0.200
汽车式起重机 提升质量(t) 8		台班	691.24	0.167	0.200	0.200	0.200
载重汽车 装载质量(t) 2		台班	336.91	0.333	0.400	0.400	0.400
15kW 柴油发电机组		台班	150.00	0.167	0.200	0.200	0.200
柴油发电机组 功率(kW) 30		台班	387.29	0.333	0.400	0.400	0.400
潜污泵 Φ100mm		台班	159.68	0.333	0.400	0.400	0.400

三、喷涂法修复

1. 聚氨酯基材料喷涂

工作内容：通风、清洗，勾缝，抹灰，烘干，喷涂，CCTV 检测。

计量单位：m^2

定额编号				8-44	8-45
项目				聚氨酯基材料喷涂修复	
				厚度 3mm	厚度每增减 1mm
基价(元)				1806.96	553.08
其中	人工费(元)			17.42	4.36
	材料费(元)			1301.41	430.01
	机械使用费(元)			195.48	29.45
	其他措施费(元)			0.62	0.16
	安文费(元)			68.94	21.10
	管理费(元)			118.17	36.17
	利润(元)			98.48	30.14
	规费(元)			6.44	1.69
名称		单位	单价(元)	数量	
综合工日		工日		(0.22)	(0.06)
预拌水泥砂浆		m^3	220.00	0.022	—
堵漏王		kg	7.00	0.080	—
喷涂聚氨酯催化剂		kg	262.00	3.234	1.078
洗枪水		kg	12.00	0.099	—
防护服		套	50.00	0.048	—
二辛酯		kg	19.00	0.117	—
喷涂聚氨酯基料		kg	262.00	1.617	0.539
其他材料费		%	1.00	1.500	1.500
载重汽车　装载质量(t)　4		台班	398.64	0.024	0.008
污水泵　出口直径(mm)　100		台班	103.22	0.048	0.016
机动翻斗车　装载质量(t)　1.5		台班	234.44	0.024	—
鼓风机　能力(m^3/min)　18		台班	39.06	0.048	0.016
空压机　7.5kW		台班	701.33	0.024	0.008
长管式呼吸器		台班	100.00	0.024	0.008
搅拌机		台班	20.83	0.024	—
小型电视设备		台班	1836.28	0.024	—
单速电动葫芦　提升质量(t)　2		台班	30.11	0.024	0.008
间接式加热器		台班	541.42	0.024	—
射水车　120kW		台班	1796.80	0.024	—
轴流通风机　功率 7.5kW		台班	34.78	0.024	—
专用喷涂设备		台班	2166.00	0.024	0.008